环境影响评价系列丛书

建设项目环境监理

环境保护部环境工程评估中心　编著

中国环境出版社・北京

图书在版编目(CIP)数据

建设项目环境监理/环境保护部环境工程评估中心编著. —北京：中国环境出版社，2012.10（2016.6 重印）
（环境影响评价系列丛书）
ISBN 978-7-5111-1136-4

Ⅰ. ①建…　Ⅱ. ①环…　Ⅲ. ① 基本建设项目—环境监理—评价—技术培训—教材　Ⅳ. ①X322

中国版本图书馆 CIP 数据核字（2013）第 059639 号

出 版 人　王新程
责任编辑　黄晓燕
文字加工　何若鋆
责任校对　扣志红
封面设计　宋　瑞

出版发行　中国环境出版社
（100062　北京市东城区广渠门内大街 16 号）
网　　址：http://www.cesp.com.cn
电子邮箱：bjgl@cesp.com.cn
联系电话：010-67112765（编辑管理部）
010-67112735（第一分社）
发行热线：010-67125803，010-67113405（传真）
印　　刷　北京市联华印刷厂
经　　销　各地新华书店
版　　次　2012 年 10 月第 1 版
印　　次　2016 年 6 月第 6 次印刷
开　　本　787×960　1/16
印　　张　26
字　　数　480 千字
定　　价　80.00 元

《环境影响评价系列丛书》

编写委员会

序

今年是《中华人民共和国环境影响评价法》（以下简称《环评法》）颁布十周年，《环评法》的颁布，是环保人和社会各界共同努力的结果，体现了党和国家对环境保护工作的高度重视，也凝聚了环保人在《环评法》立法准备、配套法规、导则体系研究、调研和技术支持上倾注的心血。

我国是最早实施环境影响评价制度的发展中国家之一。自从1979年的《中华人民共和国环境保护法（试行）》，首次将建设项目环评制度作为法律确定下来后的二十多年间，环境影响评价在防治建设项目污染和推进产业的合理布局，加快污染治理设施的建设等方面，发挥了积极作用，成为在控制环境污染和生态破坏方面最为有效的措施。2002年10月颁布《环评法》，进一步强化环境影响评价制度在法律体系中的地位，确立了我国的规划环境影响评价制度。

《环评法》颁布的十年，是践行加强环境保护，建设生态文明的十年。十年间，环境影响评价主动参与综合决策，积极加强宏观调控，优化产业结构，大力促进节能减排，着力维护群众环境权益，充分发挥了从源头防治环境污染和生态破坏的作用，为探索环境保护新道路作出了重要贡献。

加强环境综合管理，是党中央、国务院赋予环保部门的重要职责。规划环评和战略环评是环保参与综合决策的重要契合点，开展规划环评、探索战略环评，是环境综合管理的重要体现。我们应当抓住当前宏观调控的重要机遇，主动参与，大力推进规划环评、战略环评，在为国家拉动内需的投资举措把好关、服好务的同时促进决策环评、规划环评方面实现大的跨越。

今年是七次大会精神的宣传贯彻年，国家环境保护“十二五”规划转型的关键之年，环境保护作为建设生态文明的主阵地，需要根据新形势，新任务，及时出台新措施。当前环评工作任务异常繁重，因此要求我们必须坚持创新理念，从过于单纯注重环境问题向综合关注环境、健康、安全和社会影响转变；必须坚持创新机制，充分发挥“控制闸”“调节器”和“杀手锏”的效能；必须坚持创新方法，推进环评管理方式改革，提高审批效率；必须坚持创新手段，逐步提高参与宏观调控的预见性、主动性和有效性，着力强化项目环评，切实加强规划环评，积极探索战略环评，超前谋划工作思路，自觉遵循经济规律和自然规律，增强环境保护参与宏观调控的预见性、主动性和有效性。建立环评、评估、审批责任制，加大责任追究和环境执法处罚力度，做到出了问题有据可查，谁的问题谁负责；提高技术筛选和评估的质量，要加快实现联网审批系统建设，加强国家和地方评估管理部门的互相监督。

要实现以上目标，不仅需要在宏观层面进行制度建设，完善环评机制，更要强化行业管理，推进技术队伍和技术体系建设。因此需要加强新形势下环评中介、技术评估、行政审批三支队伍的能力建设，提高评价服务机构、技术人员和审批人员的专业技术水平，进一步规范环境影响评价行业的从业秩序和从业行为。

本套《环境影响评价系列丛书》总结了我国三十多年以来各行业从事开发建设环境影响评价和管理工作经验，归纳了各行业环评特点及重点。内容涉及不同行业规划环评、建设项目环境影响评价的有关法律法规、环保政策及产业政策，环评技术方法等，具有较强的实践性、典型性、针对性。对提高环评从业人员工作能力和技术水平具有一定的帮助作用；对加强新形势下环境影响评价服务机构、技术人员和审批人员的管理，进一步规范环境影响评价行业的从业秩序和从业行为方面具有重要意义。

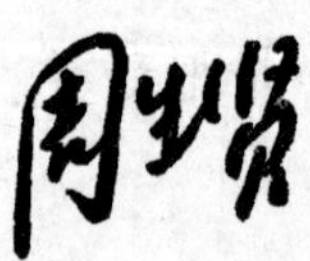

前言

环境影响评价制度在我国实施以来，为推动我国可持续发展发挥了积极作用，也积累了丰富的实践经验。《中华人民共和国环境影响评价法》颁布的十年，是践行环境保护、建设生态文明的十年。在这个过程中，环境监理借助其在环保专业及环境管理等专业领域的技术优势，引导和帮助建设单位有效落实环评文件和设计文件提出的各项要求，将事后管理转变为全过程跟踪管理，将政府强制性管理转变为政府监督管理和建设单位自律，对于减免施工对环境的不利影响、保证工程建设与环境保护相协调、预防和避免环境污染事故等方面起到了重要的作用。

我国的环境监理工作，是从典型工程试点、地区探索、地区试点的路径发展起来的，目前正处于全面发展阶段。但各地、各行业对于环境监理的要求不尽一致。为规范全国的环境监理工作，环境保护部于 2012 年 1 月下发了《关于进一步推进建设项目环境监理试点工作的通知》（环发[2012]5 号，以下简称“5 号文”），明确了环境监理的定位、功能、开展环境监理的建设项目类型等内容，为环境监理在全国范围内铺开奠定了基础。

为了提高环境影响评价队伍的技术水平和从业能力，正确掌握行业环保政策、产业政策及各行业建设项目的环评技术，环境保护部环境工程评估中心组织编写了这套“环境影响评价系列丛书”，《建设项目环境监理》是该套丛书中的一册。为配合“5 号文”的宣贯，规范建设项目环境监理工作，统一对环境监理工作的认识，我们组织环境监理领域的知名专家和管理工作者，结合多年的环境监理实践和管理经验编写了本书。

本书分上下两篇。上篇为基础理论部分，主要介绍了环境监理的发展历史、相关知识、工作内容、程序和方法等；下篇选取了八个典型行业，分别从行业特点的角度说明了各行业环境监理的工作内容，并且每个行业都给出了典型案例。

主要编写人员：上篇：第一章、第十章、附表由谷朝君、梁鹏编写，第二章由张瑛、蔡志洲、谷朝君编写，第三章、第五章由蔡志洲、任洪岩编写，第四章、第六章、第七章、第八章、第九章、第十一章由浙江环科工程监理有限公司编写；下篇：第一章第一节由张振林、李蓉晖、焦德富编写，第一章第二节、第二章由浙江环科工程监理有限公司编写，第三章由薛联芳、王小明编写，第四章由丁长印、齐山编写，第五章由吴建中编写，第六章由李耀增、李丽娜编写，第七章由蔡志洲、蔡梅编写，第八章由白景峰、乔冰编写。统稿工作由李海生、王小明、谷朝君、孔令辉、陈凤先完成。

在本书编写过程中，得到了环境保护部环境影响评价司的指导和环境工程评估中心各位领导、同事的支持，在此表示感谢。

由于时间仓促，缺点错误在所难免，敬请各位读者批评指正。

编　者

2012 年 8 月

目 录

上篇 环境监理基础知识

下篇 典型行业环境监理要点分析

上篇
环境监理基础知识

第一章　环境监理概述

为推进环境监理工作的开展，2012 年 1 月，环境保护部下发了《关于进一步推进建设项目环境监理试点工作的通知》（环发[2012]5 号，以下简称“5 号文”），对环境监理的定位、功能、开展环境监理的建设项目类型等内容进行明确，本章内容主要以“5 号文”为依据。

第一节　环境监理的概念

一、环境监理的定义

建设项目环境监理是指建设项目环境监理单位受建设单位委托，依据有关环境保护法律法规、建设项目环境影响评价及其批复文件、环境监理合同等，对建设项目实施专业化的环境保护咨询和技术服务，协助和指导建设单位全面落实建设项目各项环保措施。

环境监理作为一种第三方的咨询服务活动，具有服务性、科学性、公正性、独立性等特性。环境监理借助其在环保专业及环境管理等业务领域的技术优势，引导和帮助建设单位有效落实环评文件和设计文件提出的各项要求，在建设单位授权范围内，协助建设单位强化对承包商的指导和监督，有效落实建设项目“三同时”（同时设计、同时施工、同时投产）制度。

二、环境监理的主要功能

建设项目环境监理主要功能（或主要任务）包括以下方面。

（1）建设项目环境监理单位受建设单位委托，承担全面核实设计文件与环评及其批复文件的相符性任务。

（2）依据环评及其批复文件，督查项目施工过程中各项环保措施的落实情况。

（3）组织建设期环保宣传和培训，指导施工单位落实好施工期各项环保措施，确保环保“三同时”的有效执行，以驻场、旁站或巡查方式实行监理。

（4）发挥环境监理单位在环保技术及环境管理方面的业务优势，搭建环保信息交流平台，建立环保沟通、协调、会商机制。

（5）协助建设单位配合好环保部门的“三同时”监督检查、建设项目环保试生产审查和竣工环保验收工作。

三、开展环境监理的建设项目类型

各级环境保护行政主管部门在审批下列建设项目环境影响评价文件时，应要求开展建设项目环境监理。

（1）涉及饮用水水源、自然保护区、风景名胜区等环境敏感区的建设项目。

（2）环境风险高或污染较重的建设项目，包括石化、化工、火力发电、农药、医药、危险废物（含医疗废物）集中处置、生活垃圾集中处置、水泥、造纸、电镀、印染、钢铁、有色及其他涉及重金属污染物排放的建设项目。

（3）施工期环境影响较大的建设项目，包括水利水电、煤矿、矿山开发、石油天然气开采及集输管网、铁路、公路、城市轨道交通、码头、港口等建设项目。

（4）环境保护行政主管部门认为需开展环境监理的其他建设项目。各省级环境保护行政主管部门可根据本辖区建设项目行业和区域环境特点，进一步明确需要开展环境监理的建设项目类型。

四、相关名词解释

（1）建设项目环境影响评价：指对规划和建设项目实施后可能造成的环境影响进行分析、预测和评估，提出预防或者减轻不良环境影响的对策和措施，进行跟踪监测的方法与制度。

（2）试生产：试生产阶段是指项目刚开始生产，项目的机器设备还没有达到设计的最优阶段，处于调试阶段，试生产阶段一般为 3 个月左右（特殊项目除外）。

（3）环境保护阶段验收：指工程建设达到一定关键时段的环境保护专项验收。阶段验收时，按建设项目环境保护验收程序，由建设单位申请，环境保护行政主管部门组织或委托组织开展验收工作，各相关责任单位准备相应的验收材料。

（4）建设项目环境保护竣工验收：指建设项目竣工阶段，工况稳定，负荷达 75% 以上（特殊项目除外），由建设单位申请，环境保护行政主管部门根据《建设项目竣工环境保护验收管理办法》规定，依据环境保护验收监测或调查结果，并通过现场检查等手段，考核建设项目是否达到环境保护要求的活动。

（5）“三同时”制度：指对环境有影响的一切建设项目，必须依法执行环境保护设施与主体工程同时设计、同时施工和同时投产使用的制度。

（6）环境质量标准：国家为保护人群健康和生存环境，对污染物（或有害因素）

容许含量（或要求）所作的规定。环境质量标准体现国家的环境保护政策和要求，是衡量环境是否受到污染的尺度，是环境规划、环境管理和制定污染物排放标准的依据。

（7）污染物排放标准：污染物排放标准是国家对人为污染源排入环境的污染物的浓度或总量所做的限量规定。其目的是通过控制污染源排污量的途径来实现环境质量标准或环境目标，污染物排放标准按污染物形态分为气态、液态、固态以及物理性污染物（如噪声）排放标准。

（8）排污费：指按照国家法律、法规和相关标准，强制排污单位对其已经或仍在继续发生的环境污染损失或危害承担的经济责任，由环境保护行政主管部门依法向排放污染物的单位强制收取的费用。它包括排污费和超标排污费。

（9）静态投资：静态投资是指编制预期造价时以某一基准年、月的建设要素单位价为依据所计算出的造价时值。包括了因工程量误差而可能引起的造价增加，不包括以后年月因价格上涨等风险因素而增加的投资，以及因时间迁移而发生的投资利息支出。目前工程建设中的各种取费都是按照工程静态投资总造价来计算的，如安全评价、水土保持、环境影响评价、能源评价、环境监理等。

（10）动态投资：动态投资是指完成一个建设项目预计所需投资的总和，包括静态投资、价格上涨等因素而需要的投资以及预计所需的投资利息支出。在实际中动态投资往往大于静态投资，有些项目超出很多，环境监理在于企业商谈监理取费时，无法掌握动态投资额度，但是这些概念应该清楚。

第二节　开展环境监理的意义

近年来，随着我国国民经济的快速发展，建设项目的数量明显上升，环境监管任务十分繁重。建设项目在建设过程中环保措施和设施“三同时”落实不到位、未经批准建设内容擅自发生重大变动等违法违规现象仍比较突出，由此引发的环境污染和生态破坏事件时有发生，有些环境影响不可逆转，有些环保措施难以补救。各级环境保护主管部门现有监管力量难以对所有建设项目进行全面的“三同时”监督检查和日常检查，使得项目建设过程中产生的环境问题存在投产后集中体现的隐患，给环保验收管理带来很大压力。推行建设项目环境监理，有利于实现建设项目环境管理由事后管理向全过程管理的转变，由单一环保行政监管向行政监管与建设单位内部监管相结合的转变，对于促进建设项目全面、同步落实环评提出的各项环保措施具有重要意义。

（1）环境监理是提高环境影响评价有效性、落实“三同时”制度、实现建设项目全生命周期环境监管的重要手段

为了加强建设项目的环境保护管理，严格控制新的污染，加快治理原有的污染，保护和改善环境，国家先后颁布了《中华人民共和国环境保护法》《中华人民共和国

环境影响评价法》《建设项目环境保护管理办法》《建设项目环境保护管理条例》和《建设项目竣工环境保护验收管理办法》等法律法规。确立了以环境影响评价和“三同时”制度为核心的建设项目环境管理的法律地位和管理体系，明确了建设项目管理程序和要求，从而使我国建设项目环境保护管理步入法制化管理轨道。

在落实环保“三同时”制度过程中，“同时设计”可依靠环境影响评价和相关设计规范加以保障和制约，“同时投入使用”也有竣工验收的相关法规和规范加以保障落实，唯独“同时施工”缺乏相应的监督管理手段，如何加强项目建设期的环境管理成为提高建设项目环境管理水平的关键问题。如果在项目实施阶段不切实落实各项环保措施，不对施工活动加以规范，在建设项目竣工时，工程建设可能已对环境造成不可逆转的破坏，公众环境利益得不到保护也可能会加深社会公众对工程建设的误解，甚至引发抵制行为。所以重结果、轻过程的“沙漏型”环境管理制度不利于生态环境的保护和社会环境的和谐。

环境监理是一条将事后管理转变为全过程跟踪管理、将政府强制性管理转变为政府监督管理和建设单位自律的有效途径，对于减免施工对环境的不利影响、保证工程建设与环境保护相协调、预防和通过早期干预避免环境污染事故等方面都有重要的作用。

（2）环境监理是强化建设单位环境保护自律行为的有效措施

多数建设项目的环境保护具有点多面广，专业性、技术性和政策性强等特点，建设单位需要借助、利用社会监理机构的人力资源、技术和经验、信息及测试手段，委托监理单位作为“第三方”开展环境监理与环境管理。环境监理单位按照“公正、独立、自主”的原则为建设单位提供技术和管理服务，也是工程环境管理最经济和有效的手段。

（3）环境监理是实现工程环境保护目标的重要保证

工程建设期，将结合工程地质条件、场地条件，对工程施工布置、施工时序、部分辅助设施规模等进行优化调整，决定了施工期环境保护要求也应是动态变化并及时优化调整的，以符合实际需要。而基于前期设计成果形成的环评文件，其环境保护措施设计的深度难以较好地适应工程建设优化调整的需要，诸多环保问题需要环境监理进行专业性的现场协调和解决，以保证工程环境保护符合相关要求。

受主、客观因素影响，工程参建单位环境保护意识及主动性可能存在不足或偏差，需要通过环境监理强化环保监督、宣传及环境管理。

工程有关环境保护的大量过程记录和信息，需要系统化和规范化管理，以利于环境保护竣工验收的开展。

第三节　建设项目环境监理依据

一、法律

《中华人民共和国宪法》第九条第二款中关于环境保护的规定："国家保障自然资源的合理利用，保护珍贵的动物和植物。禁止任何组织或个人用任何手段侵占或破坏自然资源。"第二十六条明确规定 "国家保护和改善生活环境和生态环境，防治污染和其他公害"。

《中华人民共和国环境保护法》是我国环境保护的基本法，第十三条规定："建设污染环境的项目，必须遵守国家有关建设项目环境保护管理的规定。建设项目的环境影响报告书，必须对建设项目产生的污染和对环境的影响作出评价，规定防治措施，经项目主管部门预审并依照规定的程序报环境保护行政主管部门批准。环境影响报告书经批准后，计划部门方可批准建设项目设计任务书。"第二十四条规定："产生环境污染和其他公害的单位，必须把环境保护工作纳入计划，建立环境保护责任制度；采取有效措施，防治在生产建设或者其他活动中产生的废气、废水、废渣、粉尘、恶臭气体、放射性物质以及噪声、振动、电磁波辐射等对环境的污染和危害。"第二十六条规定："建设项目中防治污染的设施，必须与主体工程同时设计、同时施工、同时投产使用。防治污染的设施必须经原审批环境影响报告书的环境保护行政主管部门验收合格后，该建设项目方可投入生产或者使用。"

此外，针对污染防治和资源保护，颁布实施了大量专项法，构建了完整的法律体系，如《中华人民共和国海洋环境保护法》《中华人民共和国水土保持法》《中华人民共和国水污染防治法》《中华人民共和国大气污染防治法》《中华人民共和国环境噪声污染防治法》《中华人民共和国固体废物污染环境防治法》《中华人民共和国放射性污染防治法》《中华人民共和国野生动物保护法》《中华人民共和国环境影响评价法》《中华人民共和国清洁生产促进法》《中华人民共和国水法》《中华人民共和国土地管理法》《中华人民共和国海洋水域管理法》《中华人民共和国渔业法》《中华人民共和国森林法》《中华人民共和国草原法》等。

二、行政法规

行政法规是由国务院制定并公布的环境保护规范性文件。它分为两类，一类是为执行某些单行法而制定的实施细则或条例，另一类是针对某些尚无相应单行法律的重要领域而制定的条例、规定或办法。与环境监理相关的行政法规主要有《建设项日环境保护管理条例》《自然保护区条例》《野生植物保护条例》《风景名胜区管理条例》《基本农田保护条例》《防治海岸工程建设项目污染损害海洋环境管理条例》《防治船舶污染海域管理条例》等。

三、部门规章

在国家有关法律法规的基础上，国务院各部委单独或与国务院有关部门联合发布的环境保护规范性文件。它以有关的环境保护法律法规为依据制定，或针对某些尚无法律法规调整的领域作出相应规定。如原国家环保总局《建设项目竣工环境保护验收管理办法》，交通部先后制定下发的《交通行业环境保护管理规定》《交通建设项目环境保护管理办法》《交通部环境监测工作条例》等。环境保护部《关于进一步推进建设项目环境监理试点工作的通知》（环发[2012]5 号）、原国家环保总局《关于加强自然资源开发建设项目的生态环境管理的通知》《关于涉及自然保护区的开发建设项目环境管理工作有关问题的通知》等。

四、地方性法规和地方政府规章

环境保护地方性法规和地方政府规章是依照宪法和法律享有立法权的地方权力机关和地方行政机关（包括省、自治区、直辖市、省会城市、国务院批准的较大的市及计划单列市的人民代表大会及其常务委员会、人民政府）制定的环境保护规范性文件。如《上海市环境保护条例》《广东省环境保护条例》《山西省重点工业污染监督条例》《辽宁省建设项目环境监理管理办法》（辽环发[2011]22 号）《陕西省建设项目环境监理暂行规定》（陕环发[2011]93 号）《青海省建设项目环境监理管理办法（试行）》（青环发[2011]653 号）等。这些法规是对国家环境保护法律法规的补充和完善，具有较强的针对性和可操作性，同样是施工环境保护监理的依据。

五、环境保护标准

环境标准中的环境质量标准和污染物排放标准，均为强制性标准，是环境保护法律法规体系的重要组成部分。如《地表水环境质量标准》（GB 3838—2002）《生活饮用水水质标准》（GB 5749—2006）《污水综合排放标准》（GB 8978—88）等。

六、环境影响评价报告及批复

建设项目的环境影响评价报告及其批复，是建设项目环境监理工作最重要的依据，其中针对设计、施工期、运营期提出的污染防治措施、生态恢复以及环境监测是环境监理工作关注的重点。

七、工程标准规范

工程标准规范一般都编制专门条款规定了环境保护工作的内容。如《公路路基施工技术规范》《公路环境保护设计规范》等。

八、工程设计文件

设计文件包括工程初步设计、施工图设计、环保专项设计等。建设项目的设计阶段，往往已经考虑到了一些重大的环境保护问题，并在设计文件中有所反映。例如生态恢复措施、污染防治设施等，可以作为环境监理工作的依据。

九、监理合同、施工合同以及有关补充协议

建设单位委托开展施工过程环境保护监理的合同，以及有关的补充协议，都明确规定了环境保护监理单位的权利、责任和义务，是监理单位开展工作的直接依据。

作为工程环保措施具体执行者的施工单位，其责任和义务在《标准施工招标文件》（2007年版）中都有明确的规定。

十、其他

环境行动计划：利用世界银行或亚洲开发银行贷款的建设项目，还应编制环境行动计划，是此类工程施工过程环境监理工作的重要依据。

施工过程的会议纪要、文件：在施工过程中根据实际情况形成的有关环保问题的会议纪要、有关文件，可以作为环境保护监理的依据。

第四节　工程监理与环境监理的侧重点

一、工作目的

工程监理的目的是规范建设单位、施工单位等参建各方的建设行为，提高工程质量、工程投资效益，有效控制工程建设工期，实现工程项目的经济和社会效益，促进

工程建设管理水平的提高。

环境监理的目的是规范参建各方的环保行为，实现工程建设中对环境最低程度的破坏、最大限度的保护、最强力度的恢复，实现工程经济效益、社会效益和环境效益的统一，完善建设项目环境管理体系，促进人与自然的和谐发展。

二、工作对象

工程监理的对象主要是主体工程本身及与工程质量、进度、投资等相关的要素。

环境监理的对象主要是工程中的环境保护设施、生态恢复措施、环境风险防范措施以及受工程影响的外部环境。

三、工作内容

工程监理工作内容可概括为“三控制、二管理、一协调”，即质量、进度、投资控制；合同管理和信息的收集、分类、处理、反馈及储存的管理；对建设单位和承包商之间、业主与设计单位之间及工程建设各部门之间的协调组织工作。

环境监理工作内容是监督工程施工过程中环境污染、生态保护是否满足环境保护相关要求，与主体工程配套的环保措施落实情况等，协调好工程建设与环境保护，及建设单位与各相关方关系。

第五节　环境监理的发展历程及下阶段发展重点

一、发展历程

国外对公路等建设项目的环境管理问题关注较早，欧美一些国家早在 20 世纪 80 年代就已着手建立多种类型建设项目的环境监理制度。我国的建设项目环境监理自 20 世纪 90 年代起步，其发展历程经历了从无到有、逐步发展的过程，主要经历了起步（1995—2004）、探索（2004—2010）和试点（2010 年 6 月 18 日后）3 个阶段。

1．起步阶段（1995—2004）

（1）基本情况

20 世纪 90 年代，随着我国资源开发、基础设施建设项目投资力度加大，这些建设项目在施工阶段造成的环境污染和生态破坏问题表现更加突出，引起各级环境保护部门的重视以及社会各界的广泛关注。如何强化基本建设项目环境管理，探索一条既符合“三同时”制度要求，又符合市场经济运行法则的管理模式和工作制度，成为环境保护工作的一个重要课题。

1995 年 3 月，世行贷款项目黄河小浪底工程率先引入了环境监理管理模式，小浪底建设管理者向各承包商签发了“小浪底施工区环境监理工作实施意见”，授权环境监理工程师对施工区环境保护工作进行全面的监督管理，承包商除组建自己的环保机构外，还应随时接受环境监理工程师的检查。

2002 年 10 月国家环保总局、原铁道部等六部委以环发[2002]141 号文《关于在重大建设项目中开展工程环境监理试点的通知》，在全国范围内对 13 个生态环境影响突出的国家工程开展施工期环境监理试点。试点工程的建设单位必须委托具备相应资质的第三方单位，对工程施工期间环保措施实施情况进行监理；工程环境监理单位必须在施工现场对污染防治和生态保护的情况进行检查，确保各项环保措施落到实处。对未按有关环境保护要求施工的，应责令建设单位限期改正，造成生态破坏的，应采取补救措施或予以恢复。同时要求在项目竣工验收时，建设单位应向环境保护行政主管部门提交工程环境监理总结报告，作为工程竣工环境保护验收的必备文件。

首次实施工程环境监理试点的 13 个国家重点工程是青藏铁路格尔木至拉萨段，渝怀铁路，西气东输管道工程，云南澜沧江小湾水电站工程，黄河公伯峡水电站工程，重庆芙蓉江江口水电站工程，四川岷江紫坪铺水利枢纽工程，广西右江百色水利枢纽工程，尼尔基水利枢纽工程，上海国际航运中心洋山深水港区一期工程，上海至瑞丽国道主干线贵州境内三穗至凯里段高速公路，上海至瑞丽国道主干线湖南境内邵阳至怀化、怀化至新晃高速公路，青岛至银川国道主干线银川至古窑子高速公路。

（2）主要成果

一是提高了社会对建设项目环境监理工作的认识。环境影响评价制度和“三同时”制度是我国建设项目环境保护管理中的两项重要制度。开展施工期建设项目环境监理工作，可以加强建设项目全过程中的环境管理，尤其是对施工阶段环境管理这一薄弱环节的补充与完善，是全面落实环境影响评价制度和“三同时”制度的有效监控手段。

我国的环境监理试点工作，从一开始就十分注重执行业主负责制、招标投标制、合同管理制和项目资本金制等市场经济运用法则，明确了环境监理是运用市场经济法则的业主自律行为。

二是探索并初步形成了环境监理的工作程序。首先，建设单位通过招投标方式确定工程环境监理单位、签订委托合同，环境监理合同的主要条款包括：监理的范围和内容、双方的权利与义务、监理费的计取与支付、违约责任、双方约定的其他事项等，并通过委托合同明确了建设单位与工程环境监理单位的关系。对于环境监理纳入主体工程合同的试点项目，也在合同（主体工程建设监理补充协议或监理工作补充协议）中明确了工程环境监理的条款和有关事项。承担环境监理试点工作的各环境监理单位在实践工作中大胆探索和实践，形成了各具特色的环境监理工作程序。

2．探索阶段（2004—2010）

（1）基本情况

在 13 个国家重点工程首次实施工程环境监理试点工作的基础上，部分省份和行业部门结合地区和行业状况对工程环境监理进行了积极探索。浙江、山西、辽宁、陕西、青海省、内蒙古自治区等省区相继出台了关于开展建设项目环境监理工作的通知、管理办法，部分地区以地方行政规章的形式明确提出开展环境监理的要求。交通部、水利部也明确提出并在本行业开展工程环境监理工作。

① 浙江省：2004 年《浙江省建设项目环境保护管理办法》（省政府令第 166 号）提出“对可能造成重大环境影响的建设项目，推行环境监理制度，由建设单位委托具有环境工程监理资质的单位对建设项目施工中落实环境保护措施进行技术监督”。浙江省环境保护局《关于在建设项目中推行环境监理的通知》（浙环发[2004]23 号）提出对建材、电力、水电、围涂、交通运输、市政等工程实施环境监理制度，并将环境监理总结报告作为环保验收的资料之一。

② 山西省：2007 年山西省人大公布的《山西省重点工业污染监督条例》明确“重点工业污染防治设施建设实行环境工程监理制度，建设单位应当委托具有相应专业监理资质的机构，对污染防治设施建设施工进行现场监理”。山西省环境保护局《关于在建设项目中推行环境工程监理工作的通知》（晋环发[2007]306 号）和《关于落实重点工业污染建设项目环境工程监理工作的通知》提出“对冶金、电力、化工、建材、焦化、煤炭，跨区域、流域重大项目等试行环境监理制度”。2010 年山西省环境保护局在《关于进一步加强建设项目环境工程监理工作的通知》（晋环发[2010]160 号）中对环境监理机构的资质和从业人员资格提出明确要求。

③ 辽宁省：2007 年辽宁省环境保护局以《辽宁省建设项目环境监理管理暂行办法》（辽环发[2007]24 号）的形式要求以下建设项目应开展环境监理：编制环境影响报告书的建设项目、施工期造成环境污染或生态破坏较大的编制环境影响报告表的建设项目和环境保护行政主管部门对环境影响评价文件批复要求开展环境监理的建设项目，并提出通过招投标等方式确定环境监理机构，环境监理机构必须具备环评资质等。

④ 内蒙古自治区：2007 年内蒙古自治区环境保护局发布的《内蒙古自治区环境保护局环境监理管理办法（试行）》对开展环境监理的建设项目类型、环境监理单位资质管理及人员培训等内容进行了明确规定。

⑤ 陕西省：陕西省环境保护局于 2004 年以《关于在建设项目中加强工程环境监理的通知》、2008 年以《关于进一步加强建设项目环境监理工作的通知》要求建设项目施工过程中在开展工程监理的同时开展环境监理；2008 年《关于加强建设项目环境监理工作的通知》对环境监理工作及管理程序作出具体的要求。

⑥ 青海省：青海省环境保护局 2008 年以《青海省建设项目环境监理管理办法（试

行)》(青环发[2008]342 号)要求加强建设项目施工阶段的环境管理工作，严格执行建设项目环境保护“三同时”制度，防止建设项目施工期的生态破坏和环境污染，开展环境监理工作。

⑦ 交通部：交通部于 2004 年 6 月以《关于开展交通环境保护监理工作的通知》(交环发[2004]314 号)明确提出在交通行业内开展环境监理工作，并作为工程监理的重要组成部分，纳入工程监理管理体系。

⑧ 水利部：水利部于 2006 年以《水利工程建设监理规定》(水利部令第 28 号)《水利工程建设监理单位资质管理办法》(水利部令第 29 号)明确要求在全国开展水利工程建设环境保护监理，并作为工程监理的重要组成部分，纳入工程监理管理体系；于 2009 年发布《关于开展水利工程建设环境保护监理工作的通知》(水资源[2009]7号)，提出了开展环境保护监理的水利工程范围、实施方式，环境保护监理的时段、对象、区域、内容及职责，环境保护监理的收费标准等内容。

(2) 主要成果

探索阶段的突出特点是建设项目环境监理的定位逐渐清晰，环境监理管理体系得以逐渐建立。陕西、辽宁、浙江和内蒙古等省区已将建设项目环境监理要求纳入地方有关法规和规章。此外，陕西、辽宁、浙江、江苏、内蒙古、青海、山西等省区也都陆续制定了建设项目环境监理管理办法，逐步构建了环境监理管理体系。

在这个阶段开展环境监理工作的省份和行业非常重视环境监理队伍建设，部分省份和行业提出了资质管理要求。辽宁省和青海省要求建设项目环境监理从业机构需具备建设项目环境影响评价资质，由省级环境保护行政主管部门对其工程环境监理资质统一审核认定，并进行工作指导和管理。陕西省、山西省要求从业机构具有建设行政主管部门颁发的工程监理资质证书，并得到环保部门和建设部门联合认可。交通部和水利部要求从事工程环境监理的机构应具备工程监理资质，工程监理人员需经过环境保护业务培训，并取得培训合格证。

3. 试点阶段(2010 年 6 月 18 日后)

(1) 基本情况

环境保护部于 2010 年 6 月 18 日发布《环境保护部关于同意将辽宁省列为建设项目施工期环境监理工作试点省的复函》(环办函[2010]630 号)。

随后在 2011 年 7 月 11 日环境保护部发出《关于同意将江苏省列为建设项目环境监理工作试点省份的函》(环办函[2011]821 号)。标志着我国建设项目环境监理工作进入试点推广的阶段。

2011 年 10 月，环境保护部主持召开了全国建设项目环境监理工作交流会，为进一步推进全国环境监理工作奠定了基础。

2012 年 1 月，环境保护部下发了《关于进一步推进建设项目环境监理试点工作的通知》(环发[2012]5 号)，标志着我国建设项目环境监理工作进入迅速发展的新阶段。

（2）主要成果

试点阶段各省相继发布了一些更为详尽的法规、管理办法和技术规范等，更加明确提出了资质管理要求及独立于工程监理的环境监理管理制度要求。

2010 年山西省环保厅以《关于进一步加强建设项目环境工程监理工作的通知》对环境监理机构的资质和从业人员资格提出明确要求；2011 年以《关于开展环境监理工作的通知》确定首批环境监理试点单位，对开展环境监理工作提出了具体要求。

《辽宁省建设项目环境监理管理办法》（辽环发[2011]22 号）明确提出环境监理机构应当具备下列条件：（一）在中华人民共和国境内登记的各类所有制企业或事业法人，具有固定的工作场所和工作条件，固定资产不少于 100 万元，企业法人工商注册资金不少于 30 万元；（二）具备 10 名以上专职技术人员，其中至少有 2 名环境影响评价工程师（或注册环保工程师）和 1 名注册监理工程师。专职技术人员均应当通过环境监理业务培训。

《陕西省建设项目环境监理暂行规定》（陕环发[2011]93 号）对资质管理、人员培训、开展环境监理的建设项目类型、监理内容、职责范围、奖惩制度等均进行了明确的规定，对环境监理工作具有较强的指导作用。

2011 年新疆维吾尔自治区《新疆维吾尔自治区环境保护条例》要求“县级以上人民政府环境保护行政主管部门对水利、交通、电力、化工、冶金、轻工、核与辐射和矿产资源等施工周期长、生态环境影响大的建设项目，及环境影响评价文件批复要求开展环境监理的建设项目，应当组织实施环境监理”。2012 年《新疆维吾尔自治区建设项目环境监理管理办法（试行）》提出实施环境监理的建设项目类型、监理机构准入条件、监理工作内容等。规定具有建设项目环境影响评价甲级资质或工程监理甲级、乙级资质的机构可以从事环境监理。各级环保、住房与城乡建设行政主管部门负责环境监理工作的组织管理，建立和推行环境监理制度，明确各方面的责任。

2011 年，青海省环境保护厅修订《青海省建设项目环境监理管理办法（试行）》（青环发[2011]653 号）对开展环境监理的建设项目类型、环境监理单位资质管理、人员管理及组织实施等均进行了详细的规定。

2011 年，重庆市启动试点工作。重庆市环境保护局配套《重庆市建设项目环境监理技术规范（试行）》制定了重庆市建设项目环境监理管理暂行办法、建设项目环境监理培训证书管理办法、建设项目环境监理工程师培训方案等规定，搭建了建设项目环境监理的制度体系。

2012 年 1 月，环境保护部印发了《关于进一步推进建设项目环境监理试点工作的通知》（环发[2012]5 号），全面明确了环境监理的定位、功能、开展环境监理的建设项目类型等内容，并推荐 11 个省、自治区、直辖市作为第二批建设项目环境监理试点省。2012 年 2 月，新疆维吾尔自治区成为第 14 个环境监理试点省份。

二、环境监理下阶段发展重点

（1）加快建设项目环境监理制度建设

进一步扩大试点省范围，抓紧总结经验教训，尽快形成全国性的建设项目环境监理管理办法，确定建设项目环境监理的法律地位；进一步明确环境监理工作范围、工作程序、工作内容、工作方法和要求。

确定建设项目环境监理单位准入条件，加强对环境监理单位的监督与考核。

建立环境监理人员的培训和资格管理制度，从业人员应持有相关业务上岗证书或培训合格证书，并定期参加环境监理业务培训。

（2）建立建设项目环境监理技术质量保障体系

① 逐步建立建设项目环境监理技术规范体系，颁布环境监理技术规范、技术细则、标准、指标考核与验收、收费指导标准等。统一建设项目环境监理技术工作程序、内容、方法和要求，推动建设项目环境监理工作的科学化、规范化发展。② 技术咨询和审查是提高建设项目环境监理工作质量和为“三同时”验收管理提供技术支持的重要手段和环节，应积极探索并开展环境监理方案和技术报告审查咨询制度。③ 建设项目环境监理报告应全面、客观、公正地反映建设项目环保“三同时”的落实情况及施工期环境监测结果；建设项目环境监理单位和项目负责人应对环境监理结论负责。

（3）强化建设项目环境监理工作的监督实施

环评批复文件明确要求开展环境监理的建设项目，工程概预算应包括环境监理费用，建设单位应将环境监理作为该项目的一项重要环保要求予以落实，并将环境监理费用纳入工程概预算；建设单位定期向负责“三同时”监督管理的环境保护行政主管部门报送建设项目环境监理报告；环境保护行政主管部门建设项目应将环境监理报告作为进行试生产检查和竣工环保验收的重要依据之一。

（4）探索符合环境监理发展实际的人才培养机制

提高环境监理队伍业务素质是一项长期而艰巨的任务，必须探索符合环境监理发展实际的人才培养机制。当务之急是多渠道并举，全面提高环境监理从业人员的业务素质，以缓解并彻底解决监理人才的年龄与知识结构的问题：① 继续大力推行环境监理培训工作，开展不同层次的监理人员的培训，如环境监理企业管理人员培训、总监理工程师培训、监理工程师及监理员培训等。② 大力开展行业内部业务互访和合作，取长补短、交流提高。③ 联合有关学校设立环境监理相关专业，可以专科为培养起点，逐渐提高办学层次，结合实际需要培养一批高层次环境监理人才。④ 环境监理单位应以良好的工作条件和待遇吸引高素质、高水平人才，构筑人才高地。

第二章　建设项目环境保护基础知识简述

第一节　大气环境

一、概述

1. 基本概念

（1）大气污染

从科学意义上讲，大气污染是指大气因某种物质的介入而导致化学、物理、生物或者放射性等方面的特性改变，从而影响大气的有效利用，危害人体健康或者破坏生态，造成大气质量恶化的现象。法律和法规意义上认定的大气污染是相对环境空气质量标准和污染物排放标准而言的。通常人们所说的大气污染是指由于人类活动而使空气环境质量变坏的现象。

（2）大气污染源

一个能够释放污染物到大气中的装置（指排放大气污染物的设施或者排放大气污染物的建筑构造），称为大气污染源（排放源）。大气污染源按预测模式的模拟形式分为点源、面源、线源和体源4种。

点源：通过某种装置集中排放的固定点状源，如烟囱、集气筒等。

面源：在一定区域范围内，以低矮密集的方式自地面或近地面的高度排放污染物的源，如工艺过程中的无组织排放、储存堆、渣场等排放源。

线源：污染物呈线状排放或者由移动源构成线状排放的源，如城市道路的机动车排放源等。

体源：由源本身或附近建筑物的空气动力学作用使污染物呈一定体积向大气排放的源，如焦炉炉体、屋顶天窗等。

（3）大气污染物

污染源排放到大气中的有害物质称为大气污染物。大气污染物包括常规污染物和特征污染物两类。

常规污染物指《环境空气质量标准》（GB 3095—1996）中所规定的二氧化硫（SO_2）、颗粒物（TSP、PM_{10}）、二氧化氮（NO_2）、一氧化碳（CO）等5种污染物。

特征污染物指项目排放的污染物中除常规污染物以外的特有污染物。主要指项目实施后可能导致潜在污染或对周边环境空气保护目标产生影响的特有污染物。

大气污染源排放的污染物按存在形态分为颗粒物污染物和气态污染物，其中粒径小于 15 μm 的颗粒物污染物也可划为气态污染物。

（4）环境空气敏感区

一般界定为环境影响评价范围内按 GB 3095 规定划分为一类功能区的自然保护区、风景名胜区和其他需要特殊保护的地区，二类功能区中的居民区、文化区等人群较集中的环境空气保护目标，以及对项目排放大气污染物敏感的区域。

2．常用大气环境标准

（1）《环境空气质量标准》（GB 3095—2012）。

（2）《环境空气质量标准》（GB 3095—1996）。

（3）《大气污染物综合排放标准》（GB 16297—1996）。

（4）《锅炉大气污染物排放标准》（GB 13271—2001）。

二、大气污染治理方法

1．烟尘治理技术

颗粒污染物控制的方法和设备主要有 4 类。

机械力除尘器：通过质量力达到除尘目的，包括重力沉降室、惯性沉降室和旋风除尘器。

过滤式除尘器：通过多孔过滤介质来分离捕集气体中尘粒，包括袋式除尘器和颗粒层除尘器。

静电除尘器：利用高压电场产生的静电力作用分离含尘气体中固体粒子或液体粒子，包括干式静电除尘器和湿式静电除尘器。

湿式除尘器：用液体所形成的液膜、液滴或气泡来洗涤含尘气体，使尘粒随液体排出，使气体得到净化，包括喷雾塔、填料塔、文丘里洗涤器等。

在上述 4 类除尘器中，机械力除尘器的应用最广，常常被用做高效除尘器的前级预除尘器。湿式除尘器、过滤式除尘器和静电除尘器属于高效除尘器。实际应用中，常常把一种机械除尘器与后 3 类除尘器的任一种配合使用，除尘效率可达 95%以上。如电袋复合除尘器，是在一个箱体内安装电场区和滤袋区，有机结合静电除尘和过滤除尘两种机理的一种除尘器。

2．气态污染物的治理技术

吸收法：利用气体混合物各组分在一定液体中溶解度的不同而分离气体混合物的方法。吸收法主要适用于吸收效率和速率较高的有毒有害气体的净化。常用的吸收装置有填料塔、喷淋塔、板式塔、鼓泡塔、湍球塔和文丘里等。

吸附法：利用固体吸附剂对气体混合物中各组分吸附选择性的不同而分离气体混合物的方法。吸附法主要适用于低浓度有毒有害气体的净化。吸附工艺分为变温吸附和变压吸附。常用的设备有固定床、移动床和流化床。常用的吸附剂有活性炭（纤维）、分子筛、活性氧化铝和硅胶等。

催化燃烧法：利用固体催化剂在较低温度下将废气中的污染物通过氧化作用转化为 CO_2 和水等化学物的方法。催化燃烧法宜用于连续、稳定生产工艺的固定源气态及气溶胶态有机化合物的净化。

热力燃烧法：包括蓄热燃烧法，是利用辅助燃料燃烧产生的热能、废气本身的燃烧热能，或者利用蓄热装置所贮存的反应热能，将废气加热到着火温度，进行氧化（燃烧）反应。热力燃烧法适用于处理连续、稳定生产工艺产生的有机废气。

冷凝法：分一次冷凝法和多次冷凝法。前者多用于净化含单一有害成分的废气。后者多用于净化含多种有害成分的废气或用于提高废气的净化效率。适用于处理浓度在 $10\,000\times10^{-6}$ 以上的有机溶剂蒸汽，常作为吸附、燃烧等净化高浓度废气的前处理，不宜用于净化低浓度有害气体。

膜分离法：膜分离法是使气体混合物在压力梯度作用下，透过特定薄膜，因不同气体具有不同的透过速度，从而使气体混合物中不同组分达到分离的效果，是一项简单、快速、高效、经济节能、操作弹性大，能在常温下进行的新技术。目前已用于石油化工、合成氨气中回收氢、天然气体净化、空气中氧的富集及 CO_2 的去除与回收等。用于气体分离的膜主要有有机膜和无机膜。有机膜分离技术已成功应用于其他方法难以回收的有机物的分离，如医院消毒用的 CFC212 和环氧乙烷、制冷设备排放的 CFCs 等。无机膜分离技术目前已经被广泛用于空气分离制取富氧、浓氮，天然气分离，CO_2 回收，石油化工及合成氨尾气中氢的回收等。由于该技术具有热稳定性好、化学性质稳定、不被微生物降解及较大的机械强度、孔径尺寸易控制等特点，将它用于空气净化的主体或载体有着巨大的潜力。

生物氧化法：该方法基于微生物在好氧条件下能将有机污染物转化为水，CO_2 和生物质。生物过滤器通常由一个结构简单的填料层组成，填料层的周围环绕着某种固定的微生物群落，污染气体直接通过周围环绕填充料的生物层就能被净化。在实际应用中，堆肥、土壤、泥煤等均可用作填充料。滤层物质应具有一定的机械强度、物理特性（结构、孔隙度、比表面积等）和生物特性（提供无机营养和特殊的生物活性）。

3. 主要气态污染物的治理技术

（1）脱硫技术

脱硫方法主要分 3 类：

① 干法脱硫：即采用粉状或粒状吸收剂、吸附剂或催化剂来脱除烟气中的二氧化硫（SO_2），包括炉内喷钙法等。干法脱硫工艺过程简单，无污水和污酸处理问题，且净化后烟气温度下降很少，利于烟囱排气扩散。

② 湿法脱硫：即采用液体吸收剂洗涤烟气，以吸收所含的二氧化硫（SO_2）。湿法脱硫设备小，操作较容易，但能耗高。目前世界上已开发的湿法烟气脱硫技术，主要有石灰石（石灰）—石膏洗涤法、双碱法、海水脱硫、氨吸收法、氧化镁法、有机胺法等。据国际能源机构煤炭研究组织统计，湿法脱硫占世界安装烟气脱硫的机组总容量的85%，其中石灰石法占36.7%，其他湿法脱硫技术约占48.3%。以湿法烟气脱硫为主的国家有日本（98%）、美国（92%）、德国（90%）等。

③ 半干法脱硫：指脱硫剂在干燥状态下脱硫、在湿状态下再生，或者在湿状态下脱硫、在干状态下处理脱硫产物的脱硫技术。特别是在湿状态下脱硫、在干状态下处理脱硫产物的半干法，以其既有湿法脱硫反应速度快、脱硫效率高的优点，又有干法无污水废酸排出、脱硫后产物易于处理的优势而受到人们广泛的关注。主要包括旋转喷雾法、烟气循环流化床法和固定床水洗解式活性炭吸附法等。

近年来，以活性炭（焦）、煤制脱硫剂、活性炭纤维、沸石、树脂、氧化铝为脱硫剂和变压吸附法烟气脱硫等也得到了进一步的研究。

（2）脱硝技术

脱硝技术主要有：酸吸收法、碱吸收法、氧化吸收/还原法、选择性催化还原法（SCR）、非选择性催化还原法（SNCR）、活性炭吸附法、电子束脱硝法、离子体活化法等。

氧化吸收还原法：利用氧化剂、臭氧（O_3）或二氧化氯（ClO_2），将一氧化氮（NO）氧化成二氧化氮（NO_2），生成的二氧化氮再用水或碱性溶液吸收，或用亚硫酸钠（Na_2SO_3）水溶液将二氧化氮还原成氮气（N_2），从而实现脱硝。

选择性催化还原（SCR）技术：指在金属催化剂作用下，利用还原剂（氨、尿素）选择性地与氮氧化物（NO_x）反应，生成氮气和水的脱硝技术。SCR法具有脱硝效率高、操作温度低的优点，但运行费用较高。

选择性非催化还原法（SNCR）技术：是一种不使用催化剂，温度在850～1 100℃还原氮氧化物（NO_x）的方法，最常使用的还原剂为氨和尿素。SNCR法具有工程造价低、布置简易、占地面积小等特点。

除上述脱硝技术，还有过程脱硝技术，包括低温燃烧、低氧燃烧、循环流化床（FBC）燃烧技术、采用低NO_x燃烧器、煤粉浓淡分离和烟气再循环技术等。

（3）挥发性有机化合物（VOCs）治理技术

挥发性有机化合物，是指常温下饱和蒸汽压大于70Pa，常压下沸点在260℃以下的有机化合物，或在20℃条件下蒸汽压大于或等于0.01kPa具有挥发性的全部有机化合物。主要包括低沸点的烃类、卤代烃类、醇类、酮类、醛类、醚类、酸类和胺类等。挥发性有机化合物的基本处理方法有回收类和消除类。

回收类方法主要有吸收法、吸附法、冷凝法和膜分离法等。

消除类方法主要有燃烧法、生物法、低温等离子体法和催化氧化法等。

(4) 恶臭气体治理技术

恶臭气体的种类，包括硫化氢、硫醇、硫醚类等含硫化合物，氨、胺类等含氮化合物，卤素及衍生物，氧的有机物和烃类等。

恶臭气体的基本治理技术包括三大类。

物理学方法：主要有水洗法、物理吸附法、稀释法和掩蔽法。

化学方法：主要有药液吸收法、化学吸附法和燃烧法。

生物法：主要有生物过滤法、生物滴滤法和生物吸收法。

(5) 重金属气态污染物

大气中应重点控制的重金属污染物有汞、铅、砷、镉、铬及其化合物。基本处理方法包括过滤法、吸收法、吸附法、冷凝法和燃烧法。

第二节 地表水

一、概述

1. 基本概念

(1) 地表水

地表水是指陆地表面被水覆盖的水域，主要包括河流（运河）、渠道、湖泊、水库等水体。考虑到地表水与海洋之间的水力联系及位置关系，将海湾（入海河口和近岸海域）也纳入地表水环境影响评价的范畴。

(2) 水污染源

凡对水环境质量可以造成有害影响的物质和能量输入的来源，统称水污染源；输入的物质和能量，称为污染物或污染因子。

影响地表水环境质量的污染源，按进入环境的空间分布方式可分为点源和非点源（面源），按污染物性质可分为持久性污染物、非持久性污染物、酸碱污染物、废热4类，按照排放持续的时间可分为连续排放源和非连续排放源。

2. 常用水环境标准

(1)《地表水环境质量标准》(GB 3838—2002)。

(2)《海水水质标准》(GB 3097—1997)。

(3)《污水综合排放标准》(GB 8978—1996)。

(4)《城镇污水处理厂污染物排放标准》(GB 18918—2002)。

二、水污染的处理技术

污水处理方法主要有物理法、化学法和生物法。

物理法：主要有过滤、重力分离、离心分离等，其主要的构筑物和处理设备有格栅、筛网、沉砂池、沉淀池、气浮、旋流分离器及离心设备等。

化学法：主要有中和（酸碱中和）、混凝、化学沉淀（氢氧化物沉淀、铁氧体沉淀、其他化学沉淀）、氧化还原（药剂氧化法、药剂还原法、电化学法）、吸附、萃取、离子交换、膜分离（扩散渗析、电渗析、反渗透、超滤、纳滤、微滤）以及化学物理消毒法（臭氧、紫外线、二氧化氯、氯气、次氯酸钠）等。这些方法可根据废水的不同特点单独使用或联合使用。

生物法：根据作用微生物的不同，可分为好氧生物处理和厌氧生物处理两种类型。其中好氧生物法主要有传统活性污泥法、氧化沟、序批式活性污泥法（SBR）、生物滤池、曝气生物滤池、生物转盘及生物接触氧化法，具有处理效率高、使用广泛的特点。厌氧生物法主要有升流式厌氧污泥床（UASB）、厌氧流化床（AFB）、厌氧滤池（AF）等，多用于有机污泥和高浓度有机工业废水。还可采用自然生物法，主要包括稳定塘、土地处理法、人工湿地处理系统。

第三节 地下水

一、概述

1. 地下水基本概念

（1）地下水

广义上讲，地下水是指赋存于地表以下土壤与岩石空隙中的水；狭义上讲，地下水是指赋存于地表以下土壤与岩石空隙中的重力水。

（2）地下水的补给、径流与排泄

地下水补给：含水层或含水系统从外界获得水量的过程称为补给。地下水的主要补给来源有大气降水、地表水、凝结水和灌溉回归水及来自其他含水层中的水和人工补给的水。大气降水是地下水最普遍和最主要的补给来源。降水量的大小对一个地区的地下水补给量起控制作用。降水性质、包气带岩石的透水性与厚度、地形、植被等因素，都影响大气降水对含水层的补给强度。当在含水层之上没有稳定隔水层覆盖而且降水量丰富时，这种补给具有重要意义。河流、湖泊、水库、海洋等地表水体均可补给地下水，只要其底床和边岸岩石为相对透水岩层，便可与其下部含水层中的地下水发生水力联系，而当地表水体水位高于边岸地下水时便会补给地下水。在农田灌溉地区，由于渠道渗漏及田间地面灌溉的灌溉水下渗，浅层地下水获得大量补给。相邻含水层可在水位（头）差的作用下产生相邻含水层间的补给。

地下水径流：地下水由补给区流向排泄区的过程称为径流，是连接补给与排泄两个作用的中间环节。径流的强弱影响着含水层中的水量与水质。径流强度可用地下水的平均渗透速度衡量。含水层透水性好、地形高差大、切割强烈、大气降水补给量丰沛的地区，其地下径流强度大。同一含水层的不同部位径流强度也有差异。

地下水排泄：含水层或含水系统失去水量的过程称为排泄。地下水的主要排泄方式有泉排泄、向地表水体排泄、蒸发排泄、人工排泄及向另一含水层排泄等。① 泉是地下水的天然露头，是地下水循环过程中的一种重要排泄方式。② 地下水也可排泄到河流等地表水体中去。地下水位与河水水位相差越大，含水层透水性越好，河床切割的含水层面积越大，则排泄量也越大。地表水与地下水之间的补排关系复杂，有转化交替现象，其主要取决于区域气候、地质构造条件及水文网发育情况。③ 地下水的蒸发排泄包括土壤表面蒸发和植物叶面蒸腾两种方式。这种排泄不但消耗水量，而且往往造成水的浓缩，导致地下水矿化度的增高、水化学类型改变及土壤盐碱化。④ 地下水的人工排泄是指采用集水构筑物（井、钻孔、渠道等）开采或排泄含水层中的地下水。

2. 常用地下水环境标准

《地下水质量标准》(GB/T 14848—93)。

二、地下水环境保护措施与对策

1. Ⅰ类建设项目

Ⅰ类建设项目场地污染防治对策应从以下方面考虑。

(1)源头控制措施。主要包括提出实施清洁生产及各类废物循环利用的具体方案，减少污染物的排放量；提出工艺、管道、设备、污水储存及处理构筑物应采取的控制措施，防止污染物的跑、冒、滴、漏，将污染物泄漏的环境风险事故降到最低限度。

(2) 分区防治措施。结合建设项目各生产设备、管廊或管线、贮存与运输装置、污染物贮存与处理装置、事故应急装置等的布局，根据可能进入地下水环境的各种有毒有害原辅材料、中间物料和产品的泄漏（含跑、冒、滴、漏）量及其他各类污染物的性质、产生量和排放量，划分污染防治区，提出不同区域的地面防渗方案，给出具体的防渗材料及防渗标准要求，建立防渗设施的检漏系统。

(3) 地下水污染监控。建立场地区地下水环境监控体系，包括建立地下水污染监控制度和环境管理体系、制订监测计划、配备先进的检测仪器和设备，以便及时发现问题，及时采取措施。

地下水监测计划应包括监测孔位置、孔深、监测井结构、监测层位、监测项目和监测频率等。

（4）风险事故应急响应。制定地下水风险事故应急响应预案，明确风险事故状态下应采取的封闭、截流等措施，提出防止受污染的地下水扩散和对受污染的地下水进行治理的具体方案。

2. Ⅱ类建设项目

Ⅱ类建设项目地下水保护与环境水文地质问题主要减缓措施如下。

（1）以均衡开采为原则，提出防止地下水资源超量开采的具体措施，以及控制资源开采过程中地下水水位变化诱发的湿地退化、地面沉降、岩溶塌陷、地面裂缝等环境水文地质问题的具体措施。

（2）建立地下水动态监测系统，并根据项目建设所诱发的环境水文地质问题制定相应的监测方案。

（3）针对建设项目可能引发的其他环境水文地质问题提出应对预案。

第四节　声环境

一、概述

1. 基本概念

（1）声音

物理学上，声有双重含义，一方面指弹性介质传播的压力、应力、质点位移和质点速度等变化或几种变化的综合（指客观存在的能量波），另一方面指上述变化作用于人耳所引起的感觉（指主观听觉）。为清楚起见，前者称为声波，后者则称为声音。

（2）噪声

物理学中噪声指的是由不同频率和强度的声波无规则、杂乱组合的声音，以区别于乐音。环境科学中噪声指的是人们不需要的声音，它不仅包括杂乱无章、不协调的声音，而且也包括影响他人工作、休息、睡眠、谈话和思考的乐音等声音。

（3）环境噪声

环境噪声是指在工业生产、建筑施工、交通运输和社会生活中所产生的干扰周围生活环境的声音。

（4）环境噪声污染

环境噪声污染是指所产生的环境噪声超过国家规定的环境噪声排放标准，并干扰他人正常生活、工作和学习的现象。

2．常用声环境标准

（1）声环境质量标准

①《声环境质量标准》（GB 3096—2008）。

②《机场周围飞机噪声环境标准》（GB 9660—88）。

（2）环境噪声排放标准

①《工业企业厂界环境噪声排放标准》（GB 12348—2008）。

②《社会生活环境噪声排放标准》（GB 22337—2008）。

③《建设施工场界环境噪声排放标准》（GB12523—2011）。

④《铁路边界噪声限值及其测量方法》（GB 12525—90）。

二、噪声防治对策和措施

1．噪声防治措施的一般要求

（1）工业（工矿企业和事业单位）建设项目噪声防治措施应针对建设项目投产后噪声影响的最大预测值制定，以满足厂界（或场界、边界）和厂界外敏感目标（或声环境功能区）的达标要求。

（2）交通运输类建设项目（如公路、铁路、城市轨道交通、机场项目等）的噪声防治措施应针对建设项目不同代表性时段的噪声影响预测值分期制定，以满足声环境功能区及敏感目标功能要求。铁路建设项目的噪声防治措施还应同时满足铁路边界噪声排放标准要求。

2．防治途径

在声环境影响评价中，噪声防治对策和措施首先应该考虑规划的合理性，并从声源上降低噪声和从传播途径上降低噪声几个主要环节，使环境噪声达到规定要求。而从受体上采取免受噪声影响的措施只是不得已的选择。

（1）规划防治对策

主要指从建设项目的选址（选线）、规划布局、总图布置和设备布局等方面进行调整，提出减少噪声影响的建议。如采用“闹静分开”和“合理布局”的设计原则，使高噪声设备尽可能远离噪声敏感区；建议建设项目重新选址（选线）或提出城乡规划中有关防止噪声的建议等。

（2）技术防治措施

声源上降低噪声的措施主要包括：① 改进机械设计，如在设计和制造过程中选用发声小的材料来制造机件，改进设备结构和形状、改进传动装置以及选用已有的低噪声设备等。② 采取声学控制措施，如对声源采用消声、隔声、隔振和减振等措施。③ 维持设备处于良好的运转状态。④ 改革工艺、设施结构和操作方法等。

噪声传播途径上降低噪声的措施主要包括：① 在噪声传播途径上增设吸声、声屏障等措施。② 利用自然地形物（如利用位于声源和噪声敏感区之间的山丘、土坡、地堑、围墙等）降低噪声。③ 将声源设置于地下或半地下的室内等。④ 合理布局声源，使声源远离敏感目标等。

敏感目标自身防护措施主要包括：① 受声者自身增设吸声、隔声等措施，如敏感目标安装隔声门窗或隔声通风窗。② 合理布局噪声敏感区中的建筑物功能和合理调整建筑物平面布局。

（3）管理措施

主要包括提出环境噪声管理方案（如制定合理的施工方案、优化飞行程序等），制定噪声监测方案，提出降噪减噪设施的运行使用、维护保养等方面的管理要求，提出跟踪评价要求等。

第五节　生态环境

一、概述

与环境监理工作关系密切的生态环境部分基本概念如下。

（1）生态学

生态学是研究生物与其生存的有机和无机环境全部关系的学科。

（2）物种

物种是由遗传基因决定的、具有种内繁育能力、区别于其他生物类群的一类生物。物种是生物分类的基本单位，是具有一定的形态特征和生理特性以及一定的自然分布区的生物类群。在生态影响评价中对珍稀濒危野生动植物物种及具有生态经济价值的动植物需特别关注。

（3）种群

种群是指某一地区中同种个体的集合体。种群有 3 个基本特征：空间特征、数量特征、遗传特征。

（4）群落

群落是生活在某一地区中所有种群的集合体，可分为植物群落、动物群落和微生物群落三大类。群落不是生物物种的简单加和，而是一个由各种关系联系在一起的整体。群落的外部形态特征常被作为划分类型的依据。群落的结构特征亦被用作判别其完整性的指标。

（5）群落演替

在一定地段上，群落由某一类型转变为另一类型的有顺序的演变过程，称为群落演替。

(6) 生态系统

生态系统是指生命系统与非生命（环境）系统在特定空间组成的具有一定结构与功能的系统。它是生态影响评价的基本对象，即评价生态系统在外力作用下的动态变化。生态系统由生物和非生物环境两大部分组成。其中生物包括生产者、消费者和分解者。

生态系统的运行是由组成生态系统的生物群落或生物群落通过它们之间复杂的关系维系的动态变化过程。最重要的运行过程是物质循环、能量流动、信息传递以及调节，这是生态系统的基本功能。

根据生态系统与人类活动的关系，可将生态系统分为自然生态系统、人工生态系统和半自然生态系统。

(7) 生境

生境是指物种（也可以是种群或群落）存在的环境域，即生物生存的空间和其中全部生态因子的总和。植物生长的土壤及各种条件（植物生长地）；动物的栖息地、食源地、水源地、庇护所、繁殖地等。在林业上常称的"立地条件"，实际上也就是生物（林木）生存的环境。组成生境的各要素即为生态因子，包括生物因子和非生物因子。

(8) 植被

植被是覆盖地表的植物及其群落的泛称。

植被类型，具有一致外貌（优势种生活型相同）的植物群落组合，是植物群落的高级或最高级的分类单位。

(9) 景观

景观生态学所指的"景观"，是一个空间异质性的区域，由相互作用的拼块（斑块）或生态系统组成，以相似的形式重复出现。即景观是由具有不同生态特性的拼块（斑块）组成的嵌合体，一般适用于大尺度或中尺度（数十平方公里至数百平方公里，甚至全球尺度）生态过程的研究。景观生态学具有众多与一般群落或生态系统不同的特征，是当前生态学研究的一个重要分支学科。

(10) 生物多样性

生物多样性保护是全世界环境保护的核心问题，被列为全球重大环境问题之一，这是因为生物多样性对人类有巨大的也是不可替代的价值，它是人类群体得以持续发展的保障之一。

(11) 生态恢复

生态恢复一般可分为自然恢复和人工恢复。对于由于自然或人为的因素导致的在生态系统承载力范围内的干扰或破坏，生态系统可以通过演替恢复其原有的状态。但对于超过生态自然恢复能力的干扰或破坏，生态系统自我恢复将是十分困难的，需要人类采取措施促进恢复。退化生态系统自然恢复的实质是群落演替、自我修复的过程。

（12）生态影响

生态影响是指外力（一般指“人为作用”）作用于生态系统，导致其发生结构和功能变化的过程。即经济社会活动对生态系统及其生物因子、非生物因子所产生的任何有害的或有益的作用，影响可划分为不利影响和有利影响，直接影响、间接影响和累积影响，可逆影响和不可逆影响等。

二、生态影响的防护、恢复、补偿措施及替代方案

1. 生态保护的基本原则

（1）应按照避让、减缓、补偿和重建等次序提出生态影响防护与恢复的措施；所采取措施的效果应有利于修复和增强区域生态功能。

（2）凡涉及不可替代、极具价值、极敏感、被破坏后很难恢复的敏感生态保护目标（如特殊生态敏感区、珍稀濒危物种）时，必须提出可靠的避让措施或生境替代方案。

（3）涉及采取措施后可恢复或修复的生态目标时，也应尽可能提出避让措施；否则，应制定恢复、修复和补偿措施。各项生态保护措施应按项目实施阶段分别提出，并提出实施时限和估算经费。

2. 生态保护措施的内容

（1）生态保护措施的基本要求

① 生态保护措施应包括保护对象和目标，内容、规模及工艺，实施空间和时序，保障措施和预期效果分析，绘制生态保护措施平面布置示意图和典型措施设施工艺图。估算或概算环境保护投资。② 对可能具有重大、敏感生态影响的建设项目，区域、流域开发项目，应提出长期的生态监测计划、科技支撑方案，明确监测因子、方法、频次等。③ 明确施工期和运营期管理原则与技术要求。可提出环境保护工程分标与招投标原则，施工期工程环境监理，环境保护阶段验收和总体验收、环境影响后评价等环保管理技术方案。

（2）替代方案

替代方案是相对于设计推荐方案以外的其他方案。替代方案因目的、要求不同可能有多种。替代方案一般有“零方案”和非零方案之分，非零方案（可选择方案）具有不同的层次。

① 零方案。“零方案”是一种特殊的替代方案。“零方案”就是不作为方案，或者说是维持现状的方案。对建设项目来说，“零方案”就是取消该建设项目的方案。

给自然留有空间，或者说保持某些地区的自然生态系统而不加干预，可能最符合人类可持续发展的长远利益，可能是最有效益的“发展”。

② 替代方案的层次：a. 项目总体替代方案。前述的“零方案”即属于一种项目

总体替代的方案。从项目总体来看，重大的替代方案主要有建设项目选址的变更，公路、铁路选线的变更，整套工艺技术和设备的变更等。因涉及建设项目总体的经济效益、投资规模和环境影响，关系到项目的可行与否，可视为总体替代方案。b. 工艺技术替代方案。建设项目采取不同的方案设计会有差异较大的环境影响，因而以新的环保理念优化方案设计（即提出替代方案）是环境影响评价中的一项重要工作。如公路建设方案中以桥代填（高填土）、以隧（洞）代挖（深挖方）、收缩边坡、上下行分道设计，都是工艺技术方面的替代方案。这种替代方案不仅必要，而且实践证明十分可行。c. 环保措施替代方案。针对特定的环境条件与特点提出替代方案措施。

三、减少生态影响的工程措施

减少生态影响的工程措施一般可从以下方面考虑。

（1）方案优化

① 选点、选线规避环境敏感目标。② 选择减少资源消耗的方案（如收缩边坡减少占用土地的面积，采用低路基方案减少土石方量等）。③ 采用环境友好方案（如桥隧代路基减少土石方量及其填挖作业）。④ 环保建设工程（如设置生物通道、建设生态屏障、移植保护重要野生植物等）。

（2）施工方案合理化

① 规范化操作（如控制施工作业带）。② 合理安排季节、时间、次序。③ 改变传统落后施工组织（如“会战”）。

（3）加强工程的环境保护管理

① 施工期环境工程监理与队伍管理。② 运营期环境监测与“达标”管理（环境建设）。

四、重要生态保护措施

（1）物种多样性和法定保护生物、珍稀、濒危物种及特有生物物种的保护

① 栖息地保护—绕避措施。在建设项目选址、选线时，尽可能避绕重要野生动植物栖息地。尽最大可能保障生物生存的条件。如植物生长的土壤与水的保障，动物的食源、水源、繁殖地、庇护所、领地范围等。② 保障生物迁徙通道。设计、建造野生动物走廊、鱼类洄游通道和其他物种的特殊栖息环境，消除岛屿生境的不良效应和满足不同生物对栖息地的需求。③ 栖息地补偿。如果建设项目影响了生物的栖息地，可在评价区的同类地区建立补偿性公园或保护区，弥补或替代拟议项目所造成的不可避免的栖息地破坏。④ 易地保护。在不能采取就地保护的情况下，异地安置法定保护生物或珍稀濒危生物物种或进行人工繁殖、放流、哺养。⑤ 加强有关野生生

物保护的宣传教育和执法力度。

（2）植被的保护与恢复

① 合理设计，加强施工管理，把拟议项目引起的难以避免的植被破坏减少到最低限度；注意对脆弱植被的保护和对环境条件恶劣（干旱、大风、大暴雨、陡坡、岩溶等）地区植被的保护。② 保护森林和草原。禁止对森林乱砍滥伐，以保护森林资源，森林开发要边开采边植树；禁止乱开滥垦草地和过度放牧，保护草地。③ 项目竣工后要对破坏植被进行恢复、再造。④ 规定各类开发建设项目生态保护应达到的植被覆盖率指数。⑤ 保存表层土壤以利植被恢复。

（3）资源保护和合理利用

① 从可持续发展考虑，切实保护、合理利用自然资源。首先是合理利用土地，减少不合理占地，控制各种导致土地资源退化的用地方式。② 立足于保护生态系统的基本功能，保护好植被资源。③ 严禁侵占重要湿地，维护湿地水环境特性，特别是水系的畅通，保护湿地动植物。④ 防止过度捕捞，限制有损水生生物资源的捕捞方式。

（4）水土保持措施

土壤侵蚀是最为普遍、影响最为深远的生态问题之一。土壤侵蚀在我国称为水土流失。《中华人民共和国水土保持法》第二十五条规定："在山区、丘陵区、风沙区以及水土保持规划确定的容易发生水土流失的其他区域开办可能造成水土流失的生产建设项目，生产建设单位应当编制水土保持方案，报县级以上人民政府水行政主管部门审批，并按照经批准的水土保持方案，采取水土流失预防和治理措施。没有能力编制水土保持方案的，应当委托具备相应技术条件的机构编制。"

五、生态监测

生态系统的复杂性、生态影响的长期性和由量变到质变的特点，决定了生态监测在环境管理中具有特殊重要的意义，也是重要的生态保护措施。生态监测有施工期生态监测，亦有长期跟踪的生态监测。

第六节 固体废物

一、概述

1. 固体废物的定义与鉴别

根据《中华人民共和国固体废物污染环境防治法》的规定，固体废物是指在生产、生活和其他活动中产生的丧失原有价值或者虽未丧失利用价值但被抛弃或者放弃的固态、半固态和置于容器中的气态的物品、物质以及法律、行政法规规定纳入固体废物管理的物品、物质。但是，排入水体的废水和排入大气的废气污染防治则除外。

对于固体废物与非固体废物的鉴别，除应首先根据上述定义进行判断外，还可根据《固体废物鉴别导则（试行）》进行判断。

2．固体废物的分类

固体废物来源广泛，种类繁多，性质各异。按其来源，可分为工业固体废物、农业固体废物和生活垃圾。按其特性，可分为危险废物和一般废物。

3．固体废物的管理

（1）法律法规

1995 年 10 月 30 日，第八届全国人民代表大会常委会第十六次会议通过，并经 2004 年 12 月 29 日第十届第十三次会议修订的《中华人民共和国固体废物污染环境防治法》，全面规定了固体废物污染环境防治的体系和制度。

（2）管理原则

对固体废物的管理，应当从产生、收集、运输、贮存、再循环利用，到最终处置（即“从摇篮到坟墓”），实现废物的全过程控制，从而达到废物的减量化、资源化、无害化目的。对固体废物的管理，首要的是力求最小量化，这是现代管理的基点。在生活垃圾方面，如减少商品的过度包装，日用品、食品容器的回收再利用，净菜进城等。在工业生产方面，培养每个生产和管理人员在各自岗位上树立最小量化意识，建立最小量化制度和操作规范，改进生产工艺或设计，选择适当原料，制定科学的运行操作程序，提高回收利用率，使生产过程不产生或少产生固体废物。

（3）管理制度

主要包括废物交换制度、废物审核制度、申报登记制度、排污收费制度、许可证制度、转移报告单制度。

（4）污染控制标准

固体废物污染控制标准分为两大类。一类是废物处置控制标准，包括《含多氯联苯废物污染控制标准》（GB 13015—91）《城市垃圾产生源分类及垃圾排放》（CJ/T 3033—1996）；另一类标准是设施控制标准，包括《生活垃圾填埋污染控制标准》（GB 16889—2008）《危险废物焚烧污染控制标准》（GB 18484—2001）《生活垃圾焚烧污染控制标准》（GB 18485—2001）《危险废物贮存污染控制标准》（GB 18597—2001）《危险废物填埋污染控制标准》（GB 18598—2001）《一般工业固体废物贮存、处置场污染控制标准》（GB 18599—2001）等。

二、固体废物的处理与处置

1．固体废物的综合利用和资源化

（1）一般工业固体废物的再利用

由矿物开采、火力发电以及金属冶炼产生的大量的一般工业固体废物，积存量大，处置占地多。主要固体废物有煤矸石、锅炉渣、粉煤灰、高炉渣、钢渣、尘泥等，这些废物多以 SiO_2、Al_2O_3、CaO、MgO、Fe_2O_3 为主要成分，只要适当进行调配，经加工即可生产水泥等多种建筑材料，这不仅实现了资源再利用，而且由于其产生量大，可以大大减少处置的费用和难度。在一般工程项目固体废物环境影响评价过程中，应首先考虑实现对建设项目产生的固体废物的再利用，并应在环境影响评价文件中明确可实现资源化的固体废物的再利用方式。

（2）有机固体废物堆肥技术

固体废物生物转换技术是对固体废物进行稳定化、无害化处理的重要方式之一，也是实现固体废物资源化、能源化的系统技术之一，主要包括堆肥化、沼气化和其他生物转化技术。

2．固体废物的焚烧处置

焚烧法是一种高温热处置技术，即以一定的过剩空气量与被处置的有机废物在焚烧炉内进行氧化燃烧反应，废物中的有毒有害物质在高温下氧化、热解而被破坏。焚烧处置的特点是它可以实现废物无害化、减量化、资源化。焚烧的主要目的是尽可能焚毁废物，使被焚烧的物质变为无害和最大限度地减容，并尽量减少新的污染物质产生，避免造成二次污染。

三、危险废物的处理与处置

1．危险废物的定义与鉴别

（1）危险废物的定义

《中华人民共和国固体废物污染环境防治法》中“危险废物”的含义是：列入国家危险名录或者根据国家规定的危险废物鉴别标准和鉴别方法认定的具有危险特性的固体废物。

所谓危险特性包括腐蚀性、毒性、易燃性、反应性和感染性。

医疗废物是指医疗卫生机构在医疗、预防、保健以及其他相关活动中产生的具有直接或间接传染性、毒性以及其他危害性的废物。

（2）国家危险废物名录

2008 年 6 月 6 日环境保护部、国家发展和改革委员会联合颁布了《国家危险废物名录》（以下简称《名录》），并于 2008 年 8 月 1 日起施行。《名录》中共列出了 49 类危险废物的废物类别、废物来源、废物代码、废物危险特性、常见危险废物组分和废物名称，共约 400 种。《名录》明确了医疗废物属于危险废物。

（3）危险废物鉴别

现行的危险废物鉴别标准为《危险废物鉴别标准》（GB 5085—2007），其包括 7 项鉴别标准，分别为《危险废物鉴别标准　腐蚀性鉴别》（GB 5085.1—2007）《危险废物鉴别标准　急性毒性初筛》（GB 5085.2—2007）《危险废物鉴别标准　浸出毒性鉴别》（GB 5085.3—2007）《危险废物鉴别标准　易燃性鉴别》（GB 5085.4—2007）《危险废物鉴别标准　反应性鉴别》（GB 5085.5—2007）《危险废物鉴别标准　毒性物质含量鉴别》（GB 5085.6—2007）及《危险废物鉴别标准　通则》（GB 5085.7—2007）。

（4）医疗废物分类名录

原卫生部、原国家环保总局于 2003 年 10 月 10 日发布了《医疗废物分类名录》。医疗废物分为 5 类：感染性废物、病理性废物、损伤性废物、药物性废物、化学性废物。

2．危险废物的处置方法

（1）物理、化学方法

工业生产产生的某些含油、含酸、含碱或含重金属的废液均不宜直接焚烧或填埋，要通过物理、化学处理。经处理后的有机溶剂可以用做燃料或做焚烧炉的辅助燃料，浓缩物或沉淀物则可送去填埋或焚烧。因此，物理、化学方法也是综合利用或预处理的过程。其主要方法简述如下。

含油废液中的矿物油有两种存在形式：游离油和乳化油。游离油与水的结合松散，容易分离，可以使用重力油分离器将油水分离。含乳化油的废液中油和水以油包水或水包油的形式结合成液滴而形成乳浊液，其中的油和水较难分离。一般采取两步工艺分离。第一步，破乳。向乳化液中添加化学药剂使油滴聚集在化学药品形成的絮凝物上。第二步，撇油。将聚结油滴絮凝物从水中撇出，从而达到油水分离的目的。

含可溶性重金属离子的废水可采用沉淀法去除重金属离子。加入的沉淀药剂除石灰外，往往还加入硫化钠。这是因为金属氢氧化物只是在一个狭窄的 pH 范围内才是稳定的（pH 过低不沉淀，过高形成金属络合物又溶解）。因此，多金属离子的共同沉淀，很难发现一个合适的 pH 范围。而金属硫化物的溶度积很小，沉淀的 pH 范围较宽，易于将重金属离子沉淀分离。

脱水也是一种物理处理法，主要是用来处理污水处理过程中产生的含水量大的含有毒成分的污泥，以减小体积，利于进一步处理。一般的脱水方法包括真空过滤脱水、带滤机脱水、离心脱水等。

（2）焚烧方法

这里所讲的焚烧是指焚化燃烧危险废物使之分解并无害化的过程。焚烧适用于处置当前经济和技术条件限制下不能再循环、再利用或直接安全填埋的危险废物。焚烧既可以处置含有热值的有机物并回收其热能，也可以通过残渣熔融使重金属元素稳定化，是同时实现减量化、无害化和资源化的一种重要处置手段。

（3）安全填埋

安全填埋是一种把危险废物放置或贮存在环境中，使其与环境隔绝的处置方法，也是对其进行各种方式的处理之后所采取的最终处置措施，目的是隔断废物同环境的联系，使其不再对环境和人体健康造成危害。因此，是否能够阻断废物同环境的联系便是填埋处置成功与否的关键，也是安全填埋潜在风险的所在。

3．医疗废物的处置方法

（1）焚烧处置医疗废物

根据医疗废物的特性，它与工业危险废物的重要区别，就是医疗废物具有传染性。由于在大部分医疗废物中，都带有传染疾病的微生物，因此灭活是处理工艺首要的技术要求。其次则是减量化和无害化的要求。

为了防止使用过的医疗用具通过各种渠道流入市场，威胁人体健康和污染环境，因此毁形也是处置医疗废物的技术要求之一。在建设使用焚烧技术的危险废物集中处置设施的地区，应当将焚烧医疗废物纳入进去。

关于技术原理以及国家的有关标准，医疗废物焚烧与危险废物焚烧大体相同。尤其从环境保护角度，要求医疗废物焚烧装置同样执行《危险废物焚烧污染控制标准》（GB 18484—2001）。

（2）医疗废物的其他处理与处置方法

除了使用焚烧技术处置医疗废物外，常用的医疗废物处理处置方法还有高压蒸汽法、微波消毒法、化学消毒法、等离子热解法等。

第七节　环境风险

一、环境风险概述

什么是风险？在一般情况下，风险是指一种危害或危险及某种特定危险事件或某些损失发生的可能性。风险具有两个基本特性：一是具有发生或出现人们不希望的后果（危害事件）；二是风险的某些方面具有不确定性或不肯定性。任何事件必须具备上述两个基本特性，才能称为风险事故，两者缺一不可。

环境风险主要有下列三种类别：一是化学性风险，指有毒、易燃、易爆材料引起的风险；二是物理性风险，指极端状况引发的风险，如交通事故、大型机械设备、建筑物倒塌等会引起立即伤害的各种事故；三是自然灾害性风险，指地震、台风、龙卷风、洪水、自然火灾等引发的物理和化学性风险。建设项目环境风险评价中的环境风险是指建设项目有毒有害和易燃易爆物质的生产、使用、储运等“可能发生的突发性事故对环境造成的危害及可能性”，一般不包括人为破坏及自然灾害的环境风险。

二、环境风险防范措施和应急预案

1. 环境风险管理

环境风险管理是指根据风险评价的结果，按照相关的法规条例，选用有效的控制技术，进行减缓风险的费用与效益分析，确定可接受风险度和可接受的损害水平，提出减缓或控制环境风险的措施或决策，达到既要满足人类活动的基本需要，又不超出当前社会对环境风险的接受水平，以降低或消除风险，保护人群健康和生态系统安全。

此概念包括以下三个方面的内容。

提出减缓或控制环境风险的措施或决策。其实质就是采用技术的、经济的、法律的、教育的、政策的和行政的各种手段对人类的行动实施控制性的影响，使人们按生态规律、自然规律和经济规律办事。

人类需要与环境相协调。人类的需要必须与社会发展水平相协调，包括对自然资源、环境资源的合理利用。

以环境风险制约人类的活动。环境风险的可接受性又与多种因素有关，因此，在制定人类活动方案时要充分考虑各种可能产生的环境风险是可以预测的，也是可以控制的，控制措施的方式有以下几种。

减轻环境风险：通过优化生产工艺或提高生产设备安全性使环境风险降低。

规避环境风险：如利用迁移厂址、迁出居民等措施使环境风险转移。

替代环境风险：通过改变生产原料或改变产品品种可以达到用另一种较小的环境风险替代原有的环境风险。

此外，对决策者还可以提出改革预防措施，加强应急对策，提高人员素质等。

对于上述提到的控制措施，可以在风险产生的全过程实施。

2. 风险防范措施

在环境风险识别与评价的基础上，对项目拟采取的防范措施的充分性、有效性和可操作性进行分析论证；并将防范措施的预期效果反馈给风险评价，以使识别出的环境风险能够得到降低并保持在可接受的程度。

（1）风险防范措施分析论证

风险防范措施分析论证包括充分性分析、有效性分析、可操作性分析和替代方案等内容。

① 充分性分析。分析项目拟采取的风险防范措施及依托措施是否涵盖了所有识别出的重大环境风险。风险防范措施应包括（但不限于）以下内容。

事故预防措施：加工、储存、输送危险物料的设备、容器、管道的安全设计；防火、防爆措施；危险物质或污染物质的防泄漏、溢出措施；工艺过程事故自诊断和连锁保护等。

事故预警措施：可燃气体和有毒气体的泄漏、危险物料溢出报警系统；污染物排放监测系统；火灾爆炸报警系统等。

事故应急处置措施：事故报警、应急监测及通信系统；终止风险事故的措施，如消防系统、紧急停车系统、中止或减少事故泄放量的措施等；防止事故蔓延和扩大的措施，如危险物料的消除、转移及安全处置，在有毒有害物质泄漏风险较大的区域作地面防渗处理、设置安全距离，切断危险物或污染物传入外环境的途径及设置暂存设施等。

事故终止后的处理措施：事故过程中产生的有毒有害物质的处理措施，如污染的消防废水的处理处置。

对外环境敏感目标的保护措施：如必要的撤离疏散通道、避难所的设置，重要生活饮用水取水口的隔离保护措施等，应提出要求和建议。

② 有效性分析。针对环境风险事故的污染物量、传输途径、影响范围及受害对象等，从设计能力、服务范围及控制效果等方面，分析风险防范措施能否有效地防范风险事故的影响。对重要或关键的防范措施，如全厂性水污染风险防范措施等，应通过计算、图示说明论证结果。环境风险的防范体系要完整。

③ 可操作性分析。针对风险防范措施的应急启动和执行程序，分析其能否满足风险防范和应急响应的要求。

④ 替代方案。经分析论证，建设项目拟采取的风险防范措施不能满足风险防范要求时，应提出替代方案或否定结论。

（2）环境风险防范措施落实及“三同时”检查内容

① 环境风险防范措施的落实。应对环境风险防范措施在设计、施工、资源配置等方面提出落实要求。设计应保证设施的能力能满足防范风险的需要；施工应保证设施的安装质量符合工程验收规范、规程和检验评定标准；资源配置应能满足工程防范措施的正常运行。

②“三同时”检查内容。凡经过论证为可实施的风险防范工程措施均应列为“三同时”检查内容，逐项列出。

3．应急预案

在建设项目环境影响评价文件中，应从环境风险防范的角度，提出环境事件应急预案编制的原则要求。

环境事件应急预案应当符合“企业自救，属地为主，分类管理，分级响应，区域联动”的原则，与所在地地方人民政府突发环境事件应急预案相衔接。

对于改建、扩建和技术改造项目，应当对依托企业现有环境事件应急预案的有效性进行评估，提出完善的意见和建议；对于新建项目，应当明确事故响应和报警条件，规定应急处置措施。

第八节 环境监测

一、概述

环境监测是为了特定目的，按照预先设计的时间和空间，用可以对比的环境信息和资料收集的方法，对一种或多种环境要素或指标进行间断或连续的观察、测定、分析其变化及对环境影响的过程。

一般来说，环境监测的范围较大，各种环境污染物随时间、空间而变化，通常不可能对环境整体（总体）进行监测，只能以少量环境样品（样本）的监测结果来推断总体环境质量。因此，必须把握好各个技术环节，包括监测项目和范围的确定、采样点数量和位置的布设、采样时间和频次的确定、样品的采集、样品的处理和分析、数据处理和综合评价以及质量保证和质量控制等。监测结果的准确性、精密性、完整性、代表性和可比性反映了对环境监测的质量要求。代表性、可比性和完整性，主要取决于监测点的布设、采样时间和频次以及采样操作；准确性和精密性主要取决于样品的保存、处理和分析测试。环境监测结果的良好质量，必然是在认真实施全程序质量保证和质量控制的基础上方能达到的。

环境监测是环境保护工作的基础，是环境立法、环境规划和环境决策的依据。环境监测是环境管理的重要手段之一。按其监测目的，环境监测可分为以下几类。

（1）监视性监测

监视性监测又称为例行监测或常规监测，是对指定的有关项目进行定期的、长时间的监测，以确定环境质量及污染源状况，评价控制措施的效果，衡量环境标准实施情况和环境保护工作的进展。这是监测工作中量最大、面最广的工作。监视性监测包括环境质量监测和污染源的监督监测。

（2）特种目的监测

特种目的监测又称为应急监测或特例监测，包括污染事故应急监测、纠纷仲裁监测、环评要求进行的监测、建设项目竣工环保验收监测等。

（3）研究性监测

研究性监测又称为科研监测，是针对特定目的的科学研究而进行的高层次的监测，例如环境本底的监测及研究、标准分析方法的研究、标准物质的研制等。

二、环境监测方案的基本内容

根据监测要素不同，其监测方案也有差别，例如水和气的监测方案应强调优化布点、样品采集、保存与传输等，而噪声监测方案的重点是点位布设，相对于水和气的监测方案要简单得多。监测方案应包括以下基本内容。

1. 现场调查与资料收集

这是把握评价项目所在区域的自然环境、污染物扩散和迁移所必需的。例如进行地表水监测，要调查水从哪里来、水体水质如何、汇入评价项目的排水后又流到哪里去、该水系应执行什么标准、本区域内的污染源排放的特征因子以及污染物排放浓度及排污总量等。现场调查和资料收集是划定监测范围、确定监测因子、设置监测点位的基础。

2. 监测项目

根据我国的环境保护法规，国家、行业及地方的污染物排放标准和环境质量标准，并结合项目的工程分析，如原材料、工艺流程、副产品及产品、污染物排放等确定监测项目。当标准和法规修订后应采用最新的有效版本。在确定监测项目时，还应当遵循优先污染物优先监测的原则。

我国加入世界贸易组织（WTO）以后，国际间贸易往来迅速发展，外企在我国的独资或合资项目越来越多，在环境监测中，必要时可参照相关的国际标准。

监测项目除了包括污染因子外，还包括一些环境参数，如环境空气质量监测时的气象参数、地表水环境质量监测时的水文参数等。

3. 监测范围、点位布设

充分考虑评价项目所在区域的自然环境状况和污染物扩散分布特征，按照相应的环境影响评价技术导则和监测技术规范确定监测范围。优化点位布设应在充分考虑环境污染物扩散和空间分布的基础上，取得有代表性监测数据的重要程序。例如，评价项目的拟建厂界外有小学或医院等敏感点，噪声监测范围应适当扩大；在地形复杂区域环境空气的监测点位应比平原密集；不同宽度的河流在断面上应设置不同数量的采样垂线。

4. 监测时间和频次

环境监测应选择在有代表性的时期进行。大气环境监测分采暖期和非采暖期，水环境监测分丰水期、平水期和枯水期，噪声监测分昼间和夜间，不同时期获得的监测数据可能有较大的差别。为了能获得代表性的监测数据，应按照相应的环境影响评价技术导则和监测技术规范的要求，充分考虑污染物时间分布的特点，确定监测时间和监测频次，同时监测时间还必须满足所用评价标准值的取值时间要求。

5. 样品采集和分析测定

环境监测过程必须按照规范的操作规程加以实施，才能获取科学可靠的监测信息。在进行环境监测工作时，必须按照相关的环境监测技术规范执行，如《地表水和污水监测技术规范》（HJ/T 91—2002）《地下水环境监测技术规范》（HJ/T 164—2004）《水污染物排放总量监测技术规范》（HJ/T 92—2002）《环境空气质量自动监测技术规范》（HJ/T 193—2005）《环境空气质量手工监测技术规范》（HJ/T 194—2005）

《固定污染源排气中颗粒物测定和气态污染物采样方法》(GB/T 16157—1996)《固定源废气监测技术规范》(HJ/T 397—2007)《大气污染物无组织排放监测技术导则》(HJ/T 55—2000)《土壤环境监测技术规范》(HJ/T 166—2004)《声环境质量标准》(GB 3096—2008)《工业企业厂界环境噪声排放标准》(GB 12348—2008)等。应该确保使用标准的最新版本。

污染物的监测分析方法，按相关的国家环境质量标准和污染物排放标准要求，采用其列出的标准测试方法。对相关标准中未列出的污染物和尚未列出测试方法的污染物，其测试方法按以下次序选择：国家现行的标准测试方法、行业现行的标准测试方法、国际现行的标准测试方法和国外现行的标准测试方法。对目前尚未建立标准方法的污染物测试，可参考国内外已经成熟但未上升为标准的测试技术，但应进行空白、检测限、平行双样、加标回收等适用性检验，并附加必要说明。

6．监测单位的资质要求

根据《中华人民共和国计量法》和《实验室和检查机构资质认定管理办法》规定，向社会出具具有证明作用的数据和结果的实验室必须通过国家认证认可监督管理委员会和省级以上质量技术监督部门的资质认定，只有其基本条件和能力符合法律、行政法规以及相关技术规范或者标准实施的要求，才能获得资质认定证书，其出具的数据加盖 CMA[①]印章，具有证明作用。

实验室认可工作是我国完全与国际惯例接轨的一套国家实验室认可体系，有些外国独资企业或合资企业的环评项目，亦可委托通过实验室认可的监测单位实施监测方案。

① CMA 是“China Metrology Accreditation”的缩写，中文含义为“中国计量认证”。取得计量认证合格证书的检测机构，允许其在检验报告上使用 CMA 标记；有 CMA 标记的检验报告可用于产品质量评价、成果及司法鉴定，具有法律效力。

第三章　建设工程监理概述

第一节　建设工程监理的基本概念

一、建设工程监理制度产生的背景

从新中国成立直至20世纪80年代，我国固定资产投资基本上是由国家统一安排计划，由国家统一财政拨款。80年代我国进入改革开放的新时期，在基本建设和建筑业领域采取一些重大的改革措施，例如投资有偿使用、投资主体多元化、工程招标投标制等。这种情况下，改革传统的建设工程管理形式势在必行。建设部于1988年发布了“关于开展建设监理工作的通知”，经过试点，1997年《中华人民共和国建筑法》（以下简称《建筑法》）以法律制度的形式作出规定，国家推行建设工程监理制度。

二、建设工程监理的概念

1．定义

建设工程监理是指具有相关资质的监理单位受建设单位（项目法人）的委托，依据国家批准的工程项目建设文件、有关工程建设的法律、法规和工程建设监理合同及其他工程建设合同，代替建设单位对承建单位的工程建设实施监控的一种专业化服务活动。

2．建设工程监理的依据

（1）工程建设文件：批准的可行性研究报告、建设项目选址意见书、建设用地规划许可证、建设工程规划许可证、批准的施工图设计文件、施工许可证等。

（2）有关的法律、法规、规章和标准、规范：《中华人民共和国建筑法》《中华人民共和国合同法》《中华人民共和国招标投标法》《建设工程质量管理条例》等法律法规，《工程建设监理规定》等部门规章以及地方性法规等。也包括《工程建设标准强制性条文》《建设工程监理规范》以及有关的工程技术标准、规范、规程等。

（3）建设工程委托监理合同和有关的建设工程合同：工程监理企业应当根据下述两类合同进行监理：一是工程监理企业与建设单位签订的建设工程委托监理合同，二是建设单位与承建单位签订的建设工程合同。

3．建设工程监理的范围

（1）建设工程范围

国务院公布的《建设工程质量管理条例》对实行强制性监理的工程范围作了原则性的规定，2001 年建设部颁布了《建设工程监理范围和规模标准规定》（86 号部令），规定了必须实行监理的建设工程项目的具体范围和规模标准。下列建设工程必须实行监理：① 国家重点建设工程。② 大中型公用事业工程。③ 成片开发建设的住宅小区工程。④ 利用外国政府或者国际组织贷款、援助资金的工程。⑤ 国家规定必须实行监理的其他工程。

（2）阶段范围

建设工程监理可以适用于工程建设投资决策阶段和实施阶段，但目前主要是建设工程施工阶段。

第二节 监理工程师和工程监理企业

一、监理工程师

监理工程师是指经考试取得中华人民共和国监理工程师资格证书，并经注册，取得中华人民共和国注册监理工程师注册执业证书和执业印章，从事工程监理及相关业务活动的专业人员。

二、工程监理企业的资质管理制度

1．工程监理企业的资质业务范围

工程监理企业的资质按照等级分为综合资质、专业资质和事务所资质。其中，专业资质按照工程性质和技术特点划分为若干工程类别。综合资质、事务所资质不分级别。专业资质分为甲级、乙级；其中，房屋建筑、水利水电、公路和市政公用专业资质可设立丙级。

甲级、乙级和丙级，按照工程性质和技术特点分为 14 个专业工程类别，每个专业工程类别按照工程规模或技术复杂程度又分为 3 个等级。

2．工程监理企业的资质管理

根据我国现阶段管理体制，我国工程监理企业的资质按中央和地方 2 个层次进行管理。国务院建设行政主管部门负责全国工程监理企业资质的统一管理工作。涉及铁道、交通、水利、信息产业、民航等专业工程监理资质的，由国务院交通、水利、信息产业、民航等有关部门配合国务院建设行政主管部门实施资质管理工作；省、自治区、直辖市人民政府建设行政主管部门负责本行政区域内工程监理企业资质的统一管理工作，省、自治区、直辖市人民政府交通、水利、通信等有关部门配合同级建设行政主管部门实施相关资质类别工程监理企业资质的管理工作。

第三节 建设工程目标控制

一、概述

控制是建设工程监理的重要管理活动。在管理学中，控制通常是指管理人员按计划标准来衡量所取得的成果，纠正所发生的偏差，使目标和计划得以实现的管理活动。管理首先开始于确定目标和制订计划，继而进行组织和人员配备，并进行有效的领导，一旦计划付诸实施或运行，就必须进行控制和协调，检查计划实施情况，找出偏离目标和计划的误差，确定应采取的纠正措施，以实现预定的目标和计划。

二、建设工程目标系统和三大目标之间的关系

任何建设工程都有投资、进度、质量三大目标，这三大目标构成了建设工程的目标系统。为了有效地进行目标控制，必须正确认识和处理投资、进度、质量三大目标之间的关系，并且合理确定和分解这三大目标。建设工程投资、进度（或工期）、质量三大目标两两之间存在既对立又统一的关系。

1．建设工程三大目标之间的对立关系

建设工程三大目标之间的对立关系比较直观，易于理解。一般来说，如果对建设工程的功能和质量要求较高，就需要采用较好的工程设备和建筑材料，就需要投入较多的资金；同时，还需要精工细作，严格管理，不仅增加人力的投入（人工费相应增加），而且需要较长的建设时间。如果要加快进度，缩短工期，则需要加班加点或适当增加施工机械和人力，这将直接导致施工效率下降，单位产品的费用上升，从而使整个工程的总投资增加；另一方面，加快进度往往会打乱原有的计划，使建设工程实施的各个环节之间产生脱节现象，增加控制和协调的难度，不仅有时可能“欲速不达”，而且会对工程质量带来不利影响或留下工程质量隐患。如果要降低投资，就需要考虑降低功能和质量要求，采用较差或普通的工程设备和建筑材料；同时，只能按费用最低的原则安排进度计划，整个工程需要的建设时间就较长。应当说明的是，在这种情况下的工期其实是合理工期，只是相对于加快进度情况下的工期而言，显得工期较长。

以上分析表明，建设工程三大目标之间存在对立的关系。因此，不能奢望投资、

进度、质量三大目标同时达到“最优”，既要投资少，又要工期短，还要质量好。在确定建设工程目标时，不能将投资、进度、质量三大目标割裂开来，分别孤立地分析和论证，更不能片面强调某一目标而忽略其对其他两个目标的不利影响，而必须将投资、进度、质量三大目标作为一个系统统筹考虑，反复协调和平衡，力求实现整个目标系统最优。

2. 建设工程三大目标之间的统一关系

对于建设工程三大目标之间的统一关系，需要从不同的角度分析和理解。例如加快进度、缩短工期虽然需要增加一定的投资，但是可以使整个建设工程提前投入使用，从而提早发挥投资效益，还能在一定程度上减少利息支出，如果提早发挥的投资效益超过因加快进度所增加的投资额度，则加快进度从经济角度来说就是可行的。如果提高功能和质量要求，虽然需要增加一次性投资，但是可能降低工程投入使用后的运行费用和维修费用，从全寿命费用分析的角度则是节约投资的。首先，在不少情况下，功能好、质量优的工程（如宾馆、商用办公楼）投入使用后的收益往往较高；其次，从质量控制的角度，如果在实施过程中进行严格的质量控制，保证实现工程预定的功能和质量要求（相对于由于质量控制不严而出现质量问题可认为是“质量好”），则不仅可减少实施过程中的返工费用，而且可以大大减少投入使用后的维修费用；最后，严格控制质量还能起到保证进度的作用。如果在工程实施过程中发现质量问题及时进行返工处理，虽然需要耗费时间，但可能只影响局部工作的进度，不影响整个工程的进度；或虽然影响整个工程的进度，但是比不及时返工而酿成重大工程质量事故对整个工程进度的影响要小，也比留下工程质量隐患到使用阶段才发现而不得不停止使用进行修理所造成的时间损失要小。

三、建设工程投资控制

1. 建设工程投资控制的目标

建设工程投资控制的目标，就是通过有效的投资控制工作和具体的投资控制措施，在满足进度和质量要求的前提下，力求使工程实际投资不超过计划投资。

2. 系统控制

投资控制是与进度控制和质量控制同时进行的，它是针对整个建设工程目标系统所实施的控制活动的一个组成部分，在实施投资控制的同时需要满足预定的进度目标和质量目标。当采取某项投资控制措施时，如果某项措施会对进度目标和质量目标产生不利的影响，就要考虑是否还有别的更好的措施，要慎重决策。系统控制的思想就是要实现目标规划与目标控制之间的统一，实现三大目标控制的统一。

3. 全过程控制

所谓全过程，主要是指建设工程实施的全过程。建设工程的实施阶段包括设计阶段（含设计准备）、招标阶段、施工阶段以及竣工验收和保修阶段。在这几个阶段中都要进行投资控制，但从投资控制的任务来看，主要集中在前三个阶段。要求从设计阶段就开始进行投资控制，并将投资控制工作贯穿于建设工程实施的全过程，直至整个工程建成且延续到保修期结束。在明确全过程控制的前提下，还要特别强调早期控制的重要性，越早进行控制，投资控制的效果越好，节约投资的可能性越大。如果能实现工程建设全过程投资控制，效果应当更好。

4．全方位控制

对投资目标进行全方位控制，包括两种含义：一是对按工程内容分解的各项投资进行控制，即对单项工程、单位工程，乃至分部分项工程的投资进行控制；二是对按总投资构成内容分解的各项费用进行控制，即对建筑安装工程费用、设备和工器具购置费用以及工程建设其他费用等都要进行控制。通常，投资目标的全方位控制主要是指上述第二种含义，因为单项工程和单位工程的投资同时也要按总投资构成内容分解。

四、建设工程进度控制

1．建设工程进度控制的目标

建设工程进度控制的目标可以表达为：通过有效的进度控制工作和具体的进度控制措施，在满足投资和质量要求的前提下，力求使工程实际工期不超过计划工期。

2．系统控制

在采取进度控制措施时，要尽可能采取可对投资目标和质量目标产生有利影响的进度控制措施。例如，完善的施工组织设计，优化的进度计划等。相对于投资控制和质量控制而言，进度控制措施可能对其他两个目标产生直接的有利作用，这一点显得尤为突出，应当予以足够的重视并加以充分利用，以提高目标控制的总体效果。

3．全过程控制

关于进度控制的全过程控制，要注意以下三方面问题。

（1）在工程建设的早期就应当编制进度计划。

（2）在编制进度计划时要充分考虑各阶段工作之间的合理搭接。

（3）抓好关键线路的进度控制。

4．全方位控制

对进度目标进行全方位控制要从以下几个方面考虑。

（1）对整个建设工程所有工程内容的进度都要进行控制，除了单项工程、单位工程之外，还包括配套工程等的进度。这些工程内容都有相应的进度目标，应尽可能将它们的实际进度控制在进度目标之内。

（2）对整个建设工程所有工作内容的进度都要进行控制。建设工程的各项工作，诸如征地、拆迁、勘察、设计、施工招标、材料和设备采购、施工、动用前准备等，都有进度控制的任务。

（3）对影响进度的各种因素都要进行控制。建设工程的实际进度受到很多因素的影响，如施工机械、技术人员和工人的素质、建设资金、材料和设备供应、施工现场组织管理、承包商之间施工进度协调、工程自然条件等，还可能出现政治、社会等风险。要实现有效的进度控制，必须对上述影响进度的各种因素都进行控制，采取措施减少或避免这些因素对进度的影响。

（4）注意各方面工作进度对施工进度的影响。

5．进度控制的特殊问题

组织协调与控制是密切相关的，都是为实现建设工程目标服务的。在建设工程三大目标控制中，组织协调对进度控制的作用最为突出且最为直接，有时甚至能取得常规控制措施难以达到的效果。因此，为了有效地进行进度控制，必须做好与有关单位的协调工作。

五、建设工程质量控制

1．建设工程质量控制的目标

建设工程质量控制的目标，就是通过有效的质量控制工作和具体的质量控制措施，在满足投资和进度要求的前提下，实现工程预定的质量目标。

2．系统控制

建设工程质量控制的系统控制应从以下几方面考虑。

（1）确保基本质量目标的实现。

（2）尽可能发挥质量控制对投资目标和进度目标的积极作用。

（3）避免不断提高质量目标的倾向。

3．全过程控制

建设工程总体质量目标的实现与工程质量的形成过程息息相关，因此必须对工程质量实行全过程控制。建设工程的每个阶段都对工程质量的形成起着重要的作用，但各阶段关于质量问题的侧重点不同。因此，应当根据建设工程各阶段质量控制的特点和重点，确定各阶段质量控制的目标和任务，以便实现全过程质量控制。

4．全方位控制

对建设工程质量进行全方位控制应从以下几方面着手。

（1）对建设工程所有工程内容的质量进行控制。

（2）对建设工程质量目标的所有内容进行控制。

（3）对影响建设工程质量目标的所有因素进行控制。

5. 质量控制的特殊问题

质量控制还有两个特殊问题要加以说明。

第一个问题是对建设工程质量实行三重控制。

由于建设工程质量的特殊性，需要对其从三方面加以控制：①实施者自身的质量控制，这是从产品生产者角度进行的质量控制。②政府对工程质量的监督，这是从社会公众角度进行的质量控制。③监理单位的质量控制，这是从业主角度或者说是从产品需求者角度进行的质量控制。对于建设工程质量，加强政府的质量监督和监理单位的质量控制是非常必要的，但决不能因此而淡化或弱化实施者自身的质量控制。

第二个问题是工程质量事故处理。

工程质量事故在建设工程实施过程中具有多发性特点，诸如基础不均匀沉降、混凝土强度不足、屋面渗漏、建筑物倒塌乃至一个建设工程整体报废等都有可能发生。如果说，拖延的工期、超额的投资还可能在以后的实施过程中挽回的话，那么，工程质量一旦不合格，就成了既定事实。不合格的工程，决不会随着时间的推移而自然变成合格工程。因此，对于不合格工程必须及时返工或返修，达到合格后才能进入下一工序、才能交付使用。否则，拖延的时间越长，所造成的损失后果越严重。

由于工程质量事故具有多发性特点，因此，应当对工程质量事故予以高度重视，从设计、施工以及材料和设备供应等多方面入手，进行全过程、全方位的质量控制，特别要尽可能做到主动控制、事前控制。在实施建设监理的工程上，减少一般性工程质量事故，杜绝工程质量重大事故，应当说是最基本的要求。为此，不仅监理单位要加强对工程质量事故的预控和处理，而且要加强工程实施者自身的质量控制，把减少和杜绝工程质量事故的具体措施落实到工程实施过程之中，落实到每一工序之中。

六、建设工程目标控制的任务

在建设工程实施的各阶段中，设计阶段、施工招标阶段、施工阶段的持续时间长且涉及的工作内容多，在以下内容中仅涉及这三个阶段目标控制的具体任务。

1. 设计阶段

（1）投资控制任务

在设计阶段，监理单位投资控制的主要任务是通过收集类似建设工程投资数据和资料，协助业主制定建设工程投资目标规划；开展技术经济分析等活动，协调和配合设计单位力求使设计投资合理化；审核概（预）算，提出改进意见，优化设计，最终满足业主对建设工程投资的经济性要求。

设计阶段监理工程师投资控制的主要工作，包括对建设工程总投资进行论证，确认其可行性；组织设计方案竞赛或设计招标，协助业主确定对投资控制有利的设计方案；伴随着设计各阶段的成果输出制定建设工程投资目标划分系统，为本阶段和后续阶段投资控制提供依据；在保障设计质量的前提下，协助设计单位开展限额设计工作；编制本阶段资金使用计划，并进行付款控制；审查工程概算、预算，在保障建设工程具有安全可靠性、适用性基础上，概算不超估算，预算不超概算；进行设计挖潜，节约投资；对设计进行技术经济分析、比较、论证，寻求一次性投资少而全、寿命经济性好的设计方案等。

（2）进度控制任务

在设计阶段，监理单位设计进度控制的主要任务是根据建设工程总工期要求，协助业主确定合理的设计工期要求；根据设计的阶段性输出，由“粗”而“细”地制订建设工程总进度计划，为建设工程进度控制提供前提和依据；协调各设计单位一体化开展设计工作，力求使设计能按进度计划要求进行；按合同要求及时、准确、完整地提供设计所需要的基础资料和数据；与外部有关部门协调相关事宜，保障设计工作顺利进行。

设计阶段监理工程师进度控制的主要工作包括对建设工程进度总目标进行论证，确认其可行性；根据方案设计、初步设计和施工图设计制订建设工程总进度计划、建设工程总控制性进度计划和本阶段实施性进度计划，为本阶段和后续阶段进度控制提供依据；审查设计单位设计进度计划，并监督执行；编制业主方材料和设备供应进度计划，并实施控制；编制本阶段工作进度计划，并实施控制；开展各种组织协调活动等。

（3）质量控制任务

在设计阶段，监理单位设计质量控制的主要任务是了解业主建设需求，协助业主制定建设工程质量目标规划（如设计要求文件）；根据合同要求及时、准确、完善地提供设计工作所需的基础数据和资料；配合设计单位优化设计，并最终确认设计符合有关法规要求，符合技术、经济、财务、环境条件要求，满足业主对建设工程的功能和使用要求。

设计阶段监理工程师质量控制的主要工作，包括建设工程总体质量目标论证；提出设计要求文件，确定设计质量标准；利用竞争机制选择并确定优化设计方案；协助业主选择符合目标控制要求的设计单位；进行设计过程跟踪，及时发现质量问题，并及时与设计单位协调解决；审查阶段性设计成果，并根据需要提出修改意见；对设计提出的主要材料和设备进行比较，在价格合理基础上确认其质量符合要求；做好设计文件验收工作等。

2. 施工招标阶段

（1）协助业主编制施工招标文件。

（2）协助业主编制标底。

（3）做好投标资格预审工作。

（4）组织开标、评标、定标工作。

3. 施工阶段

(1) 投资控制的任务

施工阶段建设工程投资控制的主要任务是通过工程付款控制、工程变更费用控制、预防并处理费用索赔、挖掘节约投资潜力来努力实现实际发生的费用不超过计划投资。

为完成施工阶段投资控制的任务，监理工程师应做好以下工作：制订本阶段资金使用计划，并严格进行付款控制，做到不多付、不少付、不重复付；严格控制工程变更，力求减少变更费用；研究确定预防费用索赔的措施，以避免减少对方的索赔数额；及时处理费用索赔，并协助业主进行反索赔；根据有关合同的要求，协助做好应由业主方完成的，与工程进展密切相关的各项工作，如按期提交合格施工现场，按质、按量、按期提供材料和设备等工作；做好工程计量工作；审核施工单位提交的工程结算书等。

(2) 进度控制的任务

施工阶段建设工程进度控制的主要任务是通过完善建设工程控制性进度计划、审查施工单位施工进度计划、做好各项动态控制工作、协调各单位关系、预防并处理好工期索赔，以求实际施工进度达到计划施工进度的要求。

为完成施工阶段进度控制任务，监理工程师应当做好以下工作：根据施工招标和施工准备阶段的工程信息，进一步完善建设工程控制性进度计划，并据此进行施工阶段进度控制；审查施工单位施工进度计划，确认其可行性并满足建设工程控制性进度计划要求；制订业主方材料和设备供应进度计划并进行控制，使其满足施工要求；审查施工单位进度控制报告，督促施工单位做好施工进度控制；对施工进度进行跟踪，掌握施工动态；研究制定预防工期索赔的措施，做好处理工期索赔工作；在施工过程中，做好对人力、材料、机具、设备等的投入控制工作以及转换控制工作、信息反馈工作、对比和纠正工作，使进度控制定期连续进行；开好进度协调会议，及时协调有关各方关系，使工程施工顺利进行。

(3) 质量控制的任务

施工阶段建设工程质量控制的主要任务是通过对施工投入、施工和安装过程、产出品进行全过程控制，以及对参加施工的单位和人员的资质、材料和设备、施工机械和机具、施工方案和方法、施工环境实施全面控制，以期按标准达到预定的施工质量目标。

为完成施工阶段质量控制任务，监理工程师应当做好以下工作：协助业主做好施工现场准备工作，为施工单位提交质量合格的施工现场；确认施工单位资质；审查确认施工分包单位；做好材料和设备检查工作，确认其质量；检查施工机械和机具，保证施工质量；审查施工组织设计；检查并协助搞好各项生产环境、劳动环境、管理环境条件；进行施工工艺过程质量控制工作；检查工序质量，严格工序交接检查制度；

做好各项隐蔽工程的检查工作；做好工程变更方案的比选，保证工程质量；进行质量监督，行使质量监督权；认真做好质量鉴证工作；行使质量否决权，协助做好付款控制；组织质量协调会；做好中间质量验收准备工作；做好竣工验收工作；审核竣工图等。

第四节 建设工程监理组织

一、建设工程监理实施程序

（1）确定项目总监理工程师，成立项目监理机构。
（2）编制建设工程监理规划。
（3）制定各专业监理实施细则。
（4）规范化地开展监理工作。
（5）参与验收，签署建设工程监理意见。
（6）向业主提交建设工程监理档案资料。
（7）监理工作总结。

二、建设工程监理实施原则

监理单位受业主委托对建设工程实施监理时，应遵守以下基本原则。
（1）公正、独立、自主的原则。
（2）权责一致的原则。
（3）总监理工程师负责制的原则。
（4）严格监理、热情服务的原则。
（5）综合效益的原则。

三、项目监理机构的人员配备

项目监理机构中配备监理人员的数量和专业应根据监理的任务范围、内容、期限以及工程的类别、规模、技术复杂程度、工程环境等因素综合考虑，并应符合委托监理合同中对监理深度和密度的要求，能体现项目监理机构的整体素质，满足监理目标控制的要求。

项目监理机构应具有合理的人员结构，包括以下两方面的内容：一是合理的专业结构；二是合理的技术职务、职称结构。

监理人员的基本职责应按照工程建设阶段和建设工程的情况确定。施工阶段，按照《建设工程监理规范》的规定，项目总监理工程师、总监理工程师代表、专业监理工程师和监理员应分别履行相应职责。

四、建设工程监理的组织协调

建设工程监理目标的实现，需要监理工程师扎实的专业知识和对监理程序的有效执行，此外，还要求监理工程师有较强的组织协调能力。通过组织协调，使影响监理目标实现的各方主体有机配合，使监理工作实施和运行过程顺利。

项目监理机构组织协调的工作内容包括：项目监理机构内部的协调、与业主的协调、与承包商的协调、与设计单位的协调、与政府部门及其他单位的协调。

建设工程监理组织协调的方法包括会议协调法、交谈协调法、书面协调法、访问协调法、情况介绍法。

第五节　建设工程监理工作文件及其构成

建设工程监理工作文件是指监理单位投标时编制的监理大纲、监理合同签订以后编制的监理规划和专业监理工程师编制的监理实施细则。

一、监理大纲

监理大纲又称监理方案，它是监理单位在业主开始委托监理的过程中，特别是在业主进行监理招标过程中，为承揽到监理业务而编写的监理方案性文件。监理单位编制监理大纲有以下两个作用：一是使业主认可监理大纲中的监理方案，从而承揽到监理业务；二是为项目监理机构今后开展监理工作制定基本的方案。一般应该包括如下主要内容。

（1）拟派往项目监理机构的监理人员情况介绍

在监理大纲中，监理单位需要介绍拟派驻所承揽或投标工程的项目监理机构的主要监理人员，并对他们的资格情况进行说明。其中，应该重点介绍拟派往投标工程的项目总监理工程师的情况，这往往决定承揽监理业务的成败。

（2）拟采用的监理方案

监理单位应当根据业主所提供的工程信息，并结合自己为投标所初步掌握的工程资料，制定出拟采用的监理方案。监理方案的具体内容包括：项目监理机构的方案、建设工程三大目标的具体控制方案、工程建设各种合同的管理方案、项目监理机构在监理过程中进行组织协调的方案等。

（3）将提供给业主的阶段性监理文件

在监理大纲中，监理单位还应该明确未来工程监理工作中向业主提供的阶段性的监理文件，这将有助于满足业主掌握工程建设过程的需要，有利于监理单位顺利承揽该建设工程的监理业务。

二、监理规划

监理规划是监理单位接受业主委托并签订委托监理合同之后，在项目总监理工程师的主持下，根据委托监理合同，在监理大纲的基础上，结合工程的具体情况，广泛收集工程信息和资料的情况下制定，经监理单位技术负责人批准，用来指导项目监理机构全面开展监理工作的指导性文件。

从内容范围上来讲，监理大纲与监理规划都是围绕着整个项目监理机构所开展的监理工作来编写的，但监理规划的内容要比监理大纲更翔实、更全面。

三、监理实施细则

监理实施细则又简称监理细则，其与监理规划的关系可以比作施工图设计与初步设计的关系。也就是说，监理实施细则是在监理规划的基础上，由项目监理机构的专业监理工程师针对建设工程中某一专业或某一方面的监理工作编写，并经总监理工程师批准实施的操作性文件。

监理实施细则的作用是指导本专业或本子项目具体监理业务的开展。

第六节 监理费的计算方法

监理费的计算方法，一般由业主与工程监理企业协商确定。监理费的计算方法主要有以下几个。

（1）按建设工程投资的百分比计算法

这种方法比较简便，业主和工程监理企业均容易接受，也是国家制定监理取费标准的主要形式。采用这种方法的关键是确定计算监理费的基数。新建、改建、扩建工程以及较大型的技术改造工程所编制的工程的概（预）算就是初始计算监理费的基数。工程结算时，再按实际工程投资进行调整。

（2）工资加一定比例的其他费用计算法

这种方法是以项目监理机构监理人员的实际工资为基数乘上一个系数而计算出来的。这个系数包括了应有的间接成本和税金、利润等。除了监理人员的工资之外，其他各项直接费用等均由业主另行支付。一般情况下，较少采用这种方法，因为在核定监理人员数量和监理人员的实际工资方面，业主与工程监理企业之间难以取得完全一致的意见。

（3）按时计算法

这种方法是根据委托监理合同约定的服务时间（计算时间的单位可以是小时，也可以是工作日或月），按照单位时间监理服务费来计算监理费的总额。单位时间的监理服务费一般是以工程监理企业员工的基本工资为基础，加上一定的管理费和利润（税前利润）。采用这种方法时，监理人员的差旅费、工作函电费、资料费以及试验和检验费、交通费等均由业主另行支付。

这种计算方法主要适用于临时性的、短期的监理业务，或者不宜按工程概（预）算的百分比等其他方法计算监理费的监理业务。由于这种方法在一定程度上限制了工程监理企业潜在效益的增加，因此，单位时间内监理费的标准比工程监理企业内部实际的标准要高得多。

（4）固定价格计算法

这种方法是指在明确监理工作内容的基础上，业主与监理企业协商一致确定的固定监理费，或监理企业在投标中以固定价格报价并中标而形成的监理合同价格。当工作量有所增减时，一般也不调整监理费。这种方法适用于监理内容比较明确的中小型工程监理费的计算，业主和工程监理企业都不会承担较大的风险。

第四章　环境监理工作程序

第一节　总体工作程序

（1）环境监理投标单位通过研读环境影响报告及批复文件、初步设计及批复文件和其他工程基础资料，在踏勘现场的基础上制定环境监理方案（大纲）。

（2）通过招投标等方式承揽环境监理业务，与建设单位签订环境监理合同，同时组建项目环境监理部。

（3）对工程设计文件进行环保审核（设计阶段环境监理）。

（4）施工开始前，根据前期工作编制环境监理细则，进一步明确环境保护工作重点，并向承包商进行环境保护工作交底。

（5）根据环境监理细则和相关文件的要求，开展施工期环境监理工作。

（6）项目完工后协助业主申请试运行，编制环境监理阶段报告。

（7）试运行阶段，协助建设单位完善主体工程配套环保设施和生态保护措施，健全环境管理体系并有效运转。

（8）协助建设单位组织开展建设项目竣工环境保护验收准备工作，编制环境监理总结报告，向建设单位移交环境监理档案资料。

环境监理总体工作程序见图 4-1。

第二节　准备及设计阶段环境监理工作程序

准备及设计阶段环境监理工作程序见图 4-2，各项工作的主要内容如下。

一、编制环境监理方案

环境监理单位根据项目工程基础资料、环评及批复要求等，通过查阅资料、踏勘现场等方式，结合项目实际情况编制环境监理方案。

二、签订环境监理合同

通过招投标等方式承揽环境监理业务，环境监理单位与建设单位签订环境监理合同，约定环境监理服务细节，其中包括环境监理工作范围、工作内容、工作方式、服务时间，责、权、利等。

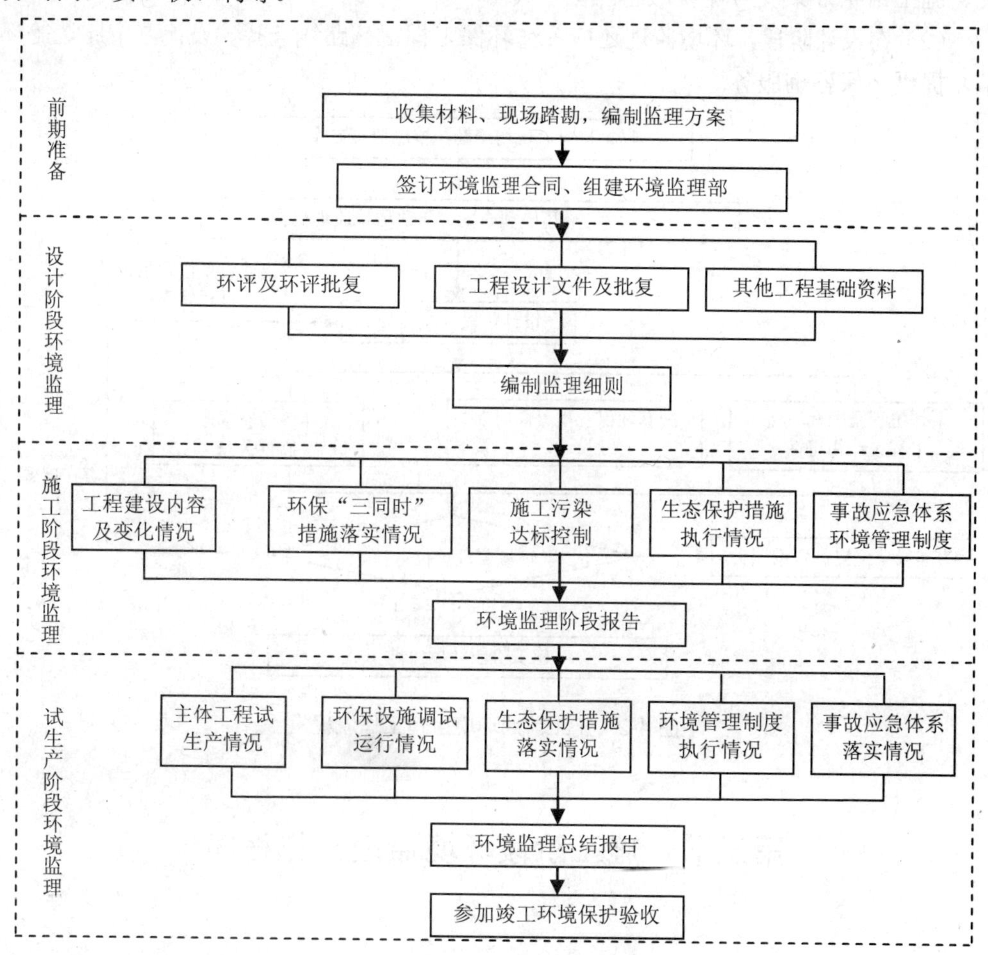

图 4-1 环境监理工作程序示意

三、组建环境监理机构

环境监理单位根据建设项目的规模、复杂程度及行业特点合理安排人员组建环境监理机构。

四、设计阶段环境监理

（1）收集环评及批复、初步设计、施工设计、施工组织方案等基础资料，对项目主体工程和配套环保设施设计文件进行审核；同时关注工程在环境敏感区段施工工艺、施工组织方案及与环境敏感区位置关系。

（2）在设计阶段，环境监理还应关注环保工程工艺路线选择、设计方案比选等环节，提供环保咨询服务。

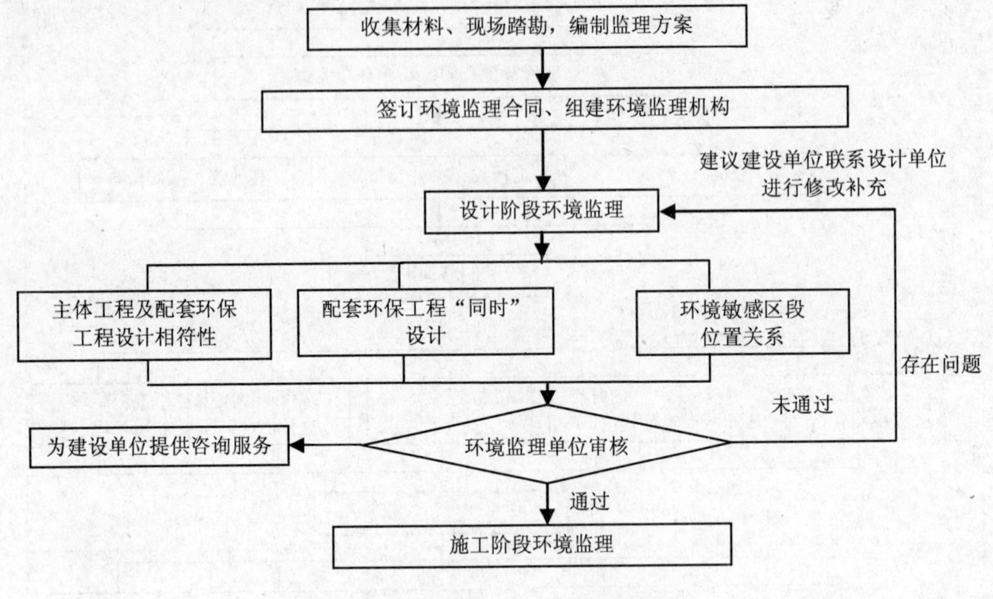

图 4-2 施工前期环境监理工作流程

第三节 施工阶段环境监理工作程序

一、施工准备阶段环境监理

（1）参加发包方与承包商签订合同的技术条款审核。

（2）参加工程设计交底，了解具体工序或标段的环境保护目标。

（3）参与承包商施工组织设计方案的技术审核。

（4）参与总承包项目设计方案的技术审核。

（5）编制环境监理细则、确定环境保护工作重点。

（6）针对新进场承包商开展宣贯工作，协助承包商进场后及时建立完整有效的环保责任体系，该体系需明确分工，责任到人。

（7）承包商进场后，由环境监理单位向建设单位、承包商进行环境保护工作交底，就建设期环境监理的关注点与监理要求进行明确，并建立沟通网络。

二、施工阶段环境监理

环境监理单位在施工阶段应及时与建设单位沟通，了解工程建设情况，掌握工程进度安排，开展环境监理现场工作，对项目工程的实际建设情况和进度开展环境监理现场工作。

施工阶段环境监理工作程序见图 4-3。

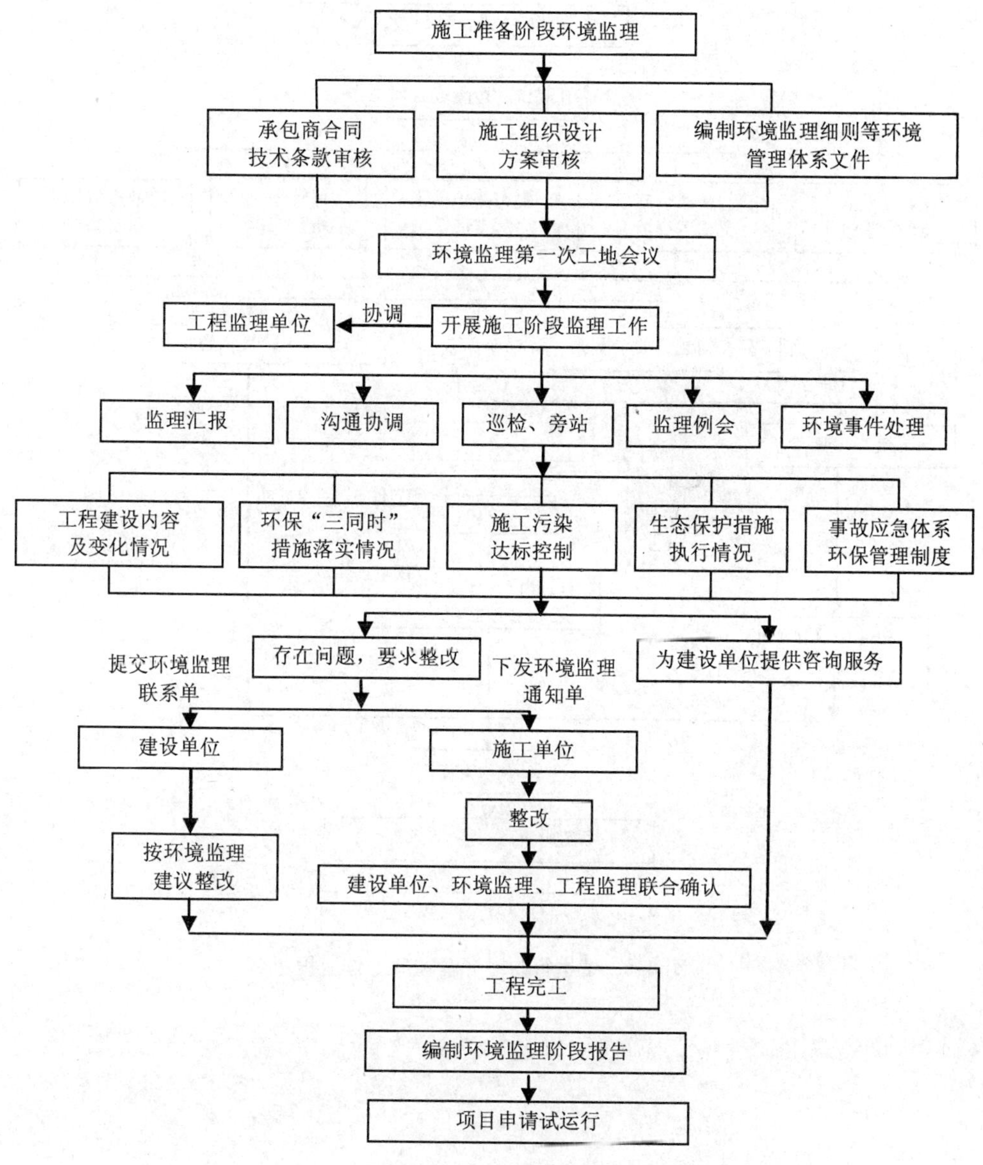

图 4-3　施工阶段环境监理工作流程

第四节 试运行阶段环境监理工作程序

在建设项目投入试运行后，环境监理单位应针对项目主体工程和环保设施的试运行情况，工程配套的环境管理制度、事故应急预案的执行情况等开展本阶段工作。

试运行阶段环境监理工作程序见图 4-4。

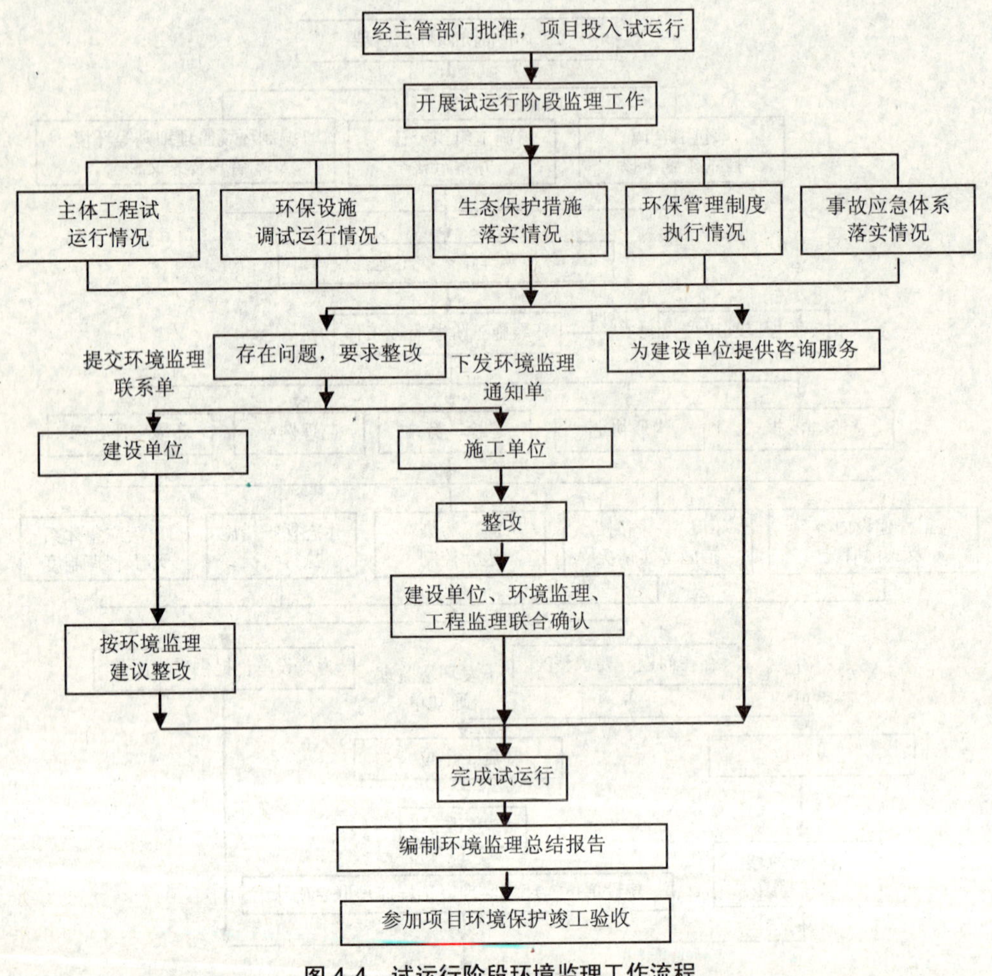

图 4-4 试运行阶段环境监理工作流程

第五章 环境监理工作内容

环境保护部《关于进一步推进建设项目环境监理试点工作的通知》（环办[2012]5号）明确了建设项目环境监理工作内涵和环境监理工作内容。文件指出：

建设项目环境监理除按相关技术规范和规定要求开展外，还应对如下内容予以高度关注。

（1）建设项目设计和施工过程中，项目的性质、规模、选址、平面布置、工艺及环保措施是否发生重大变动。

（2）主要环保设施与主体工程建设的同步性。

（3）环境风险防范与事故应急设施与措施的落实，如事故池。

（4）与环保相关的重要隐蔽工程，如防腐防渗工程。

（5）项目建成后难以或不可补救的环保措施和设施，如过鱼通道。

（6）项目建设和运行过程中可能产生不可逆转的环境影响的防范措施和要求，如施工作业对野生动植物的保护措施。

（7）项目建设和运行过程中与公众环境权益密切相关、社会关注度高的环保措施和要求，如防护距离内居民搬迁。

（8）“以新带老”、落后产能淘汰等环保措施和要求。

围绕以上要求，以下按项目建设各阶段的不同工作内容和侧重点，分别针对环境管理、环境达标监理和环境保护工程和设施监理，进行分别阐述。

第一节 设计阶段环境监理工作内容

本阶段的工作内容包括收集环境保护相关文件如环评、环评批复，并以此为基础，对初步设计、施工图设计的工程内容进行复核。主要关注的内容包括工程变化尤其是涉及环境敏感区的工程内容变化情况；项目初步设计、施工图设计中落实环境保护要求的情况；以及项目的施工组织设计、环保工程工艺路线选择、设计方案及环保设施的设计内容等。

根据《中华人民共和国环境保护法》：“第二十六条 建设项目中防治污染的设施，必须与主体工程同时设计、同时施工、同时投产使用”，在项目施工前期，设计工作已基本完成，环境监理单位主要复核项目设计文件中主体工程是否较环境保护相关文件发生调整，是否包含了有关文件所要求的环保配套治理措施，同时针对其中存在的问题提出专业化的修改建议，针对产排污节点或生态影响过程，复核设计中的治理技术、工艺流程、处理效率、稳定达标情况；施工方案；绿化和水土保持等生态恢复措施；采用的清洁生产、风险防范措施等。

此处的环保配套治理措施应作为广义的概念理解，除了狭义上的废水防治措施、废气防治措施、噪声防治措施及固废防治措施，还包括项目雨污排水管网设置、雨水污水排放口设置及事故应急系统等。工作实践证明，建设项目设计中对于污染防治措施可能存在遗漏或变更调整，如遗漏固废防治措施设计、变更环评中废水（气）治理工艺要求等；同时由于专业性差异，设计单位对于环保主管部门较新的管理要求一般难以落实在项目设计中，如在设计中未包含规范化排污口、初期雨水收集系统或事故应急系统，污水收集管网采用地埋而未采用架空铺设等，如不及时修改，在项目建成后可能会造成建设单位较大的整改投入，甚至造成无法进行整改的被动局面。由于在施工前期，项目工程尚未开始建设，设计单位设计合同尚未履行完毕，此时环境监理单位对于设计中存在的问题提出专业性修改建议，其整改成本最低，也易于被建设单位及设计单位接受。设计文件的修改过程一般需要建设单位、设计单位和环境监理单位的共同讨论和磋商，经过修改后的设计文件既要满足环保法规及项目环评及批复的要求，同时也应贴近于实际及投资经济性的需要，为之后的项目实际建设提供良好开端。

（1）主体工程设计文件复核

根据建设项目环评报告及批复中的有关要求，对主体工程设计与环评报告及其批复的相符性进行审查，主要包括工程选址和路线走向、工程规模、总平面布置、生产工艺、生产设备、产排污点等内容。

（2）配套环保工程或设施设计文件复核

根据建设项目环评报告及批复中的有关要求，检查主体工程配套的环保设施设计是否按照环评报告及批复的要求进行了落实，未落实的要及时提醒建设单位增加相应设计内容，已落实的要对其与环评报告及其批复的相符性进行审查；此外，环境监理还应关注环保工程工艺路线选择、设计方案比选等环节，提供环保咨询服务，主要包括关注采用的治理技术是否先进，治理措施是否可行，污染物的最终处置方法和去向等，并提出合理建议。

（3）涉及环境敏感区设计内容审核

重点审核工程与环境敏感区位置关系是否发生重大变化，变化带来的环境影响是否可以接受；涉及环境敏感区的施工方案、环境保护措施是否合理。

第二节 施工阶段环境监理工作内容

一、施工准备阶段环境监理

（1）参加合同阶段的技术条款审核。

（2）参加工程设计交底，了解具体工序或标段的环境保护目标。

（3）参加承包商施工组织计划的技术审核。

审核施工承包合同和施工单位编报的《工程施工组织计划》。重点是审核施工承包合同中的环境保护专项条款和对施工污染防治方案的审核。其中如必要可根据各标段《施工组织设计》编制《环境保护工作重点》并向施工单位进行环境保护工作交底。

① 审核环境保护管理措施，督促建立环保责任体系。在施工承包合同中应以专项条款的方式，体现环境保护有关要求，在施工过程中据此加强监督管理、检查、监测，减免对环境的不利影响，同时应检查施工单位在施工准备期所建立和落实的环境保护体系，对施工单位的文明施工素质及施工环境管理水平进行审核或培训。针对环境敏感区，尤其是涉及珍稀保护动物迁徙、产卵、洄游等特殊时期，环评报告及批复中会明确要求施工期应避开敏感时段，在施工组织计划审核中应重点关注。

环境监理单位应督促建设单位协调施工单位建立完整有效的环保责任体系，该体系需明确分工，责任到人，以提高建设单位和施工单位的环保管理能力和环境事故应急响应能力。

② 生态保护和污染防治方案的审核。审核生态保护以及施工工序污染防治措施、生态保护措施等是否适当和充分；根据具体工程的施工工艺设计，审核施工工艺中的“三废”排放环节，排放的主要污染物及设计中采用的治理技术是否先进，治理措施是否可行，污染物的最终处置方法和去向等，并提出合理建议。

（4）建设单位应支持和协助环境监理单位建立环境监理会议制度，用于协调解决项目建设过程中产生的环保问题。参加第一次工地会议或召开专项环境监理会议，由环境监理单位向建设单位、施工单位进行环境保护工作交底，阐述建设项目的环境保护目标，明确环境监理的关注点与监理要求，并建立沟通网络；将各标段《环境保护工作重点》下发施工单位。

（5）协助建设单位建立环保管理制度及环保领导小组，建设单位应针对项目产生的废水、废气、噪声、固废等污染物建立相应的环保管理制度和污染防治措施操作规程。协助建设单位落实各类环保相关协议、手续的办理工作。

（6）协助建设单位及时按照国家“突发环境污染事故应急预案编制导则”，结合项目本身特点编制环境污染事故应急预案及演练计划，并报环保部门备案。检查事故应急池、罐区围堰、雨水排放口应急闸门及事故废水收集管道等事故应急措施的落实情况。

（7）参与总承包项目（带方案投标的分标）设计方案的技术审核。

（8）承包商进场后，第一次环境监理会议宜及时召开，由环境监理单位向建设单位、承包商进行环境保护工作交底，就建设期环境监理的关注点与监理要求进行明确，并建立沟通网络；将《环境保护工作重点》下发承包商。针对新进场承包商，开展的其他相关宣贯工作。

（9）本阶段环境监理单位应结合工程实际情况的需要编制《环境监理实施细则》。

二、施工阶段环境监理

施工阶段环境监理是环境监理单位对项目施工过程进行的全程环境保护监督检查，是环境监理最重要的环节，环境监理单位应及时与建设单位沟通，了解工程建设情况，掌握工程进度安排，开展环境监理现场工作。本阶段环境监理主要针对项目批建符合性、环保“三同时”、施工行为环保达标措施、环境保护工程和设施监理、事故应急措施、环保管理制度、“以新带老”整改措施等开展工作。

具体内容包括：

（1）项目实施过程中，环境监理应审查土建（或机电）承包商报送的分项施工组织设计、施工工艺等涉及环境保护的内容，协助、指导土建（或机电）工程建设监理，要求承包商落实环境保护“三同时”制度，严格按设计要求实施各项环境保护措施；在项目出现批建不符、环保“三同时”落实不到位或其他重大环保问题时，环境监理向建设单位提交《环境监理联系单》并提出整改建议。

（2）环境监理对施工工地进行环境保护日常巡查，对施工单位的环境保护措施落实情况、施工区及周边地区的环境状况、工程建设监理的现场监管情况等进行检查，就检查中发现的问题及时通知相关单位，并提出改进措施要求，跟踪直至问题解决。并对承包商予以定期考核和评定。在检查中如发现重大环境问题时，应向施工承包商下达《环境监理通知书》或《环境监理工程暂停令》；整改完成后，由相关单位检查认可。

（3）环境监理参加各项验收工作。环境监理就各项环境保护措施的功能等能否满足合同和设计要求签署监理意见。

（4）根据具体情况，主持或授权召开现场环境保护会议；按要求编写环境监理日志、周报、月报、季报、年报和环境监理总结报告，并定期向建设单位报送环境监理报告。

（5）发生环境污染事件时，参与处理项目环境保护事故，及时向建设单位报告，提出限期治理意见，并监督实施。

（6）资料管理工作。收集各项环保水保措施实施过程中的设计文件、工程进度款资料、验收签证等相关资料，并建立统计台账，为工程环境保护竣工验收打下基础。

1．建设符合性环境监理

项目主体工程批建符合性及污染防治措施实际落实情况直接决定着项目（试）生产期实际污染产生及削减情况是否能达到环评预计效果。建设单位往往因为市场和技术条件的变化，或对环保法规的不了解和经济效益最大化的驱动，在设计及实际建设中的环境保护内容会出现调整变化，如总平面布置的调整可能涉及项目卫生防护距离内环境敏感点的变化；主体工程规模、生产工艺和生产装备的调整可能涉及实际产生的污染源及污染源强变化；配套环保治理设施的调整可能导致实际污染源强削减量的变化等。根据《中华人民共和国环境影响评价法》："第二十四条 建设项目的环境影响评价文件经批准后，建设项目的性质、规模、地点、采用的生产工艺或者防治污染、防止生态破坏的措施发生重大变动的，建设单位应当重新报批建设项目的环境影响评价文件"及"第二十七条 在项目建设、运行过程中产生不符合经审批的环境影响评价文件的情形的，建设单位应当组织环境影响的后评价，采取改进措施，并报原环境影响评价文件审批部门和建设项目审批部门备案；原环境影响评价文件审批部门也可以责成建设单位进行环境影响的后评价，采取改进措施"，在未引入环境监理的工业项目中，出现上述的调整变化往往只有在项目申请试生产或环保竣工验收时才被发现，造成了管理的被动和整改带来的经济代价。因此，环境监理工作必须要对项目批建符合性展开全过程的持续调查和监督，包括在设计阶段、施工阶段和试运行阶段，对项目批建符合性的调查都是环境监理的重点工作内容。

在施工阶段，环境监理根据工程建设进度，应结合项目设计资料，及时检查已施工完成的工程内容及安装的主要生产设备，核查工程选线、产品生产工艺规模、各类环保设施的工艺规模，了解是否出现变更调整。对项目建设的关键工程内容和设备进行核实，防止批小建大，使用落后生产设备等情况发生。

对未按建设项目环评及批复要求施工的或项目建设过程中存在调整变更的，环境监理单位及时告知建设单位，属重大变更的，环境监理单位应告知建设单位及时办理相关手续；属非重大变更的，可视情况组织设计单位、环评单位、专家等对变更方案召开论证会，形成会议纪要及专家意见后，必要时以专题报告形式报送建设单位。

2．环保"三同时"环境监理

根据《中华人民共和国环境保护法》："第二十六条 建设项目中防治污染的设施，必须与主体工程同时设计、同时施工、同时投产使用"，在施工前期，经过环境监理单位和设计单位对设计文件的检查和修改，项目配套环保治理设施已基本可实现与主体工程的"同时设计"；在施工期，环境监理单位对环保配套治理设施"同时施工"的监督工作也同样重要。

环境监理通过现场巡检工作监督各类配套环保设施与主体工程建设进度保持一

致，符合环评及设计要求，以确保“三同时”制度有效落实。对于“三同时”落实存在问题的，环境监理单位应及时告知建设单位，提出相关建议。

3．施工行为的环境达标监理

环保达标监理是使主体工程的施工符合环境保护的要求，如噪声、废气、污水等排放应达到有关的标准等，主要内容包括：

（1）对施工人员做好环境保护方面的宣传培训工作，培养和提升其爱护环境、防止污染的意识。

（2）检查项目“以新带老”落实情况。督促建设单位及时落实环评中对原有项目提出的淘汰落后设备、改进生产工艺、完善“三废”治理措施等整改要求。

（3）监督检查施工布置是否严格按照施工平面图展开。

（4）监督检查生态环境敏感区保护措施，包括自然保护区、风景名胜区、水源保护区、基本农田、林地、湿地等保护措施的落实情况。

（5）监督检查各类临时用地的占地规模、动植物和土壤保护措施的落实情况和恢复情况。

（6）监督检查各施工工艺污染物排放环节是否按环保对策执行环境保护措施、措施落实情况及效果。

（7）监督检查各类机械设备是否依据有关法规控制噪声污染，并在规定时间施工作业。

（8）监督检查机械设备含油废水是否经过了隔油池处理达标后排放或回用。

（9）监督检查施工工地生活污水和生活垃圾是否按规定进行妥善处理处置。

（10）监督检查各类施工建筑垃圾、弃方、弃渣是否及时收集，在规定地点堆放，落实水土保持措施。

（11）监督检查施工现场道路是否畅通，排水系统是否处于良好的使用状态，施工现场是否积水。

（12）对照建设项目环境污染事故应急预案及演练计划，检查事故应急池、罐区围堰、雨水排放口应急闸门及事故废水收集管道等事故应急措施的落实情况。

（13）关注噪声、大气环境保护等防护距离内居民点的拆迁进展情况。对防护距离内出现的新增环境敏感点，应及时向建设单位报告。

（14）及时向环保行政主管部门报告施工期的环境污染事故和环境污染纠纷，同时参与调查处理。

4．环境保护工程、设施和措施的环境监理

环保工程、设施监理包括废气治理设施、污水处理设施、噪声控制工程、固体废物处置等环保工程和设施、设备建设的监理。同时包含环境风险防范措施内容。

生态保护措施包括生态保护（包括动物保护的动物通道建设）、生态恢复与优化、边坡生态防护等相关工程和措施。

5. 施工阶段总结

在项目交工、准备申请试生产前，协助建设单位对施工单位退场和生态恢复措施进行监督管理，对已完成的工作回顾梳理，整理施工期环境监理实施所形成的相关材料，编制环境监理阶段报告提交建设单位。

第三节　试运行阶段环境监理工作内容

在建设项目投入试运行后，环境监理单位应针对项目主体工程和环保设施的试运行情况，各类环保管理制度、事故应急预案的执行情况等，继续开展工作。具体工作内容如下。

（1）对主体工程及配套环保设施运行情况、施工方撤场后场地清理情况、生态恢复、耕地补偿等情况进行调查汇总。

（2）对新发现或遗留的问题根据性质向建设单位提交《环境监理联系单》或向施工承包商下达《环境监理通知书》，提出整改建议；整改闭环程序与施工阶段相同。

（3）试运行结束后，汇总各项内容，编制项目环境监理总结报告。

（4）配合项目环境保护专项验收工作，并在环境行政主管部门组织的验收审查会上汇报环境监理情况，对于验收会提出的问题，督促建设单位进行整改。

（5）验收通过后，向建设单位移交工程环境监理竣工资料。移交的资料应包括以下内容：环境监理总结报告、环境监理工作方案、环境监理实施细则、环境监理工作联系单、通知单及回执、环境监理报表、环境保护验收资料、环境敏感地区开工前及完工后的评估报告、相关影像资料等。

一、主体工程试运行情况

由于项目主体工程在投入试生产（运行）后的一段时间内仍处于调试过程，各生产设备及系统仍需要磨合，因此，开停车较为频繁，经常出现非正常工况，污染物排放情况变化较大。由于项目环评一般不将非正常工况的排污情况计入项目排污总量，同时设计文件也一般不考虑非正常工况的排污情况，因此，环境监理单位应在项目主体工程投入试生产（运行）后，密切关注其非正常工况的排污情况，如出现较为严重的排污现象，应及时提醒建设单位委托设计单位针对非正常工况的排污增加设计污染治理设施。同时，由于生产中实际的原辅材料消耗直接影响项目的污染源强，环境监理单位还应关注项目主体工程在实际试生产（运行）的原辅材料消耗情况。实践表明，由于项目环评阶段的原辅材料消耗为理论数据，在实际试生产（运行）的原辅材料消耗情况一般都较环评中存在差异。通过深入分析存在的差异，可以发现生产系统中存在的问题，从而寻找到项目节约原辅材料消耗的方法，以达到清洁生产的目的。

因此，环境监理应在试运行期及时掌握建设项目主体工程试运行进展情况、各主要原辅材料消耗情况；同时在试生产期间应密切关注生产工艺或原辅材料是否发生调整，如有调整，应建议建设单位补充各项相关环保手续。

二、配套环保设施试运行情况

监督和检查建设项目各类环保设施调试运行情况，协助建设单位解决项目建设过程中出现的环保问题，提供咨询服务，如通过组织专家对项目产品生产工艺、环保设施工艺提出优化建议，以减少污染物排放和治理稳定达标。

同时进一步检查生态保护措施实施效果。

三、环境管理制度和环境风险（事故）应急体系

督促企业严格执行各类环境管理制度、事故应急预案等要求。包括试生产期间废水、废气等各类环保治理设施的运行记录和管理台账执行情况；协助建设单位开展环境风险事故应急预案的演习工作，并总结相关经验。

四、查漏补缺

监督和检查建设单位试生产期间需完善和落实的环保要求以及试生产时环保主管部门提出整改措施的落实情况。

五、参加竣工环境保护验收

环境监理人员应配合建设项目竣工环境保护验收监测人员对相关环境保护设施进行现场测试，发现问题时及时提出整改咨询建议，协助建设单位进行补充落实。试生产结束后，环境监理人员编写《环境监理总结报告》。

在召开建设项目竣工环境保护验收现场检查会议时，环境监理参加，着重汇报工程建设内容及环保措施落实情况。汇报内容应如实反映建设项目的环境保护措施落实情况，提出改进建议。

第六章　环境监理工作方法

在环境监理工作实际开展中，采取的工作方法有多种形式，主要包括核查、监督、报告、咨询、宣传培训等。

第一节　核查

依照环评及批复内容，在项目建设各阶段核对项目建设内容、选线选址、污染防治措施、生态恢复措施的符合情况。

一、对设计文件的核查

在项目设计阶段，项目设计中建设内容、选线选址、污染防治措施、生态恢复措施等较环评中的内容会出现调整变化。环境监理参与设计会审是为了体现事前预防的作用，环境监理在参与设计会审中，根据产业政策及环评相关法规仔细核对项目环评与设计文件的符合性，对调整的内容及其可能产生的环境影响进行初步判断，并及时反馈建设单位，建议建设单位完善相关环保手续或要求设计单位对设计进行补充完善。

1．主体工程设计核查

实例 1：某石化项目在设计阶段时，环境监理在核对设计总平面布置图时发现，由于项目厂区东南侧新购入一块土地，厂区范围增大，因此项目厂区各主生产单元及辅助生产设施的位置均重新布局，较环评中的总平面布置有较大调整。同时，由于厂区范围增大，根据核实项目设计文件，实际的储罐区总罐容为 59.3 万 m^3，超过项目环评中批准的总罐容 36.19 万 m^3，储罐数量较环评中有所变化。

针对上述调整，环境监理以《环境监理联系单》的形式建议建设单位尽快办理相关环保手续。

2．配套环保设施设计核查

实例 2：某电镀项目在设计阶段时，环境监理核对项目污水处理设施设计文件时，发现污水站设计方案中废水排放执行《污水综合排放标准》（GB 8978—1996），无法满足新发布的《电镀污染物排放标准》（GB 21900—2008）的要求。同时发现设计方案中废水分质收集、预处理不到位，不能满足环评及批复要求。据此环境监理人员及时要求建设单位对设计方案进行总体调整以符合新标准及环评、批复要求。

建设单位及时组织了设计单位对环境监理单位提出的意见进行讨论。污水处理站设计单位按照《电镀污染物排放标准》（GB 21900—2008）中污染物排放要求，对设计方案进行修正优化，同时完善废水分质预处理流程；厂区给排水系统设计单位根据废水分质收集的要求，对车间废水收集管网进行相应补充，增加相应废水收集槽及管道。建设单位按照重新修正后的设计方案开展相关内容的建设。

二、对施工方案的核查

项目实施过程中，环境监理应审查各承包商报送的分项施工组织设计、施工工艺等涉及环境保护的内容，特别是部分分项施工工序涉及自然保护区、饮用水水源保护区等环境敏感区域时，环境监理必须要做好对施工方案的审核，在环境监理审核通过后方可进行相关施工工序。

实例 3: 金丽温高速公路路线涉及国家一级保护动物鼋自然保护区，在施工过程中，环境监理要求施工单位制定鼋保护区防治方案，该方案提出将施工区和鼋保护区用水中围网的方式隔离分开，以防止鼋进入施工区，经环境监理审查通过后执行。在涉及鼋保护区的路段施工中，环境监理在施工现场安排专人进行监督观察，防止鼋误入施工区。

实例 4: 某引水工程取水口江段属集中式生活饮用水水源二级保护区，水质保护目标为《地表水环境质量标准》中的II类标准，并且其下游离某水厂取水口约 500 m，因此，工程在岸边的灌注桩施工及围堰施工若措施不当或遇高潮位，将对下游取水口产生不利影响。

环境监理对该处施工方案高度重视，要求施工单位必须在施工前编制专项施工环保措施方案上报环境监理，待批准后方可实施；同时，由于该区域的敏感性，在与建设单位充分沟通后，提出在正常审核施工方案流程的基础上增加专家论证环节。施工单位编制了《工程 I 标取水口灌注桩及围堰施工环保措施方案》后上报环境监理，由环境监理牵头召开该《方案》的专家论证会，形成专家意见后报环保部门审查备案，并作为监理工作实施依据。

三、对实际建设内容的核查

在项目施工及试运行阶段，也会出现由于市场原因调整建设内容的情况。在项目的施工及试运行阶段，环境监理通过资料核对及现场调查的方式，全程持续调查项目实际建设的工程内容、污染防治措施、生态恢复措施等是否按照设计文件实施、是否较环评文件内容发生调整，是否有效落实了环保“三同时”制度。

实例 5：某印染建设项目施工过程中，环境监理在日常巡检中发现，该项目实际安装的溢流染色机由设计的 25 台增加至 62 台，筒子纱染色机由 27 台增加至 42 台，绞纱染色机由 22 台增加至 38 台。经环境监理初步分析，认为生产设备大量增加的情况下，项目的污水发生量必然随之增加。环境监理人员及时以书面形式提醒建设单位应及时就上述工艺变更办理相关环保手续。建设单位在向环保管理部门汇报后，在管理部门的要求下及时组织进行了环境影响后评价，委托设计单位对设备变更后的排污量进行了分析，采取控制染色浴比、增加污水回用量等补充措施，对污染物排放量进行了有效控制。

实例 6：在环境监理单位进场时，某项目锅炉烟囱正在施工；根据审核前期设计文件时发现，设计文件中未按环评要求设置锅炉烟气在线监测平台，无法正常安装废气在线监测装置。因此，环境监理提出应对烟囱增加建设锅炉烟气在线监测平台。建设单位认为变更设计麻烦，未听取环境监理建议。申请试生产时，建设单位在环保主管部门的要求下补充安装烟气在线监测装置，重新对烟囱搭设施工脚手架以增加建设烟气排放监测平台。

根据估算烟气排放监测平台建设费用，若在烟囱建设期间建设烟气在线监测平台，建设资金约为 10 万元，若在烟囱建成后再行设置在线监测平台，建设资金为 20 万元左右，环境监理单位的建议实际可以为建设单位节省投资成本。

四、核查重点

综合以上内容，环境监理在采取核查工作方法时，应重点核查的内容包括：重点对照核查设计文件（含施工图、施工组织）与环评时的工程方案变化情况，如发生重大变化，应尽快提醒建设单位履行相关手续。

重点关注项目与相关环境敏感区位置关系的变化、施工方案的变化可能带来的对环境敏感区影响的变化。

重点关注针对环境敏感区采取的环保措施和生态恢复措施是否落实到设计文件中。

第二节　监督

在实际工作开展中，环境监理一般采用以下工作方式对工程建设项目开展环保监督工作。

一、现场工作

巡视：环境监理单位在及时与建设单位沟通的前提下，按照一定频次对项目的建设现场开展巡视检查，巡视检查的主要工作内容是掌握项目工程的实际建设情况和进度，根据建设情况和进度对建设项目的批建符合性、环保“三同时”、施工环保达标、生态保护措施等方面现场查找问题、提出建议，并做好现场巡视记录。巡视检查是环境监理的主要工作方式之一。

旁站：旁站是指在某些施工工序涉及环境敏感区域、可能对周围环境、生态造成较大影响，或隐蔽工程等关键工程进行时，环境监理单位应对该施工工序和关键工程采取全过程现场跟班监督活动，如防腐防渗工程、环保治理设施安装过程及现场环境监测等，环境监理应采取旁站形式。在施工工序和关键工程开始前到场旁站，重点检查要求的污染防治措施和生态保护措施是否落实到位，关键工程和环保设备是否按照环评及设计的要求进行施工及安装等；在关键施工工序、关键工程建设和环保设备安装结束后方可离开，离开前应检查评估施工造成的污染和生态破坏是否控制在既定目标内，隐蔽工程、防腐防渗工程是否符合环评及设计等内容。在旁站过程中，环境监理单位应做好定时记录，并将评估结果整理上报建设单位。

跟踪检查：在环境监理巡检、旁站监理过程中发现的环保问题，以环境监理联系单建议建设单位（以通知单形式要求施工单位）进行整改，在完成相关环保问题的整改闭合后，环境监理应对相应问题的整改情况进行跟踪检查。

环境监测：在环境监理巡检、旁站监理过程中，为了掌握日常施工造成的环境污染情况，环境监理单位通过便携式环境监测仪器进行简单的现场环境监测，辅助环境监理工作；涉及较复杂的环境监测内容可自行建立工地实验室或建议建设单位另行委托有资质的单位开展施工期环境监测工作。

二、环境监理会议

为加强与建设单位、施工单位的沟通交流，环境监理应在项目建设过程中根据工作进度和实际情况通过环境监理会议的工作方式通报项目建设中存在的环保问题，提出解决建议，听取与会各方反馈意见，确定整改计划及实施主体。环境监理会议的目的是在于通过对工程环境保护措施执行情况、环保工程的建设情况和工程存在的环境问题进行全面梳理，为建设单位正确决策提供依据，促进落实环境保护措施、减免不利环境影响，确保工程环境得以有效控制和保障工程的顺利进行。

环境监理会议主要包括第一次环境监理工作会议、环境监理例会、环境监理专题会议等形式，其中环境监理例会应在开工后的施工期内定期举行，一般每月召开一次，其具体时间间隔可根据工程实际情况由环境监理总监理工程师确定，在会议上承包商需提交环保工作月报，定期汇报当月环保工作情况。

环境监理会议详细内容具体见章节第七章第四节。

三、记录

环境监理应采用记录的方式对现场工作进行记录，包括现场记录和事后总结记录。现场记录包括环境监理人员日常填写的监理日志、现场巡检和旁站记录等；事后总结记录包括环境监理会议记录、主体工程建设大事记录、环保污染事故记录等。

环境监理记录详细内容具体见章节第七章第一节。

四、信息反馈

环境监理人员现场巡视检查发现施工引起的环境污染问题时，应立即通知施工单位的现场负责人员纠正和整改。一般性或操作性的问题，采取口头通知形式；口头通知无效或有污染隐患时，环境监理工程师发出《环境监理整改通知单》，要求施工单位限期整改，通知单同时抄送建设单位。在整改完成后，施工单位应向环境监理单位递交整改检查申请，由环境监理会同建设单位、工程监理单位对整改结果是否满足要求进行检查。

环境监理人员通过核查设计文件、现场巡视发现工程建设内容与环评及批复存在调整、环保“三同时”落实不到位、存在环保问题及其他重要情况时，应立即向建设单位递交《环境监理工作联系单》，反映存在问题并提出相关建议，配合建设单位组织、督促相关单位尽快落实整改要求。建设单位应就《环境监理工作联系单》向环境监理单位反馈处理意见。

第三节　报告

一、定期报告

环境监理开展各时段时限内必须根据现场工作记录按照规定格式编写整理汇报总结材料，如环境监理联系单、月报、季报、年报、专题报告、工程污染事故报告、监理阶段报告、监理总结报告等，并及时报送建设单位，便于建设单位及时掌握工程环境保护工作状态和环境状态、针对性地组织实施环境保护措施。

环境监理各定期报告可按工程实际情况形成，内容具体见第七章第二节。

二、专题报告

在项目出现批建不符、环保“三同时”落实不到位或其他重大环保问题时，需形成环境监理专题报告上报建设单位。工程施工如涉及环境敏感区段，如自然保护区、饮用水水源保护区、风景名胜区等环境敏感目标，应编制环境监理专题报告。

第四节 咨询

环境监理应注重为建设单位提供全过程的专业环保咨询服务，在项目建设期就建设单位在污染防治措施、环保政策法规、环保管理制度等方面遇到的问题，通过自身及环保专家库等技术储备提供解决方案，协助建设单位进行落实，提高建设单位环保技术和管理水平。

一、设计阶段环保咨询

参与项目设计会审，复核项目设计文件中是否包含了环评及批复中要求的环保措施，即检查环保措施是否与主体工程进行了“同时设计”。环境监理应全面、准确地掌握工程的环境保护要求，以便在图纸设计阶段及时发现问题，发挥事前监督作用，从技术上为建设单位把关。针对设计文件中存在的遗漏或需修改的内容，以《环境监理工作联系单》形式提交建设单位，以便建设单位及时要求设计单位修改完善。

实例 7: 某危险废物处置中心建设内容包括危险废物收运和贮存系统、综合利用车间、危险废物焚烧系统、固化车间、安全填埋场、污水处理车间及配套生产生活设施。环境监理进场开展工作，在参与设计会审时发现项目设计文件中危险废物暂存库未按环评要求对废气进行收集后作为焚烧系统新鲜空气补充，实际通过抽风机抽吸至室外直接排放；溶剂回收车间真空泵尾气实际未经任何处理而直接排放。根据查询项目环评，上述废气在环评中预计的产生量均较大，直接排放将可能造成较大污染。因此，环境监理对建设单位提出对危险废物暂存库废气按环评要求进行收集，之后送焚烧系统作为新鲜空气补充；对溶剂回收车间真空泵尾气增加二级冷凝处理后，不凝气体收集送焚烧系统焚烧处理。建设单位采纳了环境监理工作建议，及时委托设计单位按照环境监理的建议增加了上述废气治理措施的设计方案，并在之后的建设中进行了落实。

建设单位在进行环保工程招标过程中，受其环保专业技术力量限制，难以在各投标文件中选择最合适的技术方案。环境监理人员利用自身的环保专业知识，通过查询先进环保技术资料库和咨询专家进行服务，对投标文件中的工艺路线、工程造价、设备选型提出专业性建议，供其决策。

实例 8：在某印染项目实施过程中，为了发挥专业、技术能力的优势，环境监理协助建设单位对其 5 800 m^3/d 污水处理工程进行了设计招标，并对标书进行了技术评估，协助建设单位确定中标单位，并对中标方案提出优化建议，如补充事故应急池、污泥暂存场所设计，按要求对污泥浓缩池、生化池进行加盖，安装除臭设施等，为该项目顺利验收创造了条件。

二、施工阶段环保咨询

施工阶段的环保咨询工作，主要是对工程建设过程的“三同时”执行情况、环境污染、生态破坏防治及恢复的措施进行技术监督，协助企业做好施工期环境污染控制。通过现场工作方式对项目整体进度进行把握，对项目施工过程工程措施分析其合理性，同时从环保专业知识角度出发，对工程措施提出规避环保风险的合理化建议。

实例 9：某高铁某标段施工组织方案关于表土处理的设计如下：“在区间路基和站场路基配备 2 台挖掘机，清除地表腐殖土和淤泥，每台挖掘机配备 10 台自卸车，腐殖土和淤泥由汽车运至 25 km 外的荒坡遗弃。”环境监理单位经调查分析认为，在工程后期站场、路基边坡等绿化工程需大量表土，施工前期剥离的表土应设置表土堆存场，并做防护设施。经与设计单位沟通，增加了表土堆存场的设计内容。

对于工程建设方案发生较大调整的项目，通常会存在污染防治原设计方案无法满足实际需要的情况。环境监理应就此向建设单位提供专业咨询服务，针对变化情况提出主体工程生产工艺和环境保护措施优化改进建议，以满足项目环境保护要求。

实例 10：某维生素厂某建设项目在施工过程中需对环评报告中采用的溶剂进行调整，导致原设计的废气收集治理方案也需相应调整。环境监理单位参考了其他同类项目治理方案并咨询了相关专家意见，向建设单位提出了根据废气性质对各类废气分别收集，并采取不同的吸收液进行处置的建议；其中对非水溶性废气采取增加冷凝回流级数，降低冷凝温度，终端近期采用石蜡油吸收处理，远期计划考虑采用焚烧处理技术的方法。建设单位采纳了环境监理单位的建议，并委托设计单位进行了设计修改，较好地解决了因溶剂改变所产生的环境影响问题。

三、试运行阶段环保咨询

环境监理在试运行阶段进行的环保咨询，包括协助建设单位完善各类环境管理制度、突发环境污染事故应急预案、环保设施运行台账、操作规程等，协助建设单位申报危险废物转移计划、落实联单制度，制订日常环境监测计划。其中环境事故应急体系是项目环境管理制度中的重要环节，包括事故应急设施、突发环境污染事故应急预案和事故应急演练，新建企业往往在确保事故应急体系正常运转方面缺乏经验。在试生产（运行）期，环境监理单位协助企业完善事故应急体系，落实事故应急物资，明确应急人员职责，加强事故应急设施日常维护，使项目在事故情况下尽可能减少对外环境的影响。

实例 11：某化工企业其原料及产品均属于易燃物品。在环境监理进场后，将事故应急体系的建立作为工作重点，根据实际情况对环评中提出的事故应急措施进行了细化。建设单位按照环境监理的意见，及时调整设计，增加了事故应急池容量，完善了厂区事故废水收集管网。2009 年，该企业由于操作不当发生了火灾，在火灾处理过程中产生的消防废水通过厂区事故废水收集管网收集进入了事故应急池，并得到妥善处理，减轻了对外环境的影响。

在项目投入试生产（运行）后，环境监理人员运用专业知识，对建设项目实际污染源及源强进行分析，在项目环评及设计文件存在遗漏的情况下寻找对外排污染物的资源综合利用方法，通过增加建设环保配套治理设施“变废为宝”，减少“三废”的产生量，同时提高了资源的循环利用率，为企业创造经济价值。

实例 12：某化工厂技改项目投入试生产后，其中一股排入污水处理站的废水主要含有醇醚、甲苯、氯化钠和氢氧化钠等成分。环境监理经过初步经济效益分析，在类比同类企业经验并咨询相关专家的基础上，建议企业对该股废水采用升降膜蒸发器蒸馏出前馏分去已有的醇醚或甲苯回收塔回收溶剂，蒸发器内剩余物质通过结晶离心后得到的液碱，经配置浓度后可重复使用。建设单位对该方案进行了认真的研究并最终得以实施，此后环境监理与建设单位又对该项目其他产品废水的成分和化学性质也进行了不同程度的研究，先后在项目建成后共增加了 5 座类似的废水预处理装置，均获得了成功。

原辅材料消耗直接影响项目排放的污染源强，环境监理在试生产（运行）期间关注项目主体工程的原辅材料消耗情况。实践表明，由于项目环评中的原辅材料消耗为理论数据，实际原辅材料消耗情况一般较环评中存在差异。经分析并查找原因，环境监理可协助建设单位寻求节约原辅材料消耗的方法，促进清洁生产。

实例 13：某制药有限公司建设项目投入试生产后，发现某产品的二氯甲烷单耗量远超环评报告中的指标，经济成本明显增加。环境监理通过对生产线各主生产设备和辅助生产设备的排查，发现项目在进行溶剂负压蒸馏回收及物料转移时使用了大量的水冲泵。环境监理根据工作经验，认为水冲泵的大量使用造成了水资源的浪费，同时无组织废气排放量也较大，导致二氯甲烷溶剂损失在水及无组织废气中，增加了物料单耗。因此，环境监理建议建设单位采用无油机械式离心泵替代水冲泵，既可降低水资源利用量，又可减少废气的无组织排放量，同时在无油机械泵后加装冷凝装置，回收易挥发溶剂。建设单位根据环境监理意见，对项目部分工艺环节水冲泵更换为 WLW 系列的无油立式真空泵，并在其后加装了二级冷凝回流装置（常温水冷+冷冻盐水冷）。改造后，二氯甲烷单耗量由 0.32 t/t 产品降至 0.21 t/t 产品，降低了对环境造成的不利影响，也为建设单位创造了经济效益。

第五节 宣传培训

一、宣传

工程建设人员的生态环境意识直接影响施工过程环境保护工作效果，因而提高工程建设人员的环境保护意识十分重要，需要通过岗位培训和宣传教育以提高和统一工程参建单位和人员的生态环境认识，在工程建设中主动落实环境保护要求。

环境监理在开展宣传培训工作时应着重两个宣传对象，一是工程监理单位，通过宣传培训，使工程监理认同工程环境保护理念和要求、配合和支持环境监理工作、强化工程建设监理工作中的环境管理工作，在实现工程环境保护目标过程中发挥其应有的作用；二是承包商，使承包商树立工程建设的综合效益观，深刻认识环境保护是工程建设的重要内容，从而规范施工行为、支持环境监理工作、认真执行环境保护要求。

宣传的内容要包括施工期环保知识和环境保护法规、政策等。

宣传的途径可以通过环境监理召开工地会议发放书面宣传材料、制作宣传标语和环境保护警示牌、组织开展环境保护知识问答和竞赛等多种形式。

实例 14：四川岷江紫坪铺水利枢纽工程环境监理单位在工作中重视环境保护宣传工作，不定期出版《环保动态》，进行环境保护法律法规的宣传，通报环境保护相关信息，将动态送至建设单位、监理单位和承包商，收到了较好的宣传效果，促进了工程环境保护工作。

实例 15：银古公路项目通过组织专题会议推动宣传教育工作。在银古公路过境线十标段项目部召开各标段项目经理或专职环保人员参加的专题会议时，安排宣传教育的会议议题，就环保宣传工作进行经验交流。

二、培训

环境监理应协助建设单位对各参建单位有关人员开展环境保护培训，培训形式可采取授课、讲座、考试等形式，在工作制度中明确提出培训要求，规定工程监理单位应协助建设单位组织工程施工、设计、管理人员进行环境保护培训，培训内容可根据项目实际内容选择。

实例 16：西气东输管道项目将培训职责分解到建设单位各个职能部门，规定计划财务处负责 HSE 管理、培训、监测和有关项目的资金筹措和审批；人事处负责对职工进行岗位 HSE 技能培训，参与组织 HSE 应急演习；工程处对作业人员的 HSE

培训进行指导。同时对施工单位的环境保护知识培训提出明确要求，如规定承包商有责任培训所有工作人员并使其了解有关野生动物保护方面的知识。工作人员不可骚扰、喂养和猎杀野生动物。

实例 17：青藏铁路项目自 2003 年 3 月至 10 月底，召开环保培训班 1 次（西藏境内）、对经过色林错自然保护区十九局和重要湿地的隧道局、五局、十三局、十五局等标段也分别开展了环保培训。

第六节 验收

环境监理参加合同项目完工验收，检查合同项目内规定的环境保护措施落实情况。通过单项合同项目验收的环境保护检查，为工程整体验收打下良好基础。

环境监理配合建设单位组织开展建设项目竣工环境保护专项验收准备工作。环境监理单位参加建设项目竣工环境保护验收现场检查会议，并着重介绍环境监理工作情况。对于验收检查组提出的需整改的问题，协助建设单位进行落实整改措施。

第七章　环境监理工作制度

环境监理单位应建立一系列工作制度，以保证环境监理工作规范、有序地进行。环境监理工作制度主要包括记录制度、报告制度、档案管理制度、会议制度、奖惩制度等。

第一节　工作记录制度

工作记录是信息汇总的重要方式，是监理工作作出决定的重要基础资料。工作记录的表现形式和主要内容为以下几个方面。

（1）监理日志

监理日志是环境监理单位和监理工程师必备的专用工作信息手册，是监理工作的重要资料，监理人员应逐日逐项认真填写，重点记录涉及变更设计、会议决定、往来信息、现场状况、环境事故、存在问题及相应处理等相关工作情况。

（2）现场巡视和旁站记录

环境监理应记录巡视和旁站检查的情况，包括施工现场状况、与环保有关的工程情况、巡视和旁站过程中发现的环保问题、发出的环境监理指令和建议等。

（3）会议记录

环境监理应以纪要形式记录其主持的会议召开情况和会议成果，报送相关单位作为工作依据。如第一次环境监理工地会议、工作例会、专题会议及其他由环境监理主持的会议等。会议纪要应重点记录参会单位和人员、讨论和研究的问题、协商一致的意见、相关要求等。

（4）气象及灾害记录

主要记录每天的温度变化，风力、雨雪情况和其他特殊天气情况及地质灾害等，还应记录因天气变化对工程造成的影响。

（5）工程建设大事记录

记录工程建设的重要节点和重要事件，包括与工程环境保护相关的工程建设重要事件。

（6）监测记录

环境监理应以文字结合影像资料的形式对其开展的监督性生产监测进行详细记录，包括采样、监测、检验结果、分析记录等。

第二节 报告制度

工作报告是环境监理的一项重要工作。环境监理通过工作报告定期向建设单位全面、系统反映工程环境保护工作，总结和反映工程环保工作状态；根据工作需要或针对突出环境问题以及建设单位要求，不定期编制专题工作报告。

监理工作报告包括环境监理定期报告、环境监理专题报告、环境监理阶段报告、环境监理总结报告等。

一、环境监理定期报告

环境监理单位应根据工作进度，按工程实际定期编制监理工作月报、季报、年报等定期报告提交至建设单位，对当前阶段环保工作的重点和取得的成果，现存的主要环境保护问题，建议解决的方案，下阶段的工作计划等进行及时总结。定期报告应包括以下主要内容：

（1）工程概况。

（2）环境保护执行情况。

（3）主体工程环保工程进展。

（4）施工营地、工程环保措施落实情况。

（5）环保事故隐患或环保事故。

（6）监理工作中存在的主要问题及建议。

二、环境监理专题报告

在项目出现批建不符、环保“三同时”落实不到位或其他重大环保问题时，需形成环境监理专题报告报建设单位。工程施工如涉及环境敏感目标，如自然保护区、饮用水水源保护区、风景名胜区等，建议编制环境监理专题报告，反映环境保护应重点关注对象、提出环境保护要求。

三、环境监理阶段报告

项目完成施工后、在申请试运行前，环境监理单位应就项目设计、建设过程的环境监理工作进行总结，反映工程环境保护工作存在的问题并提出处理建议，编制形成的环境监理阶段报告是项目申请试运行的必备材料之一。

四、环境监理总结报告

在开展竣工环境保护验收准备工作阶段，环境监理单位应就项目建设期的环境保护设计、实施、试运行情况和相应的环境监理工作情况进行总结，反映工程环境保护存在的问题并提出处理建议。环境监理总结报告是建设项目申请竣工环境保护验收的必备材料之一。

第三节 函件来往制度

环境监理单位在对施工现场进行巡视检查时如发现重大环境问题时，应及时向施工方下达《环境监理通知单》或《环境监理工程暂停令》，并负责对整改情况监督、闭合。施工方对环境问题处理结果的答复以及其他方面的问题，需及时致函回复环境监理工程师。环境监理单位在给施工方下达《工程环境监理通知书》时，同时抄送建设单位，并将整改、闭合情况上报建设单位。

环境监理人员通过核查设计文件、现场巡视发现工程建设内容与环评及批复存在调整、环保“三同时”落实不到位、存在环保问题时，应及时向建设单位报送《环境监理工作联系单》，提出存在问题和相应的处理意见，督促建设单位尽快组织落实。建设单位应就整改措施和计划填写相关回复意见反馈环境监理单位。

环境监理将编制的定期报告，如月报、季报、年报，定期报送建设单位。

第四节 环境监理会议制度

环境监理应根据工作进度和实际情况组织召开环境监理工作会议，以讨论、协调、解决建设过程中存在的各类环保问题；环境监理会议主要包括第一次环境监理工作会议、环境监理例会、环境监理专题会议等形式。环境监理应以会议纪要的形式反映会议成果，报送参会单位和相关单位，作为约束履约各方行为的依据。

一、第一次环境监理工地会议

第一次环境监理工地会议一般在工程项目全面施工前召开，通过会议使参建各方相互认识、熟悉并建立联系，明确环境监理进场后工程环境保护工作界面划分及相关管理要求等。主要议题如下。

（1）介绍工程参建各方，包括建设单位、质检部门、设计单位、工程监理单位、施工单位及环境保护监理单位。

（2）建设单位宣布向其他参会单位明确环境监理的组织架构、工作界面与主要参建单位的工作程序和方式。

（3）环境监理单位介绍环境监理人员、职责范围、环境保护的工作计划、内容和要求。

（4）施工单位介绍合同标段工程情况、施工组织计划、环境保护工作计划、环境管理机构及人员情况等。

（5）工程监理单位介绍工程监理环境管理机构设置和人员配备情况、环境管理工作计划等内容。

（6）环境保护监理工程师明确环境监理工作程序。

二、环境监理例会

环境监理例会的目的是在于环境监理工程师对工程环境保护措施执行情况以及环保工程的建设情况进行全面梳理，为正确决策提供依据，确保工程环境得以有效控制和保障工程的顺利进行。

环境监理例会应在开工后的施工期内定期举行，一般每月召开一次，环境监理总监理工程师可根据工程实际情况灵活确定定期例会的时间间隔。项目建设过程中出现环境污染事故等重大问题时，环境监理总监理工程师可另行组织召开专题会议。工地例会可由环境监理总监理工程师代表主持。

参加会议人员：建设单位代表及有关人员、施工单位负责人和技术负责人、环境监理负责人、工程监理分管负责人等。参加每次会议的人员构成应以便于研究问题为准则，不强求每次与会人员都一致。但环境监理单位、施工单位、工程监理单位的现场主要负责人必须到会。

会议主要内容应包括：承包商介绍环境保护要求和措施落实情况、针对环境监理日常巡检中发现的问题的整改落实情况、日常自查自纠情况、工作建议以及需协调的问题；工程监理单位介绍在工程建设监理工作中的环境管理工作情况、整改措施的落实情况、问题及工作建议等；环境监理应介绍工程环境保护工作总体状况、前期环境问题及处理情况，组织讨论并形成会议意见，提出下阶段工作计划和要求等。

会议主要议程：

（1）检查上次会议决议的执行情况。

（2）监理工程师通报现场检查环境保护执行情况。

（3）对存在的问题作出分析，提出整改措施及时间表。

（4）对会议记录的确认。

（5）其他事项。

三、专题会议

为加强工程环境管理，及时协商解决工程建设存在的环境问题，环境监理单位可以根据工作需要或在特殊情况下主持召开环境监理专题会议，如污染事故专题会议、周（旬）汇报会、月工作计划总结会、环保专项研讨会等，达到加强环保管理，统一参建方思想和行动，及时沟通工程情况，交流专业经验等目的。

四、参加工程监理主持的工作例会

环境监理单位应参加工程监理周例会、月例会及其他相关会议。一方面，环境监理应反映近期施工中环境保护措施实施方面存在的问题，提出相关要求，由工程建设监理督促施工单位整改落实。另一方面，通过参加工程监理例会，环境监理可掌握主体工程进展和计划安排，有利于环境监理制订针对性的工作计划，提升环境监理工作效果。

五、现场协调会

现场协调会的目的，在于环境监理工程师日常或经常性的对施工活动进行检查、协调、落实，使监理工作和施工活动密切配合。在施工期间应根据具体情况不定期召开不同层次的施工现场协调会。会议对具体施工活动进行协调和落实，对发现的环境影响问题及时予以纠正。会议由环境监理工程师主持。

会议的主要内容是承包人汇报施工活动的情况，介绍发生或存在的问题，环境监理工程师就存在的问题提出建议。

第五节　奖惩制度

环境监理应在建设单位的支持下，结合施工承包合同条款和建设单位相关管理制度和要求，建立工程环境保护奖惩制度以推动环境保护工作、提升环境监理工作成效。对认真履行施工合同环境保护条款和执行环境监理工作指令、环境保护效果突出的承包商，提请建设单位给予相应奖励；对不能严格按合同要求落实环境保护措施和要求、对环境监理工作指令执行不到位的承包商，提请建设单位对其给予相应处罚等。奖励可包括通报表扬（先进集体、先进个人）、经济奖励（单位、个人）等形式，处罚包括通报批评、撤换责任人员、暂缓和扣减工程进度款支付等。

第六节 环保措施竣工自查、初验制度

在建设项目中的环保措施的部分单项工程或单位工程结束时，环境监理应在申请验收前要求施工单位自查，然后及时组织建设单位、工程监理对单项工程或标段开展内部的环保初验工作，目的是提前发现问题，并督促施工单位及时整改问题，为工程竣工环境保护验收打下良好基础。

第七节 事故应急体系及环境污染事件处理制度

一、建立事故应急体系

环境监理应协助建设单位、指导和监督承包商等参建单位制定应对突发性环境事件的应急预案，建立应急系统，配备应急设备、器材，并督促各责任单位组织开展日常演练、对应急设施设备进行经常性维护保养，以保障应急体系的正常运转。

二、环境污染事件处理

（1）发生环境事件后，事故现场有关人员应严格执行《中华人民共和国环境保护法》及突发环境污染事件应急管理规定，立即进行现场救护处置及事故上报，迅速采取有效措施组织抢救，防止事故扩大，减轻人员伤亡及财产损失。同时，应在事故发生后及时向建设单位、工程监理单位和环境监理单位进行口头报告，随后进行书面报告。

（2）建设单位应按规定组织进行环境事件调查，并积极配合政府和其授权或委托有关部门组织的环境事件调查组进行调查。

当工程施工过程中，出现重大污染事故时，按如下程序处理。

① 施工方在发生事故后，除在规定时间口头报告监理工程师外，还应尽快提出书面报告事故初步调查结果，报告应初步反映该工程名称、部位、现状、污染事故原因、应急环保措施等。

② 监理工程师收到事件信息后立即通报建设单位，并通过建设单位及时向当地政府部门汇报，同时书面通知 EPC 暂停该工程的施工，并根据环境保护行政主管部门有关意见，采取有效的环保措施。

③ 监理工程师和施工方对污染事故继续深入调查，并和有关方面商讨后，提出事故调查报告和处理初步方案，通过建设单位交环保主管部门研究处理。

④ 督促施工方做好善后工作。

第八节　人员培训和宣传教育制度

人员培训和宣传教育制度是统一工程环境保护认识、提高工程建设人员环境保护意识的重要制度，应予以充分重视。宣传和培训的内容要包括环境保护法规政策、建设项目环境保护知识、本工程环境特点和环境保护要求等。宣传方式和途径可灵活选择，包括结合工作会议进行宣传、编制发放宣传手册、建设单位在施工区设置必要的宣传方式，还可采取授课、讲座、知识竞赛等形式。

第九节　档案管理制度

工程环境档案管理主要是对工程环境信息文件进行管理。工程环境信息的表现形式一般有文字、音像、图片、电子文档等，具有信息来源多、信息量巨大、信息流程复杂等特点，信息管理难度大，因而对信息进行制度化、规范管理十分重要。

环境监理单位应结合工程实际建立环境保护信息管理体系，制定文件管理制度，重点就文件分类、编码、处理流程、归档等方面予以规定，对环境保护信息及时进行梳理、分析，将信息转化为决策依据，指导和规范现场监理工作。

对往来文函、日常监理工作技术资料等应定期整理，内部保存和送建设单位归档。在建设项目竣工环境保护验收时，应汇总整理环境监理档案资料备查。

第十节　质量保证制度

为保证和控制环境监理的工作质量，环境监理应严格按照国家及地方有关规定、技术规范和有关质量控制手册中的相关规定开展工作。环境监理从业人员，应按规定持证上岗。环境监理应严格按照监理方案及实施细则进行，并对期间发生的各种情况进行详细记录。阶段报告与总结报告须执行内部多级审核制度。

第八章　环境监理的关系定位和组织协调

组织协调是环境监理工作的一项重要工作内容，目的是对环境监理工作过程中产生的各种关系进行疏导，对产生的干扰和障碍予以排除，以便理顺各种关系，使环境监理的全过程处于顺畅的运行状态，确保环境监理总目标的实现。建设单位、施工单位、设计单位、工程监理单位构成了项目建设工程管理的一个整体，环境监理作为一个专业咨询、技术服务单位要融入其中，必须明确自身的关系定位，才能做好与各方的组织协调工作。

环境监理组织协调的内容主要包括环境监理机构内部组织协调、与参建各方间的组织协调、与环保主管部门及其他外界单位的组织协调等。

第一节　环境监理关系定位

一、环境监理与建设单位的关系

环境监理与建设单位间是委托与被委托的关系。环境监理作为第三方咨询单位，接受建设单位委托，应为建设单位提供咨询服务，帮助建设单位理解落实环评及批复的具体要求，切实帮助建设单位解决实际问题。

（1）由于建设单位的专业所限，环境监理应首先熟悉掌握项目环境影响报告及环评批复的内容，帮助建设单位理解环保主管部门对于项目的具体环保要求，特别是某些环保“硬性”政策要求，并向建设单位提出实际可操作的实施方案。在日常工作中，应加强对建设单位的环保宣传工作，提高建设单位对环保工作的认识。

（2）环境监理可以发挥自身的专业优势为建设单位提供咨询服务，如参与项目环保工程设计招评标，从工艺路线、工程造价、设备选型等方面提出建议，为建设单位提供咨询意见供其决策；同时可以在环境管理体系、环境事故应急体系建立，清洁生产，资源综合利用等方面为建设单位提供咨询服务，在协助建设单位落实环境保护措施的同时也为建设单位带来经济效益。

（3）对于建设项目出现擅自调整、批建不符、环保“三同时”落实不到位等问题时，环境监理应及时以环境监理联系单的形式告知建设单位，督促建设单位整改落实。

二、环境监理与施工单位的关系

环境监理与施工单位之间是监理与被监理的工作关系。环境监理人员主要针对施工单位施工行为、临时营地的污染防治和生态保护措施开展环境监理工作，主要侧重点在于环境保护方面，对于工程的质量、进度和投资的控制并不是环境监理的关注点，但考虑到对施工单位管理能够有效贯彻，因此，采取环境保护押金等形式是有必要的。

在环境监理处理与施工单位的关系时，应注意以下原则。

（1）环境监理必须坚持保护环境的原则，时刻牢记自身作为建设单位在工程建设环境保护方面的代表，应公平、公正、客观，秉持良好的职业操守，按环评报告及批复、环境标准和技术规范要求，以科学态度开展工作。

（2）以施工合同中相关环境保护条款为准则，公正划分建设单位与承包商之间的环境责任，督促双方切实履行自身的环境保护合同义务，维护双方的正当权益。

（3）对待施工单位存在的环保问题，在坚持环境保护原则的前提下，应采取多重方式进行协调，不仅是采取罚款、书面通知等强硬手段、方法，更多的是语言艺术、感情交流和用权适度问题，可以采用妥善的表达方式令各方面都满意。

（4）环境监理单位发现施工引起的环保污染问题时，应立即通知施工单位的现场负责人员纠正，一般性或操作性的问题，采取口头通知形式；口头通知无效或重大环境问题、有污染隐患时，环境监理工程师应及时与施工方项目经理进行沟通，充分说明情况，并向施工方发出《环境监理整改通知单》，要求施工单位整改，通知单同时抄送建设单位。在整改完成后，施工单位应向环境监理单位递交整改检查申请，由环境监理协同建设单位、工程监理单位检查整改结果并决定是否通过。

（5）对施工单位违反合同中约定的环境保护条款行为的处理，应慎重对待。如施工单位对合同条款存在争议，环境监理工程师应首先采用协商解决的方式，协商不成时再将争议提交建设单位或合同管理机关进行仲裁调解。

三、环境监理与设计单位的关系

环境监理与设计单位之间是协作、配合的工作关系。环境监理单位在开展环境监理时，在设计阶段、施工阶段和试运行阶段均可能发现设计中存在的问题，因此，环境监理单位必须协调与设计单位的工作，以确保环评报告及批复的要求在项目建设中得到充分落实。

（1）设计阶段环境监理通过对比环评报告及批复，如发现设计中配套环保设施存在遗漏或落实不到位的，应及时以书面形式通过建设单位向设计单位提出；参与修改设计文件的工作讨论，关注环境问题、提出相应要求。

（2）在项目试运行阶段，环境监理单位通过对环保配套设施运行情况的调查，发现环保配套设施设计中存在不合理之处时，通过建设单位向设计单位提出，由设计单位完善修改。

（3）注意信息传递的及时性和程序性。环境监理工作联系单、设计单位意见回复或设计变更通知单的传递，要按环境监理单位—建设单位—设计单位之间的程序进行。

四、环境监理与工程监理的关系

环境监理与工程监理之间是相互配合、互为补充的工作关系。工程监理的工作重点在于工程的质量、进度和投资的控制；环境监理的工作重点在于工程的环境保护方面，两者存在明显差异，两者的工作范围、目的和内容具有明显区别，工作体系和制度各具特点。作为同是建设单位委托的第三方咨询单位，工程监理和环境监理具有共同的工作对象：建设单位、承包商，与设计单位有紧密的工作关系；控制环境影响、落实环保措施，是工程监理与环境监理共同的工作目标。环境监理可以借鉴工程监理较为成熟的监理方法体系，工程监理应借助环境监理的力量，在监理管理中融入环境保护理念，共同协助建设单位实施工程开发在经济、社会和环境方面的综合效益。

（1）环境污染防治工程、生态保护措施和建设项目配套环保设施，要长期稳定发挥环保效用，其工程质量是基础；因此，在环境监理对上述内容开展工作时，应依靠工程监理对工程质量进行把关，工程监理的质量验收资料可作为环境监理工作成果补充。环保工程和环保设施的工艺流程、运行管理等专业性环保事项，需由环境监理进行技术把关和咨询。

（2）在施工引起的环保污染问题时，经施工单位整改后，为确保问题得到妥善解决，彻底消除隐患，由环境监理协同建设单位、工程监理单位联合检查整改结果并给出检查意见。

（3）鉴于工程监理和环境监理均具有专业局限性，环境监理的环保指令的下达需要事先与工程建设监理充分沟通，努力达成共识，避免环境监理的要求与工程建设监理的要求出现冲突，造成施工单位执行的混乱。

环境监理管理界面见图 8-1。

第二节 环境监理组织协调

为了顺利开展环境监理工作，环境监理单位应协调好工程参建各方的关系，其中主要包括环境监理机构内部、施工单位与施工单位、建设单位与施工单位、施工单位与设计单位的关系等。

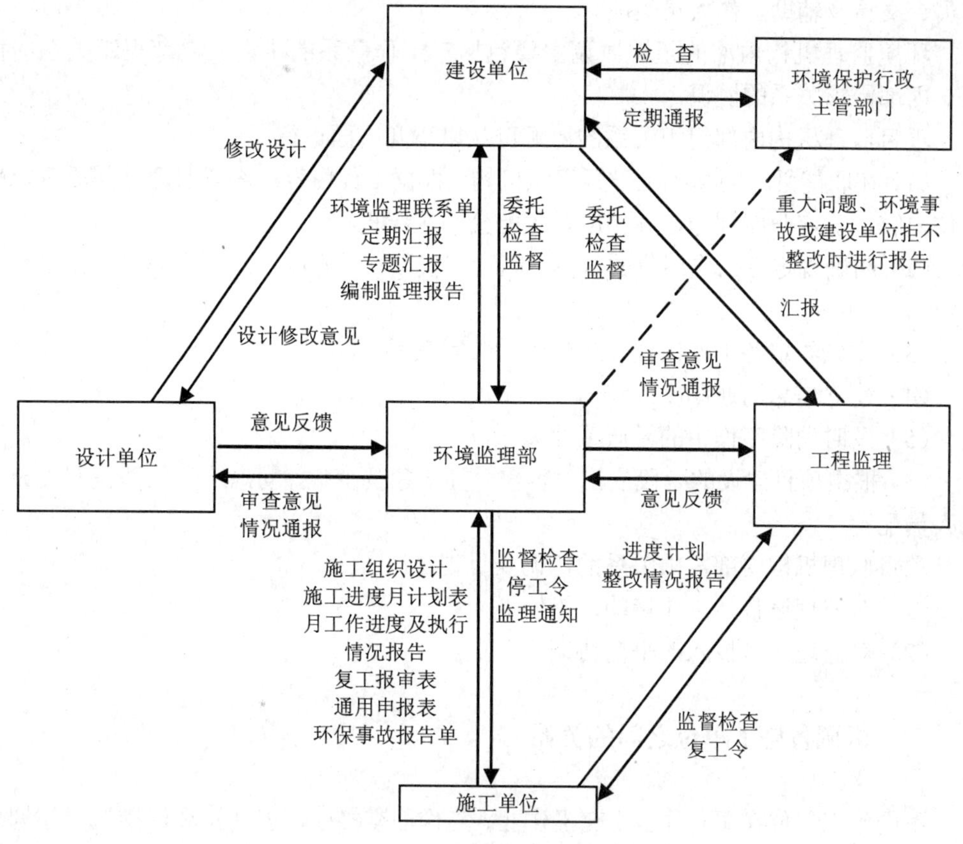

图 8-1　环境监理管理界面

一、环境监理组织协调的基本原则

（1）严格守法。

（2）公平、公正。

（3）充分调查，科学分析。

（4）选择合理的协调方式（文件、会议、现场协商等）。

（5）理清主要矛盾，有针对性地组织协调。

二、环境监理机构内部的组织协调

环境监理单位根据建设项目的规模、复杂程度及行业特点选择合适的专业技术人员组建环境监理机构，环境监理机构一般由总环境监理工程师、监理工程师、旁站监理员、文员及辅助工作人员组成。

环境监理机构内部的组织协调主要包括对工作关系的协调、内部组织关系的协调、内部需求关系的协调。

项目监理机构内部组织关系的协调可从以下几方面进行。

（1）在职能划分的基础上设置组织机构，根据工程内容及委托监理合同所规定的工作内容，确定职能划分，并相应设置配套的组织机构。

（2）明确规定各工作岗位的目标、职责和权限，最好以规章制度的形式作出明文规定。

（3）事先约定各工作岗位在工作中的相互关系。

（4）建立信息沟通制度。

（5）及时消除工作中的矛盾或冲突。

（6）根据项目建设的阶段或当时重点关注对象的变化，动态地优化调整人员分工或人员配置。

项目监理机构内部需求关系的协调要重视：

（1）对监理设备、工作量的平衡协调。

（2）对监理人员投入的平衡协调。

三、协调各施工单位之间的关系

不同施工单位在平行作业、交叉作业、工作面交接中可能涉及环保措施责任划分和污染物排放交叉等问题，对此环境监理应按照以下原则进行协调。

（1）工作面邻近的不同施工单位，按“谁污染谁治理”的原则处理，即使排污口已在其他施工单位作业面。

（2）工作面交接时，应将污染治理设施的运行维护一并交接。

（3）如环境污染事故或生态破坏出现在工作面交接处或交叉区，环境监理应对现场进行充分调查，通过协调沟通，客观、公正划分承包商的责任，并督促其按承担的责任实施污染治理和生态恢复工作。

四、协调施工单位与建设单位的关系

我国环境保护政策水平和技术体系发展较快，同时项目建设环境处于动态变化中，因此在项目建设中因外部环境变化、新法律法规出台等其他原因，可能会造成承包商合同约定的环保工作内容需要变更，进而引发相关的合同纠纷。由于环保竣工验收的责任主体是建设单位，因此环境监理在处理相关纠纷时，应本着“考虑建设单位，兼顾施工单位”的原则进行协调。

首先，应向施工单位充分说明环保更新要求的严肃性及与环保竣工验收的相关性，使施工单位从心理上接受变更的必要性；其次，应根据实际变更情况向建设单位提出建议，对需调整的内容补充合理建设费用，采取变更、补充合同、另行委托等方式落实工作内容，补充相关建设费用。

五、协调施工单位与设计单位的关系

（1）环境监理应参加设计单位向施工单位的设计交底，就设计中的环保设施或措施内容协助设计单位介绍和说明。

（2）由于环境监理工作指令而发生的设计变更，环境监理应就该设计变更向施工单位说明和指导实施，以保证设计变更切实得到落实。

（3）在环保设施或措施在施工过程或运行维护中出现设计问题时，应充分听取施工单位的书面意见和建议，并协调设计单位和施工单位处理解决。

第九章　环境监理文件管理

第一节　环境监理文件管理工作的意义

环境监理文件管理是指环境监理在开展工作时，对监理过程形成的文件资料进行收集、加工整理、立卷归档和检索利用的一系列工作。环境监理文件管理的对象是环境监理文件资料，是环境监理信息的载体。配备专门的人员对监理文件资料进行系统、科学的管理，对于环境监理有着重要的意义。具体体现在下列方面

（1）对监理资料进行科学管理，可以为监理工作的顺利开展创造良好的条件

环境监理的主要任务是根据环评及批复的要求，按合同的规定对项目建设过程进行环境保护管理。在环境监理过程中产生的各种信息，经过收集、加工和传递，以监理文件资料的形式进行管理和保存，是有价值的监理信息资源，是环境监理工程师进行建设项目环境保护目标控制的客观依据。

（2）对监理文件资料进行科学管理，可以极大提高环境监理的工作效率

监理资料进行科学、系统的整理归类，形成环境监理文件档案库。当工作需要时，可以有针对性地及时提供完整资料，迅速解决工作中的问题。如果资料分散，就可能导致信息不全，影响判断的准确性，阻碍监理工作的正常开展。

（3）对监理文件资料进行科学管理，是竣工环境保护验收时提供完整的环境监理档案的有效保障

监理文件资料的管理，是把环境监理的各项工作中形成的全部文字、声像、图纸及报表等文件资料进行统一管理及保存，从而确保文件资料的完整性。一方面，在建设项目竣工环境保护验收时，环境监理可以向建设单位移交完整的环境监理文件资料，作为建设项目的档案资料；另一方面，完整的监理文件资料是环境监理具有重要历史价值的资料，在建设项目运行中出现环保问题时通过查阅历史资料以追溯原因和分清责任。对监理文件进行科学管理也有利于开展监理工作总结、不断提高环境监理的工作水平。

第二节　主要工作内容

一、文件收文与登记

所有收文应在收文登记表上进行登记（按监理信息分类别进行登记）。应记录文件名称、文件摘要信息、文件的发放单位（部门）、文件编号以及收文日期，必要时应注明接收文件的具体时间，由环境监理部负责收文人员签字。

二、文件传阅与登记

由环境监理部总监理工程师或其授权的监理工程师确定文件、记录是否需传阅，如需传阅应确定传阅人员名单和范围，并注明在文件传阅单上，随同文件和记录进行传阅。每位传阅人员阅后应在文件传阅纸上签字，并注明日期。文件和记录传阅期限不应超过该文件的处理期限。传阅完毕后，文件原件应交还信息管理人员归档。

三、文件发文与登记

发文由总监理工程师或其授权的监理工程师签名，并加盖环境监理部印章，对盖章工作应进行专项登记。

所有发文按监理信息资料分类和编码要求进行分类编码，并在发文登记表上登记。收件人收到文件后应签名。

发文应留有底稿，并附一份文件传阅纸，信息管理人员根据文件签发人指示确定文件责任人和相关传阅人员。文件传阅过程中，每位传阅人阅后应签名并注明日期。发文的传阅期限不应超过其处理期限。重要文件的发文内容应在监理日记中予以记录。

项目监理部的信息管理人员应及时将发文原件归入相应的资料柜（夹）中，并在目录清单中予以记录。

四、文件资料分类存放

监理文件档案经收/发文、登记和传阅工作程序后，必须使用科学的分类方法进行存放，以满足项目实施过程查阅、求证的需要，方便项目竣工后文件和档案的归档和移交。项目监理部应备有存放监埋信息的专用资料柜和用于监理信息分类归档存放的专用资料夹。在大中型项目中应采用计算机对监理信息进行辅助管理。

信息管理人员则应根据项目规模规划各资料柜和资料夹内容。

文件档案资料应保持清晰，不得随意涂改记录，保存过程中应保持记录介质的清洁和不破损。

项目建设过程中文件和档案的具体分类原则应根据工程特点制定，监理单位的技术管理部门可以明确本单位文件档案资料管理的框架性原则，以便统一管理并体现出企业的特色。

五、文件资料归档

监理文件档案资料归档内容、组卷方法以及监理档案的验收、移交和管理工作，可参考现行《建设工程监理规范》及《建设工程文件归档整理规范》中的规定执行。

对一些需连续产生的监理信息，在归档过程中应对该类信息建立相关的统计汇总表格以便进行核查和统计，并及时发现错漏之处，从而保证该类监理信息的完整性。

监理文件档案资料的归档保存中应严格按照保存原件为主、复印件为辅和按照一定顺序归档的原则。

第三节 环境监理文件体系

环境监理文件资料应包括下列主要内容。

（1）委托监理合同。

（2）环境监理方案、环境监理细则。

（3）施工单位《施工环境保护方案》及审查意见。

（4）与工程监理单位、建设单位的往来函件。

（5）环境监理日志、巡视及旁站记录。

（6）环境监理各类会议纪要。

（7）环境监理定期报告（月报、季报、年报）和专题报告。

（8）环境监测报告。

（9）环境监理的工作联系单、监理通知及回复单、工程停工令及复工审批资料。

（10）关于环境事故隐患、问题的报告、处理意见及整改落实情况报告等有关文件；工程竣工记录。

（11）环境监理阶段报告；环境监理总结报告。

下面摘取几种重要的环境监理文件进行说明。

一、日常工作记录

1．天气记录

记录每天的气温、风力风向、阴晴雨雪及其他特殊天气情况。

2．监理人员工作记录

环境监理日志：环境监理工作人员依据项目环境监理实施方案对工程施工过程中可能涉及的环境问题进行检查、纠正，并进行记录，同时记录工程进度、环境质量等。针对涉及环境敏感区的施工区域或可能对环境造成显著影响的施工方式应重点记录。

巡视记录：环境监理人员对工程施工巡视检查过程中发现的可能会产生环境影响的施工行为进行现场纠正，并作记录。

旁站记录：环境监理人员对旁站施工过程发现的可能会产生环境影响的施工行为进行现场纠正，并作记录，评估施工造成的污染和生态破坏是否控制在既定目标内。

3．会议记录

包括首次会议、环境监理例会、环境监理专题会及环境监理单位参加工程监理会议记录。

二、环境监理报告

1．环境监理定期报告

环境监理单位应根据工作进度，定期编制监理工作月报、季报、年报等定期报送建设单位，对当前阶段环保工作的重点和取得的成果、现存的主要环境保护问题、建议解决的方案和下阶段的工作计划等进行及时总结。

2．环境监理专题报告或汇报.

在项目出现批建不符、环保“三同时”落实不到位或其他重大环保问题时，需形成环境监理专题报告报建设单位。工程施工如涉及环境敏感区段，如自然保护区、饮用水水源保护区、风景名胜区等，建议编制环境监理专题报告。

3．环境监理阶段报告

环境监理阶段报告是对工程完工后，试运行前环境监理工作的小结，包括设计阶段、施工准备阶段、施工期。阶段报告一般是在工程完工后申请试运行（运营）前编制。

4．环境监理总结报告

环境监理总结报告是对整个工程建设过程环境监理工作的总结，包括设计阶段、施工准备阶段、施工期、试运行期（运营期）。总结报告一般是在工程申请竣工环境保护竣工验收前编制。

三、环境监测报告

环境监测是环境监理的一项重要手段，环境影响报告书对施工期环境监测有较明确的计划和要求，环境监理文件依据上述文件也有相应的环境监测计划。环境监理单位根据现场情况可提出补充环境监测要求，环境监理单位可通过便携式环境监测仪器进行简单的现场环境监测；涉及较复杂的环境监测内容可自行建立工地实验室或由建设单位另行委托有资质的单位开展施工期环境监测工作。施工期环境监测报告应作为环境监理文件的重要组成部分。

四、与业主、施工单位往来函件

在现场检查中，对于一般性环境问题，环境监理工程师采取口头形式或以《环境问题整改通知单》的形式要求施工单位进行整改，并要求以《环境问题整改回复单》的形式回复环境监理工程师；重大环境问题及环境污染事故由环境监理工程师及时上报总监理工程师进行统一处理，并报建设单位。

五、工程竣工记录

工程竣工记录包括施工过程中的验收记录和竣工验收阶段记录两部分。

第四节　监理文件管理

环境监理资料管理的基本要求是收集及时、真实齐全、分类有序；由专门的资料管理员负责整理、保管；资料分类编目、编号，以便于跟踪检查。

（1）环境监理工程师应建立健全监理文件与资料管理制度，并应根据工程建设需要应用计算机辅助管理手段建立文件、资料管理系统，对文件、资料进行有效管理。

（2）环境监理工程师应建立环境监测、工程变更等各项台账。

（3）环境监理文件与资料应及时整理，分类有序、系统、完整，并分类建立案卷有效保管。

（4）环境监理归档文件必须完整、准确、系统地反映环境监理活动的全过程。

第十章　环境监理单位和环境监理人员

第一节　环境监理单位

环境监理单位是承担环境监理工作的主体，鉴于环境监理工作目前处于试点阶段，各省和行业对环境监理单位的准入和管理不尽一致。

一、环境监理管理模式

1．模式 1：包容式监理模式

各工程监理单位完全负责各自标段内的环境监理工作。这种模式一般需在项目监理部设置一个环境保护职能部门，负责工程项目环境监理的规划和组织落实，环境监理工作由各专业监理工程师共同承担，全体监理人员参加环境监理工作，有的省市如山西省结合施工期环境监测，使环境监理更加科学、更有针对性。

交通运输部在北京、安徽、湖南、云南、山东、新疆、广东、甘肃等省市区的大型交通建设项目，多采用此模式。该模式的优点是充分依靠工程监理体制，环境保护工作与质量、进度、费用直接挂钩，因而具有较强的执行力。监理人员环保专业知识不足、对环评及批复要求理解不到位、对环境政策法规把握不准确、监理措施针对性不强等因素导致环保措施实施状况及效果不能很好满足环评要求是其突出的弊端。

2．模式 2：独立式环境监理

环境监理机构独立于工程监理，与建设单位直接签订环境监理工作合同，与工程监理呈并列关系，如辽宁、浙江、陕西等省以及水利水电行业多采用此模式，环境监理由具有环境保护相关资质（环评证书持证单位、环科院、大专院校等）单位承担，由生态、环境工程、大气、水污染等专业人员承担环境监理工作。

如银古公路环境监理试点采用独立式监理模式：生态绿化监理组较好地保证了干旱荒漠区公路施工绿化工程，成效显著；环保达标监理组及时解决了荒漠生态保护、湿地生态保护、噪声污染、空气污染、文物保护等技术问题。

独立式模式的优点是环境监理人员政策法规知识水平较高，环保知识专业化，与环境保护主管部门协调能力强，对工程环境问题和环境保护要求把握准确；缺点是环境监理人员对主体工程内容、工艺等专业知识理解不足，对某些容易破坏环境或造成环境污染的施工过程监理力度不够，特别是多采用巡视的方法开展工作，难以从始至终进行驻地监理，不能及时发现环境问题，难以达到监理工作五大控制目标“质量、进度、费用、安全和环保”的有机统一，同时与工程监理的协调性较差，环保监理往往脱离项目监理部的领导，自行其是、独尽其职，反而对施工单位及时约束、指导的影响力、执行力打了折扣。

3．模式3：结合式的环境监理

项目工程监理统一设置，监理单位内设环保监理部门，由环境监测、环境工程等专业人员担任环境监理工作，在总监理工程师的领导下，对承包人的主体工程和污染防治及生态保护工程的质量、进度、费用情况进行监督管理。

河南省采用结合式环境监理模式时，经省环保厅授权省环保产业协会培训的环境监理人员，纳入工程监理公司统一体制中，常驻工地，同时为增强环境监理同工程监理的协作，环保职能部门和项目监理部其他职能部门之间实现资源共享，在增强环境监理工作力度的同时，也较好发挥环境监理的专业性。其不足之处是环境监理工程师的工作可能受制于工程监理，独立性难以得到保证。

二、环境监理机构的责、权、利

责、权、利相统一原则是经济法的一项核心原则。所谓责、权、利相统一，是指在经济法调整的每一具体社会经济关系中，各经济法主体的义务（职责）、权利（权力）、权益的内在相关，实现责字当先、以责安权、以责定利、责到权到、责到利生。本部分所述内容以环境监理合同为准。

1．环境监理机构的责任

建设项目环境监理应当承担建设单位委托环境监理合同所明确的环境监理责任。由于环境监理单位是通过环境监理合同接受业主委托的，因此，环境监理应当承担环境监理合同所明确的环境监理责任。

2．环境监理机构的权利

环境监理除享有监理权外，可享有知情权、参议权、支付权。

根据合同，工程环境监理单位享有监理权。环境监理机构为保证有效地行使监理权，享有知情权、参议权、支付权有利于进一步强化环境监理的权力。

知情权：环境监理有权了解工程及其有关施工情况。环境监理是依附于工程主体的基本建设过程进行的环境保护工作，因此，了解工程及其有关施工情况，熟悉工程监理的工作流程、工作计划及工程合同十分必要。在实际工作中，为便于环境（含水土保持工程）监理工作安排，并能及时了解施工措施和方法及使用材料（固体或液体）是否会造成环境污染和生态破坏，经工程监理、移民监理及建设单位批准的各施工单位与环境保护工程相关的施工计划（年、月）和施工方案及措施，也应发送环境监理单位，以便及时配合开展环境监理工作。享有知情权，环境监理工作才可能与各方密切工作配合。

参议权：在熟悉建设单位或工程监理的工作流程、工作计划及施工合同，理顺各种关系的基础上，工程环境监理有权参加施工期涉及环境保护措施落实、变更等决策商议，并就合同允许范围内参与决策。参议形式可以多种多样，如工程监理会议或施工现场的班组会议相组合、召开专题环境监理会议，或者是参加建设单位、工程监理、移民监理组织的与环保有关的单位工程和分部工程及单元工程的验收和质量评定等。参议权是保证监理权实施的一项重要的辅助权力。

支付权：环境监理机构有权按合同向环保设施或措施施工单位支付执行环境监理合同的费用。支付权是监理工程师控制施工活动的重要手段。合理赋予环境监理工程师支付权更是环境监理工程师控制施工活动产生的生态环境问题、实施环境监督管理的有效措施。按照国家有关法律、法规规定，建设过程中发生的水土流失防治费、生态恢复治理费，从基本建设投资中列支；生产过程中发生的水土流失防治费、生态恢复治理费，从生产费中列支。施工期环境保护投资应当从基本建设投资中列支。

3．环境监理机构的利益

环境监理应当得到两方面的利益，包括监理费用和工作环境。

监理费用：环境监理是一种高质量的技术服务，而且一个大型工程的环境监理工作量巨大，监理对象多、区域广、时间长，对从业人员综合能力要求较高，投入的人力、物力通常很大，当监理价格过低时，监理单位很难派出高素质的监理人员，或者无法保证监理人员数量，这样不仅无法提供优质服务，甚至有可能不能保证工作质量。环境监理费用应在参照现有的工程监理取费定额标准的基础上，按照工程环境监理的工作量和工作难度核定。

工作环境：必要的工作条件是开展工程环境监理的物质保障，是工作环境的“硬件”部分。为了更好地开展环境监理工作，建设单位应为环境监理提供必要的工作条件，创建一定的工作环境。搞好环境保护有关知识的宣传教育，是工作环境的“软件”部分。加大宣传力度，提高工程监理与施工单位有关人员的环境保护意识，可以减少工程环境监理工作成本，获取间接利益。

第二节　环境监理人员

一、环境监理人员素质要求

（1）熟悉工程建设项目环境污染和生态破坏的特点，掌握必要的环境保护专业知识，能对建设项目施工活动的环境影响、环保措施实施效果、环境监测成果等进行准确的分析和判断，从而保证全面实现工程环境预防保护目标、污染治理目标和恢复建设目标。

（2）必须具备一定的行业专业技术知识，熟悉工作对象；熟悉工程建设项目的技术要求、施工程序及特点和可能产生的生态环境问题。

（3）具备一定的管理工作经验和相应的工作能力（如表达能力、组织协调能力等），应当熟悉行业标准和环境保护法律法规，能够运用合同解决问题，能够很好地处理多方关系，有效地处理污染事故和有针对性地进行必需的社会调查研究等。

二、环境监理人员职责和守则

1. 总监理工程师职责

（1）全面负责并保证按合同要求规范地开展环境保护监理工作。

（2）审定环境保护监理部内部各项工作管理规定。

（3）组织编写工程环境监理方案和细则。

（4）组建项目环境监理部，调配监理人员，指导环境监理业务，并负责考核监理人员工作情况。

（5）审查、签署并汇编环境保护监理月报、季报、年报、期中环境保护质量评价表、环境监理情况通报及环境监理总结报告等。

（6）定期巡视工程现场，指导监理人员工作。

（7）根据环境保护实施情况，向有关单位提出建议和意见。

（8）参与环境污染事故的处理。

（9）定期召开环境监理工作会议，总结经验，改进工作。

（10）完成本单位及建设单位委派、必须完成的其他相关工作。

（11）对环境监理工程师提出的环保工程停工要求做进一步的现场调研，对确实存在重大环保隐患的质量问题，在征得工程监理单位同意后，下发停工令。

（12）对环境监理工程师转报的环保工程复工要求，须在接到复工要求 48 小时内作出回复，对可以重新开工的环保工程签署意见转报工程监理单位。

（13）对涉及环保工程的变更设计应进行审查，并向有关单位提出意见。

（14）监督检查环境监理工程师对各项环保工程的选址确认工作。

2. 环境监理工程师职责

（1）在环境总监理工程师的领导下，执行具体环境监理任务。

（2）深入施工现场履行监督检查职责，负责编写其分管的监理日志、监理工作月报、季报、年报和期中环境保护质量评价表。

（3）向环境总监理工程师汇报监理工作情况，并负责编写环境监理情况通报。

（4）根据施工单位提交的施工进度月计划审核表、月工作进度及执行情况报告表，合理地安排环境监理计划。

（5）深入现场调研，听取多方意见，对存在重大隐患的环保工程经科学合理的分析后，向环境总监理工程师申请下发停工令；对施工单位提出的复工要求须在 24 小时内连同对复工的意见一并上报环境总监理工程师。

（6）结合环评、设计文件，审查施工单位提交的环保工程选址确认材料，并在接到环保工程选址确认材料后 24 小时内作出回复，逾期未予回复者，施工单位可自行开工。

（7）完成环境总监安排的其他相关工作。

3．环境监理员职责

（1）在监理工程师指导下开展环境监理工作。

（2）现场巡视与主体工程配套的环保工程、设施、措施落实情况；施工过程中产生的环境污染是否达到相应的环保标准或要求，并做好记录。

（3）在环境敏感区等重点施工区域、重要施工工序担任旁站工作，严格按照环境监理实施细则开展工作，发现问题及时汇报。

（4）做好环境监理日志和其他现场监理记录工作。

4．环境监理人员守则

（1）按照“守法、诚信、公正、科学”的准则执业。

（2）执行有关建设项目环境保护的法律、法规、规范、标准和制度，履行环境监理合同规定的义务和责任。

（3）努力学习，不断提高业务能力和专业水平。

（4）不为所监理项目指定承建商、建筑构配件、设备、材料和施工方法。

（5）不收受被监理单位的任何礼品。

（6）不泄露所监理工程各方认为需要保密的事项。

（7）坚持独立自主地开展工作。

（8）严格监理，平等待人，虚心听取各方面意见，处理问题有理、有力、有节。

第十一章　环境监理重要文件资料的编制

第一节　环境监理方案的编制

环境监理单位根据项目环评、环评批复及工程基础资料等，通过现场踏勘编制环境监理方案。

环境监理工作方案一般包括以下内容。

（1）总则

包括工作由来、工作依据、项目环评及批复要求等。

（2）建设项目概况

介绍项目工程主要内容及概况；检查设计文件及施工方案是否满足环境保护要求，如实际建设方案与环评变化不大，则提出优化设计和改善设计工作。

（3）项目所在地环境现状

必要时施工前对项目所在地环境现状进行监测，与环评中现状数据进行比较，以明确项目正式施工时项目所在地环境现状是否发生变化。

（4）环评和批复中关于环境保护措施的内容

根据环评和批复中关于环境保护措施的内容细化施工期污染防治措施，同时关注“三同时”内容。

（5）环境监理工作目标和范围

介绍环境监理工作预计达到的目标，结合项目特点，明确环境监理工作范围。

（6）环境监理工作程序

介绍环境监理的工作程序，根据项目进展选择对设计阶段、施工阶段和试运行阶段的工作程序进行说明。

（7）环境监理工作内容

根据项目工程特点、项目环评及批复要求，按时间顺序概括性说明环境监理的工作内容，时间起止点为环境监理单位进场起至项目环保竣工验收止。

（8）环境监理工作方式

提出环境监理实际开展所采用的工作方式，可以选择巡检、旁站等方式。

（9）环境监理工作制度

介绍环境监理实际采用的工作制度，如报告制度、环境监理会议制度、环境监理文件存档制度等。

（10）环境监理组织机构及职责

明确项目环境监理工作参与人员，并说明环境监理工作人员应履行的工作职责。

（11）环境监理工作要点

根据项目特点、环评及批复要求，详细说明本项目环境监理过程中的关注点及应达到的监理要求。

（12）成果提交方式

明确项目在申请试运行、环保竣工验收时，环境监理单位将提交环境监理阶段报告、环境监理总结报告等环境监理工作成果。

第二节　环境监理细则

环境监理实施细则又简称环境监理细则，其较监理方案更加细化，是在监理方案的基础上，由环境监理对方案中宏观的工作内容、程序进行细节上的规定，同时根据项目建设过程中的具体子项工程或工序的环境保护要求对具体环境监理内容进行明确，最后经总监理工程师批准实施的操作性文件，例如施工营地办公区环境监理细则、水下炸礁清渣工序环境监理细则、施工船舶环境监理细则等。环境监理实施细则的作用是对整体环境监理工作的实施进行细节规定，同时指导子项工程或工序环境监理具体工作的开展。

环境监理细则一般包括以下内容（与环境监理方案相同的内容不再重复）。

（1）总则

包括工作由来、工作依据、项目环评及批复要求等。

（2）环境监理工作目标和范围

介绍环境监理工作预计达到的目标，结合项目特点，明确环境监理工作范围。

（3）环境监理工作内容

按设计阶段、施工阶段和试运行阶段，分类说明每个阶段环境监理的具体工作内容。

（4）环境监理工作方式

按项目的具体施工工序和分项工程内容，说明环境监理实际开展所采用的工作方式。

（5）环境监理对问题的处理

对环境监理过程可能遇到的问题进行总结分类，详细介绍环境监理对于各类问题的具体处理程序，如一般环保问题，重大环保问题等。

（6）环境监理工作制度及操作细则

介绍环境监理实际采用的工作制度，如报告制度、环境监理会议制度、环境监理文件存档制度等。详细介绍环境监理制度的操作细则，如来往函件中工作联系单、工作通知单、停工令、复工令等的操作；发现设计问题、设计变更的处理流程，环境监理会议的开展细则等。

（7）环境监理组织机构及职责

明确项目环境监理工作参与人员，并说明环境监理机构的组织架构、工作人员应履行的工作职责分工、环境监理人员的守则。

（8）某工序或分项工程环境监理实施细则（重点）

根据工序或分项工程的特点，详细说明存在的环境问题、该工序或分项工程的环境监理工作内容、该工序或分项工程的环境监理工作程序、工作方式、环境监理过程中的关注点及应达到的监理要求。

第三节　环境监理定期报告的编制

环境监理单位应根据工作进度，定期编制监理工作月报、季报、年报等定期报告提交至建设单位。报告主要内容如下。

（1）工程概况。

（2）环境保护执行情况。

（3）主体工程、环保工程进展。

（4）施工营地、工程环保措施落实情况。

（5）环境事故隐患或环保事故。

（6）存在的主要问题及建议。

也可考虑采用表 11-1 的简单表格格式。

表 11-1　XX 建设项目环境监理月度工作汇报

<table>
<tr><td rowspan="12">项目基本情况</td><td>项目名称</td><td colspan="2"></td><td>审批文号</td><td></td></tr>
<tr><td>建设地点</td><td colspan="2"></td><td>项目进展</td><td></td></tr>
<tr><td>试生产许可日期及文号</td><td colspan="2"></td><td rowspan="2">项目负责人及联系方式</td><td rowspan="2"></td></tr>
<tr><td>环境监理进场日期</td><td colspan="2"></td></tr>
<tr><td rowspan="2">初步设计</td><td>设计单位</td><td colspan="3"></td></tr>
<tr><td>设计概况</td><td colspan="3"></td></tr>
<tr><td rowspan="2">废水处理设施</td><td>设计单位</td><td colspan="3"></td></tr>
<tr><td>工程进度</td><td colspan="3"></td></tr>
<tr><td rowspan="2">废气处理设施</td><td>设计单位</td><td colspan="3"></td></tr>
<tr><td>工程进度</td><td colspan="3"></td></tr>
<tr><td>主体工程变更情况</td><td colspan="4"></td></tr>
<tr><td>环保设施变更情况</td><td colspan="4"></td></tr>
</table>

项目实施进展	
存在的主要问题	

填表单位：　　　　　　　　填表人：　　　　　　　　填表日期：

第四节　环境监理工作总结报告的编制

环境监理应在建设项目阶段验收、建设项目竣工环境保护验收时提交环境监理总结报告，环境监理工作总结报告一般包括以下内容。

1 项目概况

1.1 项目建设背景

介绍建设项目的建设背景，环境影响报告书（表）编制时间，审批部门、审批时间以及报告书（表）批复文号。

1.2 项目建设基本情况

主要介绍项目工程位置、任务、规模、开工时间、完工时间，工程的设计单位、施工单位和工程监理单位。

1.3 项目环评中的功能区划与环境标准

1.环境功能区划

2.环境质量标准

3.污染物排放标准

1.4 项目区环境概况

描述项目周围环境敏感点情况

1.5 环评及批复要求落实的污染防治措施

2 项目建设情况

介绍项目主要建设内容、平面布置、生产设备、项目工艺流程及试运行情况等。

3 环保投资

对照环评文件各项环保投资概算，列表给出环保投资完成情况，简述投资到位情况。

4 工程主要环境影响

4.1 水环境影响

4.2 环境空气影响

4.3 声环境影响

4.4 固体废弃物环境影响

4.5 陆生生态环境影响

4.6 水生生态环境影响

4.7 社会环境与景观影响

4.8 其他环境影响

5 环境监理工作开展情况

5.1 环境监理工作依据

5.2 环境监理组织机构

5.3 环境监理范围和工作内容

5.4 环境监理工作程序

5.5 环境监理环境管理体系

5.6 环境监理工作方式及方法

5.7 大事记

6 工程环境监理工作成果

6.1 环保措施落实情况

6.1.1 污（废）水治理措施落实情况

6.1.2 废气治理措施落实情况

6.1.3 噪声治理措施落实情况

6.1.4 固体废弃物处理措施落实情况

6.1.5 应急措施落实情况

6.1.6 其他环保措施落实情况

6.2 环境污染事故的处理

6.3 其他环境监理工作成果

7 经验、结论及建议

7.1 经验

总结存在的问题、经验和局限性

7.2 结论

项目建设情况结论及“三同时”落实情况结论

7.3 建议

8 影像资料

附表 环境监理部分用表

表 1 环保问题处理意见单

项目名称: 合同编号:

<table>
<tr><td colspan="2">单位工程名称</td><td colspan="2">分部工程名称</td></tr>
<tr><td colspan="4">环境问题部位:</td></tr>
<tr><td colspan="4">环境问题情况说明:</td></tr>
<tr><td>拟采取的补救措施</td><td colspan="3"></td></tr>
<tr><td>有关措施的附件</td><td colspan="3"></td></tr>
<tr><td>施工单位申报记录</td><td>项目总工:
日期:</td><td>环境监理部审批意见</td><td>□ 按报送措施计划执行
□ 其他意见
审批人: 日期:</td></tr>
</table>

表 2　重大环境问题报告单

项目名称：　　　　　　　　　　　　　　　　　合同编号：

<table>
<tr><td colspan="4">致环境监理部：

年　月　日，在　　　　　　发生　　　　　　重大环境问题，现将现场发生情况结果报告如下，待调查结果出来后，再另作详情报告。

施工单位：　　　　　　项目经理：　　　　　　日期：</td></tr>
<tr><td colspan="4">简要经过：</td></tr>
<tr><td colspan="4">环境影响情况：</td></tr>
<tr><td colspan="4">应急措施：</td></tr>
<tr><td>初步处理意见</td><td></td><td>环境监理部记录</td><td>签发人：
日期：
环境监理工程师：
日期：</td></tr>
</table>

表3 环保问题通知单

×××环境监理部［ ］警告××号

项目名称： 合同编号： No.

<table>
<tr><td>致　　　　标项目经理：

　　年　　月　　日　　时，贵部　　　　　　施工单位

由于本通知单所述原因造成环保问题，属违反环保条款作业，现在环境监理工程师已当场提出口头警告。为保证环保措施落到实处，请立即责成施工单位认真整改，并避免类似情况再次发生。

环境监理部（章）：
签署人：
日期：</td></tr>
<tr><td>违规原因：</td></tr>
<tr><td>主受文单位签署意见：

承包单位（章）：
项目经理：
日期：</td></tr>
</table>

主送：承包方 抄送：项目法人 工程监理站

表 4　环境问题返工指令单

×××环境监理部［　　］返工××号

项目名称：　　　　　　　　　　　　　　　　　　　　合同编号：

<table>
<tr><td>致　　　　　　　　标项目经理部：

由于本指令单所述原因，通知贵部对

按上述要求予以返工，并确保本返工工程项目达到环保条款合格标准。

环境监理部（章）：

签署人：

日期：</td></tr>
<tr><td>返工原因：</td></tr>
<tr><td>返工要求：</td></tr>
<tr><td>主受文单位签署意见：

承包单位（章）：

项目经理：

日期：</td></tr>
</table>

主送：承包方　　　　抄送：项目法人　　工程监理站

表5　环境问题停工指令单

×××环境监理部［　］停工××号

项目名称：　　　　　　　　　　　　　　　　合同编号：

<table>
<tr><td>致　　　　　　　标项目经理部：

由于本指令单所述原因，通知贵部于　　年　　月　　日　　时对工程项目暂停施工。

环境监理部（章）：
签署人：
日期：</td></tr>
<tr><td>工程暂停原因：</td></tr>
<tr><td>主受文单位签署意见：

承包单位（章）：
项目经理：
日期：</td></tr>
</table>

主送：承包方　　　　　　　　抄送：项目法人　　工程监理站

表6　环境问题复工指令单

×××环境监理部［　　］复工××号

项目名称：　　　　　　　　　　　　　　合同编号：

<table>
<tr><td>致　　　　　　　　　　标项目经理部：

鉴于　　　　　　环境监理部［　　］停工××号停工指令中所述环保因素已经消除，请贵部于　　年　　月　　日　　时对工程项目恢复施工。

环境监理部（章）：
签署人：
日期：</td></tr>
<tr><td>主受文单位签署意见：

承包单位（章）：
项目经理：
日期：</td></tr>
</table>

主送：承包方　　　　　　　　抄送：项目法人　　工程监理站

表7 环保工程设计变更申请单

项目名称： 合同编号：

<table>
<tr><td>申请单位</td><td></td><td>分部工程名称</td><td></td></tr>
<tr><td>设计单位</td><td></td><td>环保专业</td><td></td></tr>
<tr><td colspan="4">申请变更内容及理由：

申请单位盖章：
申请单位代表： 日期：</td></tr>
<tr><td colspan="4">环境监理工程师初审意见：

签名：
日期：</td></tr>
<tr><td colspan="2">环境总监审核意见：

环境总监签字：

日期：</td><td colspan="2">业主意见：

业主签字：

日期：</td></tr>
<tr><td colspan="2">设计修改记录：</td><td colspan="2">环境总监跟踪修改反馈意见：

设计总监：

日期：</td></tr>
</table>

表 8　环境监理日志（巡视记录）

项目名称：　　　　　　　　　　　　　　　　　　　　编号：

<table>
<tr><td colspan="7">单位工程名称及编号：

分部工程名称及编号：</td></tr>
<tr><td>巡视日期</td><td>天气</td><td>气温</td><td>到达现场时间</td><td>离开现场时间</td><td>施工单位</td><td>工程部位</td></tr>
<tr><td></td><td></td><td></td><td></td><td></td><td></td><td></td></tr>
<tr><td>监理内容</td><td colspan="6"></td></tr>
<tr><td>环保问题及处理结果</td><td colspan="6"></td></tr>
<tr><td>备注</td><td colspan="6"></td></tr>
<tr><td colspan="5">环境监理工程师：</td><td colspan="2">日期：</td></tr>
</table>

说明：巡视员有责任如实做好记录，对记录的资料客观性和真实性负责。

接班人有责任在交接班时核实交接情况，对核实后的情况负责。

表 9 环境监理业务联系单

项目名称：　　　　　　　　　　　　合同编号：

<table>
<tr><td>致　　　　　　　　标项目经理部：

事由：

环境监理部（章）：

签署人：

日期：</td></tr>
<tr><td>主受文单位签署意见：

承包单位（章）：

项目经理：

日期：</td></tr>
</table>

主送：承包方　　抄送：项目法人

表 10　施工环境巡视检查记录

工程名称：　　　　　　　　　　　　编　　　号：

施工单位：　　　　　　　　　　　　环境监理单位：

<table>
<tr><td>承包人</td><td colspan="3"></td><td>合同号</td><td></td></tr>
<tr><td>开始时间</td><td></td><td>终止时间</td><td></td><td>天气</td><td></td></tr>
<tr><td>巡视范围、主要部位、工序</td><td colspan="5"></td></tr>
<tr><td>施工工艺的符合性；
环境影响情况描述；
相关照片及编号</td><td colspan="5"></td></tr>
<tr><td>发现问题及处理情况简述</td><td colspan="5"></td></tr>
<tr><td>其他情况</td><td colspan="5"></td></tr>
</table>

环境监理工程师：　　　　　　　　　　　　日　期：

表 11 施工环境旁站检查记录

工程名称： 编 号：

施工单位： 环境监理单位：

承包人				合同号	
到场时间		离开时间		天气	
旁站部位、主要工序内容					
施工过程简述与环境影响情况描述；监理工作情况与相关照片					
发现问题及处理情况简述					
其他情况					

环境监理工程师： 日 期：

表 12　工程环境污染/生态破坏事故报告单

工程名称：　　　　　　　　　　　　　编　　号：

施工单位：　　　　　　　　　　　　　监理单位：

<table>
<tr><td>致　　　　　　（环境监理驻地办）：

　　　　年　月　日　　时在　　　　部位（详见设计图纸　　　　），发生环境污染/生态破坏事故，报告如下：

1. 问题（事故）经过及原因初步分析：

2. 造成环境污染/生态破坏情况：

3. 补救措施及初步处理意见：

待进一步调查后，再另作详细报告，并提出处理方案上报审查。

签发单位：

签　　名：　　　　日期：</td></tr>
<tr><td>环境监理单位审查意见：

现场监理工程师：　　　　日期：

驻地监理工程师：　　　　日期：</td></tr>
<tr><td>建设单位意见：

负责人：　　　　日期：</td></tr>
<tr><td>抄报：</td></tr>
</table>

本表由施工单位填报，一式四份，建设单位、环境监理、施工、设计单位各一份，重大事故报当地环境保护行政主管部门。

表 13　临时用地环境影响报告单

工程名称：　　　　　　　　　编　　　号：

施工单位：　　　　　　　　　环境监理单位：

<table>
<tr><td colspan="9">致　　　　（环境监理驻地办）　：

我部今上报关于　　　　　临时用地对环境影响的报告，请予审批。

施工单位：
项目经理：　　　　　日期：</td></tr>
<tr><td rowspan="2">临时用地位置</td><td rowspan="2">用途</td><td rowspan="2">面积</td><td rowspan="2">使用期限</td><td colspan="2">周边自然环境</td><td colspan="2">周边敏感点</td><td rowspan="2">恢复目标和计划进度</td></tr>
<tr><td>类别</td><td>最小距离</td><td>类别</td><td>最小距离</td></tr>
<tr><td></td><td></td><td></td><td></td><td></td><td></td><td></td><td></td><td></td></tr>
<tr><td colspan="9">附件：
1. 使用前的原地形、地貌、植被状况的影像及文字资料
2. 对周边环境的影响和采取的环保措施
3. 临时用地使用手续复印件</td></tr>
<tr><td colspan="9">监理工程师审核意见：

环境监理工程师：　　　　　日期：</td></tr>
</table>

本表施工单位专用，一式两份，环境监理单位签收后归档保存。

表 14 取（弃）土场整治恢复报告单

工程名称：　　　　　　　　　　　　编　　号：

施工单位：　　　　　　　　　　　　环境监理单位：

<table>
<tr><td>致　　　　（环境监理驻地办）：

我部业已完成　　　　　　　　　　　　取（弃）土场整治恢复。请予验收。

附件

施工单位：
项目经理：　　　　　　日期：</td></tr>
<tr><td>环境监理工程师检查意见：

环境监理工程师：　　　　　日期：</td></tr>
</table>

本表监理单位专用，一式两份，监理单位签收后归档保存。

表 15 临时用地整治恢复报告单

工程名称： 编　　号：

施工单位： 监理单位：

<table>
<tr><td>致　　　　　（环境监理驻地办）：

我部业已完成　　　　　　　　　　　　　　土地整治恢复。请予验收。

附件

施工单位：
项目经理：　　　　　　日期：</td></tr>
<tr><td>环境监理工程师检查意见：

环境监理工程师：　　　　　　日期：</td></tr>
</table>

本表监理单位专用，一式两份，监理单位签收后归档保存。

表 16　环保工程验收记录

工程名称：　　　　　　　　　　编　　　号：

施工单位：　　　　　　　　　　环境监理单位：

<table>
<tr><td>承包商</td><td></td><td>合同号</td><td></td></tr>
<tr><td>开工日期</td><td></td><td>完工日期</td><td></td></tr>
<tr><td>工程
概况</td><td colspan="3"></td></tr>
<tr><td>工程环保
验收评价
与结论</td><td colspan="3">验收组组长：　　　　　　　日期：</td></tr>
<tr><td>参加验收单位</td><td></td><td>代表签名</td><td></td></tr>
<tr><td>参加验收单位</td><td></td><td>代表签名</td><td></td></tr>
<tr><td>参加验收单位</td><td></td><td>代表签名</td><td></td></tr>
<tr><td>参加验收单位</td><td></td><td>代表签名</td><td></td></tr>
<tr><td>参加验收单位</td><td></td><td>代表签名</td><td></td></tr>
<tr><td>参加验收单位</td><td></td><td>代表签名</td><td></td></tr>
</table>

参考文献

[1] 环境保护部环境工程评估中心. 建设项目环境影响评价培训教材[M]. 北京：中国环境科学出版社，2011.

[2] HJ 2000—2010 大气污染治理工程技术导则.

[3] HJ 2015—2012 水污染治理工程技术导则.

[4] 中国交通建设监理协会. 交通建设工程监理培训教材——交通建设工程施工环境保护监理[M]. 北京：人民交通出版社，2010.

[5] 中国建设监理协会. 建设工程监理概论 2011 全国监理工程师培训考试教材[M]. 北京：知识产权出版社，2011.

下　篇
典型行业环境监理要点分析

第一章　化工石化医药行业环境监理要点分析

第一节　化工石化行业环境监理要点分析

一、行业概况

1. 定义

化学工业又称化学加工工业，泛指生产过程中化学方法占主要地位的过程工业，是利用化学反应改变物质组成、结构、形态或合成新物质等生产化学产品的行业。

2. 特点

化学工业属于知识和资金密集型的行业，主要具有以下几大特点。

（1）生产技术具有多样性、复杂性和综合性的特点。化工产品品种繁多，生产技术路线多样，原料来源广泛；大型化工企业的生产过程都需要多种技术的综合运用。

（2）具有综合利用原料的特性。化工生产往往会伴有许多副产品，这些副产品大部分又是化学工业的重要原料。化工生产是最能开辟原料来源、综合利用物质资源的行业。

（3）生产过程要求有严格的比例性和连续性。化工产品的生产过程中，原料之间、上下工序之间，往往需要有严格的比例关系。从原材料到产品，通过管道输送，形成一个首尾连贯、各环节紧密衔接的生产系统。

（4）化工生产具有高耗能的特性。有些化工产品的生产，需要在高温或低温条件下进行，无论高温还是低温都需要消耗大量能源。

（5）化工生产具有高污染的特性。化工原料的组分比较复杂，原油、煤、天然气中均含有硫、砷等非金属和金属元素，上述元素在产品分离、净化时，会以废弃物的形式排放，进而污染周边环境。另外，化工生产过程中，常产生副产物；如果尚未对这些副产物的价值加以开发，就会作为废弃物排放也将对周边环境产生一定影响。

3. 分类

根据国民经济行业分类（GB/T 4754—2011），属于化工石化行业的共有“石油加工、炼焦和核燃料加工业”、“化学原料和化学制品制造业”、“医药制造业”、“化学纤维制造业”、“橡胶和塑料制品业”五大类。

根据原料来源，化学工业可以分为石油化工、煤化工、天然气化工、盐化工和生物化工五大类；根据学科类别，可以分为无机化工、基本有机化工、高分子化工、精细化工和生物化工五大类。

石油化工是指以石油为原料，经石油炼制和进一步深加工来生产石油产品和石油化工产品的加工工业。

煤化工是指以煤为原料，经化学加工使煤转化为气体、液体和固体燃料以及化学品的生产过程，主要包括煤的气化、液化、干馏及焦油加工和电石乙炔化工等。

天然气化工是指以天然气为原料生产化工产品的工业，一般包括天然气的净化分离和化学加工两级生产。

盐化工是指利用盐或盐卤资源，加工成氯酸钠、纯碱、氯化铵、烧碱、盐酸、氯气、氢气、金属钠及这些产品的进一步深加工和综合利用的过程。

生物化工是化学工程与生物技术相结合的产物。主要生物化工产品包括抗生素、氨基酸、酶制剂、生物燃料（包括生物柴油和燃料乙醇）、生物农药、有机酸等。

无机化工是以天然资源和工业副产物为原料，生产无机酸（硫酸、硝酸、盐酸、磷酸等）、纯碱、烧碱、合成氨、化肥以及无机盐等化工产品的工业。

基本有机化工也称基本有机合成工业，是以石油、天然气、煤等为基础原料，主要生产各种有机原料的工业。主要包括合成气系、甲烷系、乙烯系、丙烯系、C4 以上脂肪烃系、乙炔系和芳烃系产品。

高分子化工为高分子化合物及以其为基础的复合或共混材料的制备和成品制造工业，是新兴的合成材料工业。按材料和产品的用途分类，包括塑料工业、合成橡胶工业、化学纤维工业及涂料工业和胶黏剂工业。多数聚合物还需要经过成型加工才能制成产品。

精细化学工业是生产精细化学品工业的通称，简称“精细化工”。具有品种多，产量小，具有功能性或最终使用性，产品质量要求高，商品性强，技术密集度高，设备投资较小，附加价值率高等特点。包括医药、农药、合成染料、各类助剂、添加剂、处理剂、功能性高分子材料等 40 多个行业和门类。

4．技术装备水平

“十一五”期间，我国石化和化学工业重大技术装备研制和创新水平进一步提高，部分产品达到世界先进水平。千万吨级炼油加氢反应器、循环氢压缩机等关键设备，百万吨乙烯“三机”（裂解气压缩机、乙烯压缩机、丙烯压缩机）均立足国内制造；大型乙烯裂解炉、乙烯冷箱、聚乙烯、聚丙烯成套设备、化肥关键技术与装置、大型空气分离装置已基本实现自主化；千万吨炼油、百万吨乙烯、30 万 t 合成氨等形成了成套工程化技术；大规模二苯基甲烷异氰酸酯（MDI）、巨型工程子午胎、全氟离子膜工程技术、膜极距复极式离子膜电解槽、煤制油、甲醇制烯烃、多喷嘴对置式水煤浆气化以及粉煤加压气化技术等一批关键技术及成套设备取得突破，并相继建设了煤制油、煤制烯烃、煤制乙二醇、煤制天然气等示范工程。我国的石油和化工工业在取得重大技术突破性成绩的同时，我们还要看到与世界先进水平仍存在一定差距。目前我国石化化工产品仍以中低端和通用品种为主，高端产品短缺。新技术新产品产业化进程较慢，缺少具有知识产权的核心技术。部分大型成套技术装备和高端产品主要依赖进口，化工新材料及其部分单体缺口严重，工程塑料、特种橡胶和高性能纤维总体保障能力仍不足 50%。

5．相关产业政策

（1）与化工石化行业相关的产业政策

国务院及相关部委发布的涉及化工行业的产业政策，主要涉及产业结构调整、节能减排、抑制部分行业产能过剩和重复建设、淘汰落后产能和生产工艺装备、天然气利用和规范煤化工产业有序发展等方面。

（2）产业结构调整政策

2005 年，国务院发布了《关于实施〈促进产业结构调整暂行规定〉的决定》（国发[2005]40 号文）；国家发展改革委颁布了《产业结构调整指导目录（2005 年本）》（第 40 号令）；2011 年，颁布了修订后的《产业结构调整指导目录（2011 年本）》（第 9 号令）。该目录给出了包括化工石化行业在内的各行业的鼓励类、限制类和淘汰类项目。

（3）节能减排政策

2011 年 8 月 31 日，国务院发布了《国务院关于印发“十二五”节能减排综合性工作方案的通知》（国发[2011]26 号）。通知制定了到 2015 年的节能减排目标，提出了包括调整优化产业结构在内的多项节能减排措施。其中，要求节能减排和实施脱硫改造的重点行业均涉及石油化工等行业，并提出化工废渣需进行综合利用。

（4）抑制部分行业产能过剩和重复建设政策

国家发改委于 2008 年 12 月 19 日发布了《焦化行业准入条件（2008 年修订）》（产业[2008 年]第 15 号），明确了焦化行业的准入条件和要求。

2009 年，国务院发布了《国务院批转发展改革委等部门关于抑制部分行业产能过剩和重复建设引导产业健康发展若干意见的通知》（国发[2009]38 号），要求严格执行煤化工产业政策，遏制传统煤化工盲目发展，禁止建设不符合准入条件的焦化、电石项目，实施等量替代方式，淘汰落后产能。对合成氨和甲醇实施上大压小、产能置换等方式。稳步开展现代煤化工示范工程建设等要求。

（5）淘汰落后产能和生产工艺装备政策

工业和信息化部制定的《部分工业行业淘汰落后生产工艺装备和产品指导目录（2010 年本）》中，化工部分涉及“10 万 t/a 以下的硫铁矿制酸和硫磺制酸生产装置、高污染、高环境风险染料”在内共 70 项。

（6）天然气利用政策

《天然气利用政策》（发改能源[2007]2155 号）将天然气利用分为优先类、允许类、限制类和禁止类。

在允许类中涉及天然气化工的项目有对用气量不大、经济效益较好的天然气制氢项目及以不宜外输或上述一、二类用户无法消纳的天然气生产氮肥项目在内的天然气化工项目。

在限制类中涉及天然气化工的项目有已建的合成氨厂以天然气为原料的扩建项目、合成氨厂煤改气项目；以甲烷为原料，一次产品包括乙炔、氯甲烷等的化工项目；允许类以外的新建以天然气为原料的合成氨项目。

在禁止类中涉及天然气化工的项目为新建或扩建天然气制甲醇项目、以天然气代煤制甲醇项目。

（7）规范煤化工产业有序发展政策

国家发改委 2011 年 3 月 11 日发布了《国家发展改革委关于规范煤化工产业有序发展的通知》（发改产业[2011]635 号），进一步加强对煤化工产业发展的宏观调控和引导。通知再次严格要求产业准入政策，加强项目审批管理，强化要素资源配置。

通知提出了焦炭、电石项目的暂停审批和禁止建设的条件以及合成氨和甲醇项目的产业政策。要求各级发展改革部门不得下放审批权限，严禁化整为零，违规审批。明确了禁止建设的煤化工项目的规模和类型及需报国家发改委审批项目，并从主要污染物排放总量和水资源两个层面提出暂停审批煤化工项目的条件。要求对不符合产业政策等规定的煤化工项目，一律不批准用地，不得发放贷款，不得通过资本市场融资。

二、工程分析及主要环境影响

基于化工石化类建设项目具有复杂性、多样性和综合性等特点，在开展环境监理工作过程中，应结合具体项目，制定更具有针对性的工作方案。首先，应全面了解工程情况、主要环境影响、拟采取的污染防治措施；对初步设计、施工图、环境影响报告书及审批文件进行全面分析，找出项目的环境监理重点。其次，对施工单位的施工方案进行全面审查，分析其与设计文件和环评文件环保要求的符合性，在以上工作基础上编制本项目的环境监理方案，确定监理方式、流程和重点监理项目。

本节将重点对化工石化建设项目的工程分析、主要环境影响及防治措施进行概述。

1. 工程分析

（1）建设项目概况

① 项目基本情况。重点包括项目的建设性质、建设地点、建设期、项目组成及建设规模、产品方案、生产技术路线及总加工流程、项目占地及土地利用性质、总图布置等。

② 项目组成。化工石化类建设项目组成主要包括主体工程、辅助工程、公用工程、储运工程和环保工程。

主体工程为主体生产装置，可包括单套或多套生产装置。大型化工石化项目，通常包括多套主体生产装置。如乙烯项目通常以乙烯裂解装置为首，再辅以芳烃抽提、聚乙烯、聚丙烯、丁二烯、顺丁橡胶等后续生产装置。

辅助工程包括综合办公楼、生产控制室、分析化验室、维修站、消防站及消防设施、电信系统、车库、汽车衡等辅助生产设施。

公用工程包括供水系统、排水系统、供热系统、供电系统、供风系统等。公用工程设施的配套情况视主体生产装置的需要、企业现有公用工程设施的现状而定。

储运工程包括油品罐区、固体成品仓库、装卸车栈台、铁路编组站、洗槽站等。

环保工程包括废气/废水治理设施、工业固体废物暂存及处理/处置设施、地下水污染防治设施、噪声治理设施、环境风险防控设施、生态保护措施、环境监测设施等。

③ 建设规模及产品方案。建设规模是指在设计操作时数条件下的主产品生产规模或原料加工规模。

产品方案中，应包括主产品、副产品和中间产品的设计产出方案。

④ 项目占地。包括永久占地和临时占地。永久占地为建设项目各工程设施占地，其性质应为工业建设用地，且符合区域发展规划要求；临时占地包括施工场、临建场、取土场、弃渣场等，重点关注项目占地的性质、类型及数量。

⑤ 原辅材料、燃料及公用工程消耗。包括原辅材料的规格、消耗指标、燃料类型、消耗指标、主要成分分析指标；水、电、汽、气等公用工程条件的规格和消耗指标等。

（2）工艺流程及产污环节分析、污染源分析

根据建设项目主体生产装置采用的生产方法、工艺技术路线，以项目的主生产工艺流程为主线，结合物料平衡、元素平衡和水平衡分析，分析建设项目的产污环节，绘制污染源分布流程图。确定项目的“三废”排放源及排放指标、排放规律和去向。

化工生产的产污环节和污染源比较复杂，主要取决于其采用的生产工艺方法，及涉及的化工生产单元。各污染源的主要污染物则取决于生产过程中涉及的原料、产品等生产介质；污染物排放指标则取决于建设项目的建设规模、物耗、能耗和水耗指标。

产污环节和污染源分析还包括配套的公用工程、储运工程、环保工程和辅助工程。

化工石化类建设项目的典型污染源分布流程图示例见图 1-1。

（3）项目选址和总图布置方案

化工项目应选址于规划的化工园区内。总图布置应综合考虑项目的工程组成、污染源分布、上下游原料与产品的互供关系、环境敏感目标分布、常年主导风向等因素。主生产装置、储运区、高声源设备应远离厂界布设。

（4）项目施工期污染源强

结合项目的施工范围、工程量、施工人员、工程内容和施工周期，分析施工期的废气、废水、固体废物和施工噪声的产生情况。

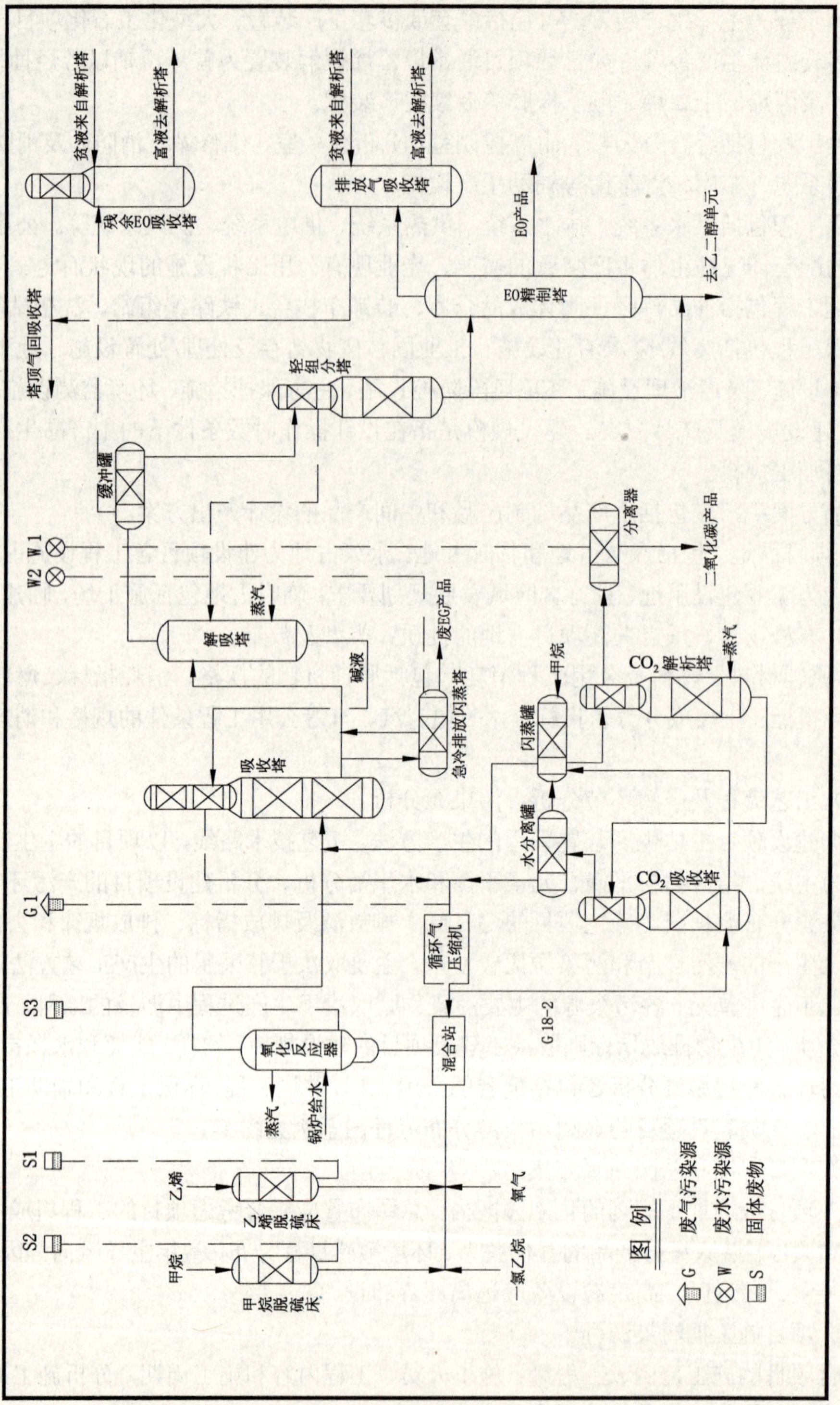

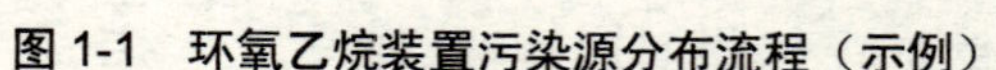

图 1-1　环氧乙烷装置污染源分布流程（示例）

2．主要环境影响及防治措施

环境监理的服务时段主要包括设计阶段、施工期和试运行期。化工石化类建设项目的主要环境影响期为运营期，且为长期影响，需进行重点评价和防治，但主要的防治设备和设施均在工程建设施工期内进行施工和安装，因此，施工期的治理措施和项目配套的环保设施是化工类建设项目的环境监理重点。

（1）环境空气

1）施工期

① 环境影响。施工期对环境空气的影响主要来源于场地平整产生扬尘影响；施工机械作业和车辆运输等产生的粉尘影响；设备、管道焊接产生的焊接烟尘影响；设备、管道表面涂漆产生的油气影响；其他施工过程可能产生影响环境的废气源等。

② 防治措施。包括加遮盖物、干燥天气洒水作业、避免大风天气作业等减少扬尘的措施；减少在施工场地喷涂油漆量、控制焊接烟尘，加强施工机械和设备的维护与管理等减少油气与尾气排放措施。

2）运营期

① 环境影响。化工石化类建设项目的主要废气污染源包括有组织废气和无组织废气。

有组织废气包括工艺废气、加热炉烟气、锅炉烟气和焚烧炉烟气等。工艺废气主要污染物通常为挥发性有机物、粉尘、卤化物或恶臭等特征污染物；加热炉和锅炉烟气中的主要污染物为二氧化硫、氮氧化物和烟尘。

无组织废气包括生产装置区、储运区、污水处理区的无组织排放废气。生产装置区和储运区的无组织排放污染物主要为与生产加工或储存的介质有关的特征污染物；污水处理区的无组织排放污染物主要为硫化氢、氨等恶臭气体。

② 防治措施。

◆有组织废气

——有组织工艺废气

对于有组织工艺废气，应根据源强特点和主要污染物的物化特性，采取有针对性的、可满足达标排放要求的废气治理措施。各类污染物的治理技术如下。

含挥发性有机物（VOC）的工艺废气通常采用湿法吸收、干法吸附、冷凝法、膜分离法、生物法、催化焚烧、热力焚烧等治理措施。含粉尘类的工艺废气通常根据粉尘的特性采用机械除尘、湿式除尘、布袋除尘和静电除尘等治理措施。含卤化物的工艺废气通常采用固相（干法）吸附法、液相（湿法）吸收法、化学氧化脱卤法、生物法等治理措施。含恶臭污染物工艺废气通常采用水洗、物理吸附、化学吸附、氧化吸收、酸碱吸收、燃烧等治理技术，也可采用稀释法和掩蔽法技术。

——加热炉、锅炉和焚烧炉烟气

加热炉燃料多为装置自产的燃料气、燃料油，通常采用燃料脱硫措施以控制烟气中的二氧化硫排放指标，采用低氮燃烧措施控制烟气中的氮氧化物排放指标。燃油或燃气锅炉采取的防治措施与加热炉相同。对于燃煤锅炉，必须采取符合相应技术规范要求和排放标准要求的脱硫、脱硝和除尘措施。焚烧炉烟气则应根据其源强特点采取相应的脱硫、脱硝和除尘措施，危险废物焚烧炉还应采取急冷等控制二噁英排放的措施。

二氧化硫的治理工艺可分为湿法、干法和半干法，主要包括石灰石/石灰-石膏法、烟气循环流化床法、氨法等；氮氧化物的控制措施包括低氮燃烧技术，及选择性催化还原（SCR）和选择性非催化还原（SNCR）等烟气脱硝技术；采用的脱硫脱硝措施应符合相关技术规范的要求。

在炼油、煤化工生产系统中，需配套建设硫磺回收联合装置，回收系统中的硫、减少硫的排放。通常包括干气脱硫、酸性水汽提、溶剂再生和硫磺回收等装置。

◆无组织废气

对于生产装置区无组织废气的控制，通常配套气体收集管网、回收及处理设施，如火炬及火炬气回收设施。对于储运区无组织废气控制，首先应选择合适的储罐类型和装卸车方式，控制无组织污染物的产生量；如易挥发或有毒液体化学品采用内浮顶储罐及密闭液下装车方式等。其次采用管网收集及配套油气回收设施，以控制无组织污染物排放。对于污水处理区的恶臭气体，通常采用加盖密封、统一收集后处理措施。

化工石化类建设项目，还需根据相关行业标准、技术规范要求，根据无组织排放源强特征，关注相应的卫生防护距离和大气防护距离。

（2）地面水环境

1）施工期

① 环境影响：施工人员生活污水和含油施工废水将会对纳污水域产生影响。

② 治理措施：应设置临时污水处理设施，确保施工期废水处理达标后排放或回用。

2）运营期

① 环境影响。化工石化类建设项目的废水类型包括主体生产装置的生产废水、公用工程及辅助设施废水、储运设施排水、生活污水、雨水等。

不同类型的化工石化生产装置，其生产废水的排放量和污水水质差异较大。常规污染物主要有化学需氧量、生化需氧量、悬浮物等，特征污染物主要有石油类、挥发酚、硫化物、总氰化合物、氨氮、苯系物及其他相关的有机或无机污染物等。依据水质特点，可将化工行业的生产废水分为含油污水、高含盐污水、含硫污水、酸碱废水、高浓度有机化工污水和低浓度有机化工污水等。

公用工程及辅助设施废水包括循环冷却水站排污水、化学水站排污水、锅炉排污水等。上述废水中污染物主要为化学需氧量等常规污染物，且水质浓度较低。

储运设施排水包括储罐切水和清洗废水，废水中除常规污染物外，还含有与储存物料有关的特征污染物，且水质浓度较高，需与生产装置的生产废水统一处理。

雨水包括初期污染雨水和洁净雨水。初期污染雨水为生产装置区和储运区的前期雨水，应和洁净雨水分开收集和处理。

② 防治措施。化工石化类建设项目的污水处理，应根据废水类型和水质特点，采用相应的组合处理流程。在总处理流程中，生物处理单元是关键；设计时应进行多方案比选，在满足达标排放的技术要求的条件下，应选择投资少、运行成本低、成熟可靠的工艺技术。如果生产废水中含有油类或大分子等难降解有机物，还需在生化处理前增加除油、水解酸化、催化氧化等预处理设施。

基于总量控制和节水的需要，应配套建设污水深度处理或中水回用处理装置。污水深度处理或中水回用处理装置主要是针对达标污水，进一步采取过滤、曝气生物滤池、生物活性炭吸附、高效反渗透等技术，去除废水中的化学需氧量、色度、异味、氯离子、盐、悬浮固体、浊度等，使其满足工业水回用水质指标要求后回用。

若建设项目依托园区的综合污水处理设施，则排出项目装置界区的污水水质应满足园区综合污水处理设施的进口控制指标要求；不满足要求的需配套建设污水预处理装置。

污水处理站的设计规模既要考虑满足正常工况下的各类废水的处理需求，还要考虑满足初期污染雨水和事故污水的处理需求。

（3）声环境

1）施工期

① 环境影响：施工机械作业和各种运输车辆噪声对环境的影响。

② 治理措施：采取施工场地设置隔声墙、禁止夜间施工、降低车辆运行速度、加强机械维修等措施，确保施工期厂界噪声和环境噪声达标。

2）运营期

① 环境影响。运营期的主要噪声源有大型动力设备噪声，如压缩机、风机、真空泵、物料输送泵、搅拌机、离心机等；火炬噪声；蒸汽放空噪声。大型动力设备噪声一般为连续声源，必须采取控制措施，确保厂界和环境达标；而火炬和蒸汽放空噪声通常为间断性声源，在设计和操作过程中也应采取严格的控制措施。

② 治理措施。大型动力设备的噪声治理措施主要有选择低噪声设备，大型设备设置隔声间，加装消音器和减震器等设施，噪声较高的设备和单元尽量远离厂界布置。如上述措施均采取的情况下还不能满足达标要求，还可考虑设置隔声屏障。

火炬的降噪声措施主要为消音器。火炬气放空和蒸汽放空应在昼间进行。

（4）工业固体废物

1）施工期

① 环境影响：施工垃圾和生活垃圾对环境的影响。

② 治理措施：施工垃圾中的破损工具和零件、废弃包装桶、报废机械、钢筋头

等可回收垃圾进行统一收集后，回收处理；不能回收的建筑垃圾和生活垃圾统一收集后送当地环卫部门指定的垃圾场处理。

2）运营期

① 环境影响。运营期的主要工业固体废物有五大类：废催化剂、废吸（脱）附剂、三泥、废碱液和其他废物。其他废物包括有机废液、废树脂、催化剂载体、精蒸馏残渣、锅炉灰渣等。

这些固体废物应首先按照《国家危险废物鉴别名录》（2008 年版）和《危险废物鉴别标准》（GB 5085—2007）判断是否属于危险废物；对于一般工业废物，必要的情况下还可分为Ⅰ类和Ⅱ类工业固体废物；对于不同的固体废物因其影响不同，采取的处理处置措施也不相同。

② 处理/处置措施。化工石化类建设项目通常采用综合利用、焚烧、填埋等 3 种固废处理/处置措施，以做到“资源化、无害化、减量化”，最大限度地减轻对环境的影响，避免二次污染。

可综合利用的固体废物，主要包括含贵重金属的废催化剂，具有一定热值的有机废液，可回收提纯化工原料的化工废物等；综合利用可实现固体废物的资源化。

化工废物中，有机废渣、脱水污泥、活性炭、废树脂、废碱液均可采取焚烧措施。危险废物焚烧处置系统应包括预处理及进料系统、焚烧炉、热能利用系统、烟气净化系统、残渣处理系统、自动控制和在线监测系统及其他辅助装置。对于焚烧化工废物的危险废物焚烧炉，应采取严格的二噁英控制措施，包括严格控制燃烧室烟气的温度、停留时间和流动工况，使危险废物应完全焚烧；焚烧废物产生的高温烟气应采取急冷处理，使烟气温度在 1.0 s 内降到 200℃以下，减少烟气在 200～500℃温区的滞留时间；在中和反应器和袋式除尘器之间可喷入活性炭或多孔性吸附剂，也可在布袋除尘器后设置活性炭或多孔性吸附剂、吸收塔（床）等。焚烧炉的设计指标和污染物排放指标应满足《危险废物焚烧污染物控制标准》（GB 18484—2001）要求。

不能综合利用和焚烧的化工废物，如催化剂载体、焚烧炉残渣等，应采取填埋处理措施，并配套临时储存设施。一般工业固体废物和危险废物的储存和填埋应分别满足《一般工业固体废物贮存、处置场污染控制标准》（GB 18599—2001）、《危险废物贮存污染控制标准》（GB 18597—2001）和《危险废物填埋污染控制标准》（GB 18598—2001）要求。

依托接收单位处理危险废物，接收单位应具有符合国务院令第 408 号《危险废物经营许可证管理办法》要求的经营许可资质；危险废物的运输应符合《危险废物转移联单管理办法》（国家环境保护总局令第 5 号）中的有关规定。

（5）地下水环境

化工石化类建设项目对地下水的影响，主要体现在运营期。

① 环境影响。在生产运营期，生产装置、储运设施、污水处理设施的设备或管

线，因腐蚀、开裂或连接件损坏，发生有毒液体化工物料或污水的跑、冒、滴、漏；或设备、管线在事故工况下爆裂时，发生有毒液体化工物料或污水的泄漏，从而导致有毒液体化工物料或污水渗透装置区地层，进入并污染地下水。

② 地下水污染防治措施。目前，与化工石化类建设项目的地下水污染防治有关的技术规范有《石油化工企业防渗设计通则》（Q-SY 1303—2010）和《地下水环境监测技术规范》（HJ/T 164—2004）。

◆ 地下水污染防治的基本原则

化工石化类建设项目地下水污染防治主要遵循“源头控制、防止渗漏、污染监测、事故应急处理”的主动及被动防渗相结合以及地上污染地上防治、地下污染地下防治的设计原则。

◆ 地下水污染防治措施的基本要点

应熟悉工程概况及场地岩土工程勘察资料，搜集和研究建设项目场地的包气带防污性能、含水层易污染特征和地下水环境敏感程度等资料，作为地下水污染防治的依据。

化工石化类建设项目应根据国家相关规范采取防止和降低污染物跑、冒、滴、漏的措施。防渗工程设计应依据污染防治分区，选择相应的防渗方案。污染防治区应采取防止污染物流出边界的措施。防渗层基层应具有一定承载能力，防止由于基层不均匀沉降等引起防渗层开裂、撕裂，必要时应对基层进行处理。

施工时应加强防渗层的缩缝、变形缝及与建构筑物基础间的缝隙密封的质量控制，施工后应进行严格质量检验。选择防渗方案时应重视施工、材料的健康、安全和环境的要求。施工中应有专人负责质量控制，进行质量监理，施工结束后应按国家有关规定进行工程质量检验和验收。

试生产及正常过程中应加强巡检，及时处理污染物跑、冒、滴、漏，同时应加强对防渗工程的检查，若发现防渗密封材料老化或损坏，应及时维修更换。

◆ 污染防治分区

根据《石油化工企业防渗设计通则》（Q-SY 1303—2010）的要求，将装置区分为污染区和非污染区。污染区指在生产、储运过程中可能发生污染物泄漏至地面或地下的区域，主要包括生产装置设备区、罐区、铁路和汽车装卸区、酸碱站、化学品库、污水处理场、输送含有污染物的地下管线区域等；非污染区指除污染区外的其他区域。污染区进一步分为重点污染防治区、特殊污染防治区和一般污染防治区。

◆ 防渗结构或方案

《石油化工企业防渗设计通则》（Q-SY 1303—2010）给出的防渗结构有4种，分别为天然防渗结构、刚性防渗结构、柔性防渗结构和复合防渗结构。天然防渗结构是指由黏土、粉质黏土或膨润土等天然材料或对上述材料进行改性处理后所构成的防渗结构；刚性防渗结构是指抗渗混凝土结构，一般包括经混凝土添加剂改性处理、经混凝土表面涂层处理的混凝土结构或特殊配比的混凝土结构；柔性防渗结构是指采用人工合成有机材料（土工膜）所构成的防渗结构；复合防渗结构是指由天然防渗结构、刚性防渗结构和柔性防渗结构组合而成的防渗结构。

◆ 防渗材料

《石油化工企业防渗设计通则》（Q-SY 1303—2010）中给出的防渗材料有四大类：天然防渗材料、水泥基渗透结晶型防渗材料、人工合成有机防渗材料和其他防渗材料。

防渗材料的选择应根据防渗要求，并结合生产功能分区、泄漏污染物的理化特性、环境条件、施工方法及材料性能等因素合理确定。选择的防渗材料应具备无毒性、坚固性、持久性、抗化学反应性、抗穿透和抗断裂性等性能特点。

◆ 泄漏监控和渗漏检测

建设项目应设置完善的泄漏监控和渗漏检测设施。泄漏监控设施包括物料计量及监控设施，通过监控生产过程中的物料消耗指标的变化情况，监控相关设备或管道是否有物料泄漏发生。渗漏检测设施主要有渗漏液收集井、土工膜电气式渗漏检测设施、液体渗漏传感电缆检测设施等，主要用于检测区域内是否有渗漏物或防渗层是否有漏点。

◆ 地下水污染监控及应急抽水系统

建设项目应根据场址所在地的地下水流向、污染源分布情况及污染物在地下水中的扩散形式，在厂区及其周边区域布设地下水污染监控井和应急抽水井，建立地下水污染监控和预警体系，及地下水污染应急处理体系。地下水应急抽水井可同时作为地下水污染监控井。地下水污染监控井的建设和管理应符合《地下水环境监测技术规范》（HJ/T 164—2004）的规定。

（6）生态环境

1）环境影响

化工石化类建设项目选址应位于化工工业园区或在现有厂区内建设，项目占地均为工业用地。其对陆生生态的影响是不可逆的，主要发生于施工期。包括场地平整、土建施工对地表植被的破坏，地表结构破坏导致水土流失增加，占地对生产的影响和土壤肥力的影响，项目建设前后的区域景观变化等。

化工石化类建设项目对水生生态的影响主要体现在营运期，即污水排放对纳污水域的水质的影响，进而影响水生生物；尤其应关注对饮用水水源保护区等环境敏感区的影响。

2）减缓措施

在编制建设项目场址所在的化工工业园区规划时，园区选址应避让环境敏感区域。地方政府及规划部门应按要求组织编制工业园区的水土保持方案和规划环境影响报告书，并报送相关主管部门评估备案。建设项目应制定本项目的水土保护方案，设定绿化防护林带，减缓施工期影响。

在减缓水生生态影响的措施方面，应重点关注排污口设置的合规性和可行性，须避让地表水水源地及保护区，并在允许的环境功能区域内设置。在排污口设置前还需编制排污口论证报告、水资源论证报告和环境资源论证报告，并报送相关主管部门评估备案。

（7）环境风险

化工石化类建设项目应在最大可信风险事故源项分析和影响评估的基础上，提出风险事故防范措施、环境应急措施及环境应急预案，将环境风险影响降到最低程度。

1）环境风险种类

化工石化类建设项目的环境风险影响主要有以下方面：① 装置区或储运区发生火灾爆炸事故，伴生有毒污染物质扩散对环境空气的影响，污染的消防水对地表水的影响，污染物质渗漏对地下水的影响。② 装置区或储运区设备或管线发生破裂事故时，导致有毒物质泄漏对环境空气、地表水和地下水的影响。③ 污水处理设施故障，或设备管线发生破裂事故时，外排污水对水环境的影响。④ 上述风险事故工况下，有毒污染物质对集中居民居住区、社会关注区、水源地及保护区等环境敏感保护目标的影响。

2）风险防控及应急措施

化工石化类建设项目的风险防控和应急措施包括以下几个方面。① 在设计上采取严格的风险防控措施，包括总图、选址、建设安全防范措施，危险化学品贮运安全防范措施，工艺技术设计安全防范措施，自动控制设计安全防护设施，消防及火灾报警系统等。从源头上减少环境风险事故的发生。② 采取大气环境风险防控措施，包括设置事故工况下废气的排放、收集、输送和处理措施，确保事故工况下的废气处理和达标排放；设定建设项目的卫生及大气防护距离，降低事故对周边居民区和社会关注区的影响。③ 采取水污染防控措施，包括设置罐区围堤、装置区围堰、事故污水收集、排放管网和事故污水应急贮池，确保事故污水和污染雨水切换到事故污水收集及排放系统，进入事故污水应急贮池，防止事故污水未经处理直接排入外环境。④ 采取地下水污染防控措施，包括厂区防渗、地下水监控及应急抽水措施等。⑤ 采取伴生/次生污染消除措施，包括喷淋、水幕等消防措施，火炬等废气焚烧措施，水污染防控措施等。⑥ 建立、健全环境风险事故管理体系，包括各级环境风险应急预案、环境风险事故居民应急撤离疏散预案等。

（8）社会环境

化工石化类建设项目对社会环境的影响包括对评价范围内集中居民居住区和社会关注区的影响、对厂区周边耕地的影响、对排污口下游水源地及保护区的影响。

关于社会环境影响的治理及保护措施，主要包括卫生防护距离内的居民拆迁安置和补偿措施，厂区及绿化带内的耕地占用补偿措施，排污口下游水源地及保护区的避让、搬迁、调整措施等，上述措施应该由企业和地方政府共同协调落实解决。

3. 应注意的问题

化工石化类建设项目环境监理应重点关注的内容包括：

（1）建设项目的性质、规模、选址、总图布置、工艺路线和拟采取的环保措施。

（2）配套或依托的主要环保设施应确保与主体工程的建设同步。

（3）根据建设项目的特点，落实环境风险防范与事故应急设施与措施。

（4）建设项目采取的主动防泄漏措施、被动防渗措施、污染监控与应急抽水设施等地下水污染防控措施。

（5）施工期的生态保护措施、环境达标治理措施等。

（6）建设项目厂区绿化和厂外绿化带的建设。

（7）环境管理与监测机构的建设，环境监测设备、仪器的配备，在线监测系统的设置，污染源及环境监测计划的制订和实施。

（8）建设项目场址及卫生防护距离内的居民搬迁及补偿，影响范围内的地表水及地下水水源地的避让或迁移等保护措施。

三、设计文件、施工图设计环保审核要点

环境监理时需进行审核的设计文件和施工图主要有可行性研究报告、总体设计、初步设计、施工图、施工组织方案及相关审批文件。

（1）重点审核设计文件与环评文件中的建设方案的一致性，对于设计审查中发现遗漏、增加、调整的工程内容应以《环境监理联系单》形式告知建设单位，提出改正建议。如发生重大变化，应提醒建设单位履行相关环保手续。

（2）重点审核环评报告要求的污染防治措施在设计文件中的落实情况，分析配套的环保设施的技术路线、设计能力、控制指标、治理效果是否满足环评提出的污染控制要求。对于设计审查中发现遗漏或不满足技术要求的环保治理措施，应以《环境监理联系单》形式向建设单位、设计单位建议增加和调整。

（3）重点关注环评要求的环境敏感保护目标保护措施、施工期生态恢复措施的落实。

环境监理应将设计文件环保核查材料反馈给建设单位。

四、施工期环境监理要点

化工石化类建设项目的施工期环境监理工作包括以下方面：关注项目的厂区平面布置情况，主体工程、公用工程、储运工程的建设内容和工程进展，重点关注施工期生态环境监理，项目配套的环保工程实施过程的控制与管理。

1. 总平面布置

根据施工图和现场实际施工进展，关注项目的功能分区和总平面布置是否发生调整，分析与总图有关的排污管道分布、无组织排放废气污染物控制、噪声控制、地下水污染防治分区、地下水监测井和抽水井布设等环保设施是否满足调整后项目污染防治的技术要求，对于不满足技术要求的，应提出整改意见，并提交建设单位加以落实。对于总图变化较大的项目，应提醒建设单位与环部主管部门沟通，履行相关环保手续。

2. 工程建设内容及进展

关注项目主体工程、公用工程、储运工程的工程进展以及工程建设内容与环评和设计文件的一致性。包括主体工程的生产工艺、主要设备和生产线配备，储运工程的储罐型式和容积，装卸车栈台的主要设备配置，公用工程各水电汽设施的建设规模、主要配套设备等。特别是要重点关注与污染源相关的设备和设施的变化情况。对于发生变化的，分析是否导致相应污染源强也发生变化，对应的环保设施是否需要调整。如真空泵由往复式改为水环式，就会增加废水排放点。尾气冷凝器换热面积的改变，也会改变废气中污染物的浓度和速率，需对原采用的废气治理设施的效果进行重新核定。因此，一旦发生上述情况，需及时向建设单位汇报，并提出整改意见。同时关注各生产装置配套的环保设施的建设进展情况，确保与主体工程“三同时”。

3. 施工期生态环境监理

施工期生态环境监理的目的，是为了降低或避免施工活动对生态环境造成的破坏；环境监理机构应依据国家、地方环境保护法律法规，建设单位环境保护制度，环评及批复等文件，结合项目特点，针对施工期土建、安装等施工过程中有可能给生态环境造成破坏的行为进行监督管理。监理要点包括：

（1）按照环评文件，监督检查工程的临建场地和营地的设置是否符合要求，临时占地的表层土是否保留；施工结束后，是否及时拆除临建设施，恢复地表景观和植被。

（2）按环评文件，监督检查取土场和弃土场的设置是否符合要求，如选址上应尽量利用既有取土场和弃土场；尽可能选址荒坡、荒地、荒沟，少占或不占耕地、林地，避开环境敏感区；施工结束后，对取土场、临时便道或弃土场要进行平整、绿化、复耕、恢复植被、高陡边坡防护、修建排水沟等防止水土流失等措施。

（3）施工过程中，根据环评要求，重点检查场地平整、土建施工、材料运输过程中，施工场地、混凝土搅拌站、临时建筑材料堆场、施工机械和运输车辆是否采取了有效的防尘、减少尾气排放和降噪等措施。

（4）在安装阶段，检查设备、管道、支架安装时，为减少切割、焊接、油漆涂刷、吊装机械过程中产生的烟气、油气、噪声的影响，而采取的相应管理控制措施和效果。

（5）需建设临时污水处理设施的项目，应监督检查临时污水处理设施、排水管网的建设情况，并定期检查临时污水处理设施的运行和管理状况，确保其正常稳定运行。依托现有污水处理设施的，应检查施工区排水管线的建设情况，依托的污水处理设施的运行和管理情况，确保施工污水达标排放。同时，还应关注污水处理设施采取的防泄漏和防渗措施。

(6) 检查施工过程中产生的危险废物、建筑垃圾、生活垃圾是否进行了分类收集、暂存和处理，避免随意堆放、丢弃。

(7) 定期开展施工过程中的环境监测工作，包括施工场界噪声的监测、附近环境敏感保护目标的噪声监测、处理后外排的施工污水水质监测。

(8) 对于施工期生态环境监理过程中发现的问题，环境监理单应及时以环境监理联系单、环境监理周报或月报的形式告知建设单位及相关施工单位，限期整改；并核查整改结果。

4．环保工程实施过程的控制与管理

为了使项目环境保护工程和措施满足"三同时"要求，在施工期应对其开展进度控制、质量监督等工作，使其设计技术指标、施工执行标准满足环评及其批复的要求。关注项目主体工程、公用工程、储运工程配套的各项环保设施、措施的设计方案的落实情况、设计变更情况和施工进展情况，配合建设单位开展工程技术质量的检验和验收。环境监理人员应掌握所监理环保工程项目的技术要求、质量标准等。及时记录发现的问题，以环境监理联系单、环境监理周报和月报等形式向建设单位和施工单位反映，并及时会同有关部门妥善解决。

(1) 废气治理设施

检查项目主体工程各生产装置配套的有组织工艺废气治理措施和设施的建设情况，包括含挥发性有机物（VOC）废气、含尘废气、含卤化物废气、含恶臭污染物（如苯乙烯、氨、硫化氢等）废气、含硫化物（如二氧化硫等）废气、含氮氧化物（如一氧化氮、一氧化二氮、二氧化氮等）废气的治理设施的施工进度、工艺路线、主要设备、建设规模、排气筒参数是否符合要求。

对于主体工程有加热炉的项目，应检查加热炉排气筒和低氮燃烧器的建设情况，核查排气筒的高度、材质是否符合环评要求。

对于有废气焚烧炉的项目，检查其采取的焚烧工艺是否满足需焚烧处理的污染物的焚烧要求，检查建设规模、主要焚烧设备、烟气热能回收设施、排气筒参数是否符合环评要求。

对于公用工程配套热电站锅炉的项目，检查锅炉炉型、设计规模、脱硫、脱硝、除尘设施、排气筒参数是否符合环评和相关技术规范的设计要求；检查煤、灰渣的贮存、输送设施的防止粉尘产生、扩散措施及除尘设施的建设情况。

检查主体工程生产装置区减少无组织废气污染物排放的控制措施的建设情况。包括系统内不同压力等级的燃料气收集管网、回收压缩机、气柜的建设情况，各类不凝尾气、事故废气的收集管网和处理设施的建设情况，不同压力等级和性质的火炬及火炬气回收设施的建设情况，先进的密封技术和材料的配套情况，DCS、事故紧急停车系统、有毒及可燃气体监测设施等自动控制技术实施情况等。

检查储运工程区减少无组织废气污染物排放的控制设施的建设情况。易挥发有毒物料是否按要求采用浮顶罐和液下密闭装卸车设施，储罐的氮气密封设施、超压泄放设施、油气回收和处理设施是否符合环评要求。

对于易产生氨、硫化氢和硫醇等恶臭气体的污水处理装置，应按环评要求，检查其密闭、恶臭气体收集和处理设施的建设情况。

（2）废水治理设施

监督检查项目是否遵循“清污分流、污污分流、雨污分流”原则建设排水管网。重点检查生产废水、生活污水、公用设施排水、雨水管线是否分开建设；不同类型的生产废水，如低浓废水、高浓废水、酸碱废水的排水管线等是否分开；污染雨水和洁净雨水的分流和切换设施、正常污水和事故污水的切换设施的建设情况，及各类污水收集池、提升泵房、提升泵、污水管道的防腐防渗措施、污水排放口的规范化建设、污水排放口的在线监控设施的建设情况。

检查项目配套的污水预处理设施的建设情况，如酸碱废水中和池、含油污水隔油池、高浓有机废水预处理设施、高浓废碱液预处理、酸性水汽提装置等，检查其建设规模、工艺路线、主要设备和构筑物、进出口管线是否符合环评和相关设计规范要求。

检查综合污水处理装置、污水深度处理或中水回用装置的建设情况，包括设计规模、污水处理工艺流程、主要处理设备和构筑物、进出口管线、污泥脱水设施、厌氧沼气收集及处理设施、恶臭气体收集及处理设施等，核查其是否满足环评的相关设计规范要求。

同时关注各类污水处理设施的构筑物建成后的蓄水试验及结果。

（3）噪声治理措施

检查压缩机、真空泵、风机、离心机等大型动力设备是否设置隔声间，是否配套消音器和减震器以及选用低噪声电机；检查各单元物料泵是否统一设置泵房，是否设置减震器和选用低噪声电机；检查火炬的消音器配套情况；核查噪声较高的设备和单元是否远离厂界布置等。

（4）工业固体废物处理/处置措施

检查厂内一般工业固体废物和危险废物暂存设施的建设情况，包括选址、防渗、库容和分区存放等。

检查废液、有机废渣和污泥焚烧炉的建设情况，包括焚烧能力、废物输送和预处理设施、焚烧炉型式和相关技术参数、能量再利用设施、烟气净化设施、二噁英控制设施、烟气排放管道和排气筒参数等。分析上述各项目内容和指标是否满足环评、相关设计规范、标准的技术要求。

（5）地下水污染防控措施

检查主动防泄漏措施的实施情况，包括主体工程、储运工程的工艺、管道、设备按设计规范采取的防止物料跑、冒、滴、漏等措施，污水管线、污水贮池采取的防止污水跑、冒、滴、漏等措施。

检查项目主体工程区、储运工程区、火炬区、污水处理区、危险废物暂存区、废物焚烧区的地下水污染防治的防渗分区情况是否合理以及各污染防治区的被动防渗措施的建设情况，包括防渗结构的选择，防渗材料的采用等。对于生产装置区，主要采用防渗钢筋混凝土为主的钢性防渗结构，在监理过程中，应监督检查混凝土防渗层的现场浇筑情况及各批次抽检样品制块的制作、送检过程。对于储运区，主要采用HDPE膜的柔性防渗结构，应监督防渗膜及保护层的铺设情况、焊接方式以及防渗膜抽检样品的送检过程。同时关注渗滤液收集层、渗滤液收集井、罐底及装置区渗漏检测设施的建设情况。关注埋地污水管道、物料管线的防渗工程的建设情况。

检查污水处理装置、循环水场、事故池、污水收集池等设施的构筑物的防渗施工情况，监督检查其施工完成后的蓄水试验及结果。

检查主体工程区、储运区、污水处理区、排污管道、厂界及厂外地下水敏感保护目标区域内的地下水监测井、应急抽水井的建设情况，包括点位布设、井深、内径、管材选用、标志牌等。

地下水防渗设施多为隐蔽性设施，在监督检查过程中应主要采用录像、拍照方式，制作成影像资料以便于存档检查。

（6）环境风险防控及应急措施

在施工期，应监督检查设计上采取的建筑、危险化学品贮运、工艺技术设计、自动控制等方面的设计安全防护设施的建设情况，消防及火灾报警系统的建设情况，确保项目的主动风险防控设施符合环评文件及相关设计技术规范要求。

检查生产装置区和储运区的事故工况下废气的排放设施（如安全阀、泄压阀、防爆膜等）、收集输送管线和火炬等处理设施的建设情况。

检查主体工程装置区围堰和储运区的罐区围堤的建设情况，包括高度、宽度和有效容积是否满足环评和设计要求。检查装置区、储运区和污水处理区的事故污水收集、排放系统的建设情况，包括事故消防水排放管网、事故时雨水切换设施、生产污水切换设施、事故污水排放至事故池管线等。检查厂区事故污水应急贮池的建设情况，包括容积、型式、防渗、配套进水管线和污水提升及输送设施，保证事故时污水及时收集和事故后的处理。

检查各污染区的防渗、地下水监控及应急抽水设施的建设情况。

（7）环境管理及监控措施

检查环境监测站的建设情况，包括环境监测仪器、设备、车辆的配备等；检查锅炉烟气及需重点监管的废气排气筒出口的在线监测系统的设置情况，污水外排口的在线监测系统的建设情况及与当地管理部门的联网情况；检查环境应急监测设施配套情况。分析上述设施是否满足环评及设计文件、国家有关技术规范和标准要求。

（8）绿化

检查厂区绿化及厂外绿化带的建设情况，包括绿化面积、绿化率是否符合规范要求，种植的树和草的种类是否对项目特征污染物具有吸附净化作用。

（9）社会环境保护措施

检查项目界区外卫生及大气防护距离内居民搬迁安置情况，影响范围内的地表及地下水水源地的保护措施的实施情况，车间及厂区卫生等涉及人群健康的相关设施的配套情况。

（10）施工管理

对建设单位和施工单位的施工管理文件进行检查，包括项目的质量管理程序文件、HSE 管理手册、环保宣传手册、专项工程施工指导手册等，提高参建人员的环保意识，确保环保工程的施工质量。

五、试运行期环境监理要点

1. 试生产运行工况的监理

环境监理单位在试运行期，应按照竣工环境保护验收的有关要求逐项核查项目的运行负荷是否达到竣工环境保护验收要求工况，主体生产装置、公用工程设施和储运设施是否连续稳定，关注试运行期间的主要原辅材料消耗、公用工程消耗、燃料消耗指标，项目的主、副产品的产出情况，对于与环评和设计指标差异较大的，应协同建设单位、设计单位查找原因。采取有针对性措施，使各项指标达到设计指标水平。

根据上述变化情况，进行项目试运行期的物料平衡和水平衡分析，并据此分析项目的污染源排放指标变化情况及相应环保设施的技术可行性。对于不能满足处理要求的环保设施，应协同建设单位和设计单位提出整改方案，加以落实。

2. 环保设施的试运行监理

在项目试生产运行工况稳定后，环境监理单位应协助建设单位组织开展项目试运行期的环境监测工作，检查主动污染防治措施的落实情况，检查被动污染治设施的运转情况。包括以下几个方面。

（1）废气治理设施

检查工艺废气、锅炉烟气、加热炉烟气等各有组织废气治理设施的试运行状况，待其运行稳定后，监测各有组织废气治理设施的进出口废气量、主要污染物浓度、排放温度等指标，核算废气的进出口排放速率，废气治理设施的去除效率，分析工艺废气各排放指标达标性，及与环评和设计文件的差异性。对于不达标、实际指标与环评和设计指标差异较大的，要分析原因，提出整改方案。

检查装置区、储运区和污水处理区的无组织废气治理设施的试运行状况，开展厂界无组织排放污染物的监测工作，分析厂界达标情况。对于不达标的污染物，分析原因，提出整改方案。

检查火炬、火炬气回收设施的试运行状况，分析其是否达到设计指标要求。

（2）废水治理设施

检查污水预处理设施、综合污水处理装置的试运行状况，核算停留时间，监测实际处理水量、进出口污水水质，核算各单元去除效率、综合去除效率等，分析上述指标是否满足环评和设计的预期指标；出水是否满足达标排放要求。

检查污水深度处理或中水回用装置的试运行状况，监测进水水量水质、回用水水量水质、排放污水水量水质，核算污水回用率，分析出水是否达标排放等，分析上述各项内容是否满足环评和设计的预期指标要求。

检查各项节水措施的落实情况及节水指标。

对于上述废水治理设施中，不能满足环评和达标排放要求的，要分析原因，提出整改方案，并加以落实。

（3）噪声治理设施

监测并分析建设项目厂界噪声的达标情况，若不达标，分析原因，提出进一步整改方案。

（4）工业固体废物处理/处置措施

检查综合利用措施的落实情况，包括去向、接收协议、接收单位的合法手续及接收处理建设项目固体废物的技术可行性等。

检查废物焚烧炉的运行情况，包括实际焚烧处理能力、焚烧炉的各项技术实际运行指标是否达到设计要求，烟气净化设施和烟气中污染物排放指标是否满足达标排放要求。

检查需填埋的一般废物和危险废物依托的填埋场的建设情况和目前实际运行情况以及处理本项目废物的技术可行性，建设单位和接收单位的接收协议等。

属危险废物范畴的，应关注工业危险废物管理台账制度和转移联单制度执行情况。

（5）地下水污染防控措施

检查厂区内渗滤液收集井、地下水监测井内的配套仪器的运行状况及渗漏液检测设施的运行状况、应急抽水井配套设施的运行状况，取样分析厂区内地下水水质，分析地下水防渗设施的技术可行性。

（6）环境风险防控及应急措施

检查事故工况下废气的排放、收集、输送和处理设施的运行状况及事故污水切换设施的运行状况，是否连续稳定。

检查各级环境风险应急预案等环境风险事故管理体系的建立情况，进行环境风险事故应急演习，了解环境风险事故管理体系的实际效果。

试生产过程中应加强巡检及时处理污染物跑、冒、滴、漏，同时应加强对防渗工程的检查，若发现防渗密封材料损坏，应及时维修更换。

（7）环境管理及监控措施

检查环境管理及环境监测机构的建立情况，污染源及环境监测计划的制订情况，检查废气、外排污水的在线监测系统的运行情况，分析验证在线监测数据的准确性。

3．试运行环境监理总结和验收

（1）试生产结束后，环境监理根据试生产过程中各项环境保护措施运行情况和监测报告，编制环境监理总结报告，对项目环境监理工作进行总结。

（2）协助建设单位准备相关环保竣工验收资料，配合建设单位进行验收前的工作汇报。

（3）在召开建设项目竣工环境保护验收现场检查会议时，环境监理单位应派员参加，着重汇报工程建设内容及环保措施落实情况。汇报内容应如实反映建设项目的环境保护措施落实情况，提出改进建议。

（4）在验收会议结束后，环境监理单位应根据与会专家及管理部门意见、建设单位整改落实情况，对环境监理总结报告进行修改完善后，提交建设单位作为报验材料。

六、石化项目的环境监理实例

1．工程简介

某公司新建炼化项目拟建于某石化基地内，场址区域属某江冲洪积扇中部的某河古河床，由松散沉积物组成，地下自然基层渗透性较好，地表为荒地。

炼油部分原油加工能力 1 000 万 t/a，加工原料为中东高硫油，采用全加氢流程，包括常减压、渣油加氢、重油催化裂化、汽柴油加氢、硫磺回收联合装置在内，共 11 套生产装置，主要产品为汽柴煤油、芳烃产品、乙烯料、燃料等。

乙烯部分加工原料为来自炼油项目的乙烯料，乙烯生产规模为 100 万 t/a，包括乙烯裂解、聚乙烯、环氧乙烷/乙二醇、丁二烯、顺丁橡胶等 8 套生产装置，主要产品为聚乙烯等合成树脂、合成橡胶、乙二醇等有机化工产品。

本项目将配套热电站、循环水站、空压站、化学水站、空分、消防水站等公用工程设施；配套原油、成品油及化学品罐区，固体产品库房，火车和汽车装卸车站台等储运工程；配套综合楼、化验室、备品备件库、检维修等辅助工程设施。

环保工程方面，石化基地的综合污水处理站、污水外排管线和排水口均由本工程配套建设。综合污水处理站设污泥焚烧炉和恶臭气体收集及处理装置；污水外排管线将穿越 3 条河流，临时占用部分非基本农田、林地和村民宅基地。基于纳污河流的环境保护需要，工程将配套建设中水回用装置。储运区设置油气回收装置。本项目无法综合利用和焚烧的工业固体废物依托地方填埋场。石化基地统一设置卫生防护距离和绿化带。

由于工程对钢结构和设备防腐要求较高，本项目施工期包含抛丸/喷砂防腐、酸洗钝化防腐等作业。基于工程建设周期长，参建人数多，环评要求建设临时污水处理厂。

2．环境监理工作程序、方式

（1）工作程序

环境监理过程中，环境监理单位将环保工程划分为一般监理工程和重点监理工程。重点监理工程包括防渗工程及监理过程中发现的存在重大工艺技术或质量隐患的环保工程。

1）设计监理程序

为确保环境保护措施设计进度符合“三同时”要求、环境保护工程和措施的技术指标与环境指标相协调，环境监理单位专门设置了初步设计、施工图和设计变更的设计审查管理流程，以实现对环境工程设计过程的全面监督管理。

2）施工监理及验收程序

环境监理的施工过程管理流程包括一般环境工程审批、施工期监督管理和验收流程，重点环境工程审批流程，重点环境工程施工期监督管理流程，重点环境工程验收流程，环境工程施工问题整改流程。

3）生态环境保护管理程序

环境监理设定了以下生态环境保护管理程序：① 编制环境监理生态环境保护管理规定，向所有参建单位发布。② 要求参建单位建立 HSE 管理体系，指定一名生态环境保护负责人，与环境监理机构建立起常态化的沟通机制。③ 对可预见或在监理过程中发现的环境风险，由环境监理单位协助施工单位制定环境风险防控措施，编入 HSE 体系或环境监理生态环境保护管理规定。④ 定期巡视现场，对发现的问题采取果断措施及时处置，并向建设单位通报。

4）环境保护措施核查程序

为落实环境保护“三同时”动态管理，环境监理单位以装置为单位，定期对其环境保护措施进行核查，并形成核查资料。核查内容涵盖装置规模、单元组成、主要设备、生产工艺、污染防治措施和防渗工程等方面。具体审查流程是：① 专业监理工程师编制核查方案。② 环境监理总监理工程师主持对核查方案进行评审。③ 核查方案评审合格后由专业监理工程师组织相关参建单位进行现场核查。④ 专业监理工程师笔录记载核查实际内容，填入《环境保护措施核查表》。⑤ 参建各相关方对《环境保护措施核查表》的实际录入内容进行核对并签字确认。⑥ 环境监理总监理工程师对核查内容复核无误后交文控存档。

（2）工作方式

本项目环境监理采取了如下的工作方式：① 定期例会。② 现场巡视督导。③ 联合发布行政通知。④ 环境监理书面函件（联络信函，审批流程表单，联系单和整改通知单等)。⑤ 例行检查和考核。⑥ 组织开展综合性联合大检查。

3. 环境监理内容及效果

(1) 生产装置设计监理

在设计阶段，环境监理参与了污染防治措施相关的设计审查工作。

审查工作分为两大部分：一是依照项目环评及其批复中对于环保措施和生态环境保护的要求，检查总体设计和分项设计，对发现的问题以书面形式将审查或整改意见反馈给建设单位，并由建设单位反馈给设计单位。二是在施工过程中，因特殊情况而需要对设计文件进行修改或变更的，应报环境监理进行环保审核后方可变更设计文件。

设计审查在一定程度降低了环境保护措施设计漏项或设计失误，避免了发生环境问题并进而影响工程进度和投资。

(2) 施工期生态环境监理

根据本项目特点，针对施工期土建、安装等施工过程中有可能给生态环境造成破坏的行为，确定本项目施工期主要生态环境监理重点如下：① 施工场地与运输车辆扬尘的控制措施。② 施工机械、运输车辆的尾气、噪声、震动的控制措施。③ 临时生活污水处理厂的建设和运行期管理。④ 施工期生活垃圾、建筑垃圾、废弃包装物、酸碱清洗废液的存放与处置。⑤ 工程场址水土保持，植被恢复，农作物复垦等措施。⑥ 防护绿化带的建设。

(3) 环保工程的进度控制与监理

为了使环保工程在设计、施工和验收过程符合“三同时”要求，本项目实施了全过程的进度控制和监督，使环保工程的设计技术指标、施工执行标准和验收履行程序满足环评及其批复的要求，做到了环保工程建设过程全面受控。

(4) 试生产阶段环境工程运行情况的监督

试生产阶段，环境监理负责组织协调项目的环境监测，检查主动污染防治措施的落实情况，及被动污染防止措施的运转情况。根据试生产过程中各项环保设施运行情况和监测报告，编制本阶段环境监理报告。

本项目重点环境监理对象包括：① 地下水污染防渗工程。② 综合污水处理厂、中水回用装置、外排污水管线、排水口等废水治理设施。③ 硫磺回收联合装置，含硫磺回收、酸性水汽提、溶剂再生装置。④ 装置围堰、罐区围堤、事故池等风险防控设施。⑤ 火炬和火炬气回收系统。⑥ 储运区的油气收集和油气回收设施。⑦ 各主体生产装置的工艺废气治理设施和废水预处理设施。⑧ 热电站锅炉烟气达标控制与治理措施。⑨ 危险废物焚烧炉。⑩ 在线监测设施。

对于厂外排污管线，在监理过程中应重点关注以下问题。① 排污管线的路由及沿线的环境敏感保护目标。② 排污管线的管径、管材、连接方式、焊接工艺、防腐等相关设计与指标。③ 排污管线的敷设方式。④ 排污管线穿越河流的施工方式。

⑤ 排污管线的河流穿越点位置，涉及水源保护区的保护措施。⑥ 排污管线沿途所占农田、林地的生态保护措施。⑦ 排污管线沿途涉及的居民搬迁和土地补偿措施。⑧ 排污管线的防泄漏措施和泄漏检测措施。

（5）依托环保措施落实过程的核查

环境监理机构定期对依托的配套环保措施进行核查，将核查结果编入环境监理月报，并定期整理汇总备案。核查项目有 3 个，一是区域污染物减排措施的实施；二是对环境敏感目标的保护措施的实施，包括卫生防护距离内的居民搬迁和补偿措施及绿化带的建设；三是依托的一般工业固体废物填埋场和危险废物处理中心的建设。

（6）工作汇报与内部协调

在监理过程中，发现环境问题后，环境监理负责与建设单位协调，达成一致的解决意见后，传达给施工单位进行整改，并在整改行为实施过程中监督检查，问题处理完毕后组织建设单位相关职能单位参加联合验收。

（7）环保工程资料的收集、整理和汇总

环境监理负责收集项目建设期与环境保护相关的设计、施工和验收资料，并定期整理汇编。项目竣工后将全部资料交建设单位留存，以备环境保护专项验收使用。

4．环境监理工作总结

本项目的总承包商和工程监理接受环境监理监督，环境监理充分利用各承包商现有的 HSE 管理资源，建立 HSE 联络机制，借助 HSE 例会与参建单位沟通解决现场问题。

在执行本项目环境监理任务过程中，依据环境影响评价文件及批复，对项目建设过程中的环境保护进行监督管理。对内强化对设计的协调、强化对施工等单位的环境监督和指导，确保环保设施“三同时”，对工程监理的质量控制行为进行监督；对外通过周、月报报送，定期向环保部门汇报项目建设进展情况。

环境监理作为环保工程实施过程的监督单位，为确保工程质量受控，确定了储罐防渗施工、外排水管道施工等八大施工流程中的一些重点环节作为必监点，在工程监理确认的前提下，报环境监理进行现场复核确认，通过确认后方可进行下道工序的施工。

环境监理单位建立了环保措施核查机制，由技术人员负责统计出各个装置对应的环保措施，协调设计、施工等单位，逐个核对现场落实情况，并形成常态机制，贯穿工程的全过程，核查结果通过周报报送建设单位，对与环评要求不一致的提出整改建议。

在环境监理过程中，发现和协调解决了一些现场存在的问题，保证了项目的顺利施工和运行。在防渗混凝土工程监理过程中，对于原材料的送检、试块的制作、渗透系数的检测等过程在工程监理的见证下，环境监理单位进行了全程监督。

环境监理单位经过与建设单位、施工单位、设计单位和工程监理单位的共同协作，达到了开展环境监理的工作目标，实现了项目建设过程生态环境影响最小化；确保了环境保护措施与主体工程 “三同时”；各项环境保护措施符合环评及批复要求。

5. 案例点评

本工程的监理单位能够根据大型石化工程复杂的工程内容和突出特点制定科学、有效的环境监理程序和方式；环境监理的内容既实现了全面覆盖又重点突出，特别是对于地下水防渗工程的监理，提出了专项的监理流程。监理单位有效地利用各承包商的现有 HSE 管理资源，建立 HSE 联络机制，取得了更好的环境监理效果。本项目环境监理的工作方法对于同类项目具有较好的借鉴价值。

七、石化行业相关法律法规及规程规范

（1）法律法规

《危险废物经营许可证管理办法》（国务院令第 408 号，2004-05-19）。

《危险化学品安全管理条例》（国务院令第 591 号，2011-02-16）。

《危险废物转移联单管理办法》（国家环境保护总局令 第 5 号，1999-05-31）。

（2）技术规范

《石油化工建设工程项目监理规范》（SH 3903—2004）。

《石油化工给水排水管道设计规范》（SH 3034—1999）。

《石油化工企业设计防火规范》（GB 50160—2008）。

《石油化工排雨水明沟设计规范》（SH 3094—1999）。

《石油化工可燃气体和有毒气体检测报警设计规范》（SH 3063—1999）。

《石油化工储运系统罐区设计规范》（SH 3007—2007）。

《石油化工施工安全技术规程》（SH 3505—1999）。

《石油化工设备混凝土基础工程施工及验收规范》（SH 3510—2000）。

《石油化工装置基础工程设计内容规定》（SHSG-033—2008）。

《储罐区防火堤设计规范》（GB 50351—2005）。

《化工建设项目环境保护设计规范》（GB 50483—2009）。

《石油化工企业环境保护设计规范》（SH 3024—95）。

《石油化工企业水污染应急防控技术要点》。

《石油化工企业防渗设计通则》（Q-SY 1303—2010）。

《废矿物油回收利用污染控制技术规范》（HJ 607—2011）。

《含油污水处理工程技术规范》（HJ 580—2010）。

《中国石油天然气集团公司环境监测管理规定》（中油安[2008]374 号）。

《环境影响评价技术导则 石油化工建设项目》（HJ/T 89—2003）。

《建设项目竣工环境保护验收技术规范 石油炼制》（HJ/T 405—2007）。

《建设项目竣工环境保护验收技术规范 乙烯工程》（HJ/T 406—2007）。

（3）污染物排放控制标准

《储油库大气污染物排放标准》（GB 20950—2007）。

《石油加工业卫生防护距离》（GB 8195—2011）。

《石油化工企业卫生防护距离》（SH 3093—1999）。

《清洁生产标准 石油炼制业》（HJ/T 125—2003）。

第二节 精细化工行业环境监理要点分析

一、行业概况

1．行业定义

精细化工是生产精细化学品工业的通称，简称“精细化工”。具有品种多，更新换代快；产量小且大多为间歇方式生产；具有功能性或最终使用性，许多为复配性产品，配方等技术决定产品性能；产品质量要求高；商品性强；技术密集度高，要求不断进行新产品的技术开发和应用技术的研究；设备投资较小；附加价值率高等特点。

2．行业的分类

精细化工主要包括医药、染料、农药、涂料、表面活性剂、催化剂，助剂和化学试剂等传统的化工部门，也包括食品添加剂、饲料添加剂、油田化学品、电子工业用化学品、皮革化学品、功能高分子材料和生命科学用材料等近 20 年来逐渐发展起来的新领域，随着国民经济的发展，精细化学品的开发和应用领域得到不断开拓，新的门类将不断增加。根据我国国民经济行业分类（GB/T 4754—2011）精细化工主要包含于化学原料和化学制品制造业（C-26）、橡胶和塑料制品业（C-29）和医药制造业（C-27）等行业分类中。

3．行业的特点

（1）工程项目多样性

精细化工行业品种多、更新快，有无机化合物、有机化合物、聚合物以及它们的复合物，并且产品生产和加工过程的差别化较大，不同项目的工程分析及环境影响因素具有多样性特点。

（2）环境影响因素的复杂性

不同精细化工行业，“三废”排放各异，不同行业的工程项目涉及的生产工艺、设备、溶剂等的不同，污染物排放源强等也有着较大区别，甚至在部分行业中，即使相同产品，但涉及的生产工艺、设备不同，其污染物排放源强也有着很大不同，这些也使得“三废”治理措施、排放方式、排放量截然不同。如维生素 A 的生产包括 C14+C6、C15+C5 和 Rhone-poulenc 公司路线；如苯和苯酚做溶剂时可相互替代，因其沸点和理化性质不同，采用不同的溶剂时对外界环境影响也不同。正是由于精细化工行业污染因素的巨大差异，使得精细化工行业较之其他行业环境影响因素要复杂得多。

表 1-1　国民经济分类表中部分精细化工行业

代码			类别名称	代码			类别名称
大类	中类	小类		大类	中类	小类	
			化学原料和化学制品制造业		266		专用化学产品制造
	263		农药制造	26	268		日用化学用品制造
		2631	化学农药制造			2684	香精、香料制造
		2632	生物化学农药及微生物农药制造				医药制造业
	264		涂料、颜料、油墨及类似产品制造		271	2710	化学药品原料药制造
26		2641	涂料制造	27	272	2720	化学药品制剂制造
		2642	油墨及类似产品制造		275	2750	兽用药品制造
		2643	颜料制造		276	2760	生物药品制造
		2643	染料制造	29			橡胶和塑料制品业
	265		合成材料制造		291		橡胶制品业
		2652	合成橡胶制造				

（3）污染物的特殊性

精细化工项目生产的另一特点就是原辅料品种繁杂且化学结构呈现多样化态势、成分复杂，部分原辅料或产品具有易燃、易爆或易导致中毒等特点，化学反应和反应产物多变。随之而来的就是生产排出的污染物种类繁多，成分复杂。比如废水方面除了一般性的废水外，还包括高浓度、高盐度、高氨氮、含一类污染物、有特殊毒性等成分的废水。如医药类项目主要污染因子包括硝基苯类、酚类、苯胺类、醛类、酮类、石油类、肼、氨氮等；染料类项目主要污染因子包括硝基苯、氯苯类、挥发酚、硫化物、苯胺类和酸碱等。

（4）生产技术的多变性

精细化工项目产品的更新、工艺设备的提升升级是与社会科技水平和人类生存需求密切相关的，因此随着人类社会的不断发展，科技水平的日益提高，其相应的生产技术也不断发展。在实际过程中的主要表现为在项目的实际建设情况常较环评出现调整，如主体工程生产规模、产品方案、生产工艺等，造成污染排放情况变化，相应的“三废”治理措施也需调整，也为相应的环保监管增加了难度。

（5）施工过程步骤类似、施工过程生态破坏相对可控

相对于其他行业项目，精细化工项目施工范围较小，施工周期较短，除少数项目外，绝大部分项目施工步骤类似，主要为基础处理、房屋建设、设备安装、管道安装等，相对于生态型的项目，精细化工项目施工过程中外界环境造成的直接生态影响较

小，它对外界环境的影响更多体现在建成投产后生产过程的污染物排放。

4. 行业技术装备水平

目前我国精细化工行业已研制出一批具有国际先进水平的化工生产装备，建成了一批具有当代技术水平的国产化装置，为行业的发展起到了重要支撑作用。但现阶段我国精细化工产品仍以中低端和通用品种为主，高端产品短缺。新技术新产品产业化进程较慢，缺少具有知识产权的核心技术。部分大型成套技术装备和高端产品主要依赖进口。同国外相比，我国精细化工装备还有不少差距，主要是生产技术进步与设备技术开发脱节，重大设备的软件技术开发差距较大：设备技术开发跟不上工艺技术发展的速度，重工艺、轻设备的现象存在；基本上停留在模仿开发的阶段，开发具有自主知识产权的专有技术的能力弱；设备开发还不能做到专业化、系列化；设备设计和制造水平、设备质量和可靠性还有待进一步提高。

目前我国大多数的精细化工行业仍存在产业集中度低、企业规模偏小、技术装备水平落后、环保问题突出等诸多问题。随着精细化工工艺的进步和环保形势的发展，对技术装备提出了更高要求。在项目建设的全过程，环境监理在项目设计和施工期，根据自身的经验、专家库及先进装备资料库向建设单位介绍目前国内外先进的技术装备，既是解决精细化工行业存在的问题，也进一步提升了环境监理的作用和地位。

5. 行业相关产业政策

（1）工业和信息化部《“十二五”产业技术创新规划》中重点领域技术发展方向中的化工重点开发方向和医药制造业重点开发方向。

（2）工业和信息化部发布了《石化和化学工业“十二五”发展规划》及其中专项的农药子规划。

（3）工业和信息化部《医药工业“十二五”发展规划》。

（4）国家发展和改革委员会《产业结构调整指导目录（2011 年本）》。

（5）国家发展和改革委员会、商务部《外商投资产业指导目录（2011 年修订）》。

（6）工业和信息化部《部分工业行业淘汰落后生产工艺装备和产品指导目录（2010年本）》。

（7）农业部、工业和信息化部、环境保护部、工商总局、质检总局等五部门联合发布了《禁限用高毒农药管理措施公告》（第 1586 号）。

二、工程分析

1. 工程分析的主要关注点

工程分析的主要任务是借助环评文件，通过项目对工程特点和污染特征的全面分析掌握，从宏观上把握建设活动与环境保护全局的关系，从微观上为环境监理工作提供基础依据。精细化工项目工程分析主要从项目建设地点、性质、周边环境、工艺规模、生产设备、污染源强及其防治措施、公用工程（给排水、循环水、纯水、供热、供电、制冷、原辅料储运等）、环保工程等方面着手，分析和掌握项目要点和难点，其主要内容包括以下几个方面。

（1）项目建设地点、性质及周边环境分析

通过现场踏勘、资料分析等方法了解项目实际建设地点、项目性质，核实与环评审批文件的一致性。考虑到精细化工项目一般较多使用易燃易爆、有毒有害物料，在出现事故、非正常工况或污染防治措施不能稳定正常运行等情况时，对周边环境尤其是敏感区域的影响较大。因此在开展环境监理工作前就应通过实地调查的方式，确定项目与环境敏感目标（自然保护区、风景名胜区、饮用水水源保护区、生态功能保护区、集中居民区、学校、医院等）的实际位置关系，并在环境监理过程中关注敏感目标的动态变化。

（2）产品种类、工艺规模、生产装备分析

精细化工项目产品品种多，规模大小不一，大多以间歇方式小批量生产，系类产品多，工艺设备通用性较强。一般化工生产中的生产装备主要分为：化工单元设备（分离过滤设备、干燥蒸发设备、混合设备、搅拌设备、换热设备和挤压造粒设备等）、化工非标专用设备（主要包括反应釜、塔、槽、罐和其他反应设备等）、通用机械设备（主要包括化工用泵、气体压缩机和阀门等）和仪器仪表（主要为检出、测量、观察、计算各种物理量、物质成分、物性参数等的器具或设备）四大类。

主生产设备通用性强，主工艺流程相对简短，后续提纯处理过程繁多，项目在建设过程中由于市场、技术升级等原因容易出现产品种类、规模、工艺调整和原辅料变化。因此在开展环境监理工作之前，应掌握环评文件中对上述内容的要求，详尽了解其审批的产品种类和工艺，了解其产能及主体工艺，及时把握产能的增减、品种的调整、工艺路线等的变更，包括“以新带老”要求中提到的关于削减产能、淘汰落后设备工艺等的要求，准确把握项目建设方向。

在实际环境监理过程中，应按照环评文件中的生产装置（辅助装置）、工艺设备等内容，了解生产装置的基本过程和化学原理，了解物料性质和主要化学反应（包括主反应和主要副反应），再根据污染源流程图逐步分析生产过程。该分析过程宜以生产装置的污染流程图中的装置（单元）为单位，以工艺过程为基础开展分析。熟悉其工艺和装置要求，并掌握流程中对应的废气、废水、噪声及固体废物的产生位置和排放形式。

（3）污染源强及其防治措施分析

精细化工项目因其使用的原辅料品种繁杂且化学结构呈现多样化态势、部分原辅料或产品具有易燃、易爆或易导致中毒等特点，因此在进行项目工程分析时，应特别关注其废水、废气、噪声及固体废物等的污染源强，了解环评文件和设计文件提出的防治措施，包括废水、废气的预处理措施、无组织废气的收集、物料产品等的输送、投料、放料方式等，各类固体废物分质收集处置暂存的方式方法和要求及隔声降噪减震等措施。

（4）公用工程分析

关注项目给水工程、排水工程、循环水、纯水、供热、供电、原辅料储运等措施要求情况。了解给水工程中的供水来源和计划用水总量，核实纯水制备装置的符合性；排水工程主要关注其雨水污水管网布设情况及其排放口的规范化建设；供热工程主要关注其供热项目规模、设备选型以及燃料结构等。制冷工程主要关注其制冷能力和方式。原辅料储运等主要关注罐区围堰的建设是否符合环评及相关法律法规的要求等。

（5）交通运输影响分析

根据环评文件内容，了解其实际全厂运输量，并分析其运输设计原则及方式，对有毒类危险物料运输应要求明确准运情况。

（6）厂地开发利用分析

主要根据环评文件要求，了解其项目建设厂地红线范围，项目实际工程用地面积、厂区道路面积、绿化系数、工程总投资等。

（7）非正常工况分析

非正常工况包括正常的开、停车或部分设备检修以及其他非正常工况排污。在开展环境监理工程中应重视这些情况的产生，了解环评文件中相关非正常工况下的污染治理措施，同时结合项目实际，分析遗漏或新增非正常工况可能，减少非正常工况产生的污染对外界环境尤其是敏感点的影响。

2．主要环境影响及防治措施

一个化工生产的工艺过程，一般都有多个装置和多道生产工序，每个装置、生产单元在生产或包含化学反应过程，或包含物理化学过程，在把原料变成产品的过程中，同时也产生了副产物和废水、废气、固废等。

表 1-2 精细化工行业主要化工单元过程及污染物产生情况

化工单元	污染物产生情况	实例
卤化：有机化合物分子中引入卤元素的反应	废气：含卤素、卤化氢、烃类等；废水废液中有卤代有机物；固废：废催化剂和卤代盐等	环氧氯丙烷 氯乙烯 氯苯
硝化：有机化合物分子中引入硝基化合物反应	废气：氮氧化物、烃类；废水废液：硝基苯类、苯类、盐类	二硝基甲苯、二硝基苯酚
磺化：有机化合物分子中引入磺（酸）基反应	废气：二氧化硫、三氧化硫、烃类；废水废液：酚类、磺酸盐、硫酸根；废渣中含硫酸根	苯酚 头孢哌酮钠
羟基合成：一氧化碳和氢、烃烯在催化剂、压力作用下反应	废气：一氧化碳、二氧化碳、烃类；废水废液：醛、酮、酯、酸等；废渣：废催化剂、油渣、缩聚物	乙醛醋酸

在环境监理工作中，应重点根据相关技术文件了解其工艺过程和污染因素分析内容，熟悉各生产装置（单元）发生的化学反应和化工过程，确定其产生的污染因素，掌握废水、废气、固废、噪声以及事故状态环境影响等方面。需重点关注的内容主要包括以下内容。

（1）废水环境影响及防治措施

1）环境影响

精细化工项目废水主要为工艺废水、生活污水、初期雨水、清净下水及事故废水等。精细化工项目所涉及的原辅料千差万别，因此其废水性质各有不同，浓度高低不一，在治理过程中需要对各种废水进行分质收集和处理，如高浓度废水、高盐度废水、含一类污染物废水、可回收废水等。

2）防治措施

水污染防治措施一般从收集、预处理、综合利用、集中处理及回用等方面考虑。① 全厂建立废水分类收集系统，包括雨水、清下水收集排水系统，低浓度废水收集系统及高浓度废水收集系统（废水预处理系统）3 个系统。② 冷却水循环利用，通过提高设备性能和规范生产操作，提高循环利用率；部分冷却水经溢流口溢出，通过清水排放口排放。③ 雨水管网与应急池通过阀门连通，雨水管进入雨水排放口前设置应急阀，厂区内设置雨水收集池，对初期雨水进行有效收集和处理，后期雨水需先进行监测，如符合排放标准将打开雨水排放口阀门，不合格则继续收集雨水，经收集的受污染雨水泵送至污水站进行处理。④ 完善废水分类收集系统，防止渗漏并确保100%的废水收集率。车间内地面应硬化并防渗处理，工艺废水一般应采用架空铺设方式，收集各类车间冲洗废水的车间污水沟应采用明渠明管并防渗处理，车间外设立配套并经防渗处理废水池和应急处理池，污水管路宜采用明管输送方式。⑤ 各类废水预处理应遵循高浓/低浓分流、分质处理的原则。⑥ 各类废水经过收集、预处理及其他回收措施后，集中纳入厂区污水处理系统进行统一处置，根据项目所在水功能区标准及污水纳管标准等执行相应的外排标准，有水回用率要求或者可进行废水再生回用的项目应考虑废水回用设施。⑦ 车间四周设置排水沟，一旦发生事故，废水、废液由集水沟排入事故应急池，各类事故池废水或废液经收集后最终进入污水处理站，进行处理达标后排入管网。

（2）大气环境影响及防治措施

1）环境影响

精细化工项目废气主要来源于生产工艺中的有组织废气和无组织废气、原辅料和产品储存废气、污水站废气、供热和供汽装置废气、固废堆场废气、厨房油烟废气等。废气成分复杂，特别是涉及部分易燃易爆、有毒有害废气的收集和治理以及低沸点废气的治理，需要通过不同的收集和治理方式才可确保各类废气对环境的影响得到有效控制。另外在分析废气影响的同时，还应熟悉防护距离的计算过程，了解防护距离的计算起点，涉及如总平面布置调整的情况下，需要初步分析调整的影响，并在实地重新测量时，选择正确的起点。

2）防治措施

根据精细化工企业废气间歇排放、种类较多的排放特点，大气污染防治措施一般应首先考虑源头治理，采用先进、清洁的工艺、设备等方式，降低废气源强，末端治理方式主要是根据各类废气性质采用分质或集中收集处理等方式，采用废气处理主要有冷凝、吸附、吸收、焚烧、氧化、等离子、生物法等方式。① 加强清洁生产，尤其是对于有机废气，加强全厂冷凝系统，削减进入末端治理系统的污染物产生量是关键。② 前处理与后处理相结合。通过分类实施前处理，一方面可回收有用物料，另一方面可削减进入末端治理系统的负荷。同时通过实施末端集中后处理，对同类性质废气进行适当归并处理，降低成本并保证前处理后的尾气能达标排放。③ 不同废气分类处理。对于成分较为单一、有回收利用价值的废气，尽量考虑冷凝、吸收回收，降低企业生产成本，提高市场竞争力。对废气的处理应根据其特性采取合适的措施，尽可能压缩集气量，提高收集气体浓度，对部分气量较大的混合废气，可直接进混合废气集中处理系统；对水溶性废气和酸性、碱性废气，采用水或酸、碱液喷淋吸收处理；对有机废气可采用活性炭吸附、生物法、焚烧、有机溶剂吸收等处理方式。④ 减少排气筒个数。同类排气筒尽可能地归并，以减少排气筒数量。相邻车间同类性质的尾气，再经过集中后处理，汇集于一个排气筒排放，以便管理与监测。减少排气筒数量对改善厂容厂貌，提高达标率也是有好处的。⑤ 采用多级处理。对于敏感物料，采用多级措施处理既可以提高去除率，也可以提高处理的安全性。⑥ 重视废气收集系统规划和装备保障。

（3）噪声环境影响及防治措施

1）环境影响

精细化工项目噪声影响主要为循环水塔、制冷机、空压机组、各类风机、泵类及生产中一些机械转动设备等产生的噪声对外界的影响，部分产品还涉及开停车时的突发噪声等。

2）防治措施

① 注意设备选型及安装。设计中尽量选用加工精度高、运行噪声低的设备。在安装时，对高噪声设备须采取减震、隔震措施；对动力车间四周墙壁采用吸声材料进行铺设，同时少设门窗，设备工作时应保持门窗关闭。② 重视整体设计。采用“闹静分开”和合理布局的设计原则，对设备噪声，最好能将高噪声设备尽量布置在车间中部，厂界西侧布置仓库等辅助用房。③ 设备需定期维护设备，避免老化引起的噪声，必要时应及时更换。④ 厂界一般应设置 2 m 高的非镂空围墙，围墙内侧设置宽约 5m 的绿化隔离带，种植乔木为主，辅以灌木等。⑤ 为减轻项目原辅材料运输过程中车辆噪声对其集中通过区域的影响，应建议企业对运输车辆加强管理和维护，保

持车辆有良好的车况，要求机动车驾驶人员经过噪声敏感区地段限制车速，禁止鸣笛，尽量避免夜间运输。

（4）固体废物环境影响及防治措施

1）环境影响

精细化工项目固体废物主要包括一般固废和危险废物，其中危险废物主要包括蒸馏残渣、精馏残渣、合成废渣、发酵渣、废催化剂、废活性炭、污水站污泥、原辅料废包装材料、废酸、废碱、废盐等。

2）防治措施

固体废物防治措施主要包括综合利用和稳定安全处置。一般固体废弃物防治措施一般包括。① 固废暂存应按《危险废物贮存污染控制标准》（GB 18597—2001）要求，分类收集与贮存，危险废物必须贮存于容器并加盖密闭，固废堆场采取防雨、防漏、防渗措施，渗滤液收集后送至污水站处理。② 遵守危险废物申报登记制度，建立危险废物管理台账制度，转移过程应遵从《危险废物转移联单管理办法》及其他有关规定的要求，办理转移联单，固废接收单位应持有固废处置的资质，确保该固废的有效处置，避免二次污染产生。③ 在常温、常压下易燃、易爆及排出有毒气体的危险废物必须进行预处理，使之稳定后贮存。④ 固废暂存场应建在易燃易爆等危险品仓库、高压输电线路防护区域以外。⑤ 应设计建造渗滤液疏导系统，渗滤液应导入污水站处理或按危险废物管理。⑥ 不相容的危险废物不能堆放在一起。⑦ 须做好危险废物情况的记录，记录上须注明危险废物的名称、来源、数量、特性和包装容器的类别、入库日期、存放库位、废物出库日期及接收单位名称。⑧ 危险废物贮存设施都必须按 GB 15562.2 的规定设置警示标志。危险废物贮存设施周围应设置围墙或其他防护栅栏。危险废物贮存设施应配备通信设备、照明设施、安全防护服装及工具，并设有应急防护设施。危险废物贮存设施内清理出来的泄漏物，一律按危险废物处理。⑨ 根据《危险废物污染防治技术政策》（环发[2001]199 号），国家技术政策的总原则是危险废物的减量化、资源化和无害化，即首先通过清洁生产减少废弃物的产生，在无法减量化的情况下优先进行废物资源化利用，最终对不可利用废物进行无害化处置。

（5）事故状态环境影响及防治措施

1）环境影响

事故状态环境影响主要包括事故时废水、废气等对周边的影响。

2）防治措施

一般的事故应急系统主要包括硬件和软件两方面，软件方面主要是事故应急预案、体系、监测和管理制度的建立及日常演习，硬件方面主要包括事故应急池、雨水排放口阀门、初期雨水收集池，事故废水收集管道等。

3. 应注意的问题

在开展精细化工项目环境监理过程中，应重点关注项目的产能、规模和主体工艺设备的批建符合性；生产工艺及设备的清洁生产程度，源头治理的力度；废水、废气收集过程中的预处理措施及分类收集措施是否有效落实；各类废水及无组织废气是否得到有效收集，同时还应关注“三废”收集措施治理措施的可达性、有效性和经济性以及厂区事故应急体系健全程度。

三、设计文件、施工图设计环保审核要点

主要工作是对主体工程、公用工程、环保工程的设计文件、施工图纸的环保相关内容进行审核。

1. 主体工程设计

根据建设项目环评报告及批复中的有关要求，对主体工程设计、施工图纸设计与环评文件的相符性进行审查，督促建设单位在主体工程设计中落实相应环保措施，并在设备采购前把好环评要求符合关。重点审查建设项目总平面布置、规模、工艺、设备、公用工程中的给排水、循环水、制冷和原辅料储运措施等。对于设计审查中发现的遗漏、增加和调整的工程内容应以《环境监理联系单》形式告知建设单位，提出改正建议，协助建设单位履行环境管理的相关手续。

2. 环保设施设计

根据建设项目环评文件中的有关要求，对环保设施设计、施工图纸设计与环评文件及其批复的相符性进行审查，环保设施设计方案由有资质单位编制，设计方案须经专家论证，报环保主管部门备案。重点审查废水、废气分质收集及预处理措施设计情况、给排水管网布设情况、生产及末端治理中冷凝、冷冻装置配置情况、事故应急设施设计情况等。对于设计审查中发现遗漏的环保治理措施，应以《环境监理联系单》形式向建设单位反映，建设单位协调设计单位完善设计；对环评、设计未考虑的环保治理措施，应提出增加措施等改进建议；应建设单位要求，协助其组织开展环保治理设施设计招标和评标工作。

四、施工期环境监理要点

（1）环境监理单位根据设计阶段对各类设计文件、图纸的审查结果，进一步完善环境监理方案并编制环境监理实施细则，据此开展工作。

（2）环境监理会议制度：环境监理单位应在建设单位支持和配合下建立环境监理会议制度，以协调解决项目建设过程中产生的环保问题。

第一次环境监理会议宜在环境监理单位进场后随即召开，由环境监理单位向建设单位、施工单位、工程监理单位介绍环境监理工作内容，在进行技术交底、建立沟通网络的同时，建议由建设单位协调各方签订“项目建设期间，污水、雨水管道严格按

图施工，不埋暗管”的承诺书。

（3）及时与建设单位沟通，了解工程建设情况，掌握工程进度安排，按照一定监理频次，开展环境监理现场工作，对项目工程的实际建设情况和进度进行现场检查。

（4）协助建设单位检查建设项目生态保护措施落实情况，包括生态环境保护、水土保持、水源保护区的保护，边坡防护、排水工程、绿化措施的落实。督促各施工单位落实施工废水、粉（扬）尘、弃土弃渣等施工过程中产生的污染物的防治工作。

（5）通过现场巡检工作监督各类环保设施与主体工程建设进度保持一致，以符合环评及设计要求、切实执行“三同时”制度。

（6）检查内容包括项目主体及公用工程、环保配套设施、生产设备及工艺、施工行为环保达标措施、生态保护措施、事故应急措施、防渗防漏措施、“以新带老”整改措施等。在建设过程中，应关注上述实际建设内容是否出现变更或调整。对未按建设项目环评文件要求施工或项目建设过程中存在重大不符的情况，环境监理应及时以《环境监理联系单》形式告知建设单位，并要求建设单位就重大变更事项报环保主管部门。

属重大变更的，告知建设单位及时办理相关手续；属非重大变更的，可视情况组织设计单位、环评单位、专家等对变更方案召开论证会，形成会议纪要及专家意见后，由建设单位以专题报告形式报送环境保护行政主管部门。

（7）对建设项目的厂址、总平面布置进行核查，核查厂址的重点应关注是否出现建设地点的调整。核查总平面布置的重点应关注构筑物的建设位置是否出现调整。上述内容若出现变更调整的，应按本节第（6）条中相关要求执行。其中若总平面布置发生调整，还应根据调整情况，初步分析其调整后引起的环境影响变化。

实例 1：某化工有限公司建设项目的环境监理过程中，监理人员通过核实其厂址红线图及总平布置图时发现，其实际总平布置均较环评有所调整，其中环评中涉及的制氧车间已调整至红线外对面厂区（也属该企业所属集团下属子公司）。建设单位人员介绍，该反应单元基本不产生污染，调整位置也仅与环评位置一路之隔，不属于重大调整。但根据环评法及相关法律法规文件规定，该部分建设内容已经超出项目建设红线，属建设地点变更，该概念与将制氧车间调整至距离原建设位置多远并无直接关系，经过环境监理人员与建设单位多次的沟通，最终建设单位暂停了制氧车间建设，并主动征求环境保护主管部门意见，按要求完善了相关手续。

（8）对建设项目公用工程进行核查，重点核查新鲜水取水能力及获取源；循环水循环量及循环排污水去向；纯水制备能力及反冲洗水、纯水制备装置废渣去向；供热装置能力及热媒介质、供热装置废水、废气及废渣处理措施；制冷能力及制冷剂等。

（9）对建设项目原辅料、原料储运措施进行核查，重点核查储运装置是否设置事故应急装置、雨污分流装置、废气收集和处理装置、储运装置、清洗废水和清洗废渣收集处置措施。根据建设项目实际设计建设情况，建议建设单位加强对有毒有害原料和溶（制）剂替代的研究应用，推进产品“绿色化”。

实例 2: 某化工厂建设项目环境监理过程中，监理人员审核罐区围堰设计图纸时发现，罐区围堰过低，未设置雨污分流切换装置，原料罐区内存在 2 个二氯甲烷储罐仅设计水封措施。建设单位介绍：① 罐区围堰的设计是由设计院完成，符合规范。② 一旦罐区有泄漏，已设计封堵措施，届时可采用软管将污水纳入污水站。③ 二氯甲烷已采用水喷淋措施。据此环境监理与建设单位和设计单位进行了多次沟通，形成处理意见为：① 罐区围堰在环评中仅简单提及，未明确容积等相关内容。要求应至少按照化工设计标准，围堰容积应大于罐区内最大罐体总容积，由建设单位协调设计单位重新设计，并设置安全防火墙。② 严格按照环评要求，设置罐区雨污切换装置，不使用临时软管，提高应急效率。③ 考虑二氯甲烷沸点较低，采用单一的水喷淋和水封措施无法保证减少对周边环境影响，建设单位协调设计单位增加设计一级或多级冷凝冷冻回流措施，减少二氯甲烷无组织排放量。该方案得到设计单位和建设单位一致认可，并赋予实施。

实例 3: 某维生素厂某建设项目在施工过程中需对环评中采用的溶剂进行调整，导致原设计中废气收集治理方案也需相应调整。环境监理单位参考了其他同类企业治理方案并咨询了相关专家意见，向建设单位提出了对各类废气根据废气性质分别收集，并采取不同的吸收液进行处置的建议；其中对非水溶性废气采取增加冷凝回流级数，降低冷凝温度，终端近期采用石蜡油吸收处理，远期计划考虑采用焚烧处理技术的方法。建设单位认可并采纳了环境监理的建议，并委托设计单位进行了设计修改，较好地解决了因溶剂改变所产生的问题。

（10）对建设项目雨污分流、清污分流措施进行核查，重点核查雨水、清下水、污水管网布设是否采用独立系统，污水输送管道是否采取地上明管或架空敷设，污染区地面是否进行防渗处理，污水管道是否有防腐措施以及污水回用管道布设情况、污水排放口规范化建设措施、污水排放口在线监控措施、雨水排放口应急控制措施及初期雨水收集措施、清净下水收集、排放及循环回用措施设置情况。

图 1-2 是某香精香料生产企业初期雨水及车间工艺废水收集管网。

（11）对建设项目产品方案、生产工艺进行核查，提倡采用连续化生产工艺和定量化控制技术，减少“三废”产生量，提高产品收得率。重点关注产能规模、产品批次、生产时段、生产线数量是否调整，对分期建设的，应关注其是否环保法律法规要求；重点关注生产工艺是否调整，生产工艺调整方式一般主要有工艺路线调整，原辅材料替换，反应步骤调整，后处理方式调整及回收方式调整等。

新建企业中应建议采用 PLC 或 DCS 控制技术，充分发挥计算机技术在化学工业生产中的作用。

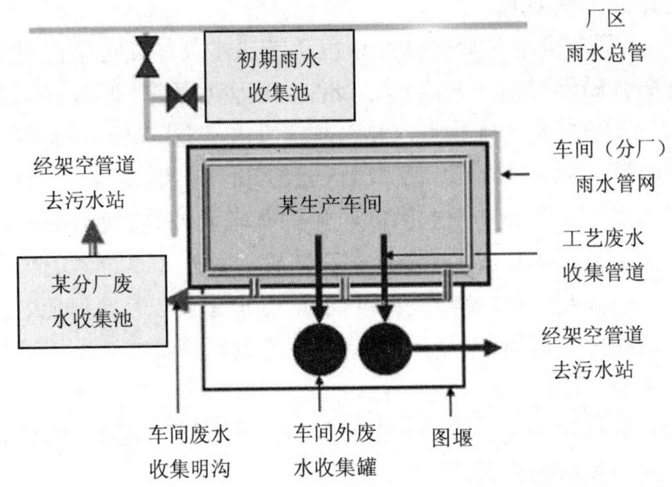

图 1-2　某香料香精企业生产区初期雨水、工艺废水收集系统示意图

实例 4：某化工厂建设项目环境监理过程中，监理人员在审核其合成氨设计图纸时发现，实际设计时采用了 PSA 脱碳工艺，环评中则为制碱脱碳工艺，据此监理人员要求建设单位及时至环保主管部门汇报，并完善相关手续。在随后的施工中，在核实其施工图纸时，又发现原环评中的醇烃化精制原料气已调整为醇烷化精制原料气工艺。该实例说明生产工艺的调整不仅仅会发生在设计中，在实际施工中，建设单位也会根据市场需求、技术更新等因素对其调整，因此环境监理应重视全过程监控。

（12）对建设项目生产设备进行核实，重点关注关键设备的数量、规格、材质、型号等。对生产设备和生产设施进行核实时，应重点防止批小建大，防止使用淘汰落后生产设备，防止未经审批项目的实施。在环境监理过程中，可根据自身的经验、专家库、先进装备资料库等向建设单位介绍目前国内外先进的技术装备，比如三合一装置（离心、烘干、出料）、高效节能的烘干装置及连续萃取装置等，以进一步提升环境监理的作用。

实例 5：某制药厂建设项目环境监理过程中，监理人员在其设备清单中，发现原环评要求 R113a 和氟溴甲烷两种产品使用同一条生产线，但在实际设计时分别设计两条生产线，属于生产设备的增加，同一地区另外一家企业则刚好与此相反，原环评两种产品各有一条生产线，实际设计时则采用同一生产线，设备型号规模增加，建设单位的解释是一种产品生产半年。上述的调整，包括设备型号、数量等变更，部分设备环评工艺中提及，设备表中未提及或者刚好相反等。此类事例要求环境监理人员在实际工作中，应从细处入手，尽量规范建设单位项目建设行为。

（13）对建设项目环保配套措施进行核查，重点关注各类污染物收集及治理措施、工艺、规模是否出现调整。关注各类环保设施或污染治理工程选用的设备、材料能否满足长期稳定运行的条件要求。

（14）精细化工行业废水一般包括高浓度工艺废水（如高化学需氧量、高盐、高氨氮性废水，强酸强碱性废水，含金属以及催化剂废水等）、低浓度工艺废水、设备及地面清洗废水、真空泵循环排放水、纯水制备废水、全厂循环水系统排污水、废气处理装置失效吸收液、固废存放渗出液、罐区及装卸区废水、初期雨水和生活污水等。

在关注上述各类废水是否可得到有效收集的基础上，核实综合废水治理设施的工艺、规模是否符合环评文件要求，污水处理工艺设计和施工是否考虑生产过程使用或产生的高毒害或生物抑制性强、难降解有机物的处理单元以及高氨氮、高盐分、高浓度等废水配套的单独预处理措施，污水治理方案是否根据要求，委托有相应资质的单位进行设计并通过专家评审。

使用剧毒物品投料的区域，重点关注设备布置是否相对独立，是否对地面冲洗水及污水作独立收集，专项处理等。

（15）精细化工行业废气一般包括工艺废气（有组织和无组织）、储罐呼吸废气、污水处理站废气、固废暂存库废气、厨房油烟，部分建设项目还可能有蒸汽及导热油锅炉烟气、“三废”焚烧废气等。

针对储罐呼吸废气一般可采用浮顶罐贮存或氮封、易挥发化学品储罐应配置呼吸阀，液体化学品装卸必须采用装有平衡管且封闭的装卸系统，储罐呼吸气原则上应进行收集处理，必要时应配置冷凝系统，对沸点较低的物料应配置贮罐喷淋降温措施。有必要采用桶装原料，须用正压方式输送。

针对无组织废气主要通过进料方式改变、物料转移方式改变、车间整体抽风或者投料过程集气等方式将其变为有组织废气排放方式，便于废气的收集和治理。

针对有组织废气，一般采用的处理方式主要包括冷凝、吸附、吸收、焚烧、氧化、等离子、生物法等方式。在核查工艺废气收集和处理措施的同时，还应关注其冷凝措施的实施情况是否按照要求落实，各类应进行回收利用的物质是否进行了回收利用，各类废气预处理措施是否得到有效落实。上述内容应根据建设项目实际情况，重点关注实际建设措施与环评文件、设计文件的一致性，若有调整的，应初步分析其实际处理方式的可行性、有效性，并按照本节第（6）条相关要求执行。

考虑到精细化工行业原辅料的特殊性，一般对该行业厂区内污水收集和处理的构筑物均有加盖和废气收集处理要求。应按照环评文件要求，重点关注生产车间高低浓度废水收集池、厂区污水站可能产生恶臭构筑物的加盖和废气收集处理设施建设情况，部分车间废水收集池还应根据实际情况设置冷凝装置。

部分气味较重的危险固废堆场、污泥压滤机房、污泥暂存场所等还应根据实际情况设置废气收集和处理措施。

职工食堂抽油烟机一般应设置油烟净化装置。

针对有蒸汽和导热油锅炉装置的建设项目，应关注锅炉建设情况与环评的相符性，关注废气脱硫除尘装置、循环水系统、废水排放系统的建设情况及废渣去向。

针对大型精细化工企业，废气焚烧方法越来越多地被广泛使用，部分建设项目还将汽提后的废水、残渣等固废一并接入焚烧炉焚烧处理。应重点关注废气焚烧装置实际处理能力、处理方式是否满足处理要求，焚烧炉的防护距离是否可得到满足。

针对废气污染防治措施，还应关注各废气排气筒的排放高度、排气筒的采样平台、监控孔的建设，部分废气排气筒还应根据要求设置在线监测装置。

（16）精细化工行业噪声污染主要为循环水塔、制冷机、空压机及各类风机、泵类等产生的噪声对外界的影响，部分产品还涉及开停车时的突发噪声等。重点关注各类高噪声设备所采取的隔声、消声、减震等降噪措施是否符合环评文件要求，尤其是环评文件中明确要求有噪声防护距离的构筑物或设备，应关注其实际位置变化情况，与实际敏感点的相对位置情况等。

（17）精细化工行业的固体废物主要包括一般固废和危险固废，其中危险废物主要包括蒸馏残渣、精馏残渣、合成废渣、发酵渣、废催化剂、废活性炭、污水站污泥、原辅料废包装材料、废酸、废碱、废盐等。在核查各类固废产生种类的基础上，应重点关注固废堆场的建设情况（固废堆场一般要求设置防雨、防渗和防漏措施，设置污水收集管道及必要的废气收集和处理措施）、固废台账的制度建设。

（18）根据项目环评文件要求，检查项目“以新带老”落实情况。督促建设单位及时落实环评中对原有项目提出的淘汰落实设备、改进生产工艺、完善“三废”治理措施等整改要求。

（19）核实建设项目清洁生产要求是否按照环评文件及行业清洁生产要求进行落实。

（20）根据项目环评文件要求，检查建设项目“前置条件”的落实情况。

（21）根据建设单位、工程监理单位及施工单位的承诺，对“暗管”等隐蔽工程进行查询。

（22）督促建设单位及时组织编制突发环境污染事故应急预案，结合项目本身特点编制突发环境污染事故应急预案及演练计划，并报行政主管部门备案。根据项目环评要求，检查事故应急池、罐区围堰、雨水排放口应急闸门及事故废水收集管道等事故应急措施的落实情况。图 1-3 是某化工企业厂区初期雨水、事故废水收集管网示意图。

实例 6：某化工企业其原料及产品均属于易燃物品。在环境监理进场后，将事故应急体系建立作为工作重点，根据实际情况对环评中提出的事故应急措施进行了细化。建设单位按照环境监理的意见，及时调整设计，增加了事故应急池容量，完善了厂区事故废水收集管网。2009 年，该企业由于操作不当发生了火灾，在火灾处理过程中产生的消防废水通过厂区事故废水收集管网收集进入了事故应急池，并得到妥善处理，减轻了对外环境的影响。

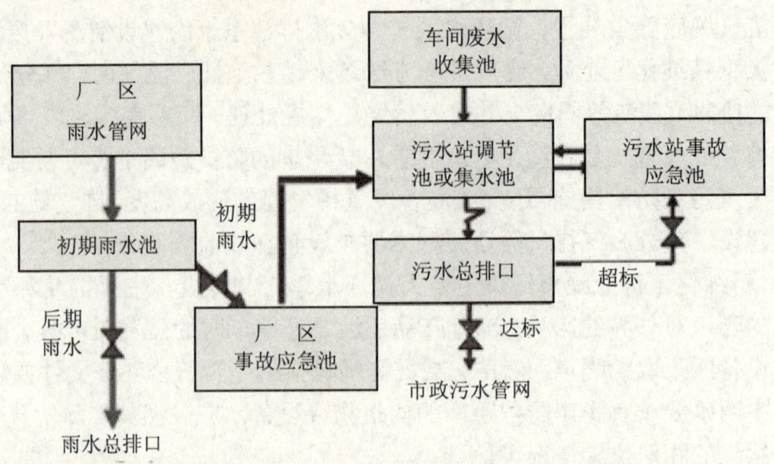

图 1-3 某化工企业初期雨水、事故废水收集系统示意图

（23）根据建设项目环评文件要求，关注大气、噪声等防护距离内居民点的拆迁进展情况。对防护距离内出现的新增环境敏感点，应及时向建设单位和环保主管部门报告。

（24）协助建设单位做好污水排放口、清下水排放口和废水、废气的采样平台、采样口的规范化工作。

（25）对于遗漏的环保治理措施，向建设单位提出应予以完善的工作建议，由建设单位协调设计单位进行设计；对环评报告、设计文件没有考虑到的环保治理措施，提出增加改进建议；按建设单位工作安排，协助组织环保治理设施设计招标评标工作。

实例 7：某化工项目环境监理过程中，监理人员通过图纸审核发现，项目污水处理厂采用 A/O 法处理废水，其中将产生恶臭废气的构筑物均采用露天设计，无加盖及除臭措施，运营后污水处理站硫化氢、氨等臭气无有效处理措施，呈无组织排放状态。尽管项目环评中对此无要求，但环境监理经过专业分析及参照其他同类项目的经验，认为对污水处理站（调节、厌氧、污泥浓缩）等可能产生恶臭的构筑物应进行加盖收集，收集的恶臭废气采取生物除臭+深度处理。此项建议以书面形式递交建设单位，建议按此补充相应设计内容。建设单位按照环境监理提出的建议设置污水站除臭装置，有效地解决了本项目污水处理站无组织废气排放问题。

（26）协助建设单位建立环境管理机构和制定环境管理制度。针对项目废水、废气、噪声、固废等环保措施，建立相应的环境管理制度和污染防治措施操作规程。环境管理机构与职责以建设单位正式文件报环境保护主管部门备案。环境监理协助、指导建设单位办理、落实各类环保相关协议和手续。

五、试运行期环境监理要点

（1）编制环境监理阶段报告：建设项目工程竣工，具备试生产条件的，编制建设项目环境监理阶段报告提交建设单位，同时向环境保护行政主管部门报送摘要，汇报有关情况。

（2）了解建设项目各生产线试生产进展情况、各主要原辅材料消耗情况；对原辅料单耗情况与环评文件相差较大的，应分析偏差原因，协助建设单位查找原因，提高资源能源利用率，从源头切实减少各类污染物排放量。针对试生产期间生产工艺、原辅材料种类等发生调整的情况，按上节中第（6）条相关内容进行处理。

（3）监督和检查建设单位试生产期间需完善和落实的环保要求以及试生产时环保主管部门提出整改措施的落实情况。

（4）调查建设项目实际生产过程中各类污染物产生位置、污染源强、主要污染因子的浓度、排放量、收集方式及依次排放去向等情况与环评文件的符合性，必要时应取样监测分析。

（5）监督和检查建设项目各类环保设施调试运行情况。督促建设单位做好废水、废气等环保措施管理台账制度及监测计划。关注各类在线监测装置运行情况。

（6）核实试生产期间实际新鲜水使用量、废水排放量和废水循环回用量数据，督促建设单位切实落实水循环回用率要求。核实各产品排污系数是否低于如《化学合成类制药工业水污染物排放标准》《发酵类制药工业水污染物排放标准》等相关行业中的单位产品基准排水量相关要求。

（7）核实各类固体废物实际产生量及去向，并与环评文件进行核对，对偏差较大的，应核实偏差原因；属危险废物范畴的，应关注工业危险废物管理台账制度和转移联单制度执行情况。

（8）试生产过程中，各项配套环保措施未按要求运行、使用的，应向环境保护行政主管部门进行汇报；试生产期过程中，项目配套环保措施等发生调整的，应按本节第四目第（6）条中相应要求执行。

（9）督促建设单位严格执行各类环保管理制度、事故应急预案。协助建设单位开展环境风险事故应急预案的演习工作，并总结相关经验。

（10）关注雨水排放口初期雨水收集和处理情况、调试期间超标废水处置情况。

（11）试生产后期，应配合建设项目竣工环境保护验收监测人员对相关环境保护设施进行现场测试，发现问题时及时提出整改咨询建议，协助建设单位进行整改和完善。

（12）试生产结束后，环境监理人员应着手编写《环境监理总结报告》，对环境监理工作进行总结。

（13）环境监理应按照建设项目竣工环境保护验收的工作流程，协助建设单位开展验收准备工作，配合建设单位进行验收前的工作汇报。

（14）环境监理参加建设项目竣工环境保护验收现场检查会议，汇报工程建设内容及环保措施落实情况、环境监理工作开展情况。

（15）在验收会议结束后，环境监理单位应根据与会专家及管理部门意见、建设单位整改落实情况，对环境监理总结报告进行修改完善后，提交建设单位作为报验材料。

六、精细化工行业环境监理实例

1．项目概况

项目名称：杭州某化工厂整体搬迁改造工程

项目性质：迁建项目

建设单位：杭州某化工厂

项目投资：64 000 万元

产品方案：年产 15 900 t 酰胺类除草剂原药、年产 600 t 杀菌剂咪鲜胺原药

2．项目环评预测的污染源情况（废水、废气）

表 1-3 本项目各产品工艺废水一览表

排放点位		废水量	污染物浓度			主要污染因子
		t/a	pH	COD_{Cr}	Cl^-	
甲草胺	合成精馏废水	2 390	＞14	1.7×10^4	1.12×10^5	甲醇、二甲苯、氯化氨、氯化钠
乙草胺	酰化水洗分层废水	2 782.2	＜0	3.5×10^4	3.38×10^4	氯乙酸、HCl、甲苯
丁草胺	醚化萃取分层、中和精馏废水	481.8	＜0	7.88×10^4	3.21×10^4	氯化氢、正丁醇、甲苯
	缩合洗涤分层废碱	10 495.4	＞14	1.11×10^4	5.85×10^4	醇醚、伯酰胺、NaCl、NaOH、甲苯
丙草胺	酰化水洗废水	2 796	8.9	1.3×10^3	4.84×10^4	氯乙酸钠、胺盐、甲苯、NaCl
异丙草胺	缩合洗涤分层废碱	5 730.6	＞14	3.6×10^4	5.86×10^4	醇醚、甲苯、NaCl、NaOH
异丙甲草胺	酰化废水	13 460.4	—	6.07×10^3	4.15×10^4	氯乙酸钠、二甲苯、NaCl

表 1-4 本项目某产品大气污染物及环评治理措施一览表

<table>
<tr><th>工段</th><th>污染物</th><th>操作工序</th><th>方式</th><th>治理措施</th></tr>
<tr><td rowspan="3">亚胺合成废气</td><td>二甲苯</td><td rowspan="3">脱水蒸馏、静置分层</td><td rowspan="3">有组织</td><td rowspan="4">二级冷凝后的水环泵排水隔油分层、泵后增加一级深冷，最后不凝气碳纤维吸附、水吸收</td></tr>
<tr><td>乙醇</td></tr>
<tr><td>甲醇</td></tr>
<tr><td>MIN 合成废气</td><td>二甲苯</td><td>蒸馏</td><td>有组织</td></tr>
<tr><td rowspan="8">甲草胺合成废气</td><td>二甲苯</td><td rowspan="3">静置分层</td><td rowspan="3">无组织</td><td rowspan="4">封闭式分离设备、加强进料、出料操作密闭性、降低操作温度，局部车间考虑隔离</td></tr>
<tr><td>甲醇</td></tr>
<tr><td>氨</td></tr>
<tr><td>二甲苯</td><td>水洗分层</td><td>无组织</td></tr>
<tr><td>二甲苯</td><td>真空脱溶</td><td>有组织</td><td>二级冷凝后的水环泵排水隔油分层、泵后增加一级深冷，最后不凝气碳纤维吸附</td></tr>
<tr><td>二甲苯</td><td rowspan="2">中和萃取</td><td rowspan="2">无组织</td><td rowspan="2">封闭式分离设备、加强进料、出料操作密闭性、降低操作温度，局部车间考虑隔离</td></tr>
<tr><td>甲醇</td></tr>
<tr><td>甲醇</td><td>精馏</td><td>有组织</td><td>二级冷凝后的水环泵后增加一级深冷，最后不凝气水吸收</td></tr>
</table>

3. 项目环境监理要点

（1）生产工艺、规模

原因：产品种类较多、规模相对较小、主工艺流程相对简短、主生产设备通用性强等特点。项目在建设过程中由于市场原因容易出现产品种类、规模、工艺调整和原辅料变化。

关注重点：监督核查项目产品种类、规模以及生产工艺等的实际建设情况，针对可能发生的调整，及时为企业提供咨询服务，协助其完善环保相关手续。

（2）废水及废气预处理及末端治理

原因：本项目原辅料品种繁杂且化学结构呈现多样化态势、部分原辅料或产品具有易燃、易爆或易导致中毒等特点。

废水方面：项目各产品废水成分复杂，浓度较高，不同产品工艺废水情况差别较大，有较高的无机盐浓度。这些特点都将增加后续污水处理难度。

废气方面：本项目涉及的有机溶剂或原辅料主要包括二氯甲烷、乙酸乙酯、氯乙酰氯、乙醇、甲醇、丙酮、醋酸等，致使废气成分较为复杂，对低沸点有机溶剂的有效收集处理具有难度。

上述废水、废气特点决定了本项目仅靠单一的处理方式或者末端治理措施，难以有效防止其对周边环境的影响。

关注重点：需深入了解本项目产品生产使用的各原辅料及产品的化学和物理性

质，掌握环评文件、环评批复中有关“三废”成分、浓度以及污染治理设施和对策等章节内容以及专项“三废”治理方案内容。

核查项目建设过程中计划或已经采取的物料回收措施，废水、废气等污染源的预处理及处理措施是否按照相关环保文件要求落实。

监督项目在建设过程中严格落实废水、废气治理措施环保“三同时”制度。

同时可结合项目实际情况，汲取国内外其他同类项目先进经验，从清洁生产、废物再利用、污染物减排等角度为企业提供咨询服务，进行查漏补缺，提出优化建议，弥补环保工作计划的不足，协助其完善环境保护行政管理手续。

（3）事故应急措施

背景情况：本项目产品及各类原辅料等多具有易燃、易爆等特性，一旦出现事故情况，将对周边环境产生较大影响，且项目处于钱塘江边。

关注重点：环境监理指导建设单位建立事故应急系统（包括事故应急管理体系、事故废水收集管道、事故池、应急物质、器材、人员等），编制突发环境污染事故应急预案，落实事故演习制度。

4．环境监理实施过程

（1）设计阶段环境监理

1）基础资料收集，现场踏勘，制定工作方案

受建设项目业主委托，环境监理于2008年10月进场开展本项目环境监理工作。环境监理进入该项目现场时，该项目初步设计已完成。环境监理收集了项目环评及批复文件、项目设计文件等相关基础资料文件，开展了现场踏勘，制定了《环境监理工作方案》并报环保管理部门备案。

2）审核项目设计图纸

① 雨水、污水管网布置图审核。

② 厂区总平面布置图审核。

③ 工艺图纸审核。

环境监理审核本项目工艺流程图纸时，发现乙草胺产品的主生产工艺路线与环评文件中不符，环境监理以《环境监理工作联系单》的形式向建设单位反映存在的问题，并要求说明调整原因。

建设单位接到环境监理工作联系单后，表示调整原因主要是根据该建设单位“十一五”国家科技支撑计划项目的研究成果确定的，并出具了该研究成果验收材料及产品工程分析和产污情况统计表。

由于该调整属于产品主生产工艺的变更，环境监理建议建设单位尽快就上述工艺变更办理相关环保手续，同时向环保主管部门进行了专题汇报。

环保管理部门根据建设单位提交的工艺调整变更说明及环境监理单位的初步分析结果，要求建设单位委托有资质的单位就产品工艺调整进行环境影响补充评价。

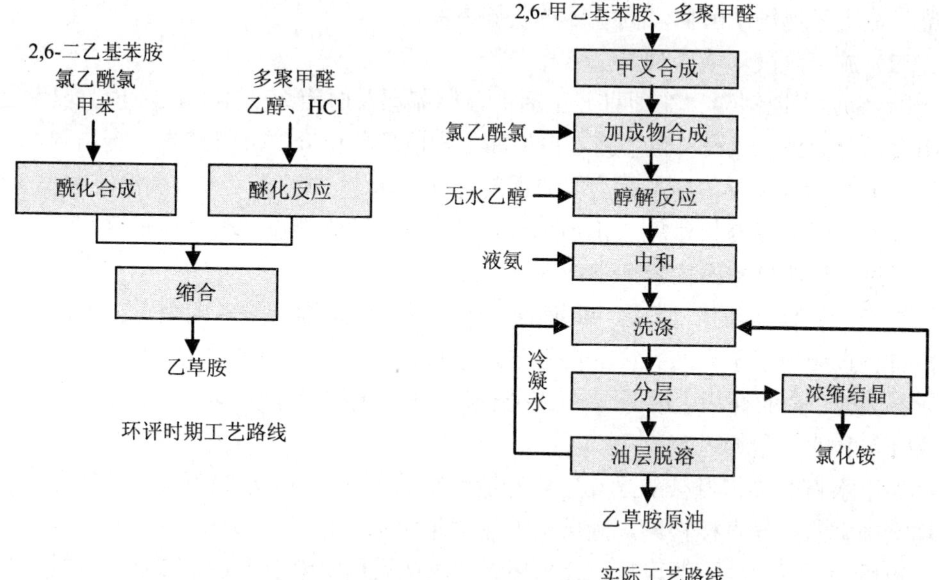

图 1-4 乙草胺环评工艺路线与实际工艺路线对照图

3）审核配套环保工程设计

① 在审核本项目废气方案时，发现项目废气收集方案中未考虑到各车间废酸收集罐、废水收集罐等罐体的废气收集处理；同时反应釜投料口和放料口的无组织废气收集处理也未在设计中体现。本项目大多原辅料如氯乙酰氯、乙酸乙酯、二氯甲烷、丙酮等均属易挥发物质，且对人体伤害较大，如果无组织废气收集措施不完善，将对周边环境产生严重影响。

环境监理及时向建设单位提出工作建议，组织设计单位补充相关设计，如车间中转罐及受污罐放空口废气收集管道，储存低沸点、易挥发物质的罐体可先增加冷凝等预处理方式；对各反应釜投料口及放料口上方增加移动式呼吸罩，有效减少无组织废气排放。

建设单位及时将该建议的内容通知设计单位，按照环境监理建议和要求对废气设计方案进行补充完善。

② 在审核本项目废水方案时，发现项目未设计初期雨水池和污水站事故池，在询问原因时，建设单位介绍主要是考虑到在厂区总雨水排放口已设有三通截止阀门，事故废水和初期雨水可通过自流方式进入厂区事故池（3 500 m^3），故不再设置初期雨水收集池；同时污水站二沉池出水池设计有连通至事故池的管道，故不再设置环评中要求的 150 m^3 污水站事故池。

环境监理在仔细审核图纸、分析现场环境的基础上认为该调整可行，但建议企业将上述调整及时报环保管理部门，完善环保手续。环保主管部门根据环境监理的分析结论，在进行现场了解后，同意了该实施方案。

（2）施工阶段环境监理

① 参加工地例会。在项目开工后，环境监理及时组织了第一次环境监理专题工作例会，向参会的建设单位、施工单位和工程监理单位介绍环境监理工作内容，提出了施工单位营地建设、施工行为等方面的环保要求。

施工过程中参与日常施工工地例会，了解工程建设进度，指出项目存在的相关问题，通过会议明确整改内容和整改时间。

② 环保“三同时”监理。环境监理在监督主体工程的设备安装过程中，发现企业擅自将设计中用于生产某产品的较先进的机械立式真空泵调整为水喷射泵，在询问企业原因时，企业介绍主要是该产品在抽真空时气体中含有醋酸，会对真空机械泵产生腐蚀，故改为塑料水喷射泵。

由于水喷射泵与机械立式真空泵制造真空的方式不同，水喷射泵中的循环水会与抽真空产生的废气直接接触，因此会产生大量废水。

随后，环境监理了解现场、分析环评，发现采用水喷射泵后，预计污水排放量会显著增加，由环评中的2.5 t/批次产品增加至4 t/批次产品。

在咨询建设单位后了解到，如果将水喷射泵废水补充至该产品水洗工序中，将不会影响产品品质。因此，环境监理建议建设单位将使用水喷射泵所多产生的废水通入水洗步骤，循环利用，不新增污水量；同时该调整方案应报环保管理部门核准后方可实施。

③ 协同环保主管部门“三同时”检查。该项目为当地环保管理部门重点跟踪企业，为配合环保管理部门做好该企业搬迁工作，环境监理配合环境监察部门制订了企业搬迁工作例行检查计划，并根据检查计划，定时协同环境监察开展现场环保检查工作，共同指导开展项目建设中的环保工作，分析存在的环保问题，提出切实解决方案。在项目建成即将投产前，现场监理人员随同环保监察部门，对项目所建的废水收集管网及污水处理系统、废气收集管网及末端治理装置、雨水排放口控制措施、事故应急措施、固废暂存场地等进行现场检查，以保证项目投产前配套的环保措施均按照环保“三同时”要求得到有效落实。在项目投产后，监理人员又根据现场“三废”治理措施试运行情况，制订了跟踪监测计划，并将监测结果及时反馈至企业和环保管理部门，针对现场存在的问题，建议企业做进一步的改进，并在正式验收监测前，依据自身的监测结果及“三废”治理装置实际运行情况，进行了预验收，为项目顺利通过竣工环境保护验收创造了条件。

（3）试生产阶段环境监理

① 编制环境监理阶段报告。2009年9月，本项目工程整体完工，各项配套环保措施基本按照环评及批复要求进行了落实，在此基础上，环境监理人员编制了本项目环境监理阶段报告提交企业，同时报送摘要给各级环保部门，汇报有关情况。

2009年11月，环保主管部门根据本项目环境监理阶段报告及企业试运行申请，经现场踏勘后，同意本项目投入试运行。

② 监督检查环保设施调试运行情况。试生产期间，环境监理人员在核查本项目污染物的实际产生情况时，注意到某产品一股直接排入厂区污水站的缩合废水主要含醇醚、甲苯、氯化钠和氢氧化钠等成分，其中化学需氧量浓度达 30 000 mg/L 以上，Cl^-浓度达 50 000 mg/L 以上。

该废水若直接进入污水处理站，将对污水站负荷造成很大冲击，在类比同类企业和咨询专家的基础上，环境监理人员建议建设单位须对该废水进行预处理，可采用升降膜蒸发器蒸馏出前馏分，其中前馏分去项目已有的醇醚或甲苯溶剂回收塔回收溶剂，蒸发器内剩余物质通过结晶离心后得到的液碱，经配置浓度后重复使用。

建设单位对该建议进行了认真的研究并最终采纳。在实际设计方案中，该部分废水通过“浓缩+结晶分离”方式进行预处理，其中，浓缩前馏分去溶剂回收塔回收甲苯、醇醚，固相经过结晶、固液分离后，得到的液碱去本项目 50%液碱配置工段回用于生产，固体盐综合利用。

环境监理与建设单位又对该项目其他产品废水的成分和化学性质也进行了分析研究，最终在项目建成后共增加了 5 座类似的废水预处理装置，均获得了成功，切实减少了废水排放量，降低了废水排放浓度。

③ 检查项目原辅材料消耗情况。通过核实本项目试运行主要原辅材料消耗情况，环境监理人员发现某产品的二氯甲烷单耗量远超项目环评中的预计值，造成了经济成本增加，同时厂内及周边环境也受影响。环境监理单位通过对整条生产线的各个主生产设备和辅助生产设备的排查，发现项目在进行溶剂负压蒸馏回收及用于物料转移时使用了大量的水冲泵。

水冲泵的大量使用造成了水资源的大量浪费，同时溶剂进入废水中造成无组织废气排放量也非常大，即二氯甲烷溶剂单耗增加的原因。因此环境监理单位建议建设单位采用无油机械式离心泵替代水冲泵。

使用无油立式机械泵既可降低水资源利用量，又可减少废气的无组织排放量，同时若在无油机械泵后加装冷凝装置，还可回收大量的物料。

建设单位根据环境监理意见，对项目部分工艺环节水冲泵更换为 WLW 系列的无油立式真空泵，并在其后加装了二级冷凝回流装置（常温水冷+冷冻盐水冷）。根据建设单位 2009 年 11 月和 2009 年 12 月对该产品二氯甲烷耗量的统计分析结果，其单耗数据由 2009 年 11 月的 0.32 t/t 产品降至 2009 年 12 月的 0.21 t/t 产品，大大降低了对环境造成的影响，也间接为企业创造了效益。

④ 协助、指导建设单位申请竣工环境保护验收。本项目在实际试运行过程中，因部分工艺调试进展缓慢，并且在试运行过程中对部分环保措施进行一定的改进，因此试运行时间超出了 3 个月的要求，环境监理人员及时建议企业至环保管理部门办理延期试运行手续。

在试运行后期，指导企业按照环保验收程序要求，准备各项竣工环境保护验收资料，编制环境监理总结报告。2010 年 8 月，本项目通过了环境保护行政主管部门主持的现场验收会。

5．项目环境监理资料体系

环境监理工作方案（计划）。

环境监理日志。

环境监理工作联系单、通知单。

环境监理专题汇报。

环境监理定期汇报（月报、季报、年报）。

环境监理报告。

6．案例点评

（1）完善环境保护手续

在本项目部分产品生产工艺出现调整变更后，环境监理单位要求完善环保手续，最终在环保管理部门的要求和环境监理的指导下，建设单位组织编制了环境影响补充评价报告。

在项目建设过程中，企业对部分生产设备进行了优化变更，对部分废水进行了预处理方面的改进等，这些调整后的优化措施，因其对污染物的产生量也有影响，因此建设单位也一并委托开展了评价工作。

（2）落实废水防治措施

通过环境监理的监督协助，本项目基本实现了项目排水的雨污分流和清污分流；企业在对各类废水收集后，根据污水性质及浓度分质处理，再进入厂区综合污水站进行生化处理，处理后的废水最终纳管。

（3）落实废气防治措施

通过环境监理的监督和协助，本项目按要求落实了废气防治措施，全厂共设有 4 套生产车间废气处理装置（水喷淋/活性炭+碳纤维吸附方式），一套复配包装车间废气处理装置（活性炭吸附），一套污水站废气处理装置（次氯酸钠+液碱），两套罐区废气处理装置（水吸收/活性炭），同时根据环境监理要求，对部分废气增加了预处理措施。

（4）落实固废防治措施

通过环境监理的监督和协助，本项目建设了规范化的、具有防雨、防渗、防漏等功能的危险固废堆场，对各类固废落实处置去向，危险废物委托有资质单位处置，建立并执行了工业危险废物管理台账制度和转移联单制度。

（5）建立事故应急体系

通过环境监理的监督、协助，建设单位建立了事故应急体系，编制了《突发环境污染事故应急预案》，并组织演习。

设有一座 3 500 m^3 的事故应急池和一座 1 500 m^3 的污水排放监控池。

（6）为环保主管部门提供技术支撑

通过批建符合性的调查，将调整及时向环保主管部门进行汇报，并根据要求办理了相关环保手续，为环保主管部门的监管工作提供了很好的工作支撑。

在日常工作中，通过日常或定期汇报、陪同检查等形式，使环保主管部门及时掌握项目进展情况。

（7）为企业提供环保咨询

在设计阶段，环境监理核查设计文件与环评及批复文件的一致性，对发现的问题及时要求设计单位补充完善，协助企业做好事前预防。

在试生产阶段，环境监理根据实际情况，结合先进经验，建议对部分高浓度废水开展预处理和回收工作，既减轻了厂区污水站治理压力又回收了部分废水中的有效成分。

分析企业主体工程试生产情况，针对原辅材料实际单耗高于环评的情况进行了调查，找到问题关键后，提出了有效建议，既降低了物耗又创造了一定的经济价值，达到了经济效益和环境效益共赢的目的。

七、精细化工行业环境监理涉及的法律法规

（1）生物工程类制药工业水污染物排放标准 GB 21907—2008。

（2）中药类制药工业水污染物排放标准 GB 21906—2008。

（3）提取类制药工业水污染物排放标准 GB 21905—2008。

（4）化学合成类制药工业水污染物排放标准 GB 21904—2008。

（5）发酵类制药工业水污染物排放标准 GB 21903—2008。

（6）杂环类农药工业水污染物排放标准 GB 21523—2008。

（7）合成氨工业水污染物排放标准 GB 13458—2001。

（8）混装制剂类制药工业水污染物排放标准 GB 21908—2008。

（9）橡胶制品工业污染物排放标准 GB 27632—2011。

（10）油墨工业水污染物排放标准 GB 25463—2010。

（11）酵母工业水污染物排放标准 GB 25462—2010。

（12）化工废渣填埋场设计规定 HG 20504—1992（2009）。

（13）塔器设计技术规定 HG 20652—1998（2009）。

（14）工艺系统工程设计技术规定 HG/T 20570—1995（2009）。

（15）化工企业化学水处理设计技术规定 HG/T 20653—1999（2009）。

（16）化工厂常用设备消声器标准系列 HG/T 21616—1997（2009）。

（17）化学工业大、中型装置生产准备工作规范 HGJ 232—1992。

（18）制药工业污染防治技术政策公告 2012 年 第 18 号。

第二章　印染行业环境监理要点分析

第一节　行业概况

一、行业定义

印染又称之为染整（dyeing and finishing），是一种加工方式，也是染色、印花、后整理、洗水等的总称。纺织业是我国国民经济的传统支柱产业，庞大的供需量，使得我国在世界纺织服装业的发展中起着举足轻重的作用。印染被称为纺织产业链的关键环节，承载着创造附加价值、商品差异化等重要功能，对促进纤维原料和纺织服装、服饰业的发展起着重要作用。近年来，我国印染业持续快速发展，资本结构多样化，逐渐形成了以浙江、江苏、广东、山东、福建等为集中地的东部沿海印染产业集群带。

二、行业特点

印染行业的特点是能耗水耗高、废水排放量大，是我国工业系统重点污染行业之一。同时，印染加工对水质要求较高，行业水重复利用率较低，单位产品水耗、综合能耗与先进国家相比仍有较大差距。我国印染行业产能 90%以上集中在东部沿海五省，由于产能过于集中，局部地区的污染负荷已经接近环境承载能力，使得这些地区的环境压力日益增大。

三、行业分类

根据《国民经济行业分类》（GB/T 4754—2011），印染隶属于国民经济行业分类中的纺织业，可进一步细分为棉、毛、麻、丝绢、化纤等的纺织及印染精加工。

四、行业技术装备水平

我国东部沿海地区，一些印染企业的生产装备已达到国际先进水平，但是行业整体水平不高，不少企业的生产装备稳定性差、能耗水耗高、自动化程度低。以现代电子技术、自动化技术、生物技术为手段，短流程、无水或少水印花加工等国际先进技术大部分已经得到应用，但主要集中在具有较好资金条件的骨干企业，全行业的应用覆盖面仍然偏小。此外，与发达国家相比，我国印染行业常规品种的加工技术差距不大，但高档面料生产工艺技术水平相对落后，尤其是关键工艺技术上还存在明显差距。

五、行业相关产业政策

2010 年 4 月，工业和信息化部发布了《印染行业准入条件（2010 年修订版）》（工消费[2010]第 93 号），从生产企业布局、工艺与装备要求、质量与管理、资源消耗、环境保护与资源综合利用等方面对印染企业提出了全方位的新要求，以促进印染行业水平的整体提升，实现产业结构的转型升级。“十二五”期间，印染行业主要发展目标为：继续保持平稳增长，依靠技术进步和科技创新，实现关键共性技术的重点突破，进一步提高工艺、装备、技术水平，节能减排与环境保护取得实质进展，造就一批具有国际竞争力的企业。

第二节　工程分析及主要环境影响

一、工程分析

1. 工程概况

印染加工对象可分为天然纤维、化学纤维、合成纤维、人造纤维等几大类，天然纤维指棉、麻、丝、毛等自然生长产生的纤维。化学纤维指以天然的或合成的高分子化合物为原料，经化学方法加工制成的纤维。依据原料来源不同细分为合成纤维和人造纤维。合成纤维指用合成的高分子化合物制成的纤维，包括涤纶、腈纶、氨纶、锦纶、维纶、丙纶等。人造纤维指用天然的高分子化合物制成的纤维，包括黏胶（利用棉短绒和木质纤维加工而成）、醋酸纤维、牛奶纤维、大豆纤维、竹纤维等。

（1）生产设备

根据染整过程，印染业生产设备大致可分为预处理设备、染色（或印花）设备、功能整理设备三大类。根据坯布材质及加工目的，坯布进行染色、印花之前，一般需要进行烧毛、磨毛及退浆、煮练、漂白、丝光、碱减量等预处理。由此，一般工厂均配置有烧毛机、磨毛机、退煮漂联合机、丝光机等生产设备。染色机、印花机为印染工厂主要生产设备。按染色方法，染色机可分为浸染机、卷染机、扎染机；按被染物形态，染色机可分为散纤维染色机、纱线染色机、织物染色机；按染色温度及压力，可分为高温高压染色机和常温常压染色机；按设备运转方式，可分为间歇式染色机和连续式染色机。印花根据设备不同，一般可分为筛网印花（分为平网印花和圆网印花）、辊筒印花、转移印花、喷墨印花等类型，配套蒸化、烘干设备。功能整理设备主要为定型机、涂层机、柔软整理机、轧光机、烘干机、起皱机等。

（2）原辅材料

印染企业主要原料为各种色系的染料，按应用性能，大致可分为以下几类。

① 直接染料。该类染料与纤维分子之间以范德华力和氢键结合，分子中含有磺酸基、羧基而溶于水，在水中以阴离子形式存在，可使纤维直接染色。

② 酸洗染料。在酸性介质中，染料分子内所含的磺酸基、羧基与蛋白纤维分子中的氨基以离子键相结合，主要用于蛋白纤维（羊毛、蚕丝、皮革）的染色。

③ 分散染料。该类染料水溶性小，染色时借助分散剂呈分散状态而使疏水性纤维（涤纶、锦纶等）染色。

④ 活性染料。染料分子中存在能与纤维分子的羟基、氨基发生化学反应的基团。通过纤维成共价键而使纤维着色，又称反应染料，主要用于棉、麻、合成纤维的染色，也可用于蛋白纤维的着色。

⑤ 还原染料。有不溶于水和可溶于水两种。不溶性染料在碱性溶液中还原成可溶性，染色再经过氧化使其在纤维上恢复其不溶性而使纤维着色。可溶性则省去还原一步。该类染料主要用于纤维素纤维的染色和印花。

⑥ 阳离子染料。因在水中呈阳离子状态而得名。用于腈纶纤维的染色，常并入碱性染料类。

⑦ 冰染染料。为不溶性偶氮染料，染色时须在冷冻条件（0～5℃）下进行，由重氮和偶分组分直接在纤维上反应形成沉淀而染色。为不溶性偶氮染料。

⑧ 缩聚染料。该类染料染色时脱去水溶性集团缩合成大分子不溶性染料而附着在纤维上。

此外还有氧化染料、硫化染料等。

印染企业主要涉及的危化品为液碱和双氧水，用于丝光和漂白工序，除此之外，主要为各种助剂（冰醋酸消耗量较大，并引起较重的酸味）、坯布等。

（3）资源能源

印染企业所涉及能源主要为煤（导热油锅炉）、天然气、蒸汽、水、电等。煤消耗量不大，在储存环节须设置堆煤棚，做好防尘、抑尘措施。为减少燃煤烟气污染，可建议建设单位采用天然气导热油锅炉，并采购商品蒸汽。

印染企业取水量较大，一般须进行水资源论证。

（4）交通运输

交通运输过程影响较小，须注意的是，液碱、双氧水等危险化学品的运输，须委托有资质的运输单位承担。

（5）非正常工况

主要包括污水处理事故、废气治理设施故障、液碱储罐泄漏、热媒泄漏等。污水处理事故主要由于设备故障或运行管理不当造成，事故废水直接排入管网，会对城市二级污水处理系统产生冲击，导致出水不稳定；直接排入河道，必将严重恶化河道水质，严重时可能造成水域功能降级。

2．工艺流程及产污环节分析

染整是指对以天然纤维、化学纤维以及天然纤维和化学纤维按不同比例混纺为原料的纺织材料（纤维、纱、线和织物）进行的以化学处理为主的染色和整理过程，又称印染。典型的染整过程一般包括前处理、印染和后整理3个工序，涉及烧毛、磨毛、退煮漂、丝光、碱减量、染色、印花、脱水开幅、拉幅印花、功能整理等工艺过程，典型的印染生产工艺见图2-1。

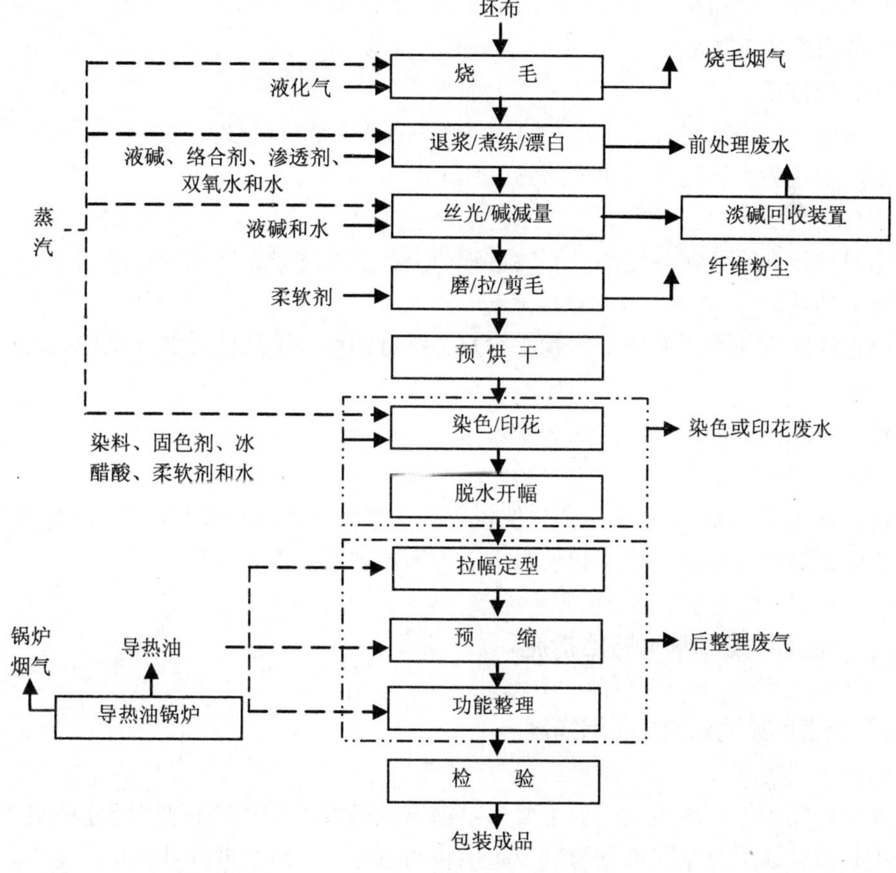

图2-1　典型印染行业生产工艺流程

（1）前处理

指去除纺织品上的天然杂质及浆料、助剂和其他沾污物，以提高纺织品的润滑性、白度、光泽和尺寸稳定性，利于进一步加工的工序。前处理工序包括退浆、煮练、漂白、丝光、碱减量等，该过程产生前处理废水。

（2）退浆

指去除织物上的浆料，以利于染整后续加工的工艺过程。

（3）煮练

指用化学方法去除棉布上的天然杂质，精炼提纯纤维素的过程。

（4）漂白

通过氧化剂将织物上带有的天然色素被氧化而破坏，使纤维呈白色，还可去除残留的蜡质、含氮物质的过程。

（5）丝光

指棉纱线、织物在一定张力下，经冷而浓的烧碱溶液处理，获得蚕丝样光泽和较高吸附能力的加工过程。

（6）碱减量

指将涤纶纤维织物置于 80～90℃、8%左右的碱液中，使其表面单体不规则地部分溶出，以改善织物透气性和手感的处理工艺。

（7）染色

指对纤维和纤维制品施加色彩的过程。染色后水洗设施产生染色废水。

（8）印花

指把循环性花纹图案施于织物、纱片、纤维网或纤维条的方法，又称局部染色。

（9）定型

使纤维或其制品形态稳定的加工过程。该过程产生定型废气。

（10）整理

指除前处理、染色、印花以外，使坯布转变为商品形态的加工处理，俗称后整理。如改善纺织品外观质量、手感和使用性能的末道加工处理。

二、主要环境影响及防治措施

1. 施工期环境影响及防治措施

（1）大气环境

施工活动中，对环境空气的主要影响物质是扬尘，集中在场地“四通一平”和土建施工阶段。扬尘的原因可分为风力起尘和动力起尘，在建筑材料装卸、搅拌、道路建设、车辆行驶等过程中，由于外力而产生尘粒再悬浮，其中以道路建设、建筑材料装卸和车辆行驶最为严重。

主要防治措施为：通过加盖防尘布等措施减少建筑材料的露天堆放；加强道路清

扫与洒水，保持地面湿度；对进出车辆轮胎进行冲洗，同时保证物料及弃渣装载规范，避免沿途洒落；沿线敏感点分布较集中区域，应要求密闭装载。

（2）地表水环境

施工对地表水环境的主要影响为施工活动排放的施工废水和施工人员生活污水。施工废水包括混凝土拌和系统废水、机修车间废水、裸露地面在雨水冲刷下产生的泥浆废水等，经处理后对水环境产生的影响轻微。

主要防治措施包括：施工营地设置化粪池，生活污水委托环卫部门清运处置；设置施工废水沉淀池，经沉淀、隔油处理后再对外排放或回用。

（3）声环境

施工期间的推土机、挖掘机、打桩机等设备均为高噪声源，如不注意防治，将对附近居民的生产生活产生较大影响。施工高峰期，工程用车将达数十辆，并且大多为载重卡车，容易造成道路沿线交通噪声污染。

主要防治措施为：夜间停止施工，施工前公告居民，取得周围居民的谅解；推土机、挖掘机、打桩机施工时采取一定的隔声降噪措施；合理安排运输线路与运输时段，避免对沿线居民产生严重影响。

（4）固体废物

建筑施工过程将产生一定量的废弃土方，工程完成后，会残留少部分废弃的建筑材料。若处置不当，遇暴雨冲刷易产生水土流失，造成水环境污染，故应要求施工单位规范运输，不能随地洒落物料，不能随意倾倒、堆放建筑垃圾。施工结束后，应及时清运多余土方或废弃的建筑材料。

对于建筑垃圾，其中的钢筋可以回收利用，其他混凝土块连同弃土、弃渣等成分均为无机物，可用于回填等综合利用。

（5）生态环境

施工过程对生态环境的影响有：

① 对植被的影响。项目建成后，新征地变为工业用地，另外由于施工操作、临时堆土、施工便道建设等需要，需要临时占用土地，从而使这些土地上的植被受到破坏，但工程结束后须予以恢复。

② 对水土保持的影响。项目建设过程中涉及开挖土方、填方及临时堆土等工程活动，易产生水土流失。项目建设对涉及区域内的生态环境及土地利用形式将产生不可逆转的影响和变化。因此在建设过程中，一定要按生态规律要求，协调处理好项目建设和生态环境保护之间的关系。项目建成后通过加强绿化等方式进行恢复。

2．营运期环境影响及防治措施

（1）大气环境

营运期主要大气污染源为烧毛、拉毛、剪毛工序产生的工艺粉尘；导热油炉燃煤（或燃料油）烟气；导热油挥发废气；食堂油烟废气；后整理废气等。

烧毛、拉毛、剪毛工序均产生纤维粉尘，由设备配套的布袋除尘装置收集处理。导热油锅炉燃煤（或燃料油）产生烟气，须进行脱硫除尘处理，并实现高空排放。导热油废气主要是指热媒锅炉使用的导热介质——导热油（也称有机载体，热媒体）在高温下，因管道、阀门等连接处泄漏挥发产生的少量废气。后整理废气的成分十分复杂，主要含水蒸气、油烟（硅油类物质）、染料及助剂干燥后产生的混合气味等，后整理废气中的主要有害成分是油烟和颗粒物，另外功能性整理过程还有少量有机废气产生。

废水处理过程产生较大的臭味，环保投诉较多，印染工厂一般以此设立大气环境防护距离（或卫生防护距离）。对于产生臭气的单元须加盖收集臭气，并安装除臭设施。

主要防治措施包括：① 烧毛、拉毛、磨毛粉尘通过设备配套的布袋除尘器进行处理。② 导热油锅炉燃煤烟气设立烟囱高空排放，安装脱硫除尘设施。③ 后整理废气安装余热回用及水喷淋除油设施。④ 污水处理站调节池、生化池、污泥浓缩池等主要产臭单元进行加盖集气、安装除臭设施。⑤ 食堂油烟安装油烟净化器等。

（2）地表水环境

营运期产生的废水主要为生产废水和职工生活污水，生产废水包括前处理废水、染色印花废水、脱硫除尘废水、设备及地面冲洗废水、净水设施废水等。其中，对环境影响最大的为前处理废水和染色印花废水，主要产生于退煮漂、丝光水洗、染色水洗、印花水洗等工序。废水一般特征为：排放水量大、色度高、水温高，在夏季高温时节不利于生物处理。经调节均质后，印染废水化学需氧量在 800～4 500 mg/L，不同织物废水水质可参见《纺织染整工业废水治理工程技术规范》（HJ 471—2009）。其中丝光废水碱液浓度较高（pH 12～13），须安装淡碱回收装置。

主要防治措施为：① 设置换热器、将生产废水与生产用水换热，实现热能回收，同时降低废水水温。② 丝光、碱减量废水通过碱回收机回收碱。③ 退煮漂、染色、印花等废水分高浓度、低浓度两大类进行收集，或者在车间内分质处理并回用。④ 建设污水处理设施及相应的中水回用设施。⑤ 鉴于废水量大，厂内须设立水质监测分析室，安排专人定期监测并建立台账。⑥ 厂区须建设足够容积的事故废水应急排放池。⑦ 污水排放口须安装 pH、化学需氧量等污染因子的在线监控设施。

（3）声环境

营运期间主要噪声设备为风机、泵类等，除污水处理风机、燃煤烟气处理风机外，印染企业无特别的高噪声设备。

防治措施：污水处理风机、燃煤烟气处理风机应布置在远离居民一侧，与厂界保持一定距离，避免厂界超标。建设风机房，设置隔声窗，利于建筑墙体隔声降噪。

（4）固体废物

营运期产生的固体废物主要为废水处理污泥、含染料助剂废弃包装物、后整理废气处理过程产生的废油剂、更换的导热油、煤渣及除尘灰渣、生活垃圾等。废水处理污泥产生量较大，有机物含量高，经脱水处理后仍含有较高水分（约 80%）。含染料助剂的废弃包装物、更换的废导热油、后整理废气处理过程产生的废油剂等被认定为危险废物。

防治措施为：① 废水处理污泥产生量较大，有机物含量高，厂内应建设固体废物的暂存场所，通过卫生填埋、焚烧等措施委托其他单位进行妥善处置；② 含染料助剂废弃包装物、后整理废气处理过程产生的废油剂、更换的导热油等须委托有资质单位处置，并签订委托处置协议，处置过程应建立台账记录，并执行危险废物转移联单制度；③ 生活垃圾委托环卫部门统一处置。

（5）生态环境

在加强“三废”治理，实现污染物达标排放和总量控制的前提下，印染企业营运期对生态环境产生的影响较小。

（6）环境风险及控制措施

项目存在的环境风险包括污水处理事故、废气治理设施故障、液碱储罐泄漏、热媒泄漏等。污水处理事故主要由于设备故障或运行管理不当造成。事故废水直接排入管网，会对城市二级污水处理系统产生冲击，导致出水不稳定；直接排入河道，必将严重恶化河道水质，严重时可能造成水功能降级。因此，一般要求排放口设置可控阀门，厂内设置足够容积的事故应急池。

废气治理装置故障将导致定型废气直接排放，对周围居民产生较大影响。因此要求发生故障的情况下，应及时停产后整理生产线。平时加强生产管理，做好废气治理装置的检修和保养，尽可能降低故障率。

液碱储罐发生泄漏主要由于设备故障造成，发生概率较低。发生事故时，泄漏量一般在 1～5 t，若进入水体则将对水环境造成较大影响。因此，液碱储罐一般要求设置围堰围护。

热媒泄漏主要由管道爆裂或发生故障造成，该事故的发生概率较低。发生事故时，热媒泄漏量一般在 1 t 左右，由于温度较高，大部分将挥发到空气中，对人体有害，并有一定的爆炸危险性。因此，一般要求热媒储罐设置围堰，防止泄漏。

三、应注意的问题

印染行业排放水量大、水温高、色度高，对水环境的影响较大。工业和信息化部于 2010 年 4 月发布了《印染行业准入条件（2010 年修订版）》，对印染企业生产布局、工艺与装备、质量与管理、资源消耗、环境保护与资源综合利用等方面都提出了全新的要求，在环境监理工作的开展过程中，应注意的问题有以下几个方面。

1．工艺与装备

新建或改扩建印染项目应优先选用高效、节能、低耗的连续式处理设备和工艺；连续式水洗装置要求密封性好，并配有逆流、高效漂洗及热能回收装置；间歇式染色设备浴比要能满足 1∶8 以下的工艺要求；拉幅定型设备要具有温度、湿度等主要工艺参数在线测控装置，具有废气净化和余热回收装置，箱体隔热板外表面与环境温差不大于 15℃。

环境监理工作主要针对新建及改扩建项目，其中的要求值得重视。

2．质量与管理

印染企业应实行三级用能、用水计量管理，设置专门机构或人员对能源、取水、排污情况进行监督，并建立管理考核制度和数据统计系统。鼓励企业进行质量、环境以及职业健康等管理体系认证，支持企业采用信息化管理手段提高企业管理效率和水平。

环境监理工作在开展过程中，要督促企业安装用水计量装置和排水计量装置，在水处理上建立管理台账，从机构设置、人员培训、制度建设等方面指导企业提升管理水平。

3．资源能源消耗

《印染行业准入条件》对于单位产品能耗和新鲜水取水量进行了规定，见表 2-1；在工作中要注意指导并督促企业实现该目标。

表 2-1 新建或改扩建印染项目印染加工过程综合能耗及新鲜水取水量

分类	综合能耗	新鲜取水量
棉、麻、化纤及混纺机织物	≤35 kg 标煤/hm	≤2 t 水/hm
纱线、针织物	≤1.2 t 标煤/t	≤100 t 水/t
真丝绸机织物（含练白）	≤40 kg 标煤/hm	≤2.5 t 水/hm
精梳毛织物	≤190 kg 标煤/hm	≤18 t 水/hm

注：1. 机织物标准品为布幅宽 152 cm、布重 10～14 kg/100 m 的棉染色合格品，真丝绸机织物标准品为布幅宽 114 cm、布重 6～8 kg/100 m 的染色合格品，当产品不同时，可按相关标准进行换算。

2. 针织或纱线标准品为棉浅色染色产品，当产品不同时，可按相关标准进行换算。

3. 精梳毛织物印染加工指从毛条经过条染复精梳、纺纱、织布、染整、成品入库等工序加工成合格毛织品精梳织物的全过程。粗梳毛织物单位产品能耗按照精梳毛织物 1.3 系数折算，新鲜水取水量按照 1.15 系数折算。

4．环境保护与资源综合利用

印染企业要按照环境友好和资源综合利用的原则，选择可生物降解（或易回收）浆料的坯布；使用生态环保型、高上染率染化料和高性能助剂；完善冷却水、冷凝水及余热回收装置；丝光工艺必须配置碱液自动控制和淡碱回收装置；实行生产排水清污分流、分质处理、分质回用，水重复利用率要达到 35%以上。

在这方面工作中，环境监理要指导建设单位实现废水分质收集、分质处理，并建设中水回用设施，切实保障水重复利用率达到35%以上。

第三节　设计文件、施工图设计环保审核要点

一、主体工程设计

在初次进场时，实地调查厂址周边主要环境敏感点及其数量、方位、距离等内容，校核是否与报批的建设项目环境影响报告书相符，若报告书确定的卫生防护距离内存在居民，应明确其数量、方位及距离，在例行巡检过程中，跟踪其拆迁进展。

对于主体工程设计文件的审查，应重点关注厂区给排水管线布置图，在雨污分流、清污分流、污污分流上进行把关，查看是否配备了初期雨水收集池，容积是否符合报批的环境影响报告书规定，是否布设管道送入污水处理系统，是否配备了输送水泵；雨水排放口是否设置了阀门井；是否设置冷却水收集池，是否设置管道进行回用。

二、环保设施设计

对于环保设施专项设计的审查，应查看废水处理设施、废气治理设施的设计方案编制情况及设计单位资质证书，调查设计处理能力、进水水质、出水水质等是否与报批的环境影响报告书相符，对施工蓝图中的构筑物尺寸进行认真核对，确认其是否与设计方案相符。

若建设单位对设计方案的技术经济可行性存在疑虑，监理人员可配合建设单位邀请有关专家进行技术审查，同时，监理人员应对污泥暂存场所、事故应急池、污水回用、臭气产生单元加盖及除臭等环境影响评价文件中作出明确要求、而建设单位和设计单位容易忽视的内容进行仔细核实。

第四节　施工期环境监理要点

一、排水管线

依据设计单位雨、污水管线施工蓝图，现场核对雨水、污水管线走向与环评的一致性。施工前期，提醒建设单位在雨水排放口设置阀门井和初期雨水收集池，配置水泵和管线，使初期雨水得到处理。对于废水排入城市二级污水处理厂的企业，生活污水可直接纳管。

针对印染废水水温较高的特点，应建议建设单位购置热交换器，将用水和排水进行换热处理，既回收热能，又便于夏季高温季节废水的处理。鉴于大多数印染企业用水取自河水并配备净化装置，离子交换、过滤器排污水接入雨水管道的现状，应提醒建设单位将该废水接入污水处理设施。

二、总平面布置

在现场巡检过程中，环境监理人员应核实项目总平面布局与环境影响报告书的符合性，特别是污水处理站和堆煤场的布局调整将导致卫生防护范围的变化，若建设单位考虑实际情况须对布局进行调整，环境监理人员应通过工作联系单给出书面说明。若调整后卫生防护距离仍能满足要求，则该调整影响不大。若调整后卫生防护距离现状不能满足要求，应明确告知建设单位，该调整应报请负责审批的环境保护行政主管部门的意见。

三、生产装备

（1）批建符合性

针对印染行业特点，着重调查建设项目实际产能与报批产能的匹配性，避免废水排放量的大量增加。应告知建设单位，若设备实际产能超出批复产能，将导致该项目无法通过竣工环境保护验收，导致投资浪费。

（2）设备先进性

注意收集设备产品说明书、合格证等有关资料，对已安装及拟安装设备进行逐台梳理，调查是否符合《印染行业准入条件（2010 年修订版）》《产业结构调整指导目录（2011 年本）》《国务院关于进一步加强淘汰落后产能工作的通知》（国[2010]7 号）等文件要求。环境监理主要针对新建项目，列入限制类及淘汰类的装备应督促企业坚决淘汰。

四、生产工艺

纺织印染企业的生产过程主要包括坯布检验、缝头、烧毛、退浆、煮练、漂白、丝光、染色（印花）、拉幅、轧光、定型、预缩、检验等过程。在设备安装完成后，环境监理人员应依据产品种类，对各生产工艺进行逐步核实，得出与环境影响报告书相对照的结论。若工艺内容出现调整，环境监理应对其可能产生的环境影响做初步分析，形成报告并报管理部门决策。

五、生产车间

染色车间应设置带漏空盖板的管沟，沟内布置污水管道，便于将退浆、煮练、染色、地面冲洗等废水分质收集，分道进入后续处理设施。印花调浆车间与印花车间隔离，调浆间内宜划分为原糊准备、浆料研磨、基本色贮存、色浆调制、染化料贮存、称料等几个区域。车间内地沟应为带漏空盖板的明沟，便于地面冲洗废水的收集。

在生产车间建设期间，环境监理应指导并督促企业落实以上措施。

六、污水处理设施

印染废水水量大，应首先着眼于重复使用或处理后回用。环境监理人员应对重复利用水量和回用水量进行核实，根据《印染行业准入条件（2010 年修订版）》要求，确保水重复利用率达到 35%以上。

须提醒建设单位建设的水回用设施包括：

（1）间歇式染色设备的冷却水为洁净水，应设置水池集中收集，直接回用于染色工序或通过冷却塔冷却后回用。

（2）丝光淡碱废水除供退浆、印花利用外，其余应回收利用；不具备外部协助条件时，应设置碱回收站。

（3）采用多级回用的生产工艺，氧漂排水作为退煮漂联合机用水，退煮漂排水和给水进行换热后再排放，并作为脱硫除尘用水。

（4）间歇式染色设备的最后一道染色清洗水或印花水洗等低浓度废水，回用于印花导带清洗。

（5）有碱减量工艺的印染工厂，应在车间附房或污水回收站内设置 PVA 回收间。

污水处理设施建设过程中，环境监理人员要根据设计方案规定尺寸和施工蓝图尺寸核实各构筑物有效容积，并在闭水试验中检查池体有无渗漏。在设备安装过程中，应收集设备说明书和产品合格证书，对设备数量和工艺管道走向进行核实。

日常巡检时应关注事故应急水池、污泥暂存场所、产生臭气单元的除臭设施、规范化排污口的建设情况。提醒建设单位在完善以上设计的同时，建设以上设施。

污泥暂存场所建设应符合《一般工业固体废物贮存处置场污染控制标准》（GB 18599—2001）要求，落实防雨、防渗漏、防流失措施。为节约占地，污泥浓缩池可半地下式设计，池体上方建设污泥暂存场所，既便于污泥渗滤液收集于浓缩池内，也可使污泥浓缩池在半封闭状态，减少臭气排放量。

生化池、调节池、污泥浓缩池等臭气产生单元应进行封闭式设计，配套建设除臭设施。

排污口应规范化建设，具体为设置明渠测流段、排放口标志牌，安装污水流量计、在线监测设施等。对于排入城市二级污水处理厂的企业，应要求建设单位提供入网协议书（或合同）。

七、废气处理设施

根据《印染行业准入条件（2010年修订版）》要求，拉幅定型设备要具有温度、湿度等主要工艺参数在线监控装置，具有废气净化和余热回收装置。环境监理人员应提醒建设单位按要求安装废气净化设备，并设立不低于15 m的尾气排放筒。定型废气净化产生的废油应委托有危险废物经营许可证的单位进行回收或处理，委托其他单位处理的应对其资质及处置能力进行调查了解。

具备拉幅定型设备的企业一般要建设导热油锅炉。燃煤（燃油）导热油锅炉均应建设脱硫除尘装置，环境监理人员应关注环境影响报告书及批复文件对烟气脱硫、除尘效率的要求，并对设施的处理能力进行预判，供建设单位参考。同时，排气筒高度应按照环境影响报告书的要求实施。

若环境影响报告书确定为集中供汽，建设单位建设了蒸汽锅炉（或锅炉型号规格发生变化），则应提醒建设单位到环境保护管理部门申报该事项。提醒建设单位，煤堆场应设置半封闭式堆煤棚，并安装水喷头减少煤粉尘。

八、固体废物防治设施

水处理污泥、废弃包装物、生活垃圾、煤渣等固体废物应于厂内设置专门的存放场所，分类存放，同时设立环境保护图形标志。存放场所应满足“防雨、防渗漏、防流失”要求。暂存场所内不得有积水，若出现积水，建设单位应当增设导排设施，将积水引至污水处理站处理。废弃包装物、废油等属于危险废物，其暂存场所应设立警示标志，运输过程应建立台账记录，执行危险废物转移联单制度。

环境监理人员应督促建设单位按以上要求建设固体废物暂存场所，并在主体工程投入使用前建设完毕，同时建立固体废物进出库台账记录，将入库的各类固体废物种类和数量详细记录在案，长期保存，供随时查阅。

九、噪声防治设施

在监理过程中，应提醒建设单位按相关要求对降噪措施在设计、施工过程中加以落实。重点关注污水处理站风机房的布局及其与厂界、敏感点的距离，若距离较近，在鼓风机安装消声器的基础上，应提醒建设单位设置减震垫、隔声窗等进行降噪。

十、环境风险防范

液碱、双氧水等危化品储罐应设置围堰围护，围堰高度应满足应急要求，一般应能够存储最大储罐破裂时泄漏的物料。导热油锅炉低位油槽也应设置围堰，避免导热油事故性泄漏。

雨水排放口应设置阀门井，并设立初期雨水收集池。初期雨水收集池与雨水管道间设置“三通”，并安装切换阀。初期雨水收集池容积应符合环评和设计要求。初期雨水池应设置自动控制的液位泵，确保将初期雨水或事故状态消防水泵至污水处理站处理。污水处理站应设置事故应急池。

建设单位应当编制突发环境污染事故应急预案。环境监理人员应当对预案编制情况给出指导性意见，重点对事故应急救援领导小组的成立、预案的分级响应机制的建立、应急救援及抢险器材的配备、事故应急演习等内容进行监理。

第五节　试生产期环境监理要点

在施工监理过程中，环境监理人员应注意把握配套环保工程的施工进度，若环保工程施工进度明显落后于主体工程，应提醒建设单位加快进度，并向当地环境保护管理部门汇报，以确保与主体工程同时投入使用。在工程完工的同时，及时组织编制环境监理试生产阶段报告，配合建设单位办理试生产申报手续。

一、原辅材料消耗

试生产期间，环境监理人员应调查原辅材料的消耗量和单耗情况。对建设单位提交的原辅材料消耗情况进行审核，确认清洁生产水平及其是否存在不可预见问题。

二、产品产量

在编制环境监理总结报告时，对试生产期间的产品产量进行统计，并与报批的生产规模进行对比，确认其生产规模符合批复的环境影响评价文件要求。同时可以此数据计算每百米坯布排水量，确认是否满足《纺织染整工业水污染物排放标准》（GB 4287—1992）要求，作为企业节水管理和环境保护验收的技术指标。

三、污水处理设施

在巡检过程中，环境监理人员应察看污水处理台账的建设情况，并翻看其处理记录，了解进出水水质、污水排放量、药品使用记录、环保设备运行及维护记录等内容，同时对污水回用量和重复利用量进行统计。在调试完成后，应提醒建设单位编制《污水处理调试报告》，作为验收材料之一。

提醒建设单位成立专门机构并配备环保人员，在厂内设立水质分析室，配备仪器及器材，对主要污染物进行每日监测，并形成报表。环境监理应对试生产期间的污水处理报表进行统计，将实际的进出水水质情况与环境影响报告书进行对照分析，说明是否存在超标、超标率、超标原因及最大超标倍数。

四、废气处理设施

查看导热油锅炉脱硫除尘设施、定型废气净化设施的运行情况，药品使用情况，废油处置情况等内容是否符合要求。对存在的问题及不合理地方，提出改进建议。

五、固体废物防治设施

逐条收集并核实建设单位与外协单位签订的固体废物委托处置协议，确认各种固体废物的处置去向，及最终是否得到有效处理。可督促建设单位将其中有回收价值的包装桶交由厂家回收，废弃包装物应委托有危险废物经营许可证的单位进行处理。检查固体废物台账建设情况，危险废物转移联单执行情况。根据固体废物处置台账统计试生产期间固体废物的产生量和处置量，确保所有废物得到妥善暂存和有效处理。

六、环境管理制度

告知建设单位设置专门的内部环境保护管理机构（要求以文件形式下发），建立建设单位领导、环境管理部门、车间负责人和车间环保员组成的企业环境管理体系。同时制定环境保护管理制度、污水（废气）处理岗位操作规程、岗位责任制和台账制度，并将上述制度上墙。污水处理站在配备操作工的同时，应设立能监测化学需氧量、氨-氮等主要污染物的化验室，配备化验人员。

以上内容，要求环境监理人员配合建设单位逐条落实。有条件的企业，可要求或建议其开展ISO 14001 环境管理体系审核。

七、环境风险防范

对建设单位事故应急救援机构设置、应急救援及抢险器材配备、事故应急演习等落实情况进行监理。

第六节 某印染项目环境监理实例

一、项目概况

项目名称：中外合资某印染有限公司布艺染整加工 2 200 万 m/a、筒子纱染色 1 万 t/a、绞纱染色 8 100 t/a 建设项目；

建设性质：新建；

投资规模：总投资 2 388 万美元；

项目共分 4 个生产车间，一车间为筒子纱染色车间；二车间为烘干定型车间；三车间为布艺染整车间；四车间为绞纱染色车间。配建办公楼、食堂、导热油锅炉、净水站等附属设施。

二、掌握环评文件内容

1. 功能区划和环境标准

项目所在区域为二类环境空气质量功能区，执行《环境空气质量标准》（GB 3095—1996）的二级标准。区域内河段为 Ⅳ 类水环境功能区，执行《地表水环境质量标准》（GB 3838—2002）的Ⅳ类标准。项目选址区域东、西、北三厂界外属工业、居住混杂区，声环境质量执行《声环境质量标准》（GB 3096—2008）二类区标准，南厂界紧邻 320 国道，执行 4 A 类标准。

2. 主要环境保护目标

本项目主要环境敏感点有：距离北、西北厂界 108～200 m 的科同村周家湾；距离东厂界 65～300 m 的科同村朱家组；距离西南厂界 30～300 m 的科同村宁水桥。

3. 工程分析

项目主要生产工艺见图 2-2、图 2-3、图 2-4。

（1）布艺染整生产工艺

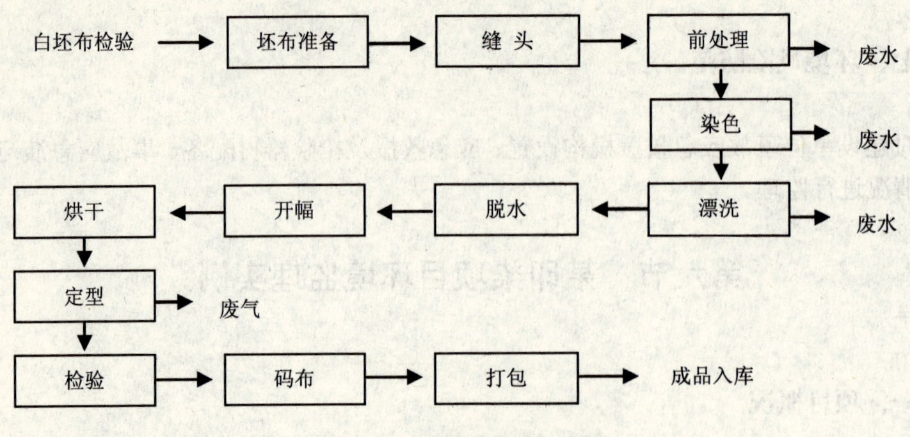

图 2-2 布艺染整工艺流程

（2）筒子纱染色生产工艺

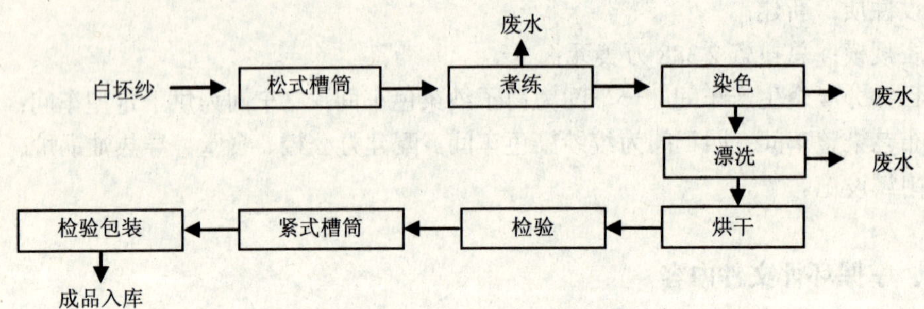

图 2-3 筒子纱染色工艺流程

（3）绞纱染色生产工艺

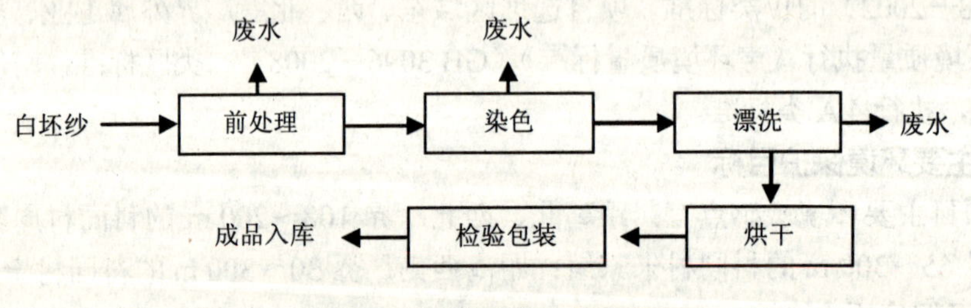

图 2-4 绞纱染色工艺流程

主要污染物包括以下几类。

（1）废气

包括导热油锅炉燃煤烟气、定型废气、食堂油烟、乙酸废气等。本项目新增 2 台燃煤导热油炉，1 台 900 万 kCal（1 Cal=4 186.8 J），1 台 300 万 kCal（备用），燃煤烟气中含有烟尘、二氧化硫等大气污染物。本项目采用高温热风定型工艺，产生定型废气，主要含水蒸气、油烟及染料助剂干燥后产生的混合性气味。定型废气中的主要有害成分是油烟和颗粒物，另外功能性助剂中主要含有乙醇等。本项目在染色后的固色工序中加入冰醋酸，将产生少量乙酸废气，呈无组织排放。

（2）废水

本项目产生的废水有布艺染整废水、筒子纱染色废水、绞纱染色废水、生活污水和净水站工艺废水等。主要污染指标为化学需氧量、pH、悬浮物、色度等。水量约 10 000 t/d，混合后水质为：化学需氧量＜2 000 mg/L，生化需氧量＜800 mg/L，色度＜600 倍，悬浮物＜500 mg/L，pH 为 9～11。

（3）固废

本项目产生的固体废物有生活垃圾、污水处理污泥、燃煤煤渣、含染料助剂的包装物、废导热油等。含染料、助剂的包装物和废导热油属于危险废物。

（4）噪声

噪声主要来自染色机、脱水机、定型机、导热油炉房鼓风机、引风机、空气压缩机等设备噪声。

4．污染防治措施

环评报告提出的污染防治措施为以下几个方面。

（1）废气

导热油炉烟气处理采用 15 t/h 花岗岩水膜脱硫除尘器，除尘效率大于 96%，脱硫效率 70%以上（喷淋液 pH＞11）。定型废气采用水喷淋吸收加旋流板脱水处理工艺，净化设施处理风量为 A 线 30 000 m^3/h，B 线 36 000 m^3/h，C 线 24 000 m^3/h，设一支排气筒，高度 15 m。定型机废气采用合格的废气净化装置。食堂油烟废气采用高效油烟净化装置进行处理，净化效率不低于 85%，油烟经处理后通过排气筒高空排放。

（2）废水

污水经厂内污水处理站预处理达到《纺织染整工业水污染物排放标准》（GB 4287—92）三级标准后排入污水处理管网，进入海宁市盐仓污水处理厂达标后排入杭州湾海域。本项目按二班制进行生产，废水排放量在 1 万 t/d，若三班制满负荷生产，则每天的污水排放量可达 1.5 万 t/d，大幅超过当地污水处理厂提供的入网指标。因此该公司必须严格实行二班制，杜绝出现污水超量排放。

建设应急水池和初期雨水收集池，应急水池容量设置为 5 500 m^3。初期雨水收集池还应设阀门和污水管道，把初期雨水泵回污水处理站的集水池。目前该公司对染色废水未进行回收利用，要求公司按照染色清洗废水的最后几道清洗水进行分质收集，经处理后回用于染色工艺。制定环境污染事故应急预案，设立环境事故应急救援领导小组，并定期进行应急救援演练。设置规范化排污口，安装在线监测装置并与当地环保部门联网。

（3）固体废物

染料、助剂的包装桶应尽量做到由生产厂家回收、综合利用，厂方应与生产厂家签订回收协议，切实做到及时回收；无法回收的包装物应委托具有危险废物处理资质的单位处理，厂方应与委托处理单位签订长期处理合同，确保得到有效处理，并报当地环保部门备案；落实追踪制度，严防二次污染，杜绝随意交易；生活垃圾由环卫部门集中处理，干污泥和燃煤灰渣卖给砖瓦厂做制砖材料，对各类固废应做到及时收集外卖，不得随意堆放，避免产生二次污染；按照《危险废物贮存污染控制标准》的有关要求，在厂内建设危险废物贮存设施，贮存设施内应设立危险废物识别标志和警示标志；危险废物运输过程应建立台账记录，执行危险废物转移联单制度。

三、环境监理要点

（1）印染设备通用性强，建设单位容易作出擅自调整。本项目采用的均为间歇式染色设备，通过增加染色设备，生产能力及污染物排放量均会发生变化。因此，在项目建设过程中，环境监理应将生产设备安装情况作为监理工作重点。

（2）本项目周边居民较多，距离厂界较近（与厂界的最近距离为 30 m），在建设布局中，应提醒建设单位将产生臭气的污水处理站、产生高噪声的锅炉风机等布置在远离居民的区域，同时建设相应的除臭设施和降噪设施。在施工过程中，通过措施控制施工扬尘、噪声等，避免对周边居民产生影响。

（3）本项目废水排放量大（10 000 m^3/d），而城市二级污水处理厂的处理能力有限（25 000 m^3/d），为防止事故排放对污水处理厂的冲击影响，环境监理应督促建设单位建设足够容积的事故废水应急排放池。同时要关注市政污水管网建设与本项目建设进度的同步性。

（4）本项目采用花岗岩水膜脱硫除尘设施进行燃煤烟气的脱硫、除尘处理，通过在循环水中投加烧碱、石灰的方法进行脱硫，因此，脱硫效率无法保证。环境监理应建议、指导建设单位设置自动加药装置和 pH 在线监控设施。

四、环境监理实施过程

1. 设计阶段环境监理

（1）基础资料收集，现场踏勘，制定工作方案

环境监理进场后，提交了资料清单，收集了环境影响报告书及其批复文件、初步设计文件、环境保护专项设计、施工图纸等相关基础资料，并进行了现场踏勘，制定了《环境监理工作方案》，将《环境监理工作方案》报环保管理部门备案。

（2）审核项目设计图纸

环境监理审核了厂区总平面布置图、雨水及污水管线布置图等文件，发现厂区设置了 7 个雨水排放口（不符合当地环保管理部门提出的“原则上只能设置 1 个雨水排放口”的环保管理要求），并且未按照环评报告要求设置初期雨水池。环境监理建议建设单位进行调整，将厂区雨水排放口缩减为 2 个，同时，在雨水排放口设置阀门井，设置液位控制水泵和管线，将初期雨水打入污水处理站调节池处理。该项建议得到了采纳和落实。

（3）审核环境保护专项设计

该环评报告书指出，事故应急池容积应为 5 500 m^3/d。环境监理发现，设计文件中污水处理站未设置事故应急水池。环境监理以工作联系单的形式，提出改进意见，建议应该增加。建设单位以场地均已规划完毕为由，拒绝实施。环境监理起到了告知义务。

2．施工阶段环境监理

（1）参加工地例会

在项目开工后，环境监理参加了建设单位组织的工地例会，向参会的建设单位、施工单位和工程监理单位介绍了环境监理工作内容、工作程序及方法、工程建设过程中相关的环境保护要求，具体包括：对场地进出车辆进行冲洗、避免车辆沿途洒落；施工营地设置化粪池，委托环卫部门清运；夜间禁止施工等。

（2）环保“三同时”监理

在工程建设过程中，环境监理通过保证巡检频次、不定期巡检的方式开展工作，具体内容包括跟踪主体工程建设进度；核查设备安装情况、环保工程建设进度、配套市政污水管网建设进度等；通过收集设备说明书，对安装的染色设备的浴比是否符合环评要求、设备是否属于《产业结构调整指导目录》中的淘汰类等情况进行核实。

在工程进度过半后，环境监理发现，部分生产设备的安装数量超出了环境影响报告书确定的数量。环境监理及时与建设单位交流，发现建设单位计划安装的设备数量将大量增加。当时的设备安装情况见表 2-2、表 2-3、表 2-4（摘自该项目环境监理报告）。

环境监理人员对设备情况进行了梳理，认为溢流染色机、筒子纱染色机等产污设备的大量增加，属于本项目建设内容出现的重大变化，为此，及时组织了环境监理专题汇报材料，向环保管理部门进行了汇报。环保管理部门得到该信息后，立即组织建设单位、环评单位、环境监理等相关单位，对设备变化情况进行了论证，对污水排放水量进行了核实。要求建设单位委托环评单位开展后评价工作，并要求通过改进生产工艺、进行污水处理回用等措施，保证项目的污染物排放总量不增加。通过以上措施，使设备增加的问题得到了解决。

在此期间，针对环境监理反映的建设单位前期未建设事故应急池的问题，管理部门也要求建设单位进行补充设计，在其绞纱染色车间地下设置了事故应急池，使问题得到了解决。

表 2-2 某印染有限公司布艺染整设备清单

序号	设备名称	型号	容量/kg	产地	数量/台
1	溢流染色机	ASME500A	500	略	6
2	溢流染色机	ASME1000A	1 000	略	6
3	溢流染色机	ASME1500A	1 500	略	2
4	溢流染色机	ASME2000A	2 000	略	2
5	溢流染色机	SME30D	30	略	2
6	溢流染色机	SME100	100	略	1
7	溢流染色机	SME500	500	略	6
8	溢流染色机	SME1000	1 000	略	2
9	溢流染色机	SME250	250	略	1
10	溢流染色机	SME1000	1 000	略	1
拟安装的溢流染色机数目总共为 40 台，目前已安装 26 台。环评提及的各式染色机数目总共为 25 台。					
11	脱水机	CO-1800	—	略	2
12	脱水机	CO-1500	—	略	1
13	脱水机	SHS1800	—	略	1
14	脱水机	SHS1800	—	略	1
环评提及的脱水机数目为 6 台，目前已安装 6 台。					
15	开幅机	JL-ZS2000	—	略	1
16	开幅机	281-200	—	略	1
17	开幅机	281-340	—	略	1
开幅机环评没有提及，目前共安装 2 台，拟安装 3 台。					
18	定型机	SST-10P1900	—	略	1
19	定型机	SST-10P3300	—	略	1
20	定型机	SST-10P2200	—	略	1
21	定型机	SST-8P3400	—	略	1
定型机环评中为 2 台，目前共安装 4 台，计划安装 11 台。					
22	导热油炉	300 万 Cal	—	—	1
23	导热油炉	900 万 Cal	—	—	1
环评中为 2 台 250 万 Cal 导热油炉，目前为 300 万 Cal、900 万 Cal 各 1 台。					

表 2-3 某印染有限公司筒子纱染色设备清单

序号	设备名称	型号	容量/kg	产地	数量/台
1	筒子纱染色机	DF241-3	3	无锡	2
2	筒子纱染色机	DF241-3	5	无锡	2
3	筒子纱染色机	WODY200A-450A	10	无锡	2
4	筒子纱染色机	WODY200A-550A	25	无锡	2
5	筒子纱染色机	WODY200A-700A	30	无锡	2

<table>
<tr><th>序号</th><th>设备名称</th><th>型号</th><th>容量/kg</th><th>产地</th><th>数量/台</th></tr>
<tr><td>6</td><td>筒子纱染色机</td><td>WODY200A-800A</td><td>50</td><td>无锡</td><td>2</td></tr>
<tr><td>7</td><td>筒子纱染色机</td><td>WODY200A-900A</td><td>100</td><td>无锡</td><td>2</td></tr>
<tr><td>8</td><td>筒子纱染色机</td><td>WODY200A-1100A</td><td>200</td><td>无锡</td><td>2</td></tr>
<tr><td>9</td><td>筒子纱染色机</td><td>WODY200A-1200A</td><td>300</td><td>无锡</td><td>2</td></tr>
<tr><td>10</td><td>筒子纱染色机</td><td>WODY200A-1500A</td><td>500</td><td>无锡</td><td>2</td></tr>
<tr><td>11</td><td>筒子纱染色机</td><td>WODY200A-1800A</td><td>800</td><td>无锡</td><td>2</td></tr>
<tr><td>12</td><td>筒子纱染色机</td><td>WODY200A-2000A</td><td>1 000</td><td>无锡</td><td>2</td></tr>
<tr><td>13</td><td>筒子纱染色机</td><td>SMF2400A-175×14-100</td><td>1 000</td><td>邵阳</td><td>2</td></tr>
<tr><td>14</td><td>筒子纱染色机</td><td>SMF2400A-160×14-100</td><td>800</td><td>邵阳</td><td>2</td></tr>
<tr><td>15</td><td>筒子纱染色机</td><td>SMF2400A-145×12-100</td><td>600</td><td>邵阳</td><td>2</td></tr>
<tr><td>16</td><td>筒子纱染色机</td><td>SMF2400A-120×12-100</td><td>400</td><td>邵阳</td><td>2</td></tr>
<tr><td>17</td><td>筒子纱染色机</td><td>SMF2400A-90×12-100</td><td>200</td><td>邵阳</td><td>2</td></tr>
<tr><td>18</td><td>筒子纱染色机</td><td>SMF2400A-80×12-100</td><td>168</td><td>邵阳</td><td>2</td></tr>
<tr><td>19</td><td>筒子纱染色机</td><td>SMF2400A-80×9-100</td><td>126</td><td>邵阳</td><td>2</td></tr>
<tr><td>20</td><td>筒子纱染色机</td><td>SMF2400A-45×12-100</td><td>48</td><td>邵阳</td><td>2</td></tr>
<tr><td>21</td><td>筒子纱染色机</td><td>SMF2400A-45×9-100</td><td>36</td><td>邵阳</td><td>2</td></tr>
<tr><td>22</td><td>筒子纱染色机</td><td>SMF2400A-40×4-100</td><td>12</td><td>邵阳</td><td>2</td></tr>
<tr><td>23</td><td>筒子纱染色机</td><td>SMF2400A-25×6-100</td><td>6</td><td>邵阳</td><td>2</td></tr>
<tr><td>24</td><td>筒子纱染色机</td><td>SMF2400A-25×3-100</td><td>3</td><td>邵阳</td><td>2</td></tr>
<tr><td>25</td><td>筒子纱染色机</td><td>—</td><td>2 000</td><td>—</td><td>2</td></tr>
<tr><td>26</td><td>筒子纱染色机</td><td>—</td><td>3 000</td><td>—</td><td>2</td></tr>
<tr><td colspan="6">预计共安装筒子纱染色机 52 台，目前已安装 37 台，环评中共为 27 台。</td></tr>
<tr><td>27</td><td>脱水机</td><td>CO-11-1500</td><td>84 个</td><td>略</td><td>2</td></tr>
<tr><td>28</td><td>脱水机</td><td>RZT-60</td><td>84 个</td><td>略</td><td>2</td></tr>
<tr><td>29</td><td>脱水机</td><td>RDT-64</td><td>32</td><td>略</td><td>5</td></tr>
<tr><td colspan="6">脱水机拟安装 9 台，目前尚未安装，环评中为 4 台。</td></tr>
<tr><td>30</td><td>蒸纱机</td><td>WKD-170（A）</td><td></td><td>略</td><td>4</td></tr>
<tr><td colspan="6">蒸纱机正在安装中，拟安装 4 台，环评没有提及。</td></tr>
<tr><td>31</td><td>射频烘干机</td><td>SP01-85</td><td>85 kW</td><td>略</td><td>4</td></tr>
<tr><td colspan="6">射频烘干机正在安装中，拟安装 4 台，环评没有提及。</td></tr>
<tr><td>32</td><td>槽筒式络筒机</td><td>GAO14</td><td>100 锭/台</td><td>杭州</td><td>60</td></tr>
<tr><td colspan="6">槽筒式络筒机现已安装 30 台，拟安装 60 台，环评中为 32 台。</td></tr>
<tr><td>33</td><td>筒子高频烘干机</td><td>RCT-III</td><td>1 024 颗</td><td>无锡</td><td>2</td></tr>
<tr><td colspan="6">筒子高频烘干机现已安装 1 台，拟安装 2 台，环评中为安装 4 台快速筒子烘干机。</td></tr>
</table>

表 2-4 某印染有限公司绞纱染色设备清单

<table>
<tr><th>序号</th><th>设备名称</th><th>型号</th><th>产地</th><th>数量/台</th></tr>
<tr><td>1</td><td>喷射染色机</td><td>80 棒 QN-11</td><td>—</td><td>2</td></tr>
<tr><td>2</td><td>喷射染色机</td><td>60 棒 QN-11</td><td>—</td><td>2</td></tr>
<tr><td>3</td><td>喷射染色机</td><td>40 棒 QN-11</td><td>—</td><td>2</td></tr>
<tr><td>4</td><td>喷射染色机</td><td>30 棒 QN-11</td><td>—</td><td>2</td></tr>
<tr><td>5</td><td>喷射染色机</td><td>20 棒 QN-11</td><td>—</td><td>2</td></tr>
<tr><td>6</td><td>喷射染色机</td><td>10 棒 QN-11</td><td>—</td><td>2</td></tr>
<tr><td>7</td><td>喷射染色机</td><td>5 棒 QN-11</td><td>—</td><td>2</td></tr>
<tr><td>8</td><td>喷射染色机</td><td>2 棒 QN-11</td><td>—</td><td>8</td></tr>
<tr><td colspan="5">绞纱染色车间目前尚未建成，喷射染色机尚未安装，拟安装 22 台，环评中一二期合计后的喷射染色机数目为 22 台，但没有 80 棒 QN-11 这一型号。</td></tr>
<tr><td>9</td><td>烘干机</td><td>—</td><td>—</td><td>4</td></tr>
<tr><td colspan="5">拟安装 4 台，环评中为 3 台。</td></tr>
<tr><td>10</td><td>脱水机</td><td></td><td></td><td>6</td></tr>
<tr><td colspan="5">拟安装 6 台，环评中为 4 台。</td></tr>
</table>

（3）编制环境监理阶段报告

待项目整体完工，各项配套环保措施基本按照环评及批复要求落实后，环境监理人员编制了该项目环境监理阶段报告，对项目主体建设情况及配套环保设施建设情况进行了汇总，对环评及批复要求的落实情况进行了调查说明。提交给建设单位，同时报送摘要给各级环保部门，汇报有关情况。

在建设单位提交试生产申请后，负责审批的环保管理部门召集地方环保部门、环境监理、设计单位、建设单位等相关人员进行了现场检查，对主体工程建设情况和配套环保设施的建设情况进行了核实，在确认环评报告及批复要求得到基本落实后，批复同意该项目投入试生产。

3．试生产阶段环境监理

（1）监督检查环保设施运行情况

本项目投产后，环境监理对主体工程生产设施的运行情况和环保工程的调试试运行情况进行持续跟踪。在污水处理站调试过程中，环境监理发现污水处理使用的罗茨风机噪声较大，容易造成厂界噪声超标。同时，周边居民距离较近，容易对其产生影响。因此，环境监理要求罗茨风机房设置双层隔声窗。建设单位按照要求进行了改进。

在废水处理上，环境监理人员根据当地管理部门要求，指导建设单位设立了水质分析室，安排相关人员到当地的环境监测站接受业务培训，从而具备了自行监测 pH、化学需氧量等主要污染物的能力，使建设单位有能力建立污水处理运转台账。同时，建设单位也按管理部门要求在污水排放口安装了在线监测仪器，并与当地环保部门实现联网。主要监测指标包括流量、pH、化学需氧量等。委托有资质的单位提供运维服务，使污水处理站的稳定运行得到了保障。建设单位在委托进行竣工环保验收监测时，验收监测单位进行了在线监测仪器的比对校正。

在导热油锅炉烟气处理上，环境监理发现花岗岩水膜脱硫装置在运行过程中，依靠员工在循环水池内人工投加石灰实现脱硫。为确保脱硫效果，环境监理建议通过人工定期监测 pH 的同时，设置石灰的溶药和自动加药箱。该措施也得到了建设单位的实施，从而使锅炉烟气处理设施的运转效率得到了提升。

在定型废气处置上，环境监理发现水喷淋装置循环水箱表面有大量浮油，需要定期清捞，清理的废油由建设单位外卖处置。对此，环境监理要求建设单位委托有危险废物处置资质的单位处理。建设单位当时未予重视。在环保验收环节，环保管理部门也提出了该要求，同时要求更换后的导热油也委托有资质单位进行处理。由于该问题未及时改进，成为建设单位环保验收现场检查会后需要整改的问题。

（2）检查主体工程试生产情况

在试生产期间，环境监理发现筒子纱染色车间集水沟防渗措施不到位，导致部分设备在试车过程中出现污水沿地基渗出、沿雨水管道排入附近河道的现象，对此要求建设单位封堵了雨水管道，将雨水管道内废水泵入污水处理站处理。同时，指导其完善了车间污水收集沟内壁的防渗工作，避免了环境污染事故的发生。

在试生产后期，环境监理要求建设单位提供产品产量月报表和原辅材料消耗量的月报表，据此对其试生产期间的生产负荷和原辅材料单耗情况进行核实，根据污水处理台账及在线监测情况统计每百米坯布耗水量，对其单位产品废水排放指标进行了考核。

（3）建立健全环保管理制度

鉴于建设单位在环保管理上人员不足、技术力量薄弱，环境监理人员指导其完善了《突发环境污染事故应急预案》，协助其建立了厂区环保管理制度、污水处理操作规程、污水处理运行台账、操作工岗位责任制等管理制度，要求其下发任免文件，成立了环保管理机构，并安排人员前往当地环保部门进行业务培训。在固体废物处置环节，要求其与染料、助剂供应商签订原料包装桶的回收协议，委托有资质单位处理定型废气处理设施产生的废油。通过这些措施，加强了建设单位的环保管理力量。

（4）建设项目竣工环保验收

在验收环节，环境监理人员组织编制了该项目环境监理总结报告。同时，协助、指导建设单位编制了环保执行报告，填写了建设项目竣工环保验收申请报告，收集整理了相关的验收资料，协助建设单位向环保主管部门申请建设项目竣工环保验收。

在环保主管部门召开的环保验收现场检查会上，环境监理人员汇报了环境监理工作开展情况和建设项目环境保护措施的落实情况。同时，也接受管理部门及有关专家的考核和业务指导。对于验收整改内容，环境监理继续协助建设单位整改，并对监理报告进行修正，报管理部门备案。

该项目已通过了建设项目竣工环境保护验收。

五、案例点评

1．完善了环保审批手续

正是由于环境监理的参与，使项目生产设备大量增加的问题及时得到反映，在环保管理部门的要求下，建设单位开展了环境影响后评价。通过环境影响后评价的备案，使得该项目的环保审批手续得到完善。

2．为管理部门提供了技术支撑

通过环境监理的日常工作汇报、发现问题时的专题汇报，使得管理部门能及时掌握项目信息，从而提高了监管效率。通过环境监理发现染色车间集水沟防渗措施不到位，导致部分设备在试车过程中出现污水沿地基渗出、沿雨水管道排入附近河道的现象，指导建设单位及时改进，避免了环境污染事故，为环保管理部门的监管工作提供了支撑。

3．为建设单位提供了环保咨询服务

环境监理发现了项目建设过程存在的雨水排放口过多、水膜脱硫除尘装置管理设施欠缺、定型废气净化装置废油处置方式不合理等问题，并且为建设单位解决这些问题提供了技术指导。另外，在环境管理方面，环境监理从管理机构及制度建设方面提供了指导意见，协助其提升管理水平，体现了建设单位环保顾问的作用。

4．不足之处

（1）该案例完成时间较早，因此未反映出《印染行业准入条件（2010年修订版）》关于水重复利用率、污水分质处理、余热回收利用等方面的要求。

（2）在目前环保形势下，污水处理过程产生的臭气已成为印染企业必须治理的问题，而本案例报批时间较早，环评报告未作出明确要求，环境监理也未能督促并指导建设单位进行改进是为不足之处。

（3）因案例完成时间较早，监理人员对印染行业装备水平认知度不高，未能在监理实施过程中提升该企业的装备水平。

第七节 印染行业相关法律法规及规程规范

（1）《印染工厂设计规范》（GB 50426—2007）。

（2）《纺织工业企业环境保护设计规范》（GB 50425—2008）。

（3）《纺织染整工业废水治理工程技术规范》（HJ 471—2009）。

（4）《印染行业准入条件》（工业和信息化部，工消费[2010]第93号）。

（5）《产业结构调整指导目录（2011年本）》（国家发展和改革委员会令2011第9号）。

（6）《国务院关于进一步加强淘汰落后产能工作的通知》（国务院[2010]7号）。

（7）《清洁生产标准 纺织业（棉印染）》（环境保护行业标准，HJT 185—2006）。

（8）《纺织染整工业废水治理工程技术规范》（环境保护部，HJ 471—2009）。

第三章　水利水电行业环境监理要点分析

第一节　行业概况

一、行业定义

水利是指人类社会为了生存和发展的需要，采取各种措施，对自然界的水和水域进行控制和调配，以防治水旱灾害，开发利用和保护水资源的各项事业和活动。用于控制和调配自然界的地表水和地下水，以达到除害兴利目的而兴建的工程则称之为水利工程。根据工程功能、特性和我国行业管理的特点，往往将水力发电工程独立于水利工程，通常将水力发电工程、农田水利工程及航运工程等统称为水利水电工程。水利水电行业是指从事水利水电工程勘测、规划、设计、施工、科研和管理等方面经济活动的所有单位的集合。

二、行业的特点

水利水电工程虽然种类繁杂，工程建设方式多样，但总体来看都具有一定的共同特点。

1．具有很强的系统性和综合性

水利水电工程的系统性和综合性，主要表现在三个方面：

（1）单项水利水电工程是同一流域、同一地区内各项水利水电工程的有机组成部分。这些工程既相辅相成，又相互制约，整体流域的开发和运行都需要从系统和综合的角度出发。

（2）单项水利水电工程自身往往也是较为复杂的综合体，各工程组成部分较多关系紧密。

（3）水利水电工程通常具有多项开发任务或服务目标，这些任务或目标既紧密联系，又可能产生冲突。

水利水电工程规划设计必须从全局出发，系统、综合地进行分析研究，才能得到最为经济合理的优化方案。

2．环境影响大、范围广

水利水电工程规划是流域规划或区域规划的组成部分，而一项水利水电工程的兴建，对其周围地区环境将可能产生较大的影响。通过开发建设水利水电工程，可改善当地道路交通条件、通信条件，提升当地基础设施水平；与此同时，工程建设和运行对江河、湖泊以及附近地区的自然面貌、生态环境，甚至对局地气候，都可能产生不同程度的负面影响。水利水电工程开发建设既有兴利除害的一面，又有洪涝影响等不利的一面。因此，制定水利水电工程规划，必须从流域或地区的全局出发，统筹兼顾，以期减免不利影响，兼顾经济、社会和环境的综合效益。对于具体水利水电工程开展设计时必须对各类影响进行充分分析，努力发挥水利水电工程的积极作用，减少其不利影响。

3．工程施工和运行条件复杂

水利水电工程中各种水工建筑物的施工和运行，面临复杂的气象、水文、地质等自然条件；水工建筑物多承受水的推力、浮力、渗透力和冲刷力的作用，工程条件较为复杂。

4．建设过程标准化程度高

水利水电工程一般规模大，技术复杂，工期较长，施工活动集中、投资多，兴建时必须按照基本建设程序和有关标准进行，建设过程的标准化程度要求高。

三、行业的分类

（1）按照服务目的或服务对象分类

① 防治洪水灾害的防洪工程。

② 防治旱、涝、渍灾为农业生产服务的农田水利工程（或称灌溉和排涝工程）。

③ 将水能转化为电能的水力发电工程。

④ 为工业和生活用水服务并处理和排除污水和雨水的城镇供水和排水工程。

⑤ 防止水土流失和水质污染，维护生态平衡的水土保持工程和环境水利工程。

⑥ 保护和增进渔业生产的渔业水利工程。

一项水利水电工程同时为防洪、灌溉、发电、航运等多种目标服务的，称为综合利用水利工程。

（2）按开发任务分类

① 防洪除涝及河道整治项目：包括水库工程、堤防工程、除涝工程、排水工程、河道综合整治工程等。

② 水资源开发利用与配置项目：包括调水工程、农业灌溉和排水工程、城市和工业等综合性供水工程等。

③ 水力发电项目：包括河川水电站（包括抬水式水电站、引水式水电站、混合

式水电站）、抽水蓄能电站、潮汐电站、波浪能电站等。

④ 水环境整治、水生态修复与水土保持项目。

四、行业技术装备水平

目前，我国在水利水电规划设计、施工、运行管理、机电设备制造等方面已形成较为完备的产业技术体系，形成了具有中国特色的水力发电成套技术，创造了世界水利水电工程史上的多项第一，包括超高坝筑坝、高水头大流量泄洪消能、超大型地下洞室群开挖与支护、高边坡综合治理以及大容量机组制造安装、大型抽水蓄能电站建设等水力发电成套技术。目前，我国不仅是世界上水电装机规模最大的国家，也是在建工程规模最大、发展速度最快的国家，水利水电科技水平已跻身国际先进行列，并且在高坝工程技术领域处于国际领先地位，引领着国际坝工技术的发展方向。

五、行业相关产业政策

兴水利、除水害，事关人类生存、经济发展、社会进步，历来是治国安邦的大事。新中国成立以来，特别是改革开放以来，水利事业取得了举世瞩目的巨大成就，为经济社会发展、人民安居乐业作出了突出贡献。但人多水少、水资源时空分布不均是我国的基本国情水情。洪涝灾害频繁仍然是中华民族的心腹大患，水资源、能源供需矛盾突出仍然是可持续发展的主要瓶颈，农田水利建设滞后仍然是影响农业稳定发展和国家粮食安全的最大硬伤，水利设施薄弱仍然是国家基础设施的明显短板。

随着工业化、城镇化快速发展，全球气候变化影响加大，我国水利面临的形势更加严峻，增强防灾减灾能力要求越来越迫切，强化水资源节约保护工作越来越繁重，加快扭转农业主要“靠天吃饭”的局面、有序开发水电资源的任务越来越艰巨。2011年发布的《中共中央国务院关于加快水利改革发展的决定》（2011年中央一号文件，中共中央、国务院2010年12月31日印发）以及2012年颁布的《关于加快推进农业科技创新持续增强农产品供给保障能力的若干意见》（2012年中央一号文件，中共中央、国务院2012年1月印发）等多项中央重要文件中都提出，要把水利作为国家基础设施建设的优先领域，把农田水利作为农村基础设施建设的重点任务，把严格水资源管理作为加快转变经济发展方式的战略举措。

水电工程是我国国民经济的基础产业，也是国家鼓励优先发展的产业，积极发展水电是中国能源政策的主要支柱。《中国应对气候变化国家方案》《可再生能源中长期发展规划》和《中华人民共和国国民经济和社会发展第十二个五年规划纲要》，把发展水电作为促进中国能源结构向清洁低碳化方向发展的重要措施。为此，《产业结构调整指导目录（2011年本）》继续把发展水利、开发水电作为鼓励类产业。

第二节 工程分析

一、工程概况

水利水电工程是对水资源进行控制、调配和利用的工程。常常具有综合开发任务及综合利用功能。其开发任务主要有防洪、发电、灌溉、航运、治涝、城镇和工业供水、垦殖等。

常见的水利水电工程项目组成中主要的水工建筑物为：

（1）挡水建筑物：用以拦截河流或阻挡洪水的水工建筑物，形成水库或壅高水位，如拦河坝、拦河闸、节制闸、堤防等。

（2）泄水建筑物：用以渲泄水库或河道在洪水期间或在其他情况下多余的水量，以保证拦河坝（挡水建筑物）安全的水工建筑物。如溢流坝、溢洪道、溢洪堤、泄水闸、泄洪洞、泄水涵管、分洪闸、排水闸、排水泵站、排水（洪）渠道、消力池、水垫塘等。

（3）取水建筑物：为发电或灌溉、供水等目的，从水库（或河道）取水用的水工建筑物或水工设施，如取水塔、进水闸、分水闸、隧洞、扬水泵站等。

（4）输水建筑物：为发电或灌溉、供水等目的，从水库（或河道）向库外（或向下游）引水用的建筑物，如输水渠道、管道、隧洞、涵管、渡槽和倒虹吸等。

（5）引水发电建筑物：将水能转化为机械能、电能的设施或建筑物，如压力前池、压力钢管、调压室、电站厂房、变电站、开关站等。

（6）通航建筑物：在通航的河道上或河流渠化规划的河道上修建拦河坝（闸）后，用于船舶通航而修建的建筑物。如船闸、升船机、船坞、码头、防波堤等。

（7）河道整治建筑物：如堤防、海塘、丁坝、顺坝、导流堤和护岸等。

（8）其他水利建筑物：如鱼道、鱼闸、升鱼机、污水处理厂等。

不同类型的水利水电工程可以由以上的一种建筑物或多种建筑物组成。例如，综合性水利枢纽往往由挡水建筑物、泄水建筑物、取水建筑物、输水建筑物和引水发电建筑物组成；引水或供水水资源利用和配置工程由取水枢纽或挡水建筑物、取水设施、引水系统（明渠、隧洞、渡槽、倒虹吸等）、供水工程（渠系、管网、堰闸等）等组成。水利水电工程在建设期间，还需诸多施工辅助工程，如导流工程、交通工程、场地平整、料场、渣场、施工辅助企业和生活营地等；此外，工程占地和水库淹没还带来移民安置工程。典型水电工程项目组成见表3-1。

表 3-1 水利水电工程项目组成

工程项目		工程组成
主体工程	枢纽工程	挡水建筑物、泄水建筑物、通航建筑物、引水建筑物、厂房及发电系统等
	配套工程	永久交通工程、堤防工程、护岸工程、枢纽管理区、码头、航道工程、环境保护工程等
	施工辅助工程	导流工程、施工辅助企业、临时施工营地、临时交通工程、料场、弃渣场、环境保护工程
水库淹没和移民安置工程	水库淹没及防护工程	农田防护、库岸防护、浸没处理
	移民安置工程	生产安置、搬迁安置、专项设施复建工程

二、施工规划

水利水电工程是一个十分复杂的系统化工程，其工程量较大，参建单位多，施工周期通常比较长，施工过程中涉及的单位和部门较多。水利水电工程建设初期要做好施工规划工作，以便使施工现场的各种资源能够得到优化配置，科学合理施工，从而提高施工的效率，进而保证工程的施工质量和安全，缩短施工时间。

水利水电工程施工规划针对目标工程所在地的自然、社会、人文等资源现状，综合考虑工程设计的目标任务，采用科学的方法规划出技术可行、经济合理的施工方案。一般来说，要确保水利水电工程施工顺利进行，需对导流工程、场内外交通工程、施工辅助企业、施工营地、料场、弃渣场等进行规划和布置。

（1）导流工程规划和布置：根据河流地形地质条件和水文特性，导流工程可采用分期围堰导流方式和一次拦断河床围堰导流方式，与之配合的包括明渠导流、隧洞导流、涵管导流以及施工过程中的坝体底孔导流、缺口导流和不同泄水建筑物的组合导流。

（2）场内外交通工程的规划和布置：水利水电工程施工对外交通可采用陆路或水陆路结合的方式，陆路包括公路和铁路运输方式。场内交通用于施工工地内部各工区、当地材料产地、堆渣场、各生产、生活区之间的交通联系，一般采用公路运输。

（3）施工辅助企业的规划和布置：施工辅助企业包括砂石料加工系统，混凝土生产系统，混凝土预冷、预热系统，压缩空气、供水、供电和通信系统，机械修配、加工厂等。

（4）施工营地规划和布置：施工营地通常根据工程区域的地形以及工程建筑物分布情况，按照就近的原则，采取集中与分散相结合的方式进行布置。

（5）料场规划和布置：水利水电工程筑坝所用的材料主要包括石料和土料，石料可分为天然砂石料和人工砂石料，料场的选择主要考虑便于开采、储量相对集中、料层厚、无用层及覆盖层相对较薄的料场。

（6）弃渣场的规划和布置：水利水电工程的弃渣场主要根据工程区域地形，结合施工总体布置要求尽量考虑就近布置，但在规划设计过程中，应满足当地生态保护要求和水土保持行业制定的强制标准要求（可参见《开发建设项目水土保持技术规范》GB 50433—2008）。

三、主要环境影响和环境保护措施

如前所述，水利水电工程种类繁多，不同类型、不同区域、不同环境条件的工程，其主要环境影响各不相同。对于具体项目，环境影响报告书给出了环境影响分析和环境保护措施，在环境监理工作中须严格按照环境影响报告书及其批复的要求监督落实各项环保措施。以下针对水利水电工程中的主要环境影响和相应的环保措施进行简要介绍。

1．水环境影响和环境保护措施

（1）施工期水环境影响和常见的保护措施

① 主要环境影响。水利水电工程施工活动对水环境的影响主要包括生产废水和生活污水的排放对地表和地下水的影响。

生产废水主要包括砂石料冲洗废水、混凝土拌和及养护废水、机械保养冲洗废水和河道疏浚废水以及化学灌浆等生产废水。施工期生活污水主要包括施工营地及分散施工人员生活用水产生的生活污水。若上述生产废水和生活污水直接排放或处理不达标排放，将对施工江（河）段及下游水质产生一定影响。

② 常用的防治措施。水利水电工程施工废（污）水处理方法主要有物理法、化学法。根据具体工程生产情况和生产、生活废（污）水产生量，可采用沉砂库、废（污）水处理厂（站）或一体化成套设备进行处理，处理达标后排入受纳水体或回用。排污口设置应满足水资源保护有关要求，回用水可作为循环用水，也可用于绿化或喷洒道路及施工场地。

生活污水处理多采用生化法且工艺较成熟，可供选择的工艺方案也较多，应结合施工布置、污水量等特性进行工艺选取。对于生活区分散、污水排放强度小的情况，可采用成套污水处理设备；对于大中型工程，施工区集中、污水产生量较大的情况，可采用间歇式活性污泥法（SBR）、人工湿地等工艺进行处理。

（2）试运行期水环境影响和常见的保护措施

1）主要环境影响

试运行期对水环境的影响主要体现在：① 工程运行导致的河段水文情势变化，

如河道水量增加或减少、库区或河道的水深、流速变化等。② 由于上述水文情势变化以及入河（库）污染负荷变化，从而引发工程影响河段水质变化。③ 水库库区及下游河道水温沿程变化。④ 输水或灌溉工程对沿线地下水环境的影响。

2）防治措施

针对水利水电工程营运期水环境影响，主要环境保护措施有：① 进行生态调度、泄放生态流量，减水河段生态修复。② 加强水质保护管理。③ 采取分层取水等水温恢复或减缓措施。④ 截堵、疏排地下水、水源替代措施。

2．生态环境影响和环境保护措施

（1）施工期

1）施工活动带来的生态环境影响

① 对水生生态的影响。

a．水利水电工程施工期对水生生物的影响范围主要在上、下游围堰之间及其以下附近水域，工程开挖、爆破、围堰截流时的石料抛投会对施工河段鱼类及水生生物形成惊扰。

b．水利水电工程导流洞封堵期间和初期蓄水期间坝下河道流量减小，部分河段将干涸或形成一些小型水凼，极易发生鱼类搁浅或被伤害的现象。

c．施工期如环境保护管理不力，生产废水和生活污水不能做到达标排放，加之弃渣下河，可能直接影响受纳水体的水质，从而对水生生物生境造成影响。尤其是鱼类的“产卵场、索饵场、越冬场”（以下简称“三场”）等重要栖息场所，甚至可能影响珍稀水生生物的生存。

② 对陆生生态的影响。

a．施工占地对植物资源的影响。

施工期，枢纽建筑物、施工生产生活设施、弃渣场、场内道路及辅助企业如钢筋加工厂、木材加工厂、混凝土拌和系统、生活区等占地均将占压或破坏部分林地、灌草丛和农田。

施工占地分为永久占地和临时占地两类。永久占地包括枢纽建筑物、淹没区、移民安置区、永久公路等；临时占地包括土石料场、弃渣场、生活区以及临时施工道路等。一般临时占地对植被的影响是暂时的，工程结束后可以采取措施进行植被恢复与重建。而永久占地对植被的影响是长期性的。施工道路选线和施工场地占压等都会涉及线路和场地内的古大珍稀植物。

b．外来物种对当地植物的影响。

工程施工过程中，工程建筑材料及其车辆的进入、植树造林等，可能使外来物种进入该区域。外来物种能通过竞争、捕食、改变生境和传播疾病等方式对本地生物产生威胁，影响原植物群落的自然演替，降低区域的生物多样件。

c．施工期间产生的生产废水、生活污水、弃渣等会改变河道水体的浑浊度及理化性质，使得一些栖息在水边的两栖类、爬行类动物如蟾蜍、蛙类、蜥蜴类、蛇类等的生活环境遭到破坏，甚至消失。此外，施工开挖、爆破、运输作业产生的噪声和施工人员的干扰，可导致施工区及邻近区域的鸟类和兽类的生活、取食环境恶化，它们将被迫离开原来的栖息地。

d. 工程施工、占地、水库淹没等活动，会对区域景观格局带来一定的变化，这些人为干扰会加大原来景观生态体系的人工痕迹。

2）施工期常用的生态环保措施

① 水生生态保护措施。

水生生物保护应立足于保护水域生态系统的结构、功能，生态系统的多样性。其保护重点为受工程影响的珍稀、濒危和特有水生生物，特别是国家重点保护的水生生物种群，及具有重要经济价值鱼类的“三场”，洄游鱼类及洄游通道和水生生物为主要保护对象的自然保护区等。

主要保护措施包括：主体工程规划设计时将建立人工增殖放流站、过鱼设施、生态流量下泄措施和分层取水措施等水生生物保护措施纳入设计范围；制定有关水生生物保护的规章制度，并对施工人员和附近居民加强水生生态保护的宣传教育，以公告、宣传册发放等形式，教育施工人员，通过制度化严禁施工人员非法捕鱼；加强施工管理，杜绝各施工辅助企业生产废水超标排放和弃渣下河，确保水体水环境质量满足各鱼类生存需要。导流洞封堵和初期蓄水期间，应对坝下河道减水段内搁浅的鱼类进行转移。

② 陆生生态保护措施。

陆生生物保护应严格执行国家和地方生态保护法律法规和标准的规定，结合生态建设规划，协调工程建设与生态环境保护的关系，保护生态多样性，实现生物资源的可持续利用。水利水电工程常见的陆生生态保护措施主要包括预防措施、控制措施和补偿措施三大类。

a. 预防措施。

按工程设计和合同要求，合理利用土地，严格控制临时用地规模，减少或避免占用耕地。同时，还要避免用地范围以外的耕地被机械碾压或堆放材料；在工程施工期间要合理规划施工场地，尽量对珍稀野生动植物进行主动避让，如确实无法避让应设置野生动物通道和提前做好珍稀植物的移栽工作。

b. 控制措施。

制定保护陆生生物的规章制度，加大管理力度，在施工过程中严禁各种形式的乱砍、滥伐行为，同时加强生态环境保护宣传教育，设置警示牌，严禁施工人员在非施工区进行烟火、狩猎等活动，禁止非法猎捕珍稀保护动物及野生动物，在施工场地内外发现正在使用的鸟巢或动物巢穴及受保护动植物，都要妥善保护，并及时报告有关部门。

在施工过程中还须遵循国家相关规定，按照“先挡后弃”等原则及时实施水土保持的挡护、排水等水土保持控制措施，使工程建设活动带来的新增水土流失降至最低程度。为了适时掌握水利水电工程施工期和试运行初期水土流失状况、水土流失危害和水土流失防治效果，应依据《水土保持监测技术规程》（SL 277—2002）等国家相关规定，定期开展水土保持监测，以加强控制效果。

c．补偿措施。

针对施工活动对陆生生物的影响，需按照国家的相关规定进行经济补偿。另外，在施工过程中针对工程不再利用的施工迹地应及时采取植物恢复措施，进行人工恢复。但在实施人工恢复的过程中应按照因地制宜的原则选用当地适生品种，同时发挥生物措施的后效性和长效性，植物措施与工程措施结合进行综合防治。

（2）试运行期

1）环境影响

试运行期生态影响主要体现在：

① 对水生生物的影响。

水利水电工程建设大多是在天然河道上修建水利工程，工程建设将改变河流长期演化形成的生态环境，使得河流局部形态均一化和非连续化，从而改变原有河流的生态环境，尤其是鱼类的“三场”等重要栖息场所。大坝切断了原有天然河道，鱼类觅食和生殖洄游受阻，鱼类分布和数量改变，这些影响都将直接影响水生生态环境的多样性，甚至可能影响珍稀水生生物的生存。

另外，水利工程的修建会改变河流的自然形态，引起局部河段水流的水深、含沙量等的变化，进而影响河流上、下游的水文泥沙发生变化。水利水电工程建成后水体流速减小，不仅降低了水、气界面交换的速率和污染物的迁移扩散能力，使水体自净能力下降，而且也会使沉降作用加强，造成水体重金属沉降加速，导致水质重金属污染严重。水库下泄低温水和下泄水气体过饱和都会对水体中的鱼类造成危害。水质的变化将直接或间接对水生生物产生影响。

② 对陆生生物的影响。

a．生境破坏和片段化对生态系统稳定性的影响。

在地形较复杂的山区，生物多样性丰富，水库淹没使库区大量的植物生境丧失，造成物种居群数量减少。水库蓄水形成库汊后，使森林的生境遭受破坏和形成片段，原有的森林群落被人为分割，造成生境的丧失和生境片段化使植物群落的结构发生变化，并对群落内物种的散布和移居产生直接的障碍。

b．水库气候效应对植物分布的影响。

水库蓄水、水域面积增加，热容量相应增大，年温差有所减少，无霜期延长，这些自然条件的变化所形成的局部小气候将对植被产生影响。

c．生境丧失对动物的影响。

建库后，河岸边、河谷地带原有的野生动物生境被淹没，将使陆生动物的栖息地相对缩小。另外，水库蓄水也将影响部分动物的取食或迁徙通道被切断，影响其生存环境。

d. 水域景观的变化对湿地动物的影响。

由于水位的上升和水域面积的扩大，为静水型两栖动物提供了适宜的生活环境；同时，岸边生境的改变对适应这一区域的动物摄食有利，有可能增加该区域动物物种的种类和数量，进而增加鹭科等水禽的食物来源，其种类和数量也可能增加。

2）防治措施

针对水利水电工程营运期生态环境影响，常见的环境保护措施有：① 在水电开发规划时必须优先考虑流域生态保护的需求，充分保障生态用水，满足生物生存空间和通道等的要求，减少占用天然河道的长度。根据不同珍稀生物的生活习性以及人文自然景观特征，保留充足和必要的天然河段。根据区域能源供给需求程度和生态环境的敏感程度，明确各水电梯级开发的先后顺序。② 优化水库运行调度，为在水库的坝下段流水中繁殖的鱼类提供涨水条件，避免因水库蓄洪而使鱼类难以繁殖的情况出现。③ 实施下泄生态流量措施和鱼类增殖放流措施。④ 切实贯彻执行《渔业法》，在库区及上下游河段划定禁渔期和禁渔区，严格执行禁渔期，各河段根据重要经济鱼类繁殖时期，制定相应的禁渔期。⑤ 对施工区内的珍稀植物移栽保护，对受影响的珍稀动物进行迁移或修建保护措施就地保护。⑥ 加强工程区域和水域的管理，有条件的地区设立保护区域。

3．环境空气影响和环境保护措施

（1）主要的环境空气影响

水利水电工程建设对环境空气的影响主要集中在工程施工期。

工程施工期的大气污染主要来自施工开挖、爆破以及钻进支护过程中的作业粉尘；砂石料破碎、筛分过程中产生的粉尘以及公路运输产生的粉尘、扬尘、一氧化碳、THC、二氧化氮、铅化物，施工工地装卸、堆放材料及施工过程中引起的风扬灰尘等。这些粉尘和有害气体不仅大大增加大气浮尘含量和有害成分，严重影响施工作业人员和当地居民的生活及环境卫生，甚至可能给附近农业生产带来不良影响。

（2）常用的环境空气保护措施

为了减免工程施工对空气环境的污染，应因地制宜，优化施工布置规划，合理选用工艺和设备；根据有关排放标准，采取措施消烟除尘，控制污染源，减少排放量；材料堆放应采取必要遮盖或挡风措施；组织好材料和土方运输；材料运输宜采用封闭性较好的自卸车运输或采取覆盖措施；对施工场地、材料运输及进出料场的道路应经常洒水降尘；施工机械车辆尾气排放符合相关标准，各种燃油机械必须装置消烟除尘设备；砂石料加工及拌和工序必须采取防尘除尘措施；严禁在施工区焚烧可能产生有毒有害或恶臭气体的物质；加强施工机械、车辆的管理和维修保养，防止汽油、柴油、机油的泄漏，减少有毒、有害气体的排放量；加强洞室通风散烟，做好通风设备运行管理；督促承包商利用粉尘监测仪器对重点区域进行监控，根据监控结果采取相应的粉尘削减措施；加强尘源点施工作业人员人群健康保护，发放并督促作业人员佩戴劳动保护装备。

4. 声环境影响和环境保护措施

（1）主要的声环境影响

水利水电工程对声环境的影响主要集中在施工期。

水利水电工程施工区噪声主要来源于固定、连续式的钻孔和机械设备产生的噪声；短时、定时的爆破噪声；移动的交通噪声。声级较高的噪声源主要分布于大坝基坑、导流明渠和地下厂房尾水渠施工区。

（2）常用的声环境保护措施

常用的噪声控制措施主要有合理布置施工场地，实行施工区与居住区分离，尽量利用地形降噪；选取低噪声设备和工艺；采取减噪降振措施，设置隔音设施，对影响大的噪声源进行防护；加强设备及车辆的维修保养，保持机械润滑，减少运行噪声；安装隔声墙（窗）、设置限速禁鸣标志等措施；在高噪声施工区严格要求佩戴防噪耳塞等劳保用品。合理选择和调整施工时间和机械配置，尽可能在白天进行施工，严禁夜间爆破和大规模施工活动，减少和避免噪声扰民，保证施工的顺利进行和周边居民的正常生活。

5. 固体废物影响和环境保护措施

（1）固体废物的主要影响

水利水电工程建设过程中产生的固体废弃物主要包括弃渣、建筑垃圾和生活垃圾，其中建筑垃圾有砂石土料、水泥块以及施工生产废水处理的废渣，还有来自施工现场的土石粉粒、粉煤灰、石灰、水泥等粉状建筑材料以及生产废水经处理后的悬浮物等。这些无机固体废物若散失在施工区周围，将造成土壤污染。即使运至指定的渣场，如不采取合理的拦挡措施，也可能顺地面径流进入河流中，污染土壤和河水。

在施工中，每天都要产生一定量的建筑垃圾及生活垃圾，这些废物总量虽然不多，但如不及时处理，可能会滋生老鼠、苍蝇或发生霉烂，散发出腐臭味，并造成土壤及环境污染。部分规模大、工期长的水利水电工程还新建有现场医疗机构，医疗废弃物若处理不当，也会造成水体及土壤污染，并存在人群健康隐患。

（2）常用的固体废弃物处理措施

施工弃土弃渣应按照批准的弃渣规划有序地堆放和利用，在施工期间可结合场平、修路等利用弃渣，禁止任意倾倒。弃渣场须先于堆渣施工前采取满足经济技术和安全要求的防护和排水措施，并在堆渣结束后结合后期利用要求进行渣顶和坡面绿化；防止废弃物中有毒有害成分污染水体；尽可能防止运输车辆将砂石、混凝土、石渣等撒落在施工道路及工区场地上，安排专人及时进行清扫。

施工人员的生活垃圾应设立垃圾桶、垃圾斗和垃圾站实行集中收集，并根据可否回收利用进行分类袋装，可利用部分应进行回收利用，不可利用部分应及时清运至施工区周围较近的城镇垃圾处理场或自建的垃圾卫生填埋场和焚烧场进行处理。对于含油废物和医用废物等危险废物，应集中收集，定期交由有资质的单位专门处理。

6. 人群健康影响和环境保护措施

施工区生活环境相对集中，人员复杂，流动性大，容易传播流行性传染病、地方病、自然疫源性疾病等。

人群健康保护措施主要包括饮用水源保护、卫生清理与检疫防疫、食堂卫生管理、疾病预防与控制、水利血防工程等。

7. 社会环境影响和相应环境保护措施

水利水电工程的“三通一平”工程建设可改善当地交通、通信、能源等基础设施水平，同时大量施工人员的进入不仅带动当地的服务业和经济发展，也将一些信息和技术在当地进行了传播和发展。

另外，水库淹没土地及移民安置对地区自然和社会环境也将造成较大影响，需要采取全面统筹的方式进行缓解和解决。

部分工程占压或邻近文物、古迹保护单位，工程施工可能对其产生不良影响，在工程开工前应进行全面的文物古迹调查，根据调查结果划定保护区域，严禁越界施工。在施工过程中，发现文物（或疑似文物）时，应立即停止施工，采取合理的保护措施，防止移动或破坏，同时将情况立即通知业主和文物主管部门进行鉴定，保护好文物。

第三节　水利水电工程环境监理工作特点

（1）专业面宽

水利水电工程施工期环境监理是以工程环境影响报告书及审查批复文件提出的环境保护措施和要求为主要工作依据，针对水环境、大气环境、声环境、固体废物、水土保持、生态保护、人群健康、环境监测等环境保护措施开展监理与管理，涉及自然环境和社会环境的多个方面，专业领域广、专业面宽。

（2）政策性强

水利水电项目从规划、设计、建设过程、竣工验收、后评价等方面，都有详尽的环境保护法律法规、规章制度、技术标准的规定和约束，因此环境监理的工作，不仅是按设计文件和合同文件开展工作，也是在政策性、法规性极强的约束条件下的工作。

（3）工作范围大

多数水利水电站工程规模巨大，施工分标较多，相应有若干施工单位和建设监理单位，但环境监理往往只有一家单位。环境监理面临的工作地理范围包括整个施工区及施工可能影响的区域，是工程建设所有监理单位中管辖范围最大的单位。

（4）服务对象及外部接口多

水利水电站工程具有工程量和投资巨大，专业划分细，施工分标较多等特点，决定了环境监理具有监理服务对象多、外部接口多的特点，也正因为如此，环境监理工作量大、工作难度大。

第四节　水利水电工程环境保护管理体系

依据当前国内水利水电工程施工期普遍采用的环境管理和监理服务管理模式，可将工程环境保护管理体系划分为外部监管体系、业主决策及管理体系、执行体系等三大体系。构成情况见图 3-1。

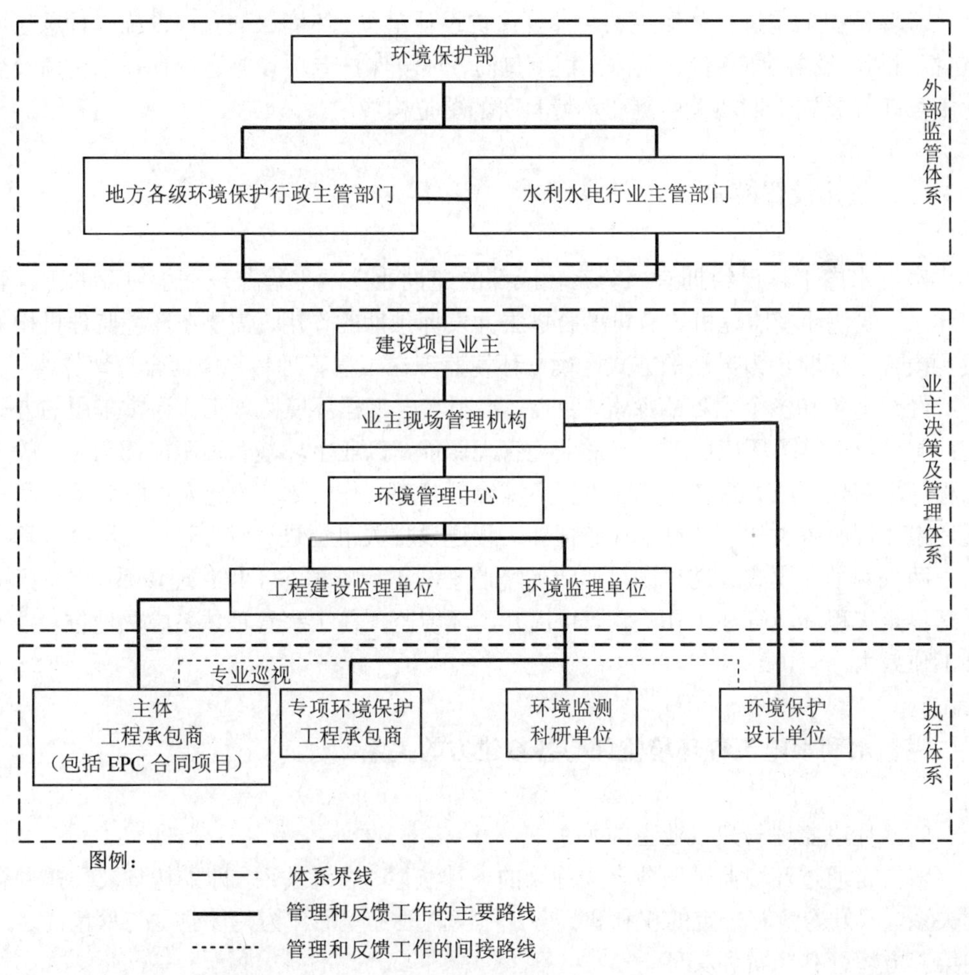

图 3-1　水利水电工程施工期环境保护管理体系

一、管理体系构成

（1）外部监管体系

外部监管体系由行政监督和行业监管组成。行政监督包括环境保护部以及地方各级环境保护行政主管部门，行业监管部门为水利水电行业的主管机构。

（2）业主决策及管理体系

工程项目业主环境保护决策及管理体系由建设项目业主（总部）、业主现场管理机构、业主环境保护职能部门、环境监理单位和工程建设监理单位构成。

（3）环境保护工作执行体系

环境保护工作执行体系主要由环境保护设计单位、环境保护专项设施工程承包商（包括材料、设备供应商）、主体工程承包商、环境保护专项设施运行管理承包商及受业主委托开展施工期环境监测和环境科研的单位构成。

二、机构设置模式

水利水电工程已经拥有一套比较成熟的建设业主—工程监理—承包商的工程管理体系，要使环境监理机构有机融合进去并发挥预期的作用，需要在环境监理机构的设置模式上采取较为灵活的方式，确立环境监理在工程管理体系中的合理地位。

经过多年和多个项目的探索，目前，水利水电工程环境监理工作通常采用的方式是：建设业主赋予环境监理一定的业主管理职能，以业主环境管理职能部门（一般为工程环境管理中心）的名义开展工程环境综合管理工作，环境监理人员既对承包商开展环境监理服务工作，又对工程监理和工程建设相关单位进行综合管理，即“一套人马、两块牌子”模式。这样既可厘清环境监理与工程监理在工程管理体系中的关系，合理界定工程环境管理工作流程，也提升了环境监理在工程管理体系中的地位，强化其工作效力。

三、水利水电工程环境监理与各参建方的关系

（1）环境监理与建设业主的关系

双方是通过环境监理服务合同确立的一种法律、经济关系，即委托与被委托的合同关系，双方均负有一定的权利和义务。环境监理工程师作为建设业主与承包商之外的第三方履行其职责和义务。

（2）环境监理与承包商的关系

双方是监理与被监理的关系，不存在任何合同关系和经济关系。环境监理工程师

依据业主与承包商签订的工程承包合同，履行业主赋予的职责和权限，一方面监督承包商严格履行合同，另一方面维护承包商的合法权益。

（3）环境监理与工程监理的关系

双方是相互配合、互为补充的关系。双方的工作界面界定及工作开展方式由项目业主结合自身管理模式制定的相关规则加以确定。

（4）环境监理与环境监测单位的关系

双方是监理与被监理的关系，不存在任何合同关系和经济关系，环境监理工程师依据业主与监测单位签订的监测服务合同，履行业主赋予的职责和权限，一方面监督监测单位严格履行合同，另一方面维护监测单位的合法权益。

（5）环境监理与环境保护设计单位的关系

双方是协作、配合的关系，环境监理单位核发环境保护专项工程施工设计文件，并对设计提出优化建议，在发包人授权的范围内，协调处理环境保护专项工程建设过程中有关设计的事宜。

第五节　水利水电工程环境保护项目分类

水利水电工程环境保护措施项目多、涉及专业广，既有专项环境保护设施，也有必须在施工过程中实施的环境保护措施，还有科研项目、环境监测项目以及综合管理类的工作项目。为便于管理和通过管理有利于各项环境保护措施的有效落实，水利水电工程的环境保护项目常划分为3类。

（1）第一类项目

指主体工程中具有环境保护和水土保持功能的项目，及主体工程施工过程中应采取的预防和控制环境影响的措施，包括各主体工程标内的废水处理措施、弃渣处置措施、环境空气保护、声环境保护、生活垃圾处理、人群健康保护、文物古迹保护等。此类项目通常伴随主体施工项目一并实施，不具备独立成标的条件。

（2）第二类项目

可以单独成标和发包的环境保护专项设施建设、环境监测项目和研究项目。包括环境保护专项工程的建设、环境监测和生态监测、环境保护研究课题等。

专项环境保护项目，也可称环境保护专业项目，如生活污水处理工程、生产废水处理工程、生活垃圾处理工程、景观及绿化工程等。工程建设可以独立成标是此类项目的突出特点。

（3）第三类项目

已建成的环境保护专项设施运行维护类项目以及环境保护综合管理类项目、对内对外的关系协调等。对外，与政府相关主管部门沟通、协调及办理相关手续；对内，各参建单位环境保护事务的管理和工作协调。

第六节 水利水电工程环境保护审核要点

一、设计文件审核要点

（1）参与设计文件审查，如招标设计文件、施工方案审查，重点审查环境保护相关条款。

（2）参与招投标工作，审查招投标文件是否满足现行环保要求，检查督促施工方建立健全环境管理体系和环境管理制度。

（3）审核施工组织设计中环境保护措施或环境保护工程的施工工艺、材料以及施工进度安排等内容。

（4）审核工程和环境保护措施变更情况，提出意见与优化建议，涉及重大变更的，应提醒业主履行相关审批或报备手续。

二、施工期环境监理要点

1．水环境保护项目环境监理要点

（1）废（污）水处理设施的型式、位置、处理工艺、处理能力等是否满足环境影响评价文件和设计文件要求。

（2）废（污）水处理设施是否与营地“同时设计、同时施工、同时投产使用”。

（3）废（污）水处理系统的运行维护管理制度是否完善，如人员配备和职责分工、运行管理制度、运行记录、出水水质日常检测等。

（4）废（污）水的产生量和处理量、处理后污水的去向。针对污水为外排或回用方式，进行出水水质监测，定期或不定期监测其出水水质是否满足相应的排放标准要求。

（5）调节池、沉淀池、消化池等设备污泥和隔池中浮油的清理、处置情况，包括处置工艺（人工还是机械）、清理频次、处理量以及污泥、浮油处理后的去向等。

（6）废（污）水处理设备的运行维护情况。

2．环境空气保护项目环境监理要点

（1）砂石料生产工艺（主要包括干法生产和湿法生产，干法生产扬尘产生量较大）、所采取的除尘（降尘）措施及效果。

（2）施工作业面采取的相关降尘措施（包括是否按要求采用湿法爆破，洒水设备的配备情况、洒水时间和频次）及效果。

（3）路面降尘措施（包括洒水车等相关洒水设备的配备情况、洒水时间和频次、道路维护情况等）及效果。

（4）施工车辆离开施工区时是否经清洗，运送石灰、粉煤灰等物资的车辆是否采用了密封罐运输，周边环境空气敏感点是否设置了限速标志，敏感点环境空气质量是否达标等。

（5）关注洞室扬尘控制措施（包括洞室抽排风措施实施情况）及效果。

3．声环境保护项目环境监理要点

（1）环境影响评价文件要求的噪声控制措施的落实情况，包括强噪声的施工设备在选址时是否避开了周边的敏感目标；周围有敏感目标的施工场地周围是否设置了隔声、降噪设施，其型式、位置、材料等是否满足环境影响评价文件及其批复和设计文件要求；隔声、降噪设施是否与生产设备“同时设计、同时施工、同时投产使用”；隔声、降噪设施的维护管理制度是否完善；施工人员的耳塞、耳罩等个人防护措施的发放情况；夜间采取的施工控制等管理措施，采取措施后效果如何；施工区有无发生噪声扰民事件以及向环境保护行政主管部门投诉事件。

（2）环境影响评价文件中敏感点噪声控制措施的落实情况，包括隔声屏障、通风隔声窗等隔声降噪设施的型式、位置、材料和安装质量等；进度是否与施工生产设备“同时设计、同时施工、同时投产使用”；隔声、降噪设施的维护管理制度是否完善；禁鸣限速标志的设立情况；采取的车辆运行调度管理措施等；敏感点声环境是否达标（采取措施后）；有无发生噪声扰民事件以及向环境保护行政主管部门投诉事件。

4．生活垃圾处置项目环境监理要点

（1）垃圾收集点位布置是否合理，点位是否涵盖了施工区所有的垃圾产生部位，收集点是否定期采取了相关的杀菌灭鼠工作，措施效果如何。

（2）垃圾收运的记录情况，包括垃圾收集的点位、清运频次、时间和清运量。

（3）垃圾清运车是否进行定期清洗、消毒，垃圾车在清运过程中是否有垃圾洒落现象，是否及时有效采取了相关措施进行处理。

（4）核查生活垃圾的产生量和处理量，垃圾处置方式（包括分类、分拣措施）是否与环境影响报告书要求一致或是否满足环境保护要求。

（5）利用附近已有垃圾处置设施进行垃圾处理的工程，应核查有关合同，接收或处置记录，有无发生垃圾随意丢弃事件。

（6）对自建垃圾处置设施（包含垃圾卫生填埋场和垃圾焚烧场）进行垃圾处理的工程，应核查：① 垃圾处理设施的型式、位置、处理工艺、处理能力等是否满足环境影响评价文件和设计文件要求。② 垃圾处理设施是否与施工营地“同时设计、同时施工、同时投产使用”。③ 是否全部运至垃圾填埋场进行处理，有无发生垃圾随意洒漏现象。④ 垃圾处理设施的维护管理制度是否完善，运行单位是否定期检测垃圾填埋场防渗系统的完整性和渗滤液导排系统的有效性。⑤ 是否及时采取了防蚊蝇、灭鼠和除臭措施，垃圾填埋场渗滤液的处置情况及其渗漏液经处理后能否达标排放或满足相应的回用标准。⑥ 是否定期对渗滤液和恶臭等污染物进行监测。⑦ 有无发生恶臭扰民以及向环境保护行政主管部门投诉事件。

5．陆生生态保护项目环境监理要点

（1）是否存在超范围施工，施工区范围内是否存在洞挖改明挖等地表植被破坏或占压面积增加的情况。

（2）是否对珍稀植物或古大树采取了挂牌或围栏等植被保护措施，施工结束后施工迹地是否及时得到恢复，对受影响的古大树是否进行了移栽，效果如何。

（3）采取的野生动物、植物保护措施，特别是珍稀动植物保护措施及效果。

（4）采取的陆生生态修复措施，包括修复的位置、规模（面积）、修复所采取的措施（包括植物措施和工程措施）和相应工程量以及效果等。

（5）引水工程建设过程中还需关注工程施工对地下水和周边植物的影响。

6．生态恢复项目环境监理要点

（1）工程施工扰动面积是否超出本项目水土流失防治责任范围。

（2）弃渣是否运至指定的渣场进行堆放并按照“先挡后弃”的原则采取防护措施，有无发生随意弃渣事件，采取的水土保持措施是否与环境影响评价文件要求一致。

（3）土石料场、弃渣场是否采取了水土保持措施，挡渣、防护、排水设施是否符合要求，是否实施了植被恢复措施。

（4）边坡开挖有无造成大弃渣下江及边坡挂渣，是否采取相应的管理措施及工程措施。

（5）关注施工过程中设计、规划渣场周边环境尤其是房屋、耕地等敏感对象是否发生变化，进而影响规划渣场布置的合理性和防护措施的变化。

（6）是否按照环评文件要求和“三同时”原则，及时对具备绿化条件的区域进行了绿化，对外交通和场内永久性道路是否种植了行道树，临时性道路是否按要求进行绿化恢复或复垦。

7．水生生态环境项目环境监理要点

（1）是否按照环境影响文件的要求落实了水生生态保护措施和运行管理。

（2）采取的下泄生态流量措施，包括生态流量的下泄方式、下泄流量，下泄生态流量的运行调度和保障措施实施效果、质量、进度等情况。

（3）针对工程采取鱼类网捕过坝等措施，核查包括鱼类过坝的方式（人工捕捞过坝或者机械捕捞过坝）、捕捞过坝的鱼类种类和数量、捕捞过坝的季节和周期等是否满足环境影响评价文件要求。

（4）核查鱼类增殖站建设的场址、规模、建设和入运行时间等是否满足环评及其批复要求；鱼类放流对象、规格和数量，放流的时间、周期和地点等是否满足环境影响评价文件要求。

（5）工程采取的鱼类产卵场、索饵场、越冬场及洄游通道等鱼类栖息生境保护措施，是否满足环境影响评价文件要求，是否达到预期效果。

（6）关注环评报告中提出的水生生态替代生境或保护河段的相关保护、管理措施的落实情况。

（7）水库初期蓄水采取的减缓下游河道不利影响的措施，是否满足环境影响评价文件及其批复要求，是否达到预期效果。

8．环境监测项目环境监理要点

（1）水、气、声环境监测点位/断面、监测项目、采样及分析方法、监测时间和频次等相关技术要求是否满足环境影响报告书以及监测合同要求；若监测结果超标，是否对超标原因进行了分析说明。

（2）生态调查的范围、时间、方法、点位/断面、项目/因子等相关技术要求是否满足相关要求；当生态调查结论和环评阶段生态调查结论有较大差异时，是否阐述了原因并采取必要的补救措施。

（3）人群健康及其他环境监测工作的开展情况，复核实施情况是否满足环境影响报告书以及监测合同要求。

9．环境管理体系建设要点

工程环境管理是工程管理的重要组成部分，是工程环境保护措施有效实施的重要监管环节。水利水电工程环境管理的目的在于保证工程各项环境保护措施的顺利实施，使工程兴建对环境的不利影响得以减免，并保证工程地区环境保护工作的长期顺利进行，维护景观生态稳定性，保持工程地区生态环境的良性发展。

（1）实施环境管理的重要时段和主要内容

工程施工期是落实污染防治与环境保护“三同时”要求的关键阶段。在主体工程建设的同时，要落实环境影响评价和环境保护设计中确定的污染控制和不利环境影响减免措施。

为了做好建设期环境保护工作，要建立工程环境保护管理体系，制订工程建设期环境保护计划，在招标文件和承包合同中必须包含环境保护条款，并在工程施工中执行环境监理制度。

（2）参建单位在环境管理工作中的主要责任

建设业主是工程环境管理的主导单位，应成立环境保护管理机构，制定建设期环境保护实施规划和管理办法，组织、监督落实环境保护措施，负责协调工程建设内、外部关系。

建设监理和环境监理均承担相应的环境监理责任，是落实水利水电工程环境保护措施的重要管理环节，通过监理机构的控制、管理、协调和监督，为全面落实环境保护措施和要求并满足相应的环境质量要求提供保障。

施工单位作为环保工作的具体执行方应成立环境保护管理机构，制定环境保护实施规划，按照“三同时”要求落实各项环境保护措施等。

三、试运行期环境监理要点

1．水环境保护项目环境监理要点

（1）废（污）水处理系统的运行维护管理制度（如人员配备和职责分工、运行管理制度、运行记录等）。

（2）废（污）水的产生量和处理量、处理后污水的去向。对于污水采取处理后达标排放的项目，还需了解其出水水质是否满足相应的排放标准要求；对于不能外排的工程项目，应了解污水处理后去向、出水水质是否符合相应的回用要求。

（3）污水处理系统中的调节池、沉淀池、消化池等设备污泥和隔池中浮油的清理、处置情况，包括处置工艺（人工或者机械）、清理频次、处理量以及污泥、浮油处理后的去向等。

（4）废（污）水处理设备的运行维护情况。

（5）引水工程运行中还应关注影响河段内所涉及的用水设施和地下水取用设施的改造、补偿等措施的落实、维护情况。

2．环境空气和声环境保护项目环境监理要点

（1）针对仍在生产的砂石料加工系统等环境空气和声环境重点污染源，采取的隔声、封闭等防护措施的实施情况和效果。

（2）路面降尘措施（包括洒水车等相关洒水设备的配备情况、洒水时间和频次、道路维护情况等）及效果。

（3）施工区周边环境空气和声环境敏感点限速、禁鸣标志维护情况和执行情况，敏感点环境空气和声环境质量是否达标等。

（4）隔声屏障、通风隔声窗维护情况和运行效果。

3．生活垃圾处置项目环境监理要点

（1）垃圾收集点位布置是否合理，收集点是否定期采取了相关的杀菌灭鼠工作，防治蚊蝇、老鼠滋扰。

（2）垃圾收运的记录情况，包括垃圾收集的点位、清运频次、时间和清运量。

（3）垃圾清运车是否进行定期清洗、消毒，垃圾车在清运过程中是否有垃圾洒落现象、是否及时有效采取了相关措施进行处理。

（4）核查生活垃圾的产生量和处理量，垃圾处置方式是否与环境影响报告书要求一致或是否满足环境保护要求。

（5）利用附近已有垃圾填埋场处置垃圾，应核查有关合同、接收或处置记录，有无发生垃圾随意丢弃事件。

（6）对于工程新建垃圾卫生填埋场处置垃圾，应对按照设计文件相关规范要求对垃圾场建设过程、所用材料进行监督管理。

（7）在垃圾填埋场运行过程中应核查是否将施工区生活垃圾全部收运至垃圾填埋场进行处理，有无发生垃圾随意洒漏现象；运行单位是否按照卫生填埋的技术要求进行填埋作业（包括覆土、碾压等方面）；是否定期检测垃圾填埋场防渗系统的完整性和渗滤液导排系统的可靠性；是否及时采取了防蚊蝇、灭鼠和除臭措施，垃圾填埋场渗滤液的处置情况及其渗漏液经处理后能否达标排放或满足相应的回用标准；是否定期对场区恶臭和渗滤液等污染物进行监测等。

4．陆生生态环境项目环境监理要点

（1）施工区生态恢复和移栽的古大树木、珍稀植物生长情况。

（2）野生动物保护措施运行情况。

（3）工程施工扰动面积是否超出本项目水土流失防治责任范围。

（4）重点关注土石料场、弃渣场设置的挡渣、防护、排水设施等水土保持措施维护情况和运行效果。

（5）施工区绿化和景观措施的维护情况，对施工迹地的植被恢复情况及效果。

5．水生生态环境项目环境监理要点

（1）工程采取的鱼类产卵场、索饵场、越冬场及洄游通道等水生生物栖息生境保护措施及其效果。

（2）工程采取的鱼类网捕过坝措施，核查捕捞过坝的鱼类种类和数量、捕捞过坝的季节和周期等是否满足环境影响评价文件及其批复要求以及措施执行效果。

（3）工程采取的鱼类增殖放流措施的执行情况和效果，核查鱼类增殖放流的对象、规格和数量，放流的时间、周期和地点等是否满足环境影响评价文件及其批复要求。

（4）关注环评报告中提出的水生生态替代生境或保护河段的相关保护、管理措施的落实情况。

（5）生态流量泄放量和泄放过程以及泄放设施和在线监测等保证措施是否满足相关要求。

6．环境监测项目环境监理要点

（1）水、气、声环境监测点位/断面、监测项目、采样及分析方法、监测时间和频次等相关技术要求是否满足环境影响报告书以及监测合同要求；针对工程运行后部分影响源或敏感对象发生变化的工程，还应关注监测对象的合理性；对监测结果进行检查，若监测数据超标，是否对超标原因进行了分析说明并提出环境保护措施。

（2）生态调查的范围、时间、方法、点位/断面、项目/因子等相关技术要求是否满足相关调查技术规范、环境影响报告书以及生态调查合同要求；当生态调查结论和环评阶段生态调查结论有较大差异时，是否阐述了原因和采取相应的保护措施。

第七节 某水电工程环境监理实例

一、工程概况

某水电站开发任务以发电为主，同时改善通航条件，结合防洪和拦沙，兼顾灌溉，并具有为上游梯级电站进行反调节的作用。电站采用堤坝式开发，工程枢纽主要建筑物由挡水建筑物、泄洪排沙建筑物、左岸坝后引水发电系统、右岸地下引水发电系统、通航建筑物及灌溉取水口等组成。拦河大坝为混凝土重力坝，最大坝高 161 m。水库正常蓄水位相应库容 49.78 亿 m^3，调节库容 9.03 亿 m^3，具有季调节性能。电站装机容量 6 400 MW，多年平均发电量 307.47 亿 kWh。

该水电站施工场地采用两岸分 7 个区进行布置，分别为右岸料场区、渣场区、砂石料加工区和混凝土生产区；左岸渣场区、施工生产区和生活营地。施工区总占地面积 1 076.04 hm^2，其中工程永久占地 500.11 hm^2，临时占地 575.98 hm^2。

工程主要工程量及导流工程土石方明挖 2 844.1 万 m^3，石方洞挖 205.10 万 m^3，土石填筑 461.42 万 m^3，混凝土 1 357.44 万 m^3。施工期高峰期人数为 12 650 人。

工程于 2004 年 7 月开始前期筹建工作，2006 年 11 月 26 日主体工程正式开工，2008 年 12 月 28 日工程实现大江截流，计划 2012 年 8 月封堵导流底孔下闸蓄水，2012 年年底地下电厂首批 2 台机组发电。

二、环境监理范围和时段

监理工作范围：主要包括大坝枢纽工程区、对外交通区、料场和附属长距离胶带机输送线。具体是指各合同段承包商及其分包商的施工现场、生活营地、施工道路、业主办公区和业主营地、附属设施等区域以及上述范围内施工可能会对周边造成环境污染和生态破坏的区域。

监理工作时段：从筹建期到竣工验收结束的整个工程建设期，是环境监理的主要时段，包括筹建期、施工期和试运行期。

三、工程环境保护管理体系

该工程环境保护管理体系中，承担环境保护主要管理责任的是环境管理中心和环境监理单位。环境管理中心为业主环境保护管理机构，与环境监理合署办公，且主要工作人员均是环境监理人员，也就是“一班人马、两块牌子”的机构设置模式（具体管理体系见图 3-2)。环境监理的监理任务中，除专项工程建设监理以外均是环境保护综合管理工作，环境管理中心的工作任务本质上就是环境监理合同中的综合管理部分。从本工程 2005 年开展环境监理工作以来的多年实践来看，环境管理中心与环境监理采用一体设置的管理模式是可行和有效的。

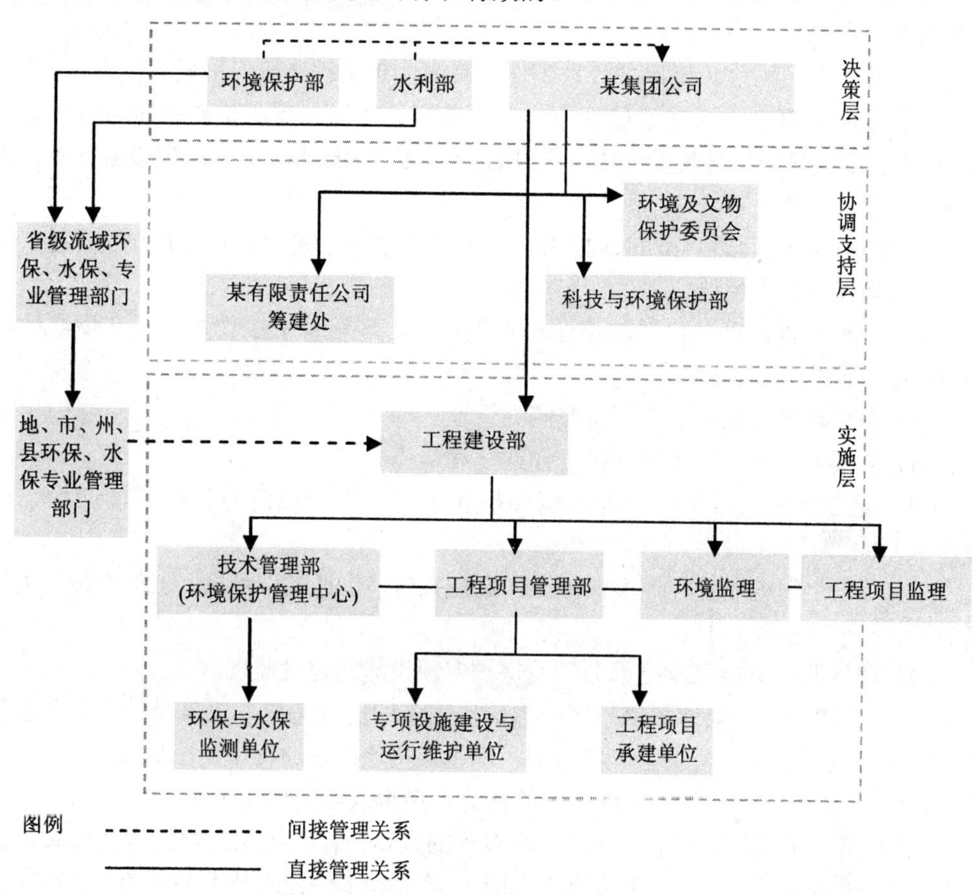

图 3-2　某水电项目环境监理管理体系

四、管理机构职责

在该水电工程环境管理体系中，业主现场管理机构及其下设的环境保护管理机构（环境管理中心)、环境监理单位、建设监理单位形成了该工程施工期环境管理的核心环节，建设期的环境管理通过该环节的运行而实现管理目标，环境管理中心承担向上级机构负责和沟通，及对环境监理单位和建设监理单位发送工作指令和工作协调的职责。

1. 环境管理中心与环境监理单位

环境管理中心是该水电工程环境保护工作的归口管理部门，与环境监理一体化开展工作。

（1）负责施工区环境保护措施落实的整体组织工作，承担工程环境保护总体协调管理责任。

（2）独立开展工程环境保护管理工作，负责制定工程环境保护规章制度。

（3）环境监理单位对建设监理单位工作范围内的环境保护措施落实情况进行检查，将发现的问题通过环境管理中心向建设监理提出整改要求，并由建设监理督促承包商落实整改措施。

通过与业主工程项目管理部门的配合，环境管理中心可对建设监理单位、施工单位提出环境保护工作建议或下达工作指令。

（4）审核建设监理单位的环境保护管理计划、环境保护工作报告及环境统计报表等。

（5）负责环境监测和水土保持监测的管理。

（6）开展施工区日常环境保护工作巡视和检查。

（7）配合业主上级部门以及环境保护和水行政主管部门的各类环境保护工作检查。

（8）负责组织编制工程环境保护工作定期报告，包括工作月报、工作季报、工作年报等。

（9）环境监理单位可承担部分环境保护专项设施的建设监理。

（10）组织开展环境保护“三同时”落实工作的检查考核，按照合同约定和工程环境保护管理制度，对施工区环境保护和水土保持违规违约行为提出处理建议。

（11）负责组织开展施工区排污费的核算、申报及相关协调工作。

（12）负责环境保护和水土保持对内对外的宣传工作，组织必要的普及教育，提高有关人员的环境保护意识；组织鉴定和推广环保和水保先进技术和经验，开展技术交流和研讨。

（13）负责组织或参与施工区环境影响事故的调查。

（14）参与合同项目验收工作，提出环境保护和水土保持验收意见。

（15）组织、协调参建单位开展工程截流前验收、蓄水前验收和竣工验收的环境保护和水土保持验收工作。

2. 工程监理单位

（1）工程监理单位是合同工程中环境保护与水土保持工作的直接管理单位。建设监理单位建立环境保护管理体系和环境保护管理制度，配备相应的专（兼）职环境保护监理人员。

（2）建设监理单位必须将施工项目环境保护措施内容纳入监理工作范围，并编制环境保护监理细则，实施全方位监理管理。

（3）对环境保护设施的施工质量、进度和投资等进行有效控制。

（4）审查施工单位提交的环境保护工作计划，并监督落实。

（5）实时向环境管理中心反馈环境保护措施落实情况以及环境影响问题。

（6）协助环境管理中心和环境监理开展施工区环境污染事故调查。

（7）按工程环境保护管理要求，对环境保护工作信息、资料进行规范管理。

（8）组织合同项目环境保护和水土保持验收。参与工程阶段验收和竣工验收中的环境保护与水土保持验收，并提交相应的监理资料和工作报告。

3．承包商

（1）承包商（包括施工、运行管理、监测、后勤服务等单位）是落实环境保护措施的责任单位，须按合同条款和设计文件要求实施各项环境保护措施。

（2）承包商须建立有效的环境保护管理体系和管理制度。

（3）按设计文件和合同要求全面实施环境保护与水土保持措施项目，并保证与合同主体项目同时施工、同时投入使用。

（4）制定环境保护专项设施的运行管理制度和技术要求，确保专项设施正常运行。

（5）按工程环境保护管理要求，编报环境保护信息文件和报告。

（6）参与合同项目验收、工程阶段验收和竣工验收的环境保护工作，并提交施工环境保护报告。

4．设计单位

设计单位应按合同要求，提供满足相关规程规范的设计成果，并跟踪设计成果的工程适用性，必要时对设计进行优化调整，为工程不利环境影响的有效控制提供技术保障。

五、环境保护项目分类、管理和监理职责及工作程序

1．项目分类

该工程环境监理进场初期即结合工程自身的具体情况，对工程各类监理项目进行了分类，划分情况见表3-2至表3-4。

表3-2　某水电工程第一类环境保护项目

序号	环境保护项目	监理责任单位	监督管理责任单位
1	各主体工程标中的环境保护措施项目	建设监理	环境监理、环境管理中心
1.1	导流及围堰工程环境保护措施	建设监理	环境监理、环境管理中心
1.2	厂房工程环境保护措施	建设监理	环境监理、环境管理中心
1.3	大坝工程环境保护措施	建设监理	环境监理、环境管理中心

序号	环境保护项目	监理责任单位	监督管理责任单位
1.4	坝肩开挖工程环境保护措施	建设监理	环境监理、环境管理中心
2	前期及辅助项目中的环境保护措施项目	建设监理	环境监理、环境管理中心
2.1	营地建设工程环境保护措施	建设监理	环境监理、环境管理中心
2.2	对外交通工程环境保护措施	建设监理	环境监理、环境管理中心
2.3	场平工程环境保护措施	建设监理	环境监理、环境管理中心
2.4	供用电工程环境保护措施	建设监理	环境监理、环境管理中心
2.5	供用水工程环境保护措施	建设监理	环境监理、环境管理中心
3	施工迹地恢复工程	建设监理	环境监理、环境管理中心

表 3-3 某水电工程第二类环境保护项目

序号	环境保护项目	监理责任单位	监督管理责任单位
1	生活垃圾处理工程的建设及设备安装	环境监理/建设监理	环境管理中心/环境监理
2	混凝土生产废水处理设施修建及设备安装	环境监理/建设监理	环境管理中心/环境监理
3	机械修配生产废水处理设施修建及设备安装	环境监理/建设监理	环境管理中心/环境监理
4	营地生活区生活污水处理设施修建及设备安装	环境监理/建设监理	环境管理中心/环境监理
5	渣场防护工程修建	环境监理/建设监理	环境管理中心/环境监理
6	陆生生态环境保护项目	环境监理	环境管理中心
6.1	生活营地植被恢复及景观工程	环境监理	环境管理中心
6.2	交通道路绿化工程	环境监理	环境管理中心
6.3	渣场绿化及复耕工程	环境监理	环境管理中心
6.4	仓库、加工场地等生产设施场地绿化工程	环境监理	环境管理中心
6.5	工程区及影响区生态警示牌设置	环境监理	环境管理中心
7	鱼类增殖站建设	环境监理	环境管理中心
8	环境监测	环境监理	环境管理中心
9	水土保持监测	环境监理	环境管理中心
10	人群健康监测	环境监理	环境管理中心
11	生态监测	环境监理	环境管理中心
12	应急监测	环境监理	环境管理中心
13	环境保护和水土保持研究项目	环境监理	环境管理中心

表 3-4 某水电工程第三类环境保护项目

序号	环境保护项目	监理/监督责任单位
1	砂石加工废水处理系统运行监理和管理	环境监理/环境管理中心
2	混凝土系统运行监理和管理	环境监理/环境管理中心
3	生活垃圾处理运行监理和管理	环境监理/环境管理中心
4	绿化工程运行监理和管理	环境监理/环境管理中心

序号	环境保护项目	监理/监督责任单位
5	机械修配生产废水处理设施运行监理和管理	环境监理/环境管理中心
6	营地生活区生活污水处理系统运行监理和管理	环境监理/环境管理中心
7	鱼类增殖站运行监理与管理	环境监理/环境管理中心
8	渣场运行监理和管理	环境监理/环境管理中心
9	施工人员饮用水水源地保护组织及管理	环境监理/环境管理中心
10	施工生活区旧址清理和消毒组织及管理	环境监理/环境管理中心
11	生活区传播媒介杀灭工作组织及管理	环境监理/环境管理中心
12	公共卫生设施建设管理	环境监理/环境管理中心
13	餐饮场所卫生清理和人员健康检查	环境监理/环境管理中心
14	施工区环境卫生管理	环境监理/环境管理中心
15	施工人员卫生检疫管理	环境监理/环境管理中心
16	对参建各方环境行为规范化管理	环境监理/环境管理中心
17	对内、外关系协调	环境监理/环境管理中心
18	施工区及对外交通工程区环保信息管理	环境监理/环境管理中心
19	环保宣传培训	环境监理/环境管理中心
20	其他环境保护项目运行期监理和管理	环境监理/环境管理中心
21	日常环境保护工作	环境监理/环境管理中心
21.1	编制环保水保月报、半年报、年报及不定期报告	环境监理/环境管理中心
21.2	环境保护专业技术支持	环境监理/环境管理中心
21.3	监测单位资质审核、监测方案审核及调整、监测成果审核及应用	环境监理/环境管理中心
21.4	施工区人群健康及环境卫生管理	环境监理/环境管理中心
21.5	协助组织专家组现场检查和调研	环境监理/环境管理中心
21.6	建立工程环境保护投资台账	环境监理/环境管理中心
21.7	环境保护资料综合管理	环境监理/环境管理中心
21.8	组织开展排污费内部审核、对外申报	环境监理/环境管理中心
22	对参建单位环境保护事务的管理	环境监理/环境管理中心
22.1	建设监理、承包商环境保护工作的监督管理	环境监理/环境管理中心
22.2	对建设监理环境保护工作的管理和考核	环境监理/环境管理中心

2. 职责划分

按照以上分类情况，环境管理中心具备对工程所有项目环境保护工作事宜的管理权；环境监理可独立承担部分第二类项目的监理工作，特别是其中的生态恢复类措施。环境管理中心和环境监理共同承担第三类项目的监理与管理工作，同时承担对第一类项目的监督、检查责任。

从工作程序的合理性出发，对于建设监理合同项目的环境保护工作，环境管理行文流程采取：环境监理指出问题并向环境管理中心提出处理建议→环境管理中心向建设监理下发工作联系单→建设监理向承包商下达工作指令。

（1）第一类项目的职责划分

项目实施过程中的环境保护措施项目，其监理责任主体为建设监理单位。环境监理单位和环境管理中心承担监督管理的责任。

环境监理单位参加第一类项目招标文件的审核、投标文件的审查等，招标文件包括施工招标文件和监理招标文件。

此类项目实施过程中，以环境监理或环境管理中心的身份审查土建（或机电）承包商编报的施工组织设计、施工工艺等涉及环境保护工作的内容，协助、指导土建（或机电）建设监理，要求施工单位严格按照设计要求、已审核施工方案实施各项环境保护措施。

环境监理单位参加项目的阶段验收和竣工验收以及各项目环境保护措施实施过程中的资料收集、积累及相关工作。

（2）第二类项目的职责划分

环境监理单位参与此类项目的招标工作，在项目施工过程中，对独立承担监理工作的项目进行全面监理。对建设监理承担监理工作的第二类项目，环境监理和环境管理中心对其进行监督管理，工作职责参照第一类项目。

（3）第三类项目的职责划分

环境管理中心和环境监理组织运行管理单位制定运行管理制度，制备运行报表，督促环境保护专项设施的运行维护工作。

环境监理对环境保护专项设施进行巡视检查，检验其运行效果，并对存在的问题提出处理意见，督促运行管理单位加强对专项设施的维护，确保各项设施正常发挥其功能，形成完善的运行管理资料库。

环境保护综合管理类项目，由环境监理单位承担监管责任。就工程建设环境保护与水土保持事务代表或协助业主与政府相关主管部门沟通、协调及办理相关手续，并代表业主承担对各承包商及其他参建单位环境保护与水土保持事务的管理职责。

3．工作程序划分

（1）第一类项目工作程序

① 项目招标前，审核招标文件中环境保护与水土保持的相关条款，提出审核意见和建议。

② 第一类项目实施的过程监理，由建设监理单位承担。第一类项目实施过程中，环境监理协助建设监理，审查土建（或机电）承包商报送的施工组织设计、施工工艺等涉及环境保护与水土保持的内容，协助、指导土建（或机电）建设监理，要求承包商落实环境保护“三同时”制度，严格按设计要求实施各项环境保护与水土保持措施。

③ 环境监理对施工工地进行环境保护日常巡查，对施工单位的环境保护措施落实情况、施工区及周边地区的环境状况、建设监理的现场监管情况等进行检查，就检查中发现的问题及时通知相关单位，并提出改进措施要求，跟踪、直至问题解决。

④ 环境监理参加第一类项目的各项验收工作。环境监理就第一类项目各项环境保护与水土保持措施的功能等能否满足合同和设计要求签署监理意见。

⑤ 资料管理工作。收集第一类项目各项环保水保措施实施过程中的设计文件、工程进度款资料、验收签证等相关资料，并建立统计台账，为工程环境保护与水土保持竣工验收打下基础。

（2）第二类项目工作程序

对于环境监理承担的第二类项目建设监理，其工作应遵循以下工作程序。

1）施工准备阶段

① 在设计图纸会审前，总监理工程师组织监理人员熟悉设计文件，并对图纸中存在的问题通过建设单位向设计单位提出书面意见和建议。

② 监理单位参加由建设单位组织的设计图纸会审会。总监理工程师对图纸会审会议纪要进行签认。

③ 工程项目开工前，总监理工程师组织专业监理工程师审查承包单位报送的施工组织设计（方案）报审表，提出审查意见，并经监理工程师审核、签认后报建设单位。

④ 工程项目开工前，总监理工程师审查承包单位现场项目管理机构的质量管理体系、技术管理体系和质量保证体系，确能保证工程项目施工质量时予以确认。对质量管理体系、技术管理体系和质量保证体系审核以下内容：a. 质量、技术、安全管理组织机构是否建立、健全；b. 质量、技术、安全管理制度是否建立、健全；c. 专职技术、管理人员和特种作业人员是否有资质证、上岗证，防止冒名顶替。

⑤ 针对工程分包，分包工程开工前，专业监理工程师审查承包单位报送的分包单位资格报审表和分包单位有关资质资料，符合有关规定后，由总监理工程师予以签认。对分包单位资格审核以下内容：a. 分包单位的营业执照、企业资质等级证书、特殊行业施工许可证；b. 分包单位的业绩；c. 拟分包工程的内容和范围；d. 专职管理人员和特种作业人员的资质证、上岗证。

⑥ 专业监理工程师按以下要求对承包单位报送的测量放线控制成果及保护措施进行检查，符合要求时，专业监理工程师对承包单位报送的测量放线控制成果报验申请表予以签认：a. 检查承包单位专职测量人员的岗位证书及测量设备检定证书；b. 复核控制桩的校核成果、控制桩的保护措施以及平面控制网、高程控制网和临时水准点的测量成果。

⑦ 专业监理工程师审查承包单位报送的工程开工报审表及相关资料，具备以下开工条件时，由监理工程师签发，并报建设单位：a. 施工组织设计已获总监理工程师批准；b. 承包单位现场管理人员已到位，机具、施工人员已进场，主要工程材料已落实。

⑧ 工程项目开工前，监理单位参加由建设单位主持召开的第一次工地会议。会议纪要由项目监理机构负责起草，并经与会各方代表会签。

⑨工地例会。在施工过程中，总监理工程师定期主持召开工地例会。会议纪要由

项目监理机构负责起草，并经与会各方代表会签。工地例会包括以下主要内容：a. 检查上次例会议定的事项的落实情况，分析未完事项原因；b. 检查分析工程项目进度计划完成情况，提出下一阶段进度目标；c. 检查分析工程项目质量状况，针对存在的质量问题提出改进措施；d. 检查工程量、核实工程款支付情况；e. 解决需要协调的有关事宜；f. 其他有关事宜。

⑩ 总监理工程师或专业监理工程师根据需要及时组织专题会议，解决施工过程中的各种专项问题。

2）施工过程控制程序

① 工程进度控制程序。项目监理机构按下列程序进行工程进度控制：

a．总监理工程师审批承包单位报送的施工总进度计划。

b．总监理工程师审批承包单位编制的年、季、月度施工季度计划。

c．专业监理工程师对进度计划实施情况检查、分析；当实际进度符合进度计划时，要求承包单位编制下一期进度计划；当实际进度滞后于计划进度时，专业监理工程师书面通知承包单位采取措施并监督实施。

d. 专业监理工程师依据施工合同有关条款、施工图及经过批准的施工组织设计制定进度控制方案，对进度目标进行风险分析，制定防范性对策，经总监理工程师审定后报送建设单位。

e．专业监理工程师检查进度计划的实施，并记录实际进度及其相关情况，当发现实际进度滞后于计划进度时，签发监理工程师通知单，指令承包单位采取调整措施。当实际进度严重滞后于计划进度时，报总监理工程师，由总监理工程师与建设单位商定采取进一步措施。

f. 总监理工程师在监理月报中向建设单位报告工程进度和所采取进度控制措施的执行情况，并提出合理预防由建设单位原因导致的工期延期及其相关费用索赔的建议。

② 施工质量控制程序。

a．在合同工程的监理服务中，监理人员对工程的施工作业进行全过程、全方位的监督、检查与控制。

b．在每个单项工作开始之前，监理单位审查承包商的开工申请报告，并对该项工程的施工计划、工作顺序安排和施工工艺进行审查，深入现场对人员和机械设备的配置、材料的准备情况及现场条件进行检查，满足条件的批准开工，不满足条件的提出改进措施并进行重新审查。

c．在施工过程中，监督施工单位加强内部质量管理，严格按照国家技术标准、技术规范规定和设计要求的工艺和技术要求进行施工。监理单位深入施工现场进行跟踪检查监督，发现问题及时要求施工单位纠正。在每道工序完成后，在施工单位自检合格后通知监理单位到场检查验收，监理单位在规定的时间内到现场进行检查验收，检查合格的签署确认意见；如果监理单位检查不合格，提出整改意见在施工单位完成后重新检查，直到合格为止。在上道工序没有检查合格之前，不得进行下一道工序的施工。

d. 在按工序施工过程中或在施工结束后，按国家技术标准、技术规范规定和设计要求进行质量检验。

e. 当某个单项工程所有的工序都完成并检查合格，其质量检验也合格，施工单位提交“交工申请报告”，并附上整理后的该单项工程的完工资料。监理单位对在完工资料进行审查合格后，向施工单位颁发“单项工程交工证书”。施工单位凭“单项工程交工证书”办理本单项工程的结算。

对于每个单项工程都采用同样的程序进行控制。

③ 施工安全、文明施工与施工环境保护。施工单位根据获得监理单位批准的施工安全管理体系及单项施工组织设计或专项施工组织设计中的施工安全管理措施进行施工。监理单位据此跟踪监督。

监理单位将按照施工合同文件的要求，监督施工单位改善施工现场或作业区域的环境，保持施工区域和营地区域的整洁有序，赏心悦目。

在整个合同工程的施工期间，监理单位将督促施工单位按照施工合同文件以及国家或地方有关环境管理和保护的法规条例，保护施工区域及其影响区域的环境，减免工程施工对环境的不利影响。

④ 合同支付与合同商务管理。

a. 按下列程序进行工程计量和工程款支付工作：承包单位统计经专业监理工程师质量验收合格的工程量，按施工合同的约定填报工程量清单和工程款支付申请表；专业监理工程师进行现场计量，按施工合同的约定审核工程量清单和工程款支付申请表，并报总监理工程师审定；总监理工程师签署工程款支付证书，并报建设单位。

b. 监理机构按下列程序进行竣工结算：承包单位按施工合同规定填报竣工结算报表；专业监理工程师审核承包单位报送的竣工结算报表；总监理工程师审定竣工结算报表，与建设单位、承包单位协商一致后，签发竣工结算文件和最终的工程款支付证书报建设单位。

c. 监理机构依据施工合同有关条款、施工图，对工程项目造价目标进行风险分析，并制定防范性对策。

d. 总监理工程师从造价、项目的功能要求、质量和工期等方面审查工程变更的方案，并在工程变更实施前与建设单位、承包单位协商确定工程变更的价款。

e. 项目监理机构按施工合同约定的工程量计算规则和支付条款进行工程量计量和工程款支付。

f. 专业监理工程师及时建立月工程量和月资金使用统计表，对实际完成工程量、资金使用量与计划完成工程量、资金计划量进行比较、分析，制定调整措施，并在监理月报中向建设单位报告。

g. 专业监理工程师及时收集、整理有关的施工和监理资料，为处理费用索赔提供依据。

h. 监理机构及时按施工合同的有关规定进行竣工结算，并对竣工结算的价款总额与建设单位和承包单位进行协商。

i. 未经监理人员质量验收合格的工程量，或不符合施工合同规定的工程量，监理人员拒绝计量和该部分的工程款支付申请。

（3）第三类项目工作程序

① 协助业主，制定、完善工程环境管理办法，以保证工程环境管理体系完备、运转正常。

② 严格按照环境影响报告书、水土保持方案报告书及其批复、设计的要求对工程环境保护与水土保持工作进行管理，督促环境保护、水土保持专项设施的运行维护。

③ 组织运行管理单位，制定针对性的运行管理制度、运行台账制度、运行信息管理制度等。使所有制度均有效运行，并通过实践逐步完善。

④ 对环境保护与水土保持专项设施进行密切的巡视检查，结合监测成果检验其运行效果，并对存在的问题提出处理意见和建议；督促运行单位加强对专项设施的维护，确保各项设施正常发挥其功能。

⑤ 采取管理措施预防各类污染事故的发生，要求各类污染物达标排放，加强废水的综合利用，工程区及其附近的水环境、环境空气和声环境质量达到环境功能区划要求的标准。对超标排放的情况提出整改措施要求，并跟踪落实。

⑥ 对破坏专项环保水保设施的事件进行调查，并提出处理意见，经业主批准后组织相关各方落实整改要求和措施。

⑦ 按照相关标准核算排污费，组织各相关单位如实填报排污及治理情况，审核后报送业主。就排污费的申报与缴纳事宜，在业主授权下与环境保护行政主管部门积极沟通与协调。

⑧ 组织或协助业主进行环境保护专项工程合同项目验收；积极配合工程环境保护及水土保持设施阶段验收和竣工验收。

六、管理制度建设

为加强该工程施工区环境保护管理，理顺参建各方之间在环境保护工作管理过程中的关系，明确各方的职责和权利，有效防治或减免施工活动所造成的环境污染与生态破坏，保障施工区人群健康，保护和创造良好的施工环境，依据国家相关法律法规、工程环境影响报告书以及相应的批复意见，结合该工程建设实际情况，制定《某工程环境保护管理办法》，并予以颁布。

根据《某工程环境保护管理办法》的要求，相继制定了《某工程环境保护管理办法实施细则》《某工程环境保护工作考核办法》《某工程环境保护工作奖惩细则》和《某工程环境保护工程验收管理办法》等制度，使环境保护管理制度化、规范化、长效化。

七、建设期主要环境保护措施

1. 废（污）水处理措施

（1）根据施工区地形条件，利用天然冲沟建成的水库进行自然沉淀，定期清除库内淤泥并采用自然堆置干化法处理，清水回用，实现废水“零排放”。

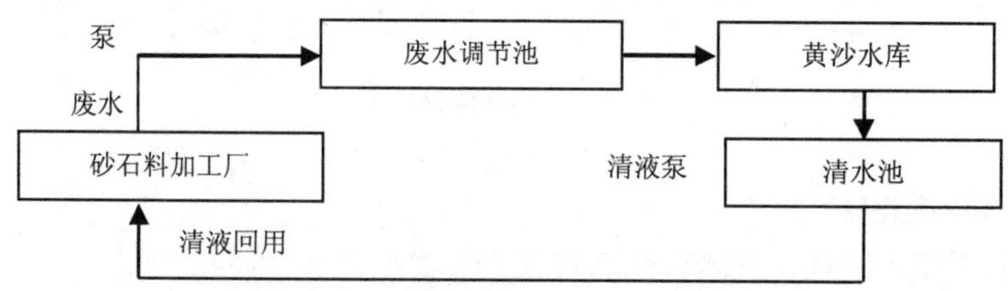

图 3-3 砂石料加工系统废水处理流程

（2）针对混凝土生产系统冲洗废水水量少、间断且短时间排放的特点，经方案比选，采用 DH 高效旋流净化器+真空脱水处理系统处理混凝土拌和楼冲洗废水。

图 3-4 DH 高效旋流净化器+真空脱水处理系统

（3）施工营地生活污水采用新建 5 000 t/d 生活污水处理厂处理后达标排放。

2. 空气污染控制措施

（1）砂石料加工采用湿法生产，并进行喷雾降尘，安装除尘器；混凝土拌和系统物料采用封闭式输送，安装收尘装置。

（2）钻孔、爆破和开挖采用湿法作业，干法作业的大型钻机安装收尘装置。

（3）场内道路和裸露面定时洒水降尘。

（4）道路混凝土硬化，局部路段设置减速坎。

图 3-5 湿法爆破作业

3．噪声控制措施

（1）利用施工区地形屏障合理规划施工布置。

（2）选用低噪声设备，对高噪声设备进行防护，在部分施工道路沿线建立隔声屏障。

（3）控制爆破单响药量，合理安排爆破和时间。

图 3-6 施工道路沿线隔声屏

4．水土保持和植被恢复

根据大坝永久建筑物占地、施工营地、施工道路、土石料场和弃渣场水土流失特点，采用护坡、挡墙和排水等工程措施和植树种草、恢复植被等植物措施相结合的水土保持措施。

为了恢复施工区植被，在公路两侧种植行道树，地面播撒草籽；生活办公用营地采用点、线、面相结合的方式，建立草坪，种植绿篱、花卉；因地制宜绿化各类边坡；大面积裸露面种植生态林；道路景观设计等。

图 3-7　网格护坡

5. 鱼类资源保护措施

（1）设立自然保护区。

（2）建设鱼类增殖放流站，每年放流鱼类苗种。

（3）开展鱼类保护监测和跟踪研究。

图 3-8　鱼类增殖放流站及鱼类放流仪式

6. 环境监测

包括地表水、生产废水、生活污水、环境空气、噪声、振动和水土保持监测。

7. 其他环境保护措施

主要有古大树移栽保护，生活垃圾收集、清运和处理，人群健康保护等措施。

八、案例点评

该水电站工程建设和管理实行“业主负责制、招标承包制、建设监理制、合同管理制”，环境保护工程纳入整个工程建设管理体系实行统一管理，把环境影响报告书中的环境保护措施纳入招标文件，分解到各个单项工程，列入合同总价与工程建设同步实施。建设期的环境监理为环境保护措施的落实提供了保障和进一步的技术支持。实现了生产废水循环利用、生活污水达标排放，粉尘、扬尘、噪声和振动得到有效控制，弃土弃渣妥善处置。按照报告书批文要求，鱼类增殖站在截流前建成并投入运行，施工区植被恢复良好，施工生活区已成为当地居民节假日休闲的好去处，基本实现了“建好一座电站、改善一片环境、带动一地经济、造福一方百姓”的建设目标。

实践证明，“一班人马、两块牌子”的业主管理与环境监理管理的一体化机构设置模式能最大限度推进环境监理和环境管理工作，且工作成效显著，能有效化解建设监理与环境监理之间在职责划分、权限划分等方面的矛盾，避免了环境监理与建设监理之间可能存在“监理单位”管理“监理单位”的尴尬局面。该模式赋予了环境监理较大的工作权限，能及时处理工程建设中的环境影响问题。

第八节 某水利工程施工环境监理

一、工程概况

某水利工程涉及多个省，主要包括重要堤防的堤身、堤基防渗工程、穿堤建筑物（涵闸）和护岸工程、长江干流重要河道控制工程、荆江分洪区南闸加固等36个项目。计划投资138.6亿元，施工工期4年。

该工程主要工程量为：防渗处理457 km，护岸523 km，重要穿堤建筑物9座，总计土方4 631万m^3，石方2 955万m^3，混凝土95万m^3，防渗墙529万m^2。工程项目分3个年度实施，1999—2000年度实施19个项目55个标段，2000—2001年度实施16个项目75个标段，2001—2002年度实施18个项目74个标段，2003年实施项目全部完成。

该工程的环境保护工作主要集中在施工期，包括水质保护、环境空气污染防治、噪声控制、人群健康保护（含公共卫生与防疫）、血吸虫病防护、珍稀水生动物保护、弃土处置、水土保持、施工迹地恢复与绿化、施工专业项目如征地与迁建安置、交通、通信项目中相关的环境保护工作。

二、环境监理特点与监理目标

1．环境监理特点

该工程环境监理与一般水利枢纽工程的环境监理不尽相同，其特点是：

（1）隐蔽工程施工战线长。分布在多省大江大河的干流及重要支流，仅干流总跨距就达 1 000 多 km。

（2）实施项目多、内容广。3 年共计 209 个单位工程，有各种工法建造的防渗墙工程、抛石护岸工程、涵闸加固改进工程等，不同的项目环境影响和环保措施不同。

（3）施工时间集中，监理工作投入大。除个别涵闸外，一般每个单位工程的施工期仅 4～6 个月，汛前必须完成；施工区多数在农村，交通不便等。

（4）生态环境要素多、专业性强。该工程施工环境影响涉及水环境、环境空气、噪声、水生生态、陆生生态，尤其是大多数地区是血吸虫疫区。

2．环境监理目标

环境监理通过对设计文件和施工承包合同中有关环保条款的履行情况进行现场监督检查，使各单位工程涉及的环境问题（或潜在的环境问题）能及时发现或防范，及时制止或得到妥善处理，从而促使工程建设符合环境保护法和有关的环境质量标准，满足工程竣工环境保护验收的有关要求，有效保证工程建设总目标的实现。

三、监理范围

（1）1999—2001 年两个年度的工程共 28 个项目 129 个标段的完工检查。

（2）2001—2002 年两个年度的工程共 20 个项目 74 个标段施工期环境监理工作。

四、监理机构和模式

根据环境监理合同中委托的监理工作范围、内容和堤防工程建设的实际情况，该重要堤防隐蔽工程设立一个环境监理站，实行环境总监负责制。环境监理站作为工程建设监理中心派驻现场的环境监理机构，全面负责组织实施工程建设的环境监理工作。环境监理站向各工程项目派驻环境监理工程师（具有水利工程监理工程师资质并从事环保专业的技术人员）或环境监理员。环境监理员在监理实施过程中发现问题，向环境监理站反映，由环境监理工程师提出处理意见，需发布的指令、通知、文件、报告等应通过各项目建设监理站转发到相应的施工单位，并抄报项目法人。

环境监理组织机构见图 3-9。

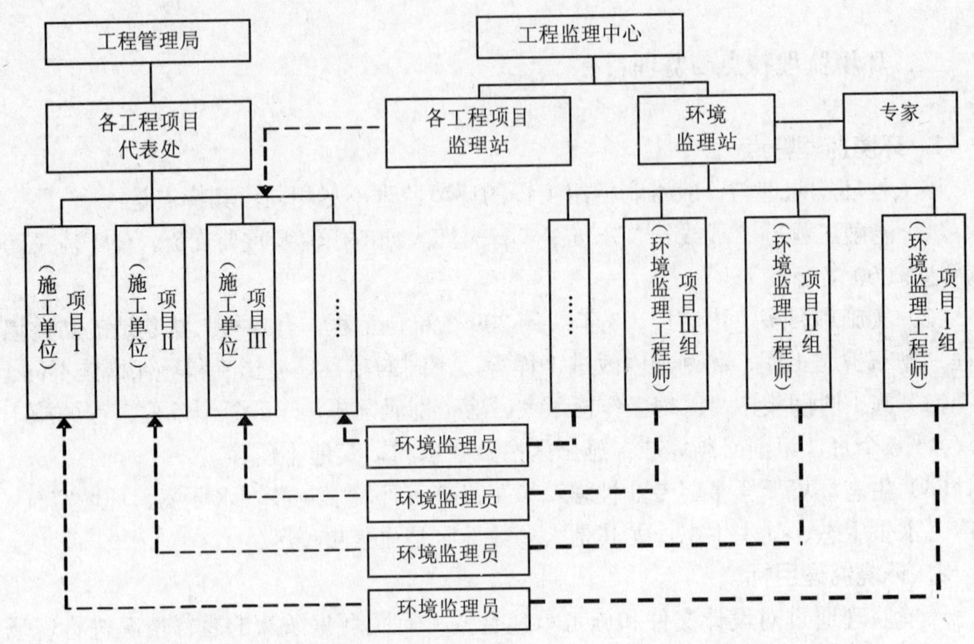

说明：实线为组织关系，虚线为监理与被监理关系。

图 3-9　某水利工程环境监理组织机构

五、监理方法

现场环境监理主要采取巡视检查的方式，并辅以一定的检测手段，对施工单位的环境保护进行跟踪检查和控制，作出定性和定量的评价。对施工区废水、废浆的排放、生活饮用水的水质保护、施工江段珍稀物种与重要渔业资源的保护、环境敏感点的空气、噪声污染控制等需采取重点检查，必要时采取抽样监测与分析。在发现重大环境问题时，施工单位对环境监理人员提出的整改要求或处理意见，执行不严或执行后不满足要求时，环境监理将责令施工单位及时整改或提出其他处理措施。

六、环境监理工作内容和职责

1. 施工准备监理

（1）组织工程环境监理交底会，向施工单位提出应特别注意的环境敏感因子和有关环境保护要求及环境监理的工作程序。

（2）在单位工程开工前，对施工单位报送的单位工程（施工标段）和分部工程施工组织计划中有关环境保护的内容进行审核，从环境保护的角度提出优化施工方案与方法的建议并签署意见，作为工程监理单位对施工组织计划审核意见的一部分。

（3）检查登记施工单位主要设备与工艺、材料的环境指标，按环保要求向施工单位提出使用操作要求。

（4）检查施工单位环境保护准备工作落实情况，包括营地水源卫生、排污与生活垃圾收集处理设施、血防措施及环境卫生清理与消毒情况；机修停放场排水系统及处理池；搅拌场与预制场地排污处理及防噪声措施；防渗工程制浆场防渗措施、导流设施、储浆池等。

2．施工过程监理

（1）检查施工单位环境保护管理机构的运行情况，要求承包商在施工过程中按已批准的施工组织设计中环境保护措施和有关审批意见文明施工，加强环境管理，做好施工过程中有关环境的原始资料收集、记录、整理和总结。

（2）检查施工过程中施工单位对承包合同中环境保护条款执行与环境保护措施落实情况，包括监督检查施工区生活饮用水质保护、施工江段珍稀物种与重要渔业资源保护、污水处置、空气污染控制、噪声污染控制、固体废弃物处理和卫生防疫、血吸虫病防治等方面，防止危害健康、破坏生态与污染环境；检查工程弃渣处理是否符合规定要求，防止阻碍河道行洪和造成的水土流失；检查施工现场环境卫生的维护与清理，要求施工单位及时清除不再需要的临时工程，经常保持现场整洁；检查工程占用土地的复耕和植被恢复措施的落实情况。

（3）主持召开工程区域范围内与环境保护有关的会议，对有关环境方面的意见进行汇总，审核施工单位提出的处理措施。

（4）针对环保的工作协调建设各方关系和调解有关环境问题的争议。

（5）对施工单位在施工过程中的环境保护实施情况，以环境监理月报等方式定期作出评价，并及时反馈给施工单位、工程监理、建设代表处和监理中心等有关单位。

（6）对施工单位的进度款支付，环境监理应签署对施工单位环境保护的评价意见，作为计量支付的依据之一。

（7）编写环境监理月报和工程环境监理报告。

3．工程验收监理

（1）审查施工单位报送的有关工程验收的环保资料。

（2）对工程区环境质量状况进行预检，主要通过感观和利用环境监测单位监测的资料与数据，进行检查，必要时，进行环境监理监测。

（3）现场监督检查施工单位对遗留环境问题的处理。

（4）对施工单位执行合同环境保护条款与落实各项环境保护措施的情况与效果

进行综合评估。

（5）整理验收所需的环境监理资料。

（6）参加工程验收，并签署环境监理意见。

七、案例点评

该工程是较早开展施工期环境监理的水利工程之一，对环境监理内容、方式、方法进行了有益的探讨。监理过程中，环境监理人员参加工地例会198次，现场巡视检查1 046次，发出监理文函34次、通知、指令295次，提交环境监理月报65份、环境监理工作报告100多份，为控制工程施工环境影响，落实环境影响评价文件中的环境保护措施起了保障作用。

第九节 水利水电工程相关法律法规及规程规范

（1）《关于加强大中型开发建设项目水土保持监理工作的通知》（水利部水保[2003]89号）。

（2）《水土保持生态建设工程监理管理暂行办法》（水利部 水建管[2003]79号）。

（3）《水利工程建设监理规定》（水利部令[2006]第28号）。

（4）《关于开展水利工程建设环境监理工作的通知》（水利部 水资源[2009]7号）。

第四章　煤炭行业环境监理要点分析

第一节　行业概况

一、行业定义

煤炭行业是指从事煤田地质勘探、设计、基本建设、生产、设备制造、采购销售以及其他与煤炭相关的科研、教育、检测鉴定等活动的统称。煤炭生产建设项目主要包括新建、扩建和技术改造项目，如井工开采的矿井及其配套选煤厂、露天开采的煤矿及其地面生产加工系统等以煤炭开采、加工利用为主的企业均为煤炭生产建设项目。本书所说的煤炭行业环境监理主要是指对煤炭生产建设项目的环境监理。

二、行业特点

煤炭资源是我国的第一能源，目前在我国的一次能源生产总量中，煤炭产量占70%以上。我国煤炭资源丰富，煤炭资源储量居世界前列，预计 2 000m 以浅煤炭资源总量约 5.57 万亿 t。国家发改委能源局发布的能源消费信息显示，我国原煤产量居世界之首。预计到 2020 年，我国煤炭生产规模将达到 35 亿～38 亿 t。我国煤炭资源分布地域广泛，主要分布于内蒙古、山西、陕西、宁夏、甘肃、河南、贵州、云南、四川等省区，具有“东少西多、南贫北丰、相对集中”的特点。煤炭资源的开发布局总体上划分为东部煤炭调入区、中部煤炭调运区、西部煤炭后备区 3 个区带及东北、华东、津京冀、中南、晋陕蒙、西南、新甘宁青区 7 个规划区。其中西北地区煤炭资源最为集中，东部、中部煤炭资源开发利用程度较高，形成了煤炭东耗西供、北煤南运的消费格局（见图 4-1）。

现阶段，我国煤炭行业的特点如下。

（1）煤炭行业极度分散，市场集中度低。虽经多年的关井压产和结构调整，我国目前仍有各类煤矿数万处，我国煤炭产业的市场集中度仅为 10%。

（2）煤炭开发的对象是自然的煤炭资源，我国优越的地理经济环境与丰富的煤炭资源的逆向分布，增大了煤炭开发的难度。

（3）煤炭是我国的主要能源，属大量消耗性的原材料，其开发规模还取决于外运能力，运输建设必须与煤炭开发同步进行。

（4）煤炭开发不可避免地带来对环境的污染和破坏，在开发过程中必须投入必要的资金，依靠技术进步，达到开发与环境保护相互协调发展。

（5）煤炭开发的环境及工作条件恶劣，尤其是井工开采受到水、火、瓦斯、粉尘及顶板等多种灾害的制约，因此对安全工作要在技术上、管理上严格要求。

（6）煤炭开发耗费资金多，风险大，建设周期长，回收资金慢，容易造成总量供求失衡，影响国民经济整体的发展。

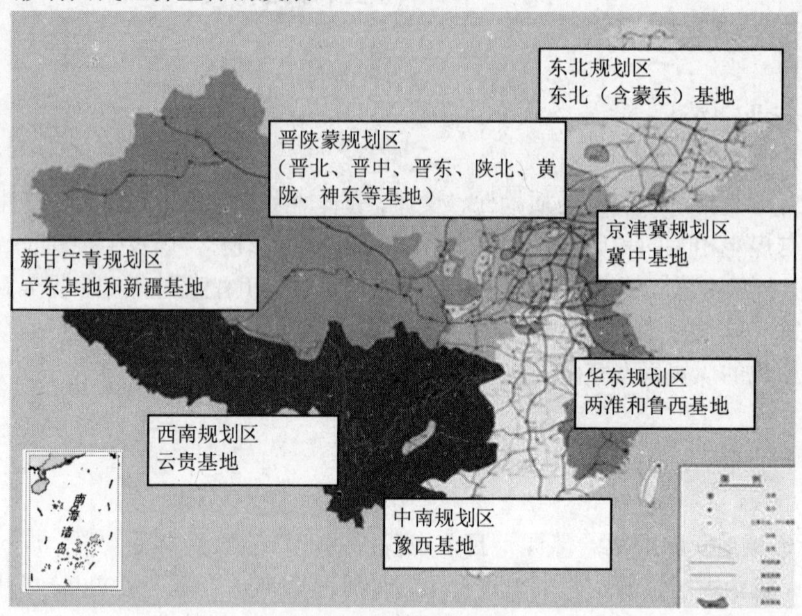

图 4-1　全国煤炭规划

三、行业分类

煤炭生产建设项目是以开采煤炭资源为主的资源型企业，主要分为井工开采和露天开采两大类。

1. 煤炭井工开采

（1）开拓方式及开采工艺

煤炭井工开采又称地下开采，是我国煤炭开采的主要形式。

井工开采的生产系统包括掘进系统、采煤系统、通风系统、排水系统、供电系统、辅助运输系统和安全系统。

煤矿井工开采的开拓方式一般分为斜井开拓、立井开拓、平硐开拓和联合开拓方式（斜立井联合开拓、斜井平硐联合开拓等），开拓时将全井田划分为若干个采区，并根据煤层赋存情况分为一个或数个开采水平，依次开拓全井田的煤炭资源。

煤矿井工开采的采煤方法分为旱采和水采两大类，我国的井工矿以旱采为主。旱采的方式分为壁式体系和柱式体系两大类，见图4-2。

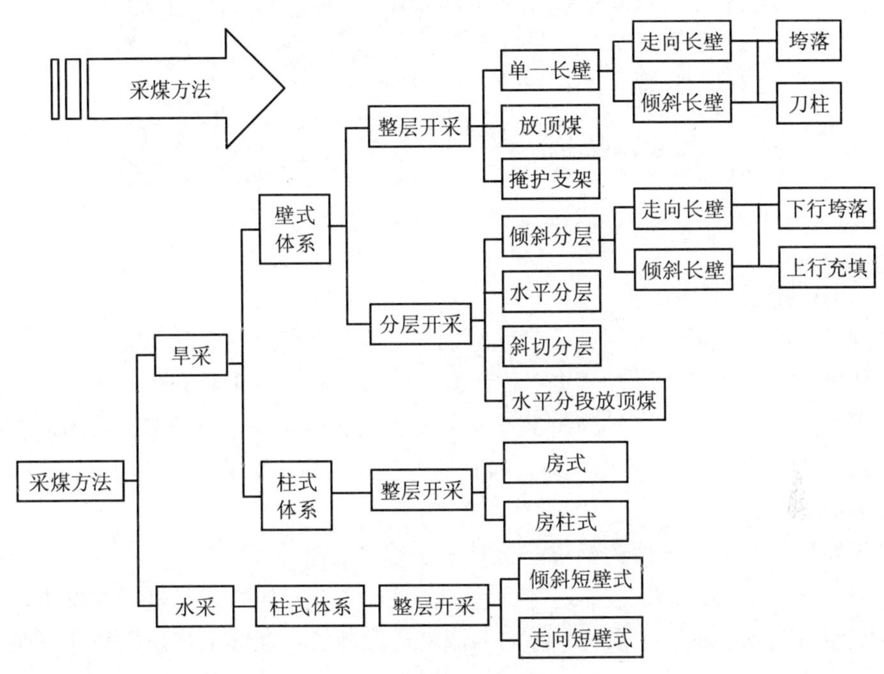

图4-2　井工开采的采煤方法

（2）井工矿主要建设内容及工程组成

一般井工矿的建设内容包括主体工程、辅助工程、公用工程、环保工程等。①主体工程——井巷工程（开拓巷道、风井巷道、硐室等）、工业场地（布置有主要生产区、辅助生产区、行政及生活设施区等）及地面生产系统（原煤的地面加工系统，如破碎筛分系统、地面拣矸系统或选煤厂等）。②辅助工程——包括机修车间、煤样室、化验室、坑木加工房、炸药库及原煤、产品煤、煤矸石储存设施和排矸场、进场道路、运矸道路等。③公用工程——包括矿井的通风系统、井下排水系统、给水系统、供电系统和供暖系统等。④环保工程——包括井下水处理工程、生活污水处理工程、锅炉及热风炉烟气净化工程、地面生产系统的防尘工程和排矸场或矸石临时周转场的防尘、防渗、防流失工程以及行政福利设施（包括办公楼、单身宿舍、食堂、浴室等）。

某建成后的大型井工矿井见图4-3。

图 4-3　山西晋城寺河矿井实景

2. 煤炭露天开采

当煤层埋藏较浅且呈水平或缓倾斜分布时，可以剥离煤层上部覆盖的表土层和岩石层，使其直接暴露出来进行开采，称为露天开采。露天开采具有生产效率高、安全性好、资源回收率高的优点。露天煤矿对煤炭资源赋存条件要求较高，我国适合露天开采的煤炭资源仅有 5%；美国、澳大利亚等先进煤炭生产国露天采煤比例超过 60%，甚至到 80%。

露天煤矿开采流程一般为穿爆—采装—运输—排土。

开采工艺主要有间断工艺、连续工艺和半连续工艺。间断工艺是指挖掘机—汽车—推土机组成的采、运、排系统，矿物的流动是间断的；连续工艺是指轮斗—带式输送机—排土机组成连续的采、运、排系统，矿物的流动是连续的；而半连续工艺则具以上二者兼有的特点。

露天煤矿的主要生产环节包括煤岩预先穿爆松碎、采装、运输、排土和卸煤。

辅助生产环节包括动力供应、疏干及防排水、设备维修、线路修筑、移设和维修、滑坡清理及防治等。图 4-4 是某露天煤矿实景。

图 4-4　某露天煤矿实景

露天煤矿主要由露天矿采运排工程、选煤厂主体工程、储装运系统、辅助生产系统和公用工程等部分组成。其主要生产系统包括土岩剥排系统、煤炭采装运系统、地面生产系统、疏排水系统和动力供应系统。

露天矿采运排工程主要包括采掘工程、排土场、地面运输系统。

选煤厂主体工程主要包括准备车间、分级车间、主厂房和浓缩车间。

储装运系统主要包括带式输送、煤矿工业场地对外联络道路、各类煤仓和矸石仓。

辅助生产系统包括设备维修、材料仓库、油库及加油站、爆破器材库等。

公用工程主要包括行政办公区、供、排水、供电、供风供热等。

3. 选煤厂

按照用户和市场要求的产品指标，对原煤进行洗选加工，生产出不同品种、规格的产品的过程称为选煤。根据煤与矿物杂质不同的粒度、密度、润湿性等物理、化学性质的差别采用物理分选、机械和物理分选、化学分选等方法。

选煤厂是原煤地面生产加工采取的主要形式，井工矿和露天矿一般均配套建设选煤厂。根据“关于发布《燃煤二氧化硫排放污染防治技术政策》的通知”（环发[2002]26号）中的规定，“除定点供应安装有脱硫设施并达到国家污染物排放标准的用户外，对新建硫分大于1.5%的煤矿，应配套建设煤炭洗选设施。对现有硫分大于2%的煤矿，应补建配套煤炭洗选设施”。

选煤厂按煤源及煤种的不同可分为炼焦煤选煤厂和动力煤选煤厂；按收纳煤源的不同可分为矿井型选煤厂（如井工矿或露天矿配套建设的选煤厂）、矿区型选煤厂；还有按用户要求建设的用户型选煤厂。

选煤方法分为干法选煤和湿法选煤两大类。干法选煤包括手选、风力摇床、风力跳汰、复合干法选煤、空气重介质选煤、选择性碎选等；湿法选煤包括重介质选煤、跳汰选煤、斜槽选煤、重介质旋流器选煤、螺旋滚筒选煤、螺旋选煤、浮选等。

独立的选煤厂工程建设内容包括主体工程（受煤系统、原煤筛破车间、主厂房等）、辅助工程（机修车间、车库等）、公用工程（供水、供电、供暖及行政福利设施）、环保工程以及储运工程（产品仓、矸石仓、排矸场等）。若是井工矿和露天矿的配套选煤厂，其进场道路、受煤系统、供水、供电、供暖及生活污水处理工程等均可依托井工矿及露天矿的主体工程。

四、技术装备水平

新中国成立以来，我国煤炭企业整体技术水平经历了一个逐渐发展提高的过程。在行业发展初期，煤炭工业走的是一条粗放发展的道路，煤炭行业的整体技术装备水平过低，而低技术水平的开采量过大，非机械化采煤约占65%，生产的集约化程度很低。进入21世纪后，煤炭行业科学技术发展迅猛，在煤炭行业大力开发和应用高新技术，成为改变落后现状、转变经济增长方式的必由之路。

目前，我国煤炭行业技术水平整体呈现参差不齐。与发达国家相比，行业内的部分大型企业已经具备国际先进技术水平，但中小型煤炭企业技术水平较低。根据煤炭“十一五”规划，大型煤矿采掘机械化程度达到95%以上，中型煤矿仅达到80%以上，小型煤矿机械化、半机械化程度达到40%，而美国、澳大利亚等主要产煤国采煤机械化程度则高达100%。我国尽管经过近20年的发展已实现了国产采煤装备的大型化、系统化、现代化，主要煤矿区已基本实现了综合机械化高效、安全生产，但从实践来看，国产综采装备在整体可靠性、自动化程度上还存在一定差距。

针对我国井工开采比例较大的煤炭资源开采条件，机械化程度相对较低，大部分煤矿仍存在用人多、效率低、事故率高、设备周转慢等问题，已成为制约我国煤炭生产发展的薄弱环节，亟待解决。

五、行业相关产业政策

我国煤炭行业处于小煤矿数量多、布局十分不合理、资源浪费和环境破坏严重、煤矿安全生产形势严峻的恶性循环之中。2007年11月29日，国家发改委正式公布了中国第一部《煤炭产业政策》。该政策的出台，对我国“深化煤炭企业改革，推进煤炭企业的股份制改造、兼并和重组，提高产业集中度，形成以大型煤炭企业集团为主、中小型煤矿协调发展的产业组织结构”发挥了重要作用。

针对煤炭行业的整合问题，《煤炭产业政策》中指出，在稳定东部地区煤炭生产规模，加强中部煤炭资源富集地区大型煤炭基地建设，加快西部地区煤炭资源勘察和适度开发的基础上，我国将建设神东、晋北、晋东、陕北、黄陇（华亭）、鲁西、两淮、河南、云贵、蒙东（东北）、宁东等13个大型煤炭基地，进一步提高煤炭持续、稳定的供给能力。

针对煤炭行业的准入门槛，《煤炭产业政策》中也明确指出，开办煤矿或者从事煤炭和煤层气资源勘察，从事煤矿建设项目设计、施工、监理、安全评价等，应当具备相应资质，并符合法律、法规规定的其他条件。煤炭资源回收率必须达到国家规定标准，安全、生产装备及环境保护措施必须符合法律法规的规定。

与此同时，针对不同地区资源禀赋条件不一还提出了具体不同的准入标准。具体规定为，山西、内蒙古、陕西等省（区）新建、改扩建矿井规模不低于每年120万t；重庆、四川、贵州、云南等省（市）新建、改扩建矿井规模不低于每年15万t；福建、江西、湖北、广西等省（区）新建、改扩建矿井规模不低于每年9万t；其他地区新建、改扩建矿井规模不低于每年30万t。“十一五”期间一律停止核准（审批）年产30万t以下的新建煤矿项目。

六、煤炭资源开发利用的主要环境影响

我国是世界第一产煤大国，也是煤炭消费的大国，煤炭的开发利用在为国民经济提供巨大能源保障的同时，煤炭资源的开采加工也对生态系统的平衡形成影响，制约经济社会的发展。

（1）按煤炭资源的开发布局情况，煤炭资源开发利用的环境影响的主要表现

① 东部煤炭调入区。该地区的环境特征是地形平坦开阔，地下潜水位较高，耕地面积广阔，村庄人口密集。该地区煤炭开采主要以井工开采为主，突出的环境问题是采煤形成大面积地表整体沉陷并形成积水区，使耕地丧失、水利设施破坏，粮食减产或绝产，村庄搬迁，人口迁移等。

② 中部煤炭调运区。该地区的环境特征表现为生态环境十分脆弱、水资源严重缺乏，属半干旱大陆性气候的黄土高原和毛乌素沙地的高原地貌，区内海拔较高，沟壑纵横、梁峁起伏，地形复杂，植被稀少、土地沙化、大气降雨量稀少、气候干旱，是我国水土流失最严重的地区。该区煤炭开采既有井工开采又有露天开采，带来的突出环境问题是地下水位下降、水源枯竭，造成当地人畜用水困难，加剧水土流失和土地荒漠化程度，使原本极其脆弱的生态环境进一步恶化。

③ 西部煤炭后备区。该地区的云贵基地以喀斯特地貌为主，气候温和湿润、降雨量充沛；甘肃、青海、新疆、宁东基地大部分位于荒漠草原地区，干旱、缺水，荒漠化趋势严重是该地区的主要环境特征。该区煤炭开采的环境影响主要表现为：云贵基地采空区易诱发山体滑坡、崩塌、泥石流等地质灾害，高硫煤的开采和燃煤引起的酸雨问题；新甘宁青基地的主要环境问题是地下水资源的破坏，水土流失和沙丘活化、荒漠化程度加重等。

（2）煤炭开采、加工和利用给环境带来的影响是多方面的，带有明显行业特点的环境影响的主要表现

① 煤炭直接燃烧。全国二氧化硫（SO_2）与烟尘排放量中烧煤排放分别占 90% 和 70%，由于二氧化硫排放的影响，我国西南和华南已出现大面积酸雨区，并有扩大趋势。此外，煤炭燃烧产生的二氧化碳对全球气候变暖也会产生影响。

② 矿区地表沉陷。地表沉陷是煤炭开采的主要环境问题。地下开采破坏了岩体内部原有的力学平衡，使岩体发生位移、变形，岩体的完整性受到破坏而引起地表沉陷。地表沉陷导致相应范围内地表铁路、公路、民居等建（构）筑物发生变形，甚至遭受严重破坏；使农田高低不平，灌溉设施失效，影响农业生产；改变水体形态，污染水源，严重时威胁井下生产和工人的安全。开采范围越大，开采层数越多，其影响后果也越严重。

③ 露天开采占地。煤矿露天开采的环境影响，主要是大量占用草场、农田等，

使地貌形态改变，造成植被破坏，影响生态平衡；同时，露天开采加剧了矿区土质的风化侵蚀。

④ 酸性矿井水。为了保证矿井正常生产，必须把井下涌水不断排到地表，形成所谓矿井水。矿井水中污染环境的物质是可溶性无机物（主要是酸性无机物）和悬浮物（主要是煤粒）。煤矿中含硫量较高时，矿井水的 pH 一般在 6 以下，通称为酸性矿井水。酸性矿井水除会腐蚀井下排水设备和铁轨外，排到地面后还会污染水源、土壤和农田，严重时还会危害到周边居民的身体健康。

⑤ 矿井瓦斯。瓦斯是在成煤过程中生成的天然气，主要成分为甲烷（约占 99%），同时含有少量乙、丙、丁烷和二氧化硫、一氧化碳、二氧化碳、硫化氢等气体。对于高瓦斯矿井在采煤之前要进行瓦斯抽放，以防发生事故。如抽出的瓦斯不加利用直接排放，不仅浪费大量能源，而且造成空气污染。

⑥ 煤炭的贮运。煤炭在贮存、运输过程中，如果设施不全或管理不善，在矿区、煤仓、码头、公（铁）路沿线及车站等造成煤炭自燃、流失，煤尘飞扬，既浪费了大量能源，又污染了大气和水域环境。据有关资料统计，我国铁路运煤漏损率达 3%～5%，水运损耗率高达 6%～7%。

⑦ 洗煤厂排放水。原煤洗选加工的脱泥、分选、煤泥浓缩和产品脱水等过程中会产生煤泥水，煤泥水的主要污染物是煤泥悬浮物，其他有害物质主要受选煤加工过程中添加物的影响，如浮选油、絮凝剂、磁性物等。若不进行治理，大量煤泥悬浮物流入水域，可能淤塞河道，遮蔽水底，妨害水中栖息的生物，乌黑的排放水也大大影响景观。

⑧ 煤矸石。在煤炭开发和洗选加工过程中要产生大量煤矸石，给环境带来的影响主要表现为侵占土地，影响生态平衡；矸石山崩落或排矸场溃坝造成环境风险事故；矸石堆自燃排放大量二氧化硫、一氧化碳和烟尘等有害物质污染大气层；高硫煤矸石的酸性水污染等。

⑨ 煤炭的焦化和气化。煤炭的焦化和气化是综合利用煤炭的重要途径。但焦化和气化却是污染比较严重的工艺，原煤气中除了含有芳香烃外，还含有硫化氢、氨、氰、焦油，酚等，如不回收，还会随着废水、废气而排入环境造成污染。

七、煤炭资源开发利用的环境保护

（1）煤炭行业环境保护工作的指导原则

环境保护工作的观念转变。近 30 年来，为加强煤炭行业的环境保护工作，在管理范围上，从以国有重点煤矿为主向煤炭全行业转变；在管理手段上，从过去的行政管理向依法监督、行业指导、技术和信息引导的综合服务转变；在工作重点上，从单一解决煤炭开发中的环境污染问题向解决污染问题与生态问题并重转变；在技术路线上，从末端治理、以污染物达标排放为主向过程控制、生态整治、资源综合利用方面转变，在经济政策上，从单纯依靠企业筹资转向国家、地方政府和企业共同出资综合治理。

（2）主要措施

根据国家节能减排的方针，结合煤炭行业开采特点，煤炭环境保护的主要措施可归纳为四大部分：一是对环境的污染物进行减量和治理；二是对地下煤炭开采所造成的沉陷土地进行恢复和治理；三是提高煤炭环保产业的发展力度；四是提高煤炭行业的清洁生产水平。

① 污染物治理。煤炭工业污染物治理主要从污染物达标排放、综合利用等几个方面进行控制。随着煤炭生产力的发展，在污染治理中以减量化和资源化为手段，使污染物治理产生经济和社会效益。针对煤炭工业生产过程中产生的矿井水、煤矸石、煤泥、瓦斯等废弃物采用综合利用措施，使其变废为宝，化害为利，实现矿区可持续发展。

② 沉陷土地综合整治与土地复垦。土地复垦方面，根据《关于促进煤炭工业健康发展的若干意见》（国发[2005]18 号）要求：按照"谁开发、谁保护，谁污染、谁治理，谁破坏、谁恢复"的原则，对煤炭开采中破坏的土地，结合当地土地利用规划，进行土地复垦治理，并根据国土资源部的有关要求，编制矿区土地复垦方案。

③ 提高煤炭环保产业的发展力度。煤炭环保产业化，主要是引导企业采用先进技术装备和工艺，对矿产资源、水资源、土地资源和伴生矿资源等进行综合开发，对矿井水、煤矸石、煤层气、沉陷土地等作为资源或生产资料进行加工利用，变废为宝，从而获得经济、社会和环境的综合效益。

④ 提高煤炭行业清洁生产水平。煤炭行业的清洁生产工艺是以循环经济理论为指导，积极发展煤矿污染物综合利用，对各类资源实行综合开发、深度加工、高效利用、多元发展，如新开工的煤炭建设项目，大都实行煤炭开发、洗选加工、煤矸石发电、发电灰渣生产建材等综合开发、配套的建设方针，最大限度地把开发出来的煤炭资源转化为财富。大多数改扩建和技术改造矿井也都实行煤、电、建、化等综合开发，充分利用煤矿"三废"延伸产业链。

第二节　工程分析及主要环境影响

通过环境影响评价文件了解主体工程建设地点、性质、内容及规模、产品方案、生产工艺、生产设备、劳动定员及工作计划等情况；了解给排水、供热、供电等公用工程情况；了解矿区总体布局、工业场地平面布置及周边敏感点分布情况。

一、工程分析

1．工程概况

（1）工程基本情况

主要内容包括工程名称、建设性质、地点、规模、项目组成（主体工程、辅助工程、公用工程、环保工程等）、是否有配套选煤厂工程、建设投资及环保投资等。

（2）地理位置及交通

主要包括井田（井工矿）、矿田（露天矿）位置，与附近主要城市的距离、地理坐标及行政区划隶属。工程的公路运输条件、铁路运输条件，相关交通位置图。

2．矿井（井工矿）、矿田（露天矿）概况

主要包括井田、矿田工程的境界、煤层及煤质、储量、开采技术条件和煤层开拓与开采以及煤矿年工作日数及作业制度、服务年限等情况。

3．地面生产系统

主要包括煤炭加工系统、储煤系统、排矸系统、运输和辅助设施等相关情况。

4．公用工程

按采暖季、非采暖季给出煤矿总用水量、水源工程及依托条件，主要包括煤矿用水量、排水系统、生活生产废水处理工艺及处理后回用情况、井工矿的井下水、露天矿的矿坑水正常及最大涌水量、处理工艺及处理后回用和排放情况，给出全矿水平衡图；煤矿供热总负荷及锅炉（热风炉）设置情况，燃料使用及锅炉烟气净化措施；煤矿电力总容量，电源及线路长度，动力用电、照明用电供给情况；煤矿通信系统设置情况等。

5．工业场地选址及总平面布置

（1）工业场地位置及周围环境概况、占地类型和数量，主要生产区、辅助生产区、行政及生活设施区总平面布置情况；工业场地主要技术经济指标，工业场地总平面图和矿井、矿田总体布设图。

（2）取弃土场、风井场地、炸药库、外排土场等场地位置及周围环境概况、占地类型和数量及场地平面布局图。

（3）场外道路及管线建设工程的情况。

（4）工业场地竖向布置、场内排水及防洪排涝情况。

二、主要环境影响及环境保护措施

1．施工期主要环境影响及环境保护措施

（1）施工期主要环境影响

煤矿施工期主要环境影响因素见表 4-1。

表 4-1　施工期主要环境影响因素

类别	污染因素
大气污染	施工场地、道路路基剥离表土后裸露地表在大风气象条件下的风蚀扬尘，施工队伍临时生活炉灶排放的烟气，建筑材料运输、装卸中的扬尘，土方运输车辆产生的扬尘，临时物料堆场产生的风蚀扬尘，混凝土搅拌站产生的水泥粉尘等；露天矿建设期拉沟扬尘、剥离土石向外排土场排弃扬尘
水污染	施工人员生活污水，配料溢流、建筑材料及设备冲洗等过程排放的污废水；井筒施工期间产生的少量地下涌水被引出地面。污废水中主要污染物为悬浮物、生化需氧量、化学需氧量等。露天矿采掘场土石剥离过程中疏干排水对地下水资源造成影响，并可能影响采掘场周围村庄居民饮用水水源
噪声污染	施工过程中的机械噪声与交通运输噪声、社会噪声等；露天矿建设期拉沟岩土爆破噪声影响
固体废物	地面建筑物施工过程中排放的地基开挖弃渣、建筑垃圾和少量生活垃圾；井巷工程的矸石排弃；露天矿剥离土石排弃
生态影响	工业场地、排矸场、露天矿外排土场、道路等永久占地、施工临时占地破坏植被，引起水土流失；工业场地平整及开挖对土地造成扰动影响；堆填土石方、取土石方等工程引起水土流失；输水、输电线路作业带等临时占地，破坏地表植被，改变土地的使用性能等，引起局部短期生态环境恶化

（2）施工期采取的主要环境保护措施

煤矿施工期采取的主要环境保护措施见表 4-2。

表 4-2　施工期主要环境保护措施

类别	环境保护措施
大气环境	合理安排施工工期，避免在大风天气施工；对施工现场及运输道路要及时清理，定时洒水，保持清洁和相对湿度；土石方挖掘完后，要及时回填，防止扬尘及水土流失；对堆放的建筑材料设置临时工棚并苫盖；施工队伍临时锅炉设置除尘器，保证锅炉烟气达标排放；运输车辆限速并不得超载，运输沙石、水泥等散装物料的车辆必须加盖篷布，防止物料在运输过程中抛洒，减少道路扬尘
地表水环境	设沉淀池对施工生产废水收集后进行沉淀处理，然后回用于施工环节中；施工人员集中居住地设防渗厕所，污物定期清理外运用于农肥，食堂污水和洗漱水收集处理后回用于施工及降尘；采取科学合理的施工技术减小井筒施工地下涌水渗出量，对少量的地下涌水应引入地面生产系统沉淀池处理后回用于施工。露天矿剥离产生的疏干排水须沉淀处理后回用

类别	环境保护措施
地下水环境	井工矿：采取科学合理的施工技术减小井筒施工地下涌水渗出量（如在不良地质及含水层段，采取冻结法等施工工艺，以减少岩体力学性质发生突变的可能性和非煤系地层含水层的疏干水量）；井巷施工中所揭穿的含水层采用隔水性能良好且毒性小的材料及时封堵；施工过程中所产生的淋水必须排入地面场地集水池中与施工废水一并处理后回用，防止入渗污染地下水；井下作业配备环保厕所。 露天矿：矿坑水经处理后回用，多余矿坑水达标排放；防止污染地下水；对矿田内村庄居民水井进行长期跟踪监测，根据村庄实际用水情况制定供水方案，一旦采煤影响到矿田内村庄居民的用水，需及时采取措施
声环境	选择性能良好且低噪声的施工机械；加强管理，文明施工；合理安排施工时间，禁止夜间施工和打桩作业，露天矿禁止夜间爆破；涉及距离较近的敏感点，采取设置隔声屏障等防护措施
固体废物	地基开挖弃渣、建筑垃圾与井巷工程产生的矸石集中收集后排入排矸场覆土绿化；生活垃圾收集后交由当地环卫部门处置
生态环境	合理设置取弃土场，废弃土石不得任意裸露弃置，以免遇强降雨引起严重的水土流失；加强施工管理，尽量缩小施工范围，各种施工活动严格控制在施工区域内，尽可能少破坏原有地表植被和土壤；临时占地和临时便道等破坏区，施工结束后及时进行土地复垦和恢复植被；工业场地、排矸场、外排土场等施工中预先将表层熟化土壤剥离、集中堆放，以作为土地复垦及绿化用土

（3）煤矿施工期应关注的特殊环境问题

① 井工矿特殊关注的问题有：井巷施工中要产生掘进矸石，对掘进矸石必须妥善处置；井筒施工揭露地下水含水层会产生少量地下涌水；排矸场需在建设期同步建设。

② 露天矿建设期需拉沟挖掘煤层上覆岩土，并向外排土场排弃。产生的环境影响主要有岩土剥离爆破的噪声、扬尘对周边居民的影响，矿坑水疏干对地下水的影响（可能影响采掘场周边居民饮用水），外排土场占地的生态环境影响等。

应关注煤矿上述分项工程施工期环境影响及采取相应的环境保护措施。

③ 煤矿井田或矿田面积较大时，在可能涉及的自然保护区和其他需要特别保护的区域内，不得建设污染环境的工业生产设施；建设其他设施，其污染物排放不得超过规定的排放标准。项目建设过程中的取弃土场、施工营地、施工管理区等临时工程需严格控制，一般不得设在保护区内。

④ 环境保护工程在施工图设计阶段可能产生较大变化，应关注施工工艺变化引起的环境影响，及时采取新的保护措施。

⑤ 改建、扩建、技术改造建设项目涉及“以新带老”、“上大关小”的问题，如项目一期工程没有完成搬迁或者没有建设生活污水处理设施等，应特别关注把原生产线建设中遗留的或运行发现的环保问题在本次工程建设过程中同时给予解决。

2．试运行期主要环境影响及保护措施

（1）环境污染影响及保护措施

正常情况下，煤矿试运行期污染防治措施已基本按照“三同时”要求完成施工安装，并可与主体工程一道投入试运行而发挥其环保效应。此种情况下，在该时期内采取的环境污染防治措施主要是维护并确保污染防治措施的正常运行。

① 对于井工矿，由于地表沉陷的滞后性，试生产中煤炭开采因地表变形引致的生态环境影响大多不会出现，但对于试生产期较长的井工矿，则可能发生地表沉陷影响，地表出现裂缝或沉陷台阶。此时，需要采取的保护措施主要有根据沉陷裂缝的情况，分别采取机械充填和人工充填的方式对沉陷区裂缝进行充填，对较宽的裂缝用装载机进行机械充填，其余采用人工充填；由于沉陷尚未稳定，地表受损的植被以自然恢复为主。

② 对于露天矿由于施工期即进行剥离土石方的排弃，因此应关注外排土场的生态恢复，其中包括外排土场表土的保存及适时的植被恢复措施等。

③ 通常情况下井工矿或露天矿首采区开采前，首采区内受开采影响严重的村庄均实施了搬迁或井工矿留设煤柱保护。采取的保护措施主要有确保预定计划内的村庄搬迁，并落实搬迁补偿资金；对于井工矿留设煤柱保护的村庄或可能受露天矿开采影响的村庄，应密切关注采煤对村民饮用水井（泉）或其他水源的影响，一旦出现问题及时启动供水应急预案，保证受影响居民饮用水安全。

（2）施工期遗留生态问题的恢复要求

主要指施工方撤场后在场地清理、临时用地的植被恢复、耕地补偿等生态问题，建设方应按环评要求，继续做好施工迹地恢复、耕地补偿等工作。

（3）试运行中非正常工况的环境保护措施

由于煤矿主体工程在试生产后的一段时间内，各生产设备及系统的磨合期开停车较为频繁，导致煤尘、矿井水等污染物排放情况变化较大，污染防治设施也需配合调试，可能出现非正常工况排污。对于较为严重的排污现象，建设单位应启动污染事故防范措施，如防止洗煤水外排，选煤厂启动煤泥水备用浓缩池，以确保煤泥水闭路循环；对于非正常工况排污，必要时应停工检修，以保证环保设施的正常运行。

第三节　煤炭行业环境监理要点分析

一、设计文件、施工图设计环保审核要点

1．设计文件、施工图设计环保审核

煤炭建设项目设计单位编制的设计文件一般包括可研报告、初步设计、施工图设

计及说明书（可行性研究报告或初步设计中应该有环保专篇）。环境监理在对设计文件、施工图设计环保审核中除了解各阶段设计成果外还应将项目设计情况、施工图反映的实际建设情况（性质、规模、地点位置、采用的生产工艺和防治污染、防治生态破坏的措施）与环评报告、批复对照，掌握是否发生重大变动。其要点包括以下内容。

（1）项目的主要建设内容。项目组成一般分为主体工程、辅助工程、公用工程和环境保护工程。

（2）建设项目采用的生产工艺、主要设备、产污环节，并且要把项目设计情况和实际建设情况（性质、规模、地点位置、采用的生产工艺和防治污染、防止生态破坏的措施）与环评报告、批复和设计文件对照，看是否发生重大变动。

（3）建设项目的地理位置图（包括周围单位、村庄、道路等环境监理保护目标及敏感点位置）、水系图（地表河流流向）及工业场地平面布置图、生产工艺流程的方框图等图件。

（4）项目开工的时间、总工期及工程施工进度计划（最好是项目施工进度计划图表）；施工组织设计的内容（包括施工布置、交通、占地、施工方法等）；工程监理及施工单位报送的施工组织设计中的环境保护及管理措施。

（5）项目的设计单位、施工单位（数量、有无总包单位等）、工程监理单位的名称、各单位的项目负责人。

（6）施工高峰期施工单位的施工人员数、施工车辆、施工机械等数量和使用情况，施工单位在施工阶段各项防治污染措施的落实情况，如扬尘防治、生产及生活污水处理、施工噪声防治、固废处理、生态、植被保护等。

（7）生产线主要生产设备的选型、产能、生产厂家、安装时间（实施的工程进度计划）、施工工艺及生产工序等。

（8）除尘器、消声器、污水处理设施、固废处理处置设施、在线监测等环保设施的设备清单，如规格、型号、数量、设计参数、生产厂家、安装位置、安装时间（配套环保实施的工程进度计划是否满足“三同时”要求）等。

（9）项目预计的总投资、环保投资（包括监测站、环评费、环境监理费）；实际总投资，发生的环保投资（包括环保设备的制造、运输、土建、安装、调试所有费用）。

（10）项目建设之前当地的自然生态环境和社会情况及环境保护目标。

（11）有关“煤炭资源整合”、“总量控制”要求的落实情况。

（12）改扩建及技改项目还应包括“以新带老、总量削减”、“淘汰落后设备、设施”等要求的落实情况。

2．进行现场踏勘及现场复核

进行现场踏勘，进一步了解和理解环评报告、批复和设计文件与环境监理的相关内容，踏勘的范围为工程所在区域以及项目建设对环境有影响的区域，并与设计成果和环评报告书及批复文件进行复核，具体包括：

（1）生产线建设施工现场：从原料准备区到主要生产区的主体、辅助、公用和环境保护工程的施工营地、材料场、加工场、组装场、工业程度、环保设施以及附属工程边界外 300 m 范围内。

（2）取、弃（土、砂、石、渣）场、排矸场、露天矿外排土场边界外 500 m 范围内。

（3）道路、管线等线路边界两侧各 100 m 范围内。

（4）工程施工单位及建设单位的办公区、生活营地、附属设施、进场道路等。

（5）搬迁村民的集中安置地周围 300 m 范围内。

（6）其他环境监理保护目标。包括生产线及矿山附近的村民、学校、河流以及搬迁村民居住区的环境质量情况；还应重点关注工程区周边是否存在自然保护区、饮用水水源等敏感区域及其与工程区域边界的距离。

二、施工组织设计审核要点

施工组织设计（施工组织设计方案、施工组织计划）是施工单位为了更好地参与工程施工，或响应招标文件和设计文件而编制的该项目的施工组织方案。内容主要有施工单位完成该工程建设任务、保证工程质量及施工进度的措施，场地安排、施工机械和人力安排方案，达到文明施工要求和安全保证的措施等，供业主审查、确定。中标后施工单位必须按照施工组织设计进行施工，保证施工质量、进度、投资、安全。

施工组织设计的内容及环境监理审核要点包括以下内容。

（1）编制依据及说明

施工组织计划要符合国家建筑施工的法律法规和执行国家标准。环境监理要了解这些法律法规和标准。

（2）工程概况

主要了解建设项目特征，具体施工条件。

（3）施工方案

主要关注与环境保护相关的施工顺序、施工方法和施工机械的选择；工程施工的流水组织等方面。

（4）施工进度计划

项目进度控制是建设工程施工管理的主要内容之一。包括施工单位的月度（旬、周）施工进度计划内容及各施工项目的工程量、劳动力安排、机械台班量安排、工作延续时间、施工进度等。

环境监理关心的是施工单位的目标进度计划，因为环境监理要根据该施工进度计划来确定环境监理自己的工作计划。

（5）施工平面布置

关注施工现场的平面布置的原则；为施工服务的施工机械的布置；施工道路安排；材料及构件堆场；各种临时建设设施；临时水、电管网。

环境监理应通过施工平面布置图确认材料及构件堆场、混凝土搅拌机安装位置、排水管网等的合理性。

（6）工程项目的施工组织

关注工程项目管理机构及施工组织的设置；工程技术人员、管理人员和关键岗位人员的设置。了解施工单位的管理机构和各自的职责分工，特别是业主和施工单位是否设置负责环境保护的项目部负责人和环保专干（若未设置环境保护专干，环境监理应该要求施工单位单独设置或单独确定），便于进行工作联系。

（7）主要技术组织措施

该部分主要内容是针对工程施工的特点，提出的严格执行施工验收规范、检验标准及操作规程的要求。

环境监理要重点注意其中的“现场文明施工措施”内容，确认文明施工措施的内容和环评文件对施工污染防治、保护环境措施的要求是否相符。一般情况下，环境监理应该要求施工单位专门制定“施工现场环境保护制度”报项目部进行审查。“施工现场环境保护措施”要认真、具体、可操作。

总之，环境监理应重点关注《施工组织设计》中施工平面布置图，根据施工平面布置确认材料及构件堆场、混凝土搅拌机安装位置、排水管网等的合理性；根据施工进度计划确定环境监理工作计划；根据“现场文明施工措施”内容，要求施工单位专门制定“施工现场环境保护制度”，并且以后按照《施工组织设计》的环境保护制度、“现场文明施工措施”对施工单位进行监督管理。

三、施工期环境监理要点

1. 施工现场现状调查

（1）项目进度情况及工程进度总体安排。

（2）环保措施的落实情况及其与环评报告和批复文件的符合性。

（3）环保工程项目进度调查统计。

（4）存在或已出现的环境问题。

下面是某煤矿环境监理关于环保“三同时”工程进度调查统计情况，反映了施工现场现状调查的重点。

表 4-3 某煤矿“三同时”工程进度调查统计

原煤厂内运输	环评要求	采用全封闭式输送机栈桥
	批复内容	原煤、产品煤和输煤栈桥采用全封闭储存
	设计内容	采用全封闭式输送机栈桥
	项目进度	皮带栈桥基础完成，栈桥钢构加工中
排矸场	环评要求	在工业场地东南侧约 1 000 m 的冲沟内设矸石周转场，面积 5.9 hm^2
	设计内容	本矿设计为初期装汽车外运至矿井工业广场东北方向 1 000 m 左右的冲沟临时矸石周转场
	施工进度	完成
排矸系统	环评要求	矿井生产期间井下掘进矸石直接井下填充；洗选矸石排至排矸场，条件成熟之后矸石制砖
	批复内容	矸石用作煤矸石电厂发电，实现资源综合利用；临时矸石场堆放的矸石应实施分层碾压、覆盖黄土等措施，防止矸石自燃
	设计内容	掘进产生的矸石量很少，在井下回填废弃巷道，建议对洗选矸石进行化验，积极寻求就近综合利用的有效途径
	施工进度	未开工
供水	环评要求	矿井涌水量为 6 250 m^3/d，经过混凝、沉淀、脱盐处理后作生产生活供水水源。矿井水经过处理后根据各环节需水水质的不同经处理后分质供给，其中矿井生活用水量 1 195 m^3/d，井下洒水 1 340 m^3/d，井下注浆 288 m^3/d，选煤厂补充水 1 720 m^3/d，地面生产用水 448 m^3/d
	设计内容	以矿井水涌水为供水水源，矿井正常涌水量为 6 250.08 m^3/d。经过混凝、沉淀、脱盐处理后作为矿井生产生活供水水源
	施工进度	未开工
排水	环评要求	工业场地排水雨污分流制。雨水直排；矿井水经过处理达标后回用于生活用水、井下洒水和选煤厂补充用水；生活污水二级生化处理全部回用于选煤厂生产补充水，剩余处理后的矿井水外排长益川
	设计内容	矿井排水作为生活、生产用水必须进行脱盐处理，多余的矿井排水为 1 264.77 m^3/d，经处理后达标排放，经脱盐处理后的污水用于井下灌浆、矸石山灭火，多余的排至蒸发池。选煤厂煤泥水采用闭路循环，不外排 食堂及机修间等生产生活污水经隔油池处理后排入厂区下水道，经二级生化处理后达到《城市污水再生利用工业用水水质》（GB/T 19923—2005）的要求，同时也满足《污水综合排放标准》（GB 8978—1996）一级排放标准要求，经处理的污水回用于矿井生产用水，生活污泥作为农用肥料
	批复要求	提高水资源、矸石和瓦斯的综合利用率。生产、生活污水处理达标后全部回用；矿井水处理后部分回用，其余达标排入长益川
	施工进度	未开工

矿井水处理站	环评要求	矿井正常涌水量为 6 250 m^3/d，采用絮凝沉淀、过滤和脱盐消毒处理工艺，满足井下洒水、选煤厂补充水和地面生产用水的需要
	设计内容	矿井正常涌水量为 260.42 m^3/h，井下排水量为 6 250.08 m^3/d。采用絮凝沉淀、过滤和脱盐消毒处理工艺，满足井下洒水、选煤厂补充水和地面生产用水的需要
	施工进度	未开工
生活水处理站	环评要求	生活污水排放量为 569 m^3/d，设计采用一体化水处理设备，采用二级生化处理工艺，处理规模为 600 m^3/d
	设计内容	地面生活、生产污废水量约 500 m^3/d，食堂及机修间污废水经隔油池处理后排入厂区下水道，生活污水经二级生化处理后达到《城市污水再生利用 工业用水水质》（GB/T 19923—2005）的要求，同时也满足《污水综合排放标准》（GB 8978—1996）一级排放标准的要求，经处理的污水回用于矿井生产用水，生活污泥作为农用肥料
	施工进度	未开工
供热	环评要求	矿井工业场地建锅炉房一座，选用 1 台 4 t/h 和 2 台 10 t/h 蒸汽锅炉。锅炉烟气采用文丘里管麻石水膜除尘器处理，除尘效率 95%、脱硫效率 70%
	批复要求	场地锅炉采用旋流板湿法烟气脱硫除尘器
	设计内容	选用 1 台 6 t/h 和 2 台 10 t/h 蒸汽锅炉。锅炉烟气采用旋流板湿法脱硫除尘器处理，除尘效率可达 95%，脱硫效率可达 50%，处理后烟气采用 45 m 高的烟囱排放
	施工进度	锅炉房基础完成

2．生态环境保护与修复

（1）严格控制临时用地选址和数量，严格限制用地范围，尽量减少临时占地，施工结束后对临时用地实施绿化或土地复垦措施；对输水管线、输电线路临时用地实施绿化或复垦措施。

（2）露天矿外排土场剥离的表土、井工矿排矸场清基的表土贮存点的防护措施。表层熟土应剥离保存供后续绿化、复垦利用。

（3）井工矿井巷掘进矸石的处置措施，并做好建设期土石方平衡调配。

（4）矸石堆放场的边坡防护、拦挡措施及后期绿化。

（5）主要工业场地、井场、站场、进场道路等绿化措施。

（6）道路、工业场地、排矸场施工的边坡处置和防护措施。

（7）生态环境保护意识的教育。

3．水污染控制

（1）设沉淀池对施工生产废水收集，进行沉淀处理后回用于施工环节中。

（2）施工人员集中居住地设防渗厕所，污物定期清理外运用于农肥，食堂污水和洗漱水收集处理后回用于施工及降尘。

（3）采取科学合理的施工技术减小井筒施工地下涌水渗出量，对少量的地下涌水引入地面生产系统沉淀池处理后回用于施工。

（4）露天矿剥离时的疏干排水沉淀处理后回用。

（5）地下水的保护措施。

井工矿：采取科学合理的施工技术减小井筒施工地下涌水渗出量（如在不良地质及含水层段，采取冻结法等施工工艺，以减少岩体力学性质发生突变的可能性和非煤系地层含水层的疏干水量）；井巷施工中所揭穿的含水层需采用隔水性能良好且毒性小的材料及时封堵；施工过程中所产生的淋水必须排入地面场地集水池中与施工废水一并处理后回用，防止入渗污染地下水；考虑施工区井下作业产生的生活污水，应配置满足要求的环保厕所。

露天矿：矿坑水经处理后回用，多余矿坑水达标排放，防止污染地下水；对矿田内村庄居民水井进行长期跟踪监测，根据村庄实际用水情况制定供水方案，一旦采煤影响到矿田内村庄居民的用水，需及时采取措施。

4. 大气污染控制

（1）合理安排施工工期，避免在大风天气施工。

（2）对施工现场及运输道路要及时清理，定时洒水，保持清洁和相对湿度。

（3）土石方挖掘完后，要及时回填，防止扬尘及水土流失。

（4）对堆放的建筑材料设置临时工棚并苫盖。

（5）施工队伍临时锅炉设置除尘器，保证锅炉烟气达标排放。

（6）运输车辆限速并不得超载，运输沙石、水泥等散装物料的车辆必须加盖篷布，防止物料在运输过程中抛洒，并控制运输车辆的车速，减少交通扬尘。

（7）散装物料装卸应尽可能降低落差、轻装慢卸，车辆上应覆盖篷布；车辆出工地前应尽可能清除表面黏附的泥土等。散装易起尘物料应尽可能避免露天堆放，若露天堆放应加以覆盖。

（8）施工场地、施工道路适时洒水，及时清扫道路，碾压或覆盖裸露地表。临时用地使用完毕后应恢复植被。弃土尽可能堆放在背风坡，采取临时覆盖或洒水措施，以减少风蚀。

（9）水泥搅拌场地，在场地选址时，尽量远离居民区，并使其位于居民区下风向。

（10）施工过程中采用的炉灶应符合环保要求。

5. 噪声污染控制

（1）选择性能良好且低噪声的施工机械。

（2）加强管理，文明施工；合理安排施工时间，禁止夜间施工和打桩作业。

（3）涉及距离较近的敏感点，采取设置隔声屏障等防护措施。

（4）露天矿禁止夜间爆破。

（5）监测周围敏感对象的声环境质量；对高噪声环境作业人员配备防噪劳保用品。

6．固体废物环境污染控制

（1）施工期土石方平衡。

（2）地基开挖弃渣、建筑垃圾与井巷工程产生的矸石以及露天矿施工期的剥离土石等，应按规定集中收集后排入排矸场覆土绿化，或在外排土场合理堆弃，并采取相应的生态恢复措施。

（3）矸石具有一定热值时用作煤矸石电厂发电或建材，实现资源综合利用。

（4）井巷掘进矸石用于工业场地填方，不能及时利用的，堆存于临时排矸场。

（5）临时排矸场堆放矸石时实施分层碾压、覆盖黄土，防止矸石自燃。

（6）生活垃圾应在易于收集的专门场所设置专用的收集设施，收集后交由当地环卫部门处置。

7．重要环境保护目标的保护措施

（1）自然保护区、风景名胜区、集中饮用水水源保护区、文物保护区等的避让措施。

（2）施工营地、施工道路等对环境敏感点的避让措施。

（3）工程占地范围内名木古树的保护或移栽。

四、环境污染防治设施建设环境监理要点

1．大气污染防治设施

（1）关注工程设计确定的能源利用方式。

（2）锅炉烟气、加热炉烟气净化设施的设计规模、处理工艺、处理效率等与环境影响评价文件及审批文件要求的符合性。锅炉房、热风炉房烟囱高度、在线监控系统的设计和建设情况。

（3）主要地面生产设施、煤流输送系统煤尘无组织排放控制措施的设计和建设情况。

（4）项目原煤、产品煤的贮存方式，煤尘污染防治措施。

（5）露天矿采掘场及运输道路抑尘措施。

（6）瓦斯气的抽排及综合利用措施。

2．水污染防治设施

（1）工业场地、风井场地、排矸场排水系统的设计和建设情况，查阅、标识主要工业场地排水管网图。

（2）各种用水、排水处理设施的数量、种类。

（3）项目建设的各种废水处理设施的设计处理能力、处理工艺、处理效率等与环境影响评价文件及审批文件要求的符合性（污水处理系统图）。

（4）污废水处理设施的落实情况。

（5）项目水综合利用和节水措施、在线监测装置、排污口的规范化设置的设计和建设情况。

3．噪声污染控制措施

（1）主要噪声控制措施、防治效果的设计情况，与环境影响评及批复文件的符合性。

（2）主要噪声源的污染控制设施的建设情况。

4．固体废物处理与处置设施

（1）主要固体废物来源、种类（分危险废物、一般固体废物和生活垃圾）、数量。

（2）固体废物污染控制设施建设数量、处理与处置方案（包括危险废物、固体废物和生活垃圾收集和临时储存设施、永久性储存措施等）的设计情况，与环境影响评价文件及批复文件的符合性。

（3）排土场、矸石场建设地点、建设规模、拦渣坝、导排水设施等的设计和建设情况。

（4）煤矸石、锅炉炉渣、矿井水和矿坑水处理站污泥、生活污水处理站污泥等固体废物的综合利用情况。

5．环境风险防范设施

（1）排矸场溃坝等主要环境风险事故的确定。

（2）事故风险防范措施、环境应急设施的设计与环境影响评价文件及批复文件的符合性。

（3）事故风险防范措施，包括煤矿矿井水处理站的事故池、选煤厂煤泥水闭路循环系统事故、排矸场溃坝环境风险防范措施。

（4）环境风险应急设施，包括应急物资、设备的储备设计和建设情况。

（5）环境风险应急预案的编制及在当地环保部门的备案情况。

6．生态保护与修复设施及其他

（1）工业场地、井场、站场以及进场道路等的绿化方案设计和建设落实情况。

（2）排土场、排矸场的土地复垦绿化设计情况。

（3）受地表沉陷影响土地的土地复垦措施；项目占用耕地、林地的异地补偿措施落实情况。

（4）井田内受保护的村庄、河流及地表建、构筑物的煤柱留设情况，关注井田煤柱留设图。

（5）排土场、排矸场等防护距离范围内居民搬迁安置、煤矿首采区居民搬迁安置落实情况。

某煤矿根据环评报告和批复意见及初步设计，初步确定其环境保护设（措）施“三同时”环境监理内容及要点，具体内容见表4-4。

表 4-4 某煤矿环境保护设施“三同时”环境监理要点

环境要素	设施措施概要	内容
大气环境	粉尘污染防治	原煤在场内输送采用全封闭的输煤栈桥
		●选煤厂筛分车间在各散尘点设置扁布袋除尘机组进行除尘，共 10 台，除尘效率 98%
		工业场地原煤转载点等易产生扬尘的工作环节设置集尘罩、袋式除尘器和喷雾洒水装置
		原煤筒仓 Φ30 m 有效贮存煤量 2×30 000 t
	锅炉房烟气治理	●锅炉配套文丘里管麻石水膜除尘器，除尘效率大于 95%，脱硫效率大于 10%
		烟囱高 45 m、出口直径为 1.0 m
水环境	矿井水	●采用混凝沉淀、过滤和脱盐消毒不同深度处理工艺；处理规模 500 m^3/d，要求混凝沉淀处理化学需氧量和悬浮物的去除率≥85%，混凝沉淀处理后排放矿井水质要求化学需氧量低于 33 mg/L，悬浮物低于 39 mg/L，其他深度处理后矿井水全部回用。采用混凝沉淀、过滤、脱盐消毒不同深度处理后水质达到排放和回用水质要求
		过滤工艺采用无阀滤池，设计规模 200 m^3/h
		脱盐采用反渗透脱盐装置，采用纳滤膜，设计规模 150 m^3/h
	生活污水	●采用二级生化处理工艺，规模 600 m^3/d，要求出口水质为化学需氧量：20 mg/L，悬浮物：13 mg/L，出水能满足选煤厂生产补充水要求。生活污水经二级生化处理后全部回用于选煤厂生产补充水，不外排
	选煤厂煤泥水	●采用浓缩、压滤煤泥水闭路循环处理工艺，煤泥水系统达到一级闭路循环要求，煤泥水不外排
声环境	减震隔声消声	对振动较大的设备，采取必要的减缓措施，如配备减震垫等
		对溜槽、溜斗等要进行阻尼减震处置
		对高噪声设备比较集中的地方设吸声吊板，主厂房内壁采用吸声系数较大的材料做内壁
		驱动机房的减速机、电机、传动轴在机头上安装可拆卸式隔声箱
		锅炉鼓、引风机应设惰性基础和减震垫，引风机分别加设进风口和出风口消声器，鼓风机加设 P 型进风口消声器，引风机加设阻抗复合式 F 型进风和出风消声器
		水泵间单独隔开封闭并在室内吊装吸声体，同时在水泵与进出口管道间安装软橡胶接头。泵体基础设橡胶垫或弹簧减震器
		坑木加工房封闭安装隔声门窗
		在厂界四周设置阔叶、针叶混交防护林带
		在通风机房风道安装消声器，风道采用混凝土风道。通风机机座进行隔振处理

<table>
<tr><th>环境要素</th><th>设施措施概要</th><th>内　容</th></tr>
<tr><td rowspan="4">固体废物</td><td rowspan="4">固废污染防治</td><td>综合利用项目
1．矿井洗选矸石将用于规划建设的矿区矸石电厂综合利用
2．锅炉灰渣考虑用于填整沟坑和铺筑路基，也可用作砖瓦厂原料</td></tr>
<tr><td>在工业场地的主要建筑物及作业场设置垃圾桶，配备垃圾车定时清运生活垃圾</td></tr>
<tr><td>生活污水处理站煤泥全部掺入末煤产品销售，污泥用于排矸场土地复垦</td></tr>
<tr><td>在工业场地东南侧约 1 000 m 的冲沟内设临时排矸场，面积 5.9 hm^2</td></tr>
<tr><td rowspan="3">生态环境</td><td>绿化</td><td>●工业场地绿化率 15%；场外道路两侧完成防护林种植</td></tr>
<tr><td>复垦</td><td>●沉陷土地的治理率达到 95%以上；植被恢复系数达到 98%以上；地表裂缝、危害性滑坡治理率 98%以上；整治区林草覆盖率达到 75%</td></tr>
<tr><td>搬迁</td><td>受开采沉陷影响需要搬迁的村庄共 27 个，涉及户数 839 户，人口 2 979 人，其中首采区有 3 个村庄，涉及户数 61 户，人口 240 人。根据矿井开采计划及开采时序，井田开采范围内的村庄需相继分批分时段搬迁安置</td></tr>
<tr><td colspan="2" rowspan="2">环境监测</td><td>●购置常规监测设备，设有环境保护管理与监测机构，有 2 名专职环保管理人员；有完善的环境管理和环境监测工作制度</td></tr>
<tr><td>1．建立地下水长期动态监测计划，对井田内居民井和矸石场附近设置地下水监测井，制定供水应急方案，及时解决因采煤导致生产、生活用水困难问题
2．在煤层开采时，坚持“先探后掘，有疑必探”的原则，减少煤矿透水现象发生
3．按水土保持方案要求进行水土保持监测</td></tr>
<tr><td colspan="2">环境保护规章制度</td><td>制定本企业环境保护规章制度</td></tr>
</table>

注：●标记项目为竣工验收清单内容。

第四节　煤矿环境监理案例

一、工程概况

某煤矿（0.9 Mt/a）改扩建项目建设的主要工程内容包括：

（1）矿井主体工程：主要包括主斜井、副斜井、回风立井。

（2）储装运系统：主要包括对外联络道路、筛分破碎车间和储煤筒仓。

（3）辅助生产系统：主要有矿井辅助设施、矿井水处理回用管网设施及生活污水处理设备。

（4）公用工程：包括行政福利设施、供水供电系统及供热系统等。

（5）环境保护工程（“三同时”工程）。

项目的环境保护“以新带老”措施情况见表 4-5。

表 4-5　“以新带老”环保措施

污染源		原有项目情况	“以新带老”措施落实情况
大气污染源	锅炉烟气	无脱硫除尘设施	3 台锅炉烟气处理配备麻石水浴除尘器，处理后经高度 40 m 烟囱排放
	运输道路扬尘	砂石路面	运煤道路长约 1.3 km，水泥硬化了 580 m，剩余部分由于在灭火工程综合治理区内，不能实施硬化
	储煤设施	露天堆放	储煤建成总容积为 10 000 t 的 3 个封闭筒仓
	筛分系统	无抑尘设施	建设封闭厂房、封闭运煤栈桥，增设喷淋抑尘设施
水污染源	生活污水	直接散排	新建总容积为 320 m^3 储水池和处理能力为 120 m^3/d 的一体化污水处理设备一套，生活污水集中处理后夏季用于矿区洒水抑尘和矿区绿化，冬季部分用于灭火工程煤场、采区洒水抑尘，剩余部分储存
固体废弃物	生活垃圾	随意堆放	新建垃圾收集池 1 座，生活垃圾收集后定期运至灭火工程排土场填埋处理
生态治理	矿区绿化	—	工业场地及运煤道路两侧已全面绿化，绿化主要栽种油松、侧柏，撒播苜蓿、沙打旺草籽

二、项目环境监理开展情况

1. 现场监理情况

该煤矿的环境监理工作从 2011 年 3 月 30 日开始，到环保竣工验收前结束。监理单位的主要工作内容如下。

（1）第一次现场巡查

1）基本情况

2011 年 3 月 30 日—3 月 31 日，监理人员第一次进入现场，实地勘察、拍摄了现场照片，现场巡查情况记录如下：① 主要施工设备情况，包括类型、台数、型号等。② 原煤升井由皮带运输，出井后通过封闭栈桥运输至 3 个等容积封闭储煤筒仓，总容积 1×10^4 t，在井下原煤转载点处设有喷淋抑尘设施。③ 该煤矿共有 4 辆洒水车，10 t 的 3 台，5 t 的 1 台。④ 矿区运煤道路总长约 1.3 km，为沙石道路，没有实施硬化。⑤ 矿区在运输道路两侧进行绿化，道路两侧分别栽种油松 3 行约 800 株，高度 0.7～1 m，株距 1.5 m，成活率 90%以上；运输道路两侧修建土坝，土坝采用沙柳网格护坡处理，沙柳网格规格 1.5 m×1.5 m，工业场地未绿化。

2）巡查、抽检发现的问题

监理人员通过现场巡查、抽检，发现环境问题 3 项：① 矿区运煤道路未实施硬化。② 矿区绿化较少，只在运煤道路两侧进行了绿化，工业广场未绿化。③ 矿井通风口处四周松散土墙，未作护坡处理。

3）针对发现的问题，环境监理工作内容

针对发现的问题，监理人员下发了《环境监理通知单》，建设单位以《环境监理通知回复单》对监理通知单作出了回复。建设单位决定：① 矿区运煤道路马上组织硬化工作，其中一段道路位于露天矿采区内（长度约 720 m），不能实施硬化，建设单位将提供说明文件。② 矿区绿化工作将于 4 月底开始，对矿区工业广场实施大面积绿化。③ 矿井通风口四周的土墙底部已进行浆砌毛石处理，上部松动土墙计划采用栽植沙柳网格护坡处理，并将在近日内开始实施工作。

（2）现场核查建设单位整改措施落实情况

2011 年 5 月 27 日，监理人员第二次进入现场，核查上次环境监理通知单要求整改内容的落实情况，现场巡查记录如下：① 建设单位已经开始组织运煤道路硬化工作，道路硬化将采用水泥硬化。② 矿区绿化工作已经陆续展开。③ 办公区前方设有 2 道浆砌毛石挡土墙。④ 矿井建设仍处于巷道掘进期，没有沉陷区及裂缝产生。⑤ 矿区新建总容积为 320 m^3（10 m×8 m×4 m）的储水池和处理能力为 120 m^3/d 的一体化污水处理设备一套，生活污水处理后夏季用于矿区洒水抑尘和绿化浇灌，冬季部分用于灭火工程煤场、采区洒水抑尘，剩余部分储存；⑥ 矿井水经三级沉淀后全部回用于生产，不外排。

（3）现场继续核查建设单位整改措施落实情况

2011 年 7 月 10 日，监理人员第三次进入现场，继续核查上次环境监理通知单要求整改内容的落实情况，现场巡查记录如下：① 矿区运煤道路硬化工作已经完成，其中一段运煤道路位于黄天棉图地区煤田火区集中治理区域范围内（长度约 720 m），没有实施硬化，监理人员要求建设单位提供合理性说明文件。② 矿区又在办公区周围栽种侧柏 3 000 株。③ 建设单位已经完成矿区风井口四周松动土墙护坡，护坡采用栽植沙柳网格。④ 矿区建成砖混结构垃圾收集池一座，规格 8 m×4 m×1.8 m。⑤ 矿区出现了沉陷裂缝，但建设单位已经将裂缝区进行了及时治理。

（4）发现的环境问题及监理成果

环境监理期间共发现环境问题 3 项，下发《环境监理通知单》1 份，要求建设单位整改。

整改问题 1：

2011 年 3 月 30 日环境监理人员现场发现矿区至外界的运煤道路未硬化，运输车辆行走带动扬尘污染较大，监理人员发出《环境监理通知单》，建议建设单位尽快组织工作将运煤道路进行硬化，并在硬化结束前加大对道路洒水抑尘的力度，降低粉尘污染。

2011 年 5 月 27 日监理人员到现场核查，建设单位已经将运煤道路采用水泥硬化，部分路段由于位于灭火工程综合治理区，不能实施硬化，建设单位也出具了相关说明文件，现场照片见图 4-5 和图 4-6。

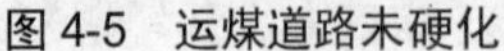

图 4-5　运煤道路未硬化

图 4-6　运煤道路硬化后效果

整改问题 2：

2011 年 3 月 30 日监理人员对矿区绿化情况进行抽检，发现矿区只对运煤道路两侧进行了少量绿化，工业广场周围没有进行绿化，监理人员发出《环境监理通知单》，建议建设单位积极组织矿区绿化工作。

2011 年 7 月 10 日，监理人员对矿区工业广场进行核查，建设单位已经在工业广场进行了大面积绿化，绿化方式主要为栽种油松、桧柏、侧柏，现场照片如下。

图 4-7　办公区东侧绿化

图 4-8　办公区西侧绿化

整改问题 3：

2011 年 3 月 31 日环境监理人员现场抽检，发现矿井通风口处四周松散土墙未作护坡处理，监理人员发文，建议建设单位尽快对该处土墙采用栽植沙柳网格或浆砌毛石进行护坡处理。

2011 年 7 月 10 日环境监理人员下现场核查，建设单位已经将该处土墙采用栽植沙柳网格进行了护坡处理，并且进行了植树绿化，现场照片见图 4-9 和图 4-10。

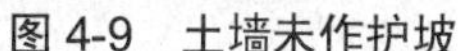
图 4-9 土墙未作护坡

图 4-10 土墙已进行护坡处理

2．环保措施落实情况

（1）生态环保措施落实情况

1）环评及批复要求

要结合土地塌陷治理提出生态修复和综合整治规划，对沉陷台阶或地表裂缝及时整平、填充、补植，保证植被恢复。

2）实际落实情况

矿区生态治理已编制土地复垦方案报告书，报告书中详细地提出了生态修复和综合整治规划。生态保护措施具体落实情况主要包括以下几点：

① 办公区绿化。办公区西侧种植油松 76 棵，高度 1～1.2 m，桧柏 38 棵，高度 1.5～2 m；办公区院内栽种桧柏 27 棵，高度 1.5～2 m，油松 81 棵，高度 1.8～2.5 m，株距 2.5 m，院内还设置了 2 个花池；此外，在办公楼周围栽种侧柏 3 000 株，株高 0.7 m，株行距 6 m×8 m。

图 4-11 办公区院内绿化

② 运输道路绿化。矿区在运输道路两侧进行绿化，道路两侧分别栽种油松 3 行

约 800 株，油松高度 0.7～1 m，株距 1.5 m，成活率大于 90%。运输道路两侧修建土坝，土坝采用沙柳网格护坡处理，网格规格：1.5 m×1.5 m，并且在沙柳网格中撒播了沙打旺、苜蓿草籽。

图 4-12　道路两侧栽树绿化

图 4-13　沙柳网格植草绿化

③ 塌陷区裂缝治理。矿区对于出现的裂缝进行了及时的治理，由于裂缝产生后表层煤自燃产生一氧化碳会沿着裂缝进入井下，使得井下一氧化碳浓度超标，影响井下生产，建设单位对于沉陷区表层煤进行了挖掘，挖掘完成后对于沉陷区进行了覆土。

④ 其他措施。办公区前方设有 2 道浆砌毛石挡土墙，挡土墙台阶高度分别为 5 m 和 6 m，长度约 200 m，办公楼后边设有 1 道浆砌毛石挡土墙，平均高度 2.5 m，总长 480 m。

图 4-14　办公区前方挡土墙

图 4-15　办公区后方挡土墙

办公楼后面设有长度为 280 m 的防洪排水沟，排水沟宽 1 m，平均深度为 0.4 m，运输道路两侧也设有宽度为 1 m，深度为 0.4 m 的排水沟，在排水沟底端设有直径为

2 m的排水涵洞。

矿井通风口北部土墙采取了护坡处理，下部采用浆砌毛石，上边采用栽植沙柳网格护坡处理，网格规格：1.5 m×1.5 m。

图4-16　道路两侧排水沟

图4-17　防洪排水管

图4-18　办公楼后面排水沟

图4-19　风井通风口北部护坡

（2）水保、环保措施落实情况

1）环评及批复要求

工业场地生活污水处理站设计处理能力为100 m^3/d，处理后全部用于道路洒水及绿化，不外排；矿井涌水经过处理后全部回用于井下生产。

2）实际落实情况

① 生活污水处理。矿区新建储水池和一体化污水处理设备一套，生活污水集中处理后夏季用于矿区洒水抑尘和矿区绿化，冬季部分用于灭火工程煤场、采区洒水抑尘，剩余部分储存。

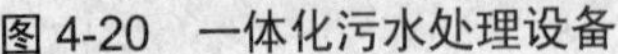

图 4-20　一体化污水处理设备

图 4-21　生活污水储水池

② 矿井水处理。矿井水收集后在井下由储水窖沉淀后，经水泵抽至井上再经三级沉淀后打回井下全部回用于生产，不外排。矿井水沉淀池容积为 600 m^3。

图 4-22　井下储水窖

图 4-23　矿井水沉淀池

（3）大气环保措施落实情况

1）环评及批复要求

工业场地锅炉房设 3 台锅炉，配备湿式脱硫除尘设备；对储煤场地采取筒仓措施；对外联络道路进行硬化。

2）实际落实情况

① 锅炉。项目建有锅炉房 1 座，安装锅炉 3 台，锅炉基本情况如下：

型号和数量：a. 水火管蒸汽锅炉 2 台，型号：DZL4-1.25-AⅡ（4 t/h）。

b. 水火管热水锅炉 1 台，型号：DZL4.2-1.0/95/70-AⅡ。

锅炉厂家：泰山集团股份有限公司。

脱硫除尘：3 台锅炉均配套麻石水浴除尘器。

烟囱数量及高度：3 台锅炉共用 1 根烟囱，高度 40 m，采暖期运行 1 台 4 t 和 1 台 6 t 锅炉，非采暖期采用电热水器，锅炉都停用。

图 4-24　锅炉房

图 4-25　锅炉

图 4-26　麻石水浴除尘器

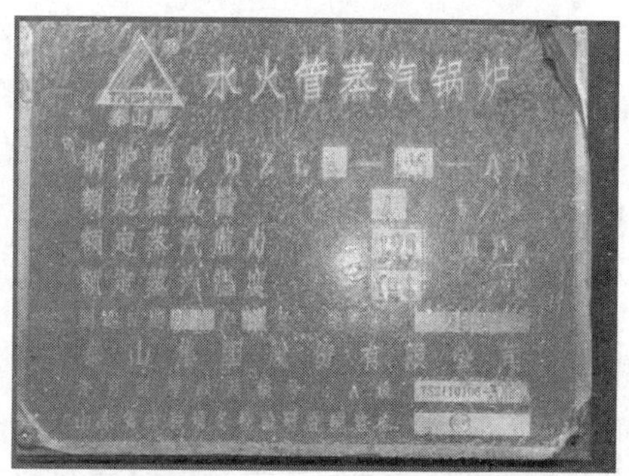

图 4-27　锅炉铭牌

② 原煤储存及转运系统。井下原煤经皮带系统运输，皮带转载点处均设置了喷淋抑尘设施，井下原煤出井后通过筛分破碎后由封闭栈桥进入封闭筒仓，筛分破碎产尘处和原煤皮带运输转载点处均安装了喷淋抑尘设施。

原煤储存设有 3 个等容积封闭筒仓，筒仓总容积 1×10^4 t。

图 4-28　储煤筒仓

图 4-29　运煤栈桥

图 4-30 井下原煤转载点喷淋

图 4-31 运输皮带水幕喷头

③ 运煤道路及厂区硬化。矿区运煤道路总长约 1.3 km，其中 580 m 采用水泥硬化，硬化宽度 18 m，剩余运煤道路位于黄天棉图地区煤田火区集中治理区域范围内（长度约 720 m），不能实施硬化，建设单位已出具说明文件；矿区共有 4 台洒水车，10 t 的 3 台，5 t 的 1 台，对矿区道路进行洒水降尘；矿区办公区院内采用铺砖硬化，办公楼前面大面积工业场地均已实施了水泥硬化。

图 4-32 道路硬化

图 4-33 洒水车

图 4-34 办公区院内硬化

图 4-35 工业场地硬化

④ 筛分系统防尘罩。在原煤筛分系统中设置了防尘护罩，降低了筛分现场粉尘污染。

图 4-36　筛分系统防尘护罩

（4）固废处置措施落实情况

1）环评及批复要求

建设期产生掘进矸石用于铺路；在工业场地设置垃圾箱定点收集垃圾，集中填埋处理；锅炉灰渣用作建材或铺路。

2）实际落实情况

① 生活垃圾。矿区设置垃圾收集池 1 座，尺寸 8 m×4 m×1.8 m，生活垃圾经收集后定期送到灭火工程采坑内填埋处理。

图 4-37　生活垃圾收集池

② 矸石。建设期产生的掘进矸石全部运至灭火工程采坑内进行填埋处理，目前已经进入试生产阶段，无矸石产生。

（5）降噪措施落实情况

矿区通风口处设有消声器和扩散塔，有效地降低了噪声对周围环境的影响。筛分系统设置减振弹簧来降低筛子振动产生的噪声。

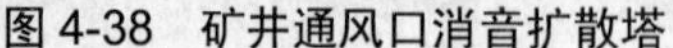

图 4-38 矿井通风口消音扩散塔

图 4-39 振动筛减震弹簧

（6）移民搬迁

改扩建共涉及 50 户搬迁居民，已经全部搬迁完成，另有 2 户居民位于矿区井田边界，不在采区范围内，没有搬迁，但征地补偿资金已全部落实到位。

图 4-40 搬迁后空房

图 4-41 监理人员走访居民

三、案例点评

该煤矿建设工程中重视环境保护工作，在环境监理的配合及督促下，该项目各项环保措施及设施都已按照项目环评及批复文件的要求进行了落实，该项目已具备申报环境保护竣工验收的条件。

另外，建设单位在建设期遗留下的部分环境问题，经监理人员与建设单位的多方面协调沟通，基本都已得到落实。针对一些不足之处，环境监理提出两点建议。

（1）运煤道路的硬化

矿区部分运煤道路（长度约 720 m）由于特殊原因没有实施硬化，建议建设单位对于该段运煤道路加强洒水降尘力度，尽可能地降低运输车辆行进产生的扬尘污染。

（2）地表沉陷观测及治理

建议建设单位加强对于矿区沉陷区及裂缝的监测，对于出现的裂缝进行及时治理，将地表沉陷对当地生态环境的影响降到最小。

第五节　煤炭行业相关法律法规及产业政策

（1）与煤炭建设项目相关的环境保护法律、法规

① 国家环保总局环发[2005]109 号“关于发布《矿山生态环境保护与污染防治技术政策》的通知”。

② 中华人民共和国国务院令第 592 号《土地复垦条例》。

③ 国家环境保护总局环发[2002]26 号“关于发布《燃煤二氧化硫排放污染防治技术政策》的通知”。

（2）煤炭行业相关产业政策

① 国家发展和改革委员会发改运行[2006]593 号“关于印发加快煤炭行业结构调整对应产能过剩的指导意见的通知”。

② 国家环保总局环发[2005]109 号“关于发布《矿山生态环境保护与污染防治技术政策》的通知”。

③ 国家环境保护总局环发[2001]4 号《关于西部大开发中加强建设项目环境保护管理的若干意见》。

④ 国家环境保护总局办公厅环办[2006]129 号文《关于加强煤炭矿区总体规划和煤炭建设项目环境影响评价工作的通知》。

⑤ 国家发展改革委发改能源[2005]1137 号《关于印发煤矿瓦斯治理与利用总体方案的通知》。

⑥ 国家发展改革委发改能源[2005]1119 号《关于印发煤矿瓦斯治理与利用实施意见的通知》。

第五章　油气管道行业环境监理要点分析

第一节　油气管道运输行业概况

一、油气管道运输行业的概念

1．管道运输的定义

管道运输（Pipeline transport）是用管道作为运输工具的一种长距离输送液体和气体物资的运输方式，是专门由生产地向市场输送石油、成品油、天然气等介质的运输方式，是运输网中干线运输的特殊组成部分。当今世界大部分的石油、天然气是通过管道运输的；管道还用于运送固体物料的浆体，如煤浆和矿石的浆体。管道运输是大宗流体货物运输最有效的方式。

2．油气管道工程的组成

油气管道由管线和工艺站场组成。工艺站场的主要功能是对来气（油）进行净化、分输及清管、事故排放等。

（1）输油管道的基本构成：输油（首、末）站、输油泵站、管线、沿线阀室及通信光缆等工程。

（2）输气管道的基本构成：输气（首、末）站、压气站、管线、沿线阀室及通信光缆等工程。

二、油气管道行业的特点

（1）运输量大

管道可以连续运行，根据其管径的大小不同，其每年的运输油量不同，输油管道年输量可达数百万吨到几千万吨，甚至超过亿吨，输气管道年输气量达到数百亿立方米。

（2）占耕地少

占地面积少，受地理条件限制少。管道埋于地下，只有泵站、首末站占用一些永久土地。管道埋地敷设，施工后可以复耕；线路通过优化，可以缩短运输里程。

（3）建设周期短、费用低

国内外交通运输系统建设的大量实践证明，管道运输系统的建设周期与相同运量的铁路、公路建设周期相比，一般来说建设工期要短1/3以上。统计资料表明，管道建设费用低于铁路、公路工程建设。

（4）安全可靠、连续性强

由于石油天然气易燃、易爆、易挥发、易泄漏，采用管道运输方式，既安全，又可以大大减少挥发损耗，同时由于泄漏导致的对空气、水和土壤污染也可大大减少，管道运输能较好地满足运输工程的绿色化要求，管道基本埋藏于地下，其运输过程受恶劣多变的气候条件影响小，可以确保运输系统长期稳定地运行。

（5）耗能少、成本低、效益好

管道运输是一种连续工程，运输系统不存在空载行程，理论分析和实践经验已证明，管道口径越大，运输距离越远，运输量越大，运输成本就越低。

（6）管道运输的缺点

调节运量及改变方向的幅度较小，灵活性较差；运输对象单一，不具有通用性。

三、油气管道的分类

按管道的铺设方式不同，分为开挖、穿越、跨越方式。管道主要以开挖沟埋方式敷设为主。当遇到深而窄的冲沟或河谷采取跨越方式敷设；遇到高陡坡或地形起伏大的山岭时采取隧道方式敷设；遇到河流采取开挖、定向钻、盾构、隧道、跨越等方式穿越；遇到公路、铁路等采取开挖、顶管等方式穿越。

按输送介质不同，可以分为原油管道、成品油管道、天然气管道、油气混输管道、固体物料浆体管道；按其在油气生产中的作用，油气管道又可分为矿场集输管道，原油、成品油和天然气的长距离输送干线管道，支干线、支线管道，城市输配管道或成品油的分配管道；按照压力高低可分为高压、中压、低压管道等。

四、油气管道行业的技术装备水平

管道运输始于19世纪中叶，1865年美国宾夕法尼亚州建成第一条原油输送管道。然而它的进一步发展则是从20世纪开始的，随着第二次世界大战后石油工业的发展，管道的建设进入了一个新的阶段，各产油国竞相开始兴建大量石油及油气管道。20世纪60年代开始，输送管道的发展趋于采用大管径、长距离，并逐渐建成油气输送的管网系统。

我国油气管道运输从20世纪50—60年代起步，随着我国70—80年代油气田建设及管道运输发展较快，及改革开放以来我国经济建设的快速发展，使管道运输迎来了建设高潮。

在西气东输管道工程建设带动下，油气管道运输行业技术装备水平取得突破性进展，高强度管线专用钢（X70）板材、螺旋埋弧焊钢管、热煨弯头、弯管、大口径冷弯机、自动焊和半自动焊接设备及其配套的焊接工艺、新型焊接检测设备、大口径钢管外防腐技术装备和材料等都达到国外同类产品先进水平。

西气东输二线工程加快科技创新，提高国产化水平，首次实施 X80 高钢级、ϕ1 219 mm 大口径、12 MPa 高压力管道工程，第一次采用 CRC 全自动焊接工艺，已经掌握并拥有 X80 钢级标准、检测、实验、制管成套技术，达到世界先进水平。

管道焊接等施工机具、吊装设备实现专业化配备，非开挖穿越施工技术创造了多项新纪录。现代化的油气输送管道工程建设已经达到工艺设计先进、仪表设备高效、施工装备机械化、运行管理自动化。

五、油气管道运输行业的产业政策

（1）产业结构调整政策

2011 年，国家发展改革委颁布了修订后的《产业结构调整指导目录（2011 年本）》（第 9 号令）。目录给出了包括石油、天然气行业在内的各行业的鼓励类、限制类和淘汰类项目。原油、天然气、液化天然气、成品油的储运和管道输送设施及网络建设属于鼓励类项目。

（2）石油、天然气及管道行业发展规划

建设完善的油气储运设施。我国油气行业将加快建设东北、西北、西南、海上四大进口油气战略通道。重点建设中哈二期、中缅、漠河—大庆、日照—仪征、兰州—成都等原油管道，兰州—郑州—长沙、福建、江苏等成品油管道；统筹境内外天然气（含 LNG），煤层气、煤制天然气等资源，加快建设川气东送、中亚及西气东输二线（含深圳 LNG 调峰站）、中缅、青藏输气、陕京三线、东北天然气管网、涩宁兰复线、榆林—济南、川东北—川西等天然气管道；新建青岛、宁波、唐山、珠海等 LNG 接收站及配套管道。

积极推动石油储备。我国将启动石油储备基地二期项目建设，以地下储备库为主。力争通过 5 年的建设，使国家石油储备基地总库容达到 4 460 万 m^3，进一步增强国家石油储备能力。

第二节 工程分析

一、工程概况

主要内容为工程名称、建设性质、地点、主要控制点、规模、管道走向、项目组成（包括主体工程、辅助工程、公用工程、环保工程等）、输送工艺、建设投资等。

1．工程规模

工程规模包括管道总长度、管径、设计压力、设计输送量、设计年输送天数、管道类型、管道厚度、输送介质组成、供应方案和主要技术经济指标等。

2．油气管道工程建设项目组成

油气管道工程建设项目内容一般应包括主体工程、公用工程、辅助设施等，其中主体工程包括线路工程（含截断阀室、分输阀室）和站场工程；公用工程包括供水系统、供热系统、供电系统等；辅助设施工程包括阴极保护、通信、仪表自动化控制系统等；环保工程包括生活污水排水系统和处理系统。

（1）线路路由方案

宏观选线根据沿线的水文、地形、地质、地震等自然条件和交通、电力、水利、工矿企业、城市建设等的现状与发展规划，综合分析、合理选择管道的走向。

局部选线应重点关注自然保护区、风景名胜区、饮用水水源保护区、集中居民区等环境敏感区，如涉及上述环境敏感区，应做环境比选方案，尽量避开；实在无法避让的，应在相关法律法规允许的范围内，选择对环境敏感区影响最小、线路最短的路由通过。

（2）站场工程

包括各站场名称、位置、占地情况及各站址间里程。输气管道工程主要包括首站、分输清管站、分输站和末站；输油管道工程主要包括首站、中间加热站、中间分输热泵站和末站。站场工程按照介质输送方向列举全线设置的站场、阀室的类型及其数量，储罐、储气站的类型、数量及总容量以及公用工程和辅助设施工程统计等列表说明。

工艺站场选址应满足线路路由的要求，不得设置在自然保护区、水源保护区、风景名胜区等敏感区域内。

3．管道工程宏观选线原则

（1）项目选线选址和建设方案的环境合理性和可行性

根据沿线的地形和地貌、水文、气候和气象、生态、地质、矿产、地震等自然条件和交通、电力、水利、工矿企业、城市建设、社会经济等的现状与发展规划，综合分析、合理选择管道的走向，论证项目选线与城市（含建制镇）规划的协调一致性。局部选线应重点关注自然保护区、风景名胜区、饮用水水源保护区、集中居民区等环境敏感区，如涉及上述环境敏感区，应做环境比选方案，尽量避开；实在无法避让的，应在相关法律法规允许的范围内，选择对环境敏感区影响最小、线路最短的路由通过。

（2）施工方案选择

根据项目所经区域环境特征合理选择环境影响小的施工方案，减缓环境影响，如穿越环境敏感水体（水源地、水库、环境敏感河流等），采用定向钻穿越或隧道穿越方式。

（3）环境风险分析

必须进行环境风险分析评价，分析产生环境风险的原因、风险概率及事故后果，提出有针对性的环境风险防范措施和事故应急计划。

（4）沿线自然条件情况分析

管线沿途所在地区海拔高度、地形特征、地貌类型等情况。崩塌、滑坡、泥石流、冻土等有危害的地貌分布。

管线沿途所在地区的主要气候特征，年平均风速和主导风向，年平均气温，年平均相对湿度，平均降水量、降水天数，降水量极值，主要天气特征等。

管线沿途地区主要的动、植物清单，生态系统的生产力，物质循环状况，生态系统与周围环境的关系以及影响生态系统的主要污染来源。

说明管道通过地区的地质状况，当地已探明或已开采的矿产资源情况。

土壤与水土流失：管道经过地区的主要土壤类型及其分布，土壤的肥力与使用情况，土壤污染的主要来源及其质量现状。

（5）沿线社会依托条件

交通运输：公路、铁路、乡村道路通行情况。

人口：管线通过的城市、乡镇、包括沿线居民区的分布情况及分布特点，人口数量和人口密度等。

工业与能源：工程项目周围地区现有厂矿企业分布状况，工业结构，工业总产值及能源、原材料的供给与消耗方式等。

农业与土地利用：包括可耕地面积、粮食作物与经济作物构成以及土地利用现状。

（6）掌握沿线环境敏感区分布情况

沿线分布的自然保护区、风景名胜区、饮用水水源保护区、生态功能保护区的名称、位置、范围、级别、环保要求等。

4. 站场工程选址原则

（1）工艺站场选址应满足用户需求、输送工艺和线路路由的要求。

（2）不得设置在自然保护区、水源保护区、风景名胜区等环境敏感区域内。

（3）自然和社会依托条件较好。列出全线各站场名称、类型、位置、占地情况及各站址间里程。输气管道工程工艺站场通常划分为首站、压气站（压缩机）站、分输清管站、分输站和末站；输油管道工程主要包括首站、中间加热站、中间分输热泵站和末站。

二、施工规划

1. 管道敷设方案

管道敷设方式通常采用埋地（开挖沟埋、穿越）敷设、半埋（管堤）敷设和地上架空（含跨越）敷设形式。一般地段以开挖沟埋方式敷设为主；当管道穿越多年冻土地段或沙漠地段时，局部地段采用管堤敷设方式；工艺站场内管道有时采用在地上架空敷设形式。当遇到深而窄的冲沟或河谷时，采取跨越方式敷设；遇到高陡坡或地形起伏大的山岭时，采取隧道（钻爆或盾构）方式敷设；遇到水体敏感或通航河流时，采取定向钻、隧道（钻爆或盾构）等穿越方式敷设或采取跨越方式敷设；遇到高速公路、铁路时，采取顶管或定向钻方式穿越。

管道工程施工可分为一般线路施工、穿跨越施工、特殊区域施工和站场施工。

2. 一般地段线路工程施工基本工序

（1）施工准备

施工准备是油气管道施工企业做好施工的基础和前提条件，施工准备的翔实程度不仅影响工程的工期，而且会影响整个工程施工质量、进度、安全、经济指标。开工前，必须做好充分的准备工作。施工准备包括技术准备、人力资源准备、施工机具准备、施工物资准备和施工现场准备。

施工承包商根据承担的施工任务和目标要求，组织编写施工组织设计，报监理审批，具备开工条件时，向监理报送开工申请。

施工组织设计一般应包括如下内容：① 编写依据；② 工程概况；③ 施工部署；④ 施工进度计划；⑤ 资源需求计划；⑥ 工程项目质量目标；⑦ 工程项目 HSE 管理目标；⑧ 施工布置平面图。

（2）一般地段管道工程线路施工工序

以输气管道一般地段线路施工为例包括线路（设计）交桩—测量放线—施工作业带清理、修筑施工便道—材料设备检验、材料存放和钢管运输（弯头、弯管制作）—布管—管口清理与坡口加工—管道组对与焊接—焊缝检查与无损检测—管线防腐补口、补伤—管沟开挖—下沟前检漏补伤—管道下沟—管道回填—标志桩埋设—管道清管—管道试压—输气管道干燥—连头安装—清理施工现场、恢复地貌—恢复地表植被—交工验收。

（3）穿、跨越段工程施工

穿、跨越施工是指管线施工过程中，由于管线施工场地的特殊性，采用技术复杂的施工方式。油气管道连绵几百千米，甚至数千千米，不可避免地要经过许多人工或天然障碍，例如西二线工程沿线穿越多处公（铁路）路、河流、峡谷、大山等，都需要采取特殊的施工方法。

如穿越河流、水域、公路、铁路等采取的顶管、大开挖、定向钻、盾构等施工方式；根据具体情况也可采用隧道穿越、跨越（河流、沟渠）等方式。

3. 管道特殊区域施工

管道施工特殊区域是指管道线路所经历的地段遭遇山区、黄土高原、沙漠、湿地、森林、地下文物、自然保护区等特殊地段，从而在施工过程中要采取必要的保护措施，确保该地段的建筑或其他设施不被破坏。

4．站场工程施工

站场施工时，遵循先地下后地上，先土建后工艺的原则，各个专业统筹考虑，互相配合。要按清理场地—土建施工—安装工艺装置—建设相应的辅助（电力、通信、仪表、自动化、消防、给排水等专业）设施的步骤施工。

5．工程用地情况

管道工程用地分永久占地（站场和阀室占地）和临时占地（作业带、作业场地、料场、临时建筑、临时设施占地），按照国土资源部和地方国资委的规定，提前申请永久用地和临时用地类型及数量，提前办理征用或临时用地手续。

根据工程建设进度计划逐步开展地类调查、土地丈量、地面附着物清点和补偿工作，重点关注临时用地情况，包括管道敷设占地、施工作业带、施工便道、综合施工场地（如定向钻施工场地）、弃渣场（主要是隧道弃渣、山区石方段）等。

同时，关注林业草原、文物保护、矿产压覆调查与补偿工作。

6．环境敏感目标分布

确定工程与环境敏感目标（自然保护区、风景名胜区、饮用水水源保护区、生态功能保护区、集中居民区、学校、医院等）的位置关系。例如西气东输工程沿线共经过 9 个自然保护区，工程经过这些自然保护区，不可避免地会对这些保护区的植被、动物、生物多样性造成影响。

三、施工期主要环境影响及防治措施

管道工程建设施工期对环境的影响主要表现为各种施工活动对生态环境的影响；在施工过程中产生的噪声、扬尘、弃石、弃土、植被破坏，对河流、航道等淤积以及施工设备、施工人员生活产生的废水、废气、固废的排放。站场的建设将永久占用一定数量的土地，改变了土地使用功能，将会对林业、农业生产造成一定的影响。

1．管道施工对生态环境的影响及防治措施

（1）管道施工对生态环境的影响

管道工程对生态环境的影响主要发生在施工期。影响包括：① 管沟开挖对地表植被的破坏，导致的水土流失增加，对地表土壤结构破坏，对耕地和土壤肥力产生影响。② 采用大开挖方式穿越河流施工，对河流水质产生局部或临时的影响，进而可能影响水生生物；废弃泥土影响河道，河堤完整性受到影响。③ 隧道施工对一定范围地下水及隧道上部植被产生影响，产生的弃土弃渣，施工排水，弃土弃渣堆放，对周围环境产生影响。④ 管道经过保护区施工时，尤其应关注对环境敏感区（自然保护区、风景名胜区、饮用水水源保护区、生态功能保护区等）的影响及对项目沿线受保护动植物的影响。⑤ 山区临边坡施工时，边坡开挖过程中的土石方极易顺山坡滚落占压田土、淤塞河道，堵塞道路，受到雨水冲刷造成水土流失。⑥ 大型跨越施工时，基础开挖、围堰施工及钻孔施工过程对河道、行洪产生影响，开挖弃土堆放对环境产生影响，钻孔泥浆排放和污水排放对受纳水体产生污染。

（2）对生态环境影响的减缓措施

① 开挖沟埋方式敷设注意减小施工扰动面积（包括施工带宽度、施工营地面积、施工道路长度和宽度），严格控制施工活动范围，控制施工作业带宽度，严禁随意扩大施工用地范围；严禁乱铲乱踏周围的植被，所有施工车辆必须在临时道路上行驶，严禁开辟新路乱碾乱压，以免对原有地表自然状态的进一步破坏，最大限度地减少对土壤和植被的扰动；管沟开挖土应分层开挖、分层堆放，管沟回填应分层回填并逐层夯实，有利于植被的恢复；回填剩余废弃的砂、石、土应运至指定的存放地，不得随意倾倒；施工完毕后恢复地貌，并压实回填土，及时清理各类施工废弃物，做到现场整洁、无杂物。保证农田在工程完工后能够及时复耕。

② 大开挖方式穿越河流施工应优化施工方案，选择在枯水期，妥善清理弃渣，恢复河道原貌；定向钻施工产生的废弃泥浆应设回收设施。

③ 隧道施工时，渣场选址应取得地方林业主管部门和所有权人的同意，弃渣前应将渣场的表层土剥离，单独堆放，并采取苫盖保护措施，对弃渣场应按要求进行围挡，严格执行“先拦后弃”的原则，挡墙质量应符合设计要求；隧道施工废水（含隧道的渗水）应经处理后排放，严禁直接将施工废水排放入农田、沟渠、河流等水体；弃渣完成后，应按要求整治渣面，并对渣场采取覆土复绿措施。

④ 选择环境合理的路由方案，避让环境敏感区，不得在自然保护区内设置营地；禁止施工人员对景区景点、植被的破坏，弃渣不得堆放在风景名胜区内。针对施工作业区域内的生态保护区和自然保护区，承包商制定保护措施并组织实施，以确保该地区的自然环境得到最大限度的保护和恢复。优化施工方案，尽量缩短施工期，并快速回填，以便缩短使土壤暴露时间，从而减缓环境影响。

⑤ 在山区临边坡施工过程中，应及时设置挡墙、排水沟、截水沟，避免边坡崩塌、滑坡产生，防止水土流失或导致河道、道路堵塞等现象；采石场、取土场、弃渣场的水保设施实施情况，应符合水保设计中制定的方案，严格执行“三同时”制度；对易忽视的“临时占地恢复”问题进行监控管理。

⑥ 大型跨越施工应优化施工方案，落实环保措施；弃土弃渣预先进行寻址和遮挡，监控污水、泥浆处理效果，合理进行围堰和及时拆除恢复，必要时对水体进行检测。施工时须得到主管部门许可。

2. 管道施工对空气环境的影响及防治措施

（1）管道施工对空气环境的影响

管道线路施工对空气环境产生的影响包括管道开挖表土裸露，产生扬尘；施工机械作业和车辆运输等产生的粉尘的影响，管道焊接也会产生少量焊接烟尘。站场施工场地平整产生的扬尘影响；施工机械作业和车辆运输等产生的粉尘影响；设备、管道焊接产生的焊接烟尘影响；设备、管道表面涂漆产生的油气影响；其他施工过程可能产生影响环境的废气源。

管道运营期对空气环境产生的影响主要包括站场生产生活用锅炉产生的废气；清管作业产生的废气；输气管道在处理事故情况下的放空。

（2）对空气环境影响的减缓措施

在容易产生扬尘地段施工时，连续起风情况下，开挖土方临时堆存处应采取洒水或苫盖措施，防止扬尘产生。

对施工机具设备定期维修，保持良好的运行状态，施工中产生的废气和粉尘要求达标排放；材料的堆放场应设置不低于堆放物高度的封闭性围栏，缩小施工扬尘扩散范围。

站场施工采取加遮盖物、干燥天气需洒水、避免大风天气作业等减少扬尘的措施；减少在施工场地喷涂油漆量、加强施工机械和设备的维护与管理等措施。

站场生活用能采用清洁能源；清管作业尽量采用密闭工艺；事故放空采用火炬燃烧减少对大气环境的影响。

3. 管道施工对水环境的影响及防治措施

（1）管道施工对水环境的影响

大开挖穿越河流施工会影响水质，影响河道水流。

施工人员生活污水排放，施工机具含油施工废水外排。

站场冲洗设备产生的污水和生活污水排放；清管作业的废水排放。

（2）对水环境影响的减缓措施

大开挖穿越河流应选择在枯水期，并做好导流明渠。施工结束后，保持原有地表高度，恢复河床原貌，以保护水生生态系统的完整性。

施工时应尽量控制施工作业面，减小对地下水的污染；如穿越环境敏感水体，应采用不涉水的定向钻或隧道方式。

生活污水、施工污水排放采取与地方排污连通，或进行处理后达标排放，经过许可排放到指定地点。

4. 社会环境影响分析与措施

调查和研究管道施工和运行对农业生产的影响；调查和了解当地居民房屋拆迁安置政策及规定；经济发达地区以及与其他行业规划产生的相互干扰。

耕地占用和房屋拆迁应进行合理补偿；项目选线选址应取得地方规划部门意见，协调与其他行业规划矛盾的处理。

建立与地方共同参与的管道运行保护体系，加强巡线次数，发现和制止第三方在管道附近施工，其他工程必须穿越或与在役管道并行施工，严格监督保护措施落实。加强巡查、宣传和教育，打击盗油、盗气行为。

四、运营期主要污染分析

站场生产生活用锅炉产生的废气；清管作业产生的废气；事故下的放空。各站场分离器检修、系统超压将产生一定量天然气通过工艺站场外的放空系统直接排放。

各站场产生的污水主要为生活污水，固体废物除有值班人员站场产生生活垃圾外，在分离器检修（除尘）、清管收球作业时会有一定量产生，另外对压缩机维修保养时会产生部分废润滑油。

各工艺站场的主要噪声源包括压缩机机组、空冷系统、分离器、空气压缩系统、调压设备、放空系统等。放空系统噪声只有在紧急事故状态下才会产生。

五、管道工程环境风险分析及预防措施

1. 管道工程环境风险分析

管道输送的介质属易燃易爆物品，管道输送具有一定的压力，沿线有不良地质地段，并且管道要穿越一些大、中型河流，易受到洪水、地震等自然因素的威胁，再加上人为破坏等因素的作用，工程存在一定的事故风险性。

对以往管道运行过程中，造成管道事故的主要原因分别是腐蚀、施工质量和材料缺陷、第三方外力及不良环境影响。

2. 管道工程环境风险预防措施

按风险源识别、源项分析、事故后果预测、环境风险评价进行风险分析并提出事故防范措施、环境应急措施及环境应急管理，最大限度地将不利的环境影响降到最低程度。预控措施如下。

（1）选择线路走向时，尽可能避开居民区以及复杂地质段及密集林区，以减少由于不良地质造成管道泄漏事故以及天然气泄漏引起的火灾、爆炸事故对居民的危害和林业经济损失。

（2）对管道沿线人口密集、房屋距管线较近、由于地形地质等原因导致管线与其他基础设施距离达不到规范要求的地段、距离其他管线较近地段、自然保护区、水源地等敏感地区，应提高设计系数，增加管线壁厚及其他保护管道的措施，以增强管道抵抗外部可能造成破坏的能力。

（3）根据《输气管道工程设计规范》（GB 50251—2003）的要求，输气管道通过的地区，应按沿线居民户数和建筑物的密集程度，划分为 4 个地区等级，并依据地区等级作出相应的管道设计。

表 5-1　预防风险采取的主要措施

<table>
<tr><th>管段</th><th>类别</th><th colspan="2">设备、技术</th></tr>
<tr><td rowspan="11">全线</td><td>管材</td><td colspan="2">螺旋埋孤焊钢管和直缝埋孤焊钢管</td></tr>
<tr><td>防腐</td><td colspan="2">全线采用环氧粉末聚乙烯复合结构（3 层 PE）。一般地段埋地管线采用普通级 3 层 PE，石方地段及穿越铁路、公路、河流、山体等处管线采用加强级 3 层 PE 防腐，同时采用强制电流为主、牺牲阳极为辅的阴极保护，在杂散电流流出点安装成组的锌阳极，以达到排流的目的，减轻干扰</td></tr>
<tr><td>施工探伤检测</td><td colspan="2">X 探伤</td></tr>
<tr><td>试压</td><td colspan="2">全线</td></tr>
<tr><td>泄漏检测及自动控制</td><td colspan="2">SCADA 智能检测</td></tr>
<tr><td>人工巡线</td><td colspan="2">全线，通信全天候畅通</td></tr>
<tr><td>防止误操作</td><td colspan="2">建立岗位操作规范</td></tr>
<tr><td rowspan="4">穿越段</td><td>截断阀室</td><td>两侧各一座</td></tr>
<tr><td>壁厚</td><td>厚壁，＞15 mm</td></tr>
<tr><td>配重防护层</td><td>混凝土</td></tr>
<tr><td>防腐材料</td><td>双层熔结环氧粉末涂层</td></tr>
</table>

第三节　设计文件、施工图设计环保审核要点

（1）重点对照管道工程设计文件（含初步设计、施工图）中，项目建设性质、规模、选线、选址、站场平面布置、工艺系统与环评时工程方案变化情况，如发生重大变化，应协助建设单位要求设计单位修改设计方案，并尽快提醒建设单位履行相关手续。

（2）重点关注环保设施设计与主体工程设计的同步性。

（3）重点关注管道项目建设施工组织设计中的环保措施与相关环境敏感区关系的变化、施工工艺的变化可能带来的对环境敏感区影响的变化。如隧道工程施工原设计渣场库容是否满足弃渣要求，原设计的浆砌石挡渣墙是否能保证渣场安全；渣场选址不得定在管道作业带上，根据当地气象条件渣场是否应配套设计截排水设施；高陡边坡开挖及地质缺陷处理是否配套设计相应截排水及支护措施等。

（4）重点关注针对环境敏感区采取的环保措施和生态恢复措施是否落实到设计文件中。

（5）通过对设计文件环保核查形成专题材料反馈给建设单位，作为设计文件的补充要求。

第四节 施工期环境监理要点

一、施工准备阶段环境监理要点

（1）收集、熟悉项目所在地域有关国家及地方的相关环境法律法规，熟悉勘察、设计文件、环境影响评估文件及其批复文件等。

（2）了解沿线及周边的环境情况，掌握沿线重要的环境保护对象，建设过程的具体环保目标，对敏感的保护目标作出标识，协助建设单位组织并参加设计交底，对比设计文件与环境影响评价报告中的河流穿越方案、环境敏感区穿越位置等。如发现有与环境影响评价报告不一致的，及时向建设单位（业主）提出。

（3）审查施工承包商提交的施工组织设计和开工报告，对施工组织设计（或专项施工方案）中环保目标和环保措施提出审查意见。

（4）审查施工承包商项目部环境管理机构、环境管理制度的建立情况，应符合投标承诺，施工承包商的环保管理体系是否责任明确，运行切实有效。

（5）检查施工承包商采购用于环境保护设施的材料、设备的质量、规格、性能。

（6）编制环境监理方案及细则。

（7）第一次工地会议，对施工承包商提出环境保护要求，进行环境监理交底。

（8）对施工承包商营地、材料场、弃土（渣）场、预制场进行开工前的巡视检查，并提出环境保护要求。

二、环境监理交底工作要点

（1）环境监理交底应由环境监理总监理工程师主持，施工承包商项目经理、技术负责人、环境管理部门负责人及主要环境管理人员、监理人员及其他相关人员参加。

（2）由项目监理机构形成环境监理交底会议纪要，经与会各方会签后，发至参会各方。

（3）环境监理交底应包括下列主要内容：① 项目所适用的环境方面的法律、法规和技术标准等；② 设计文件和环境影响评估文件中关于环境的管理要求；③ 本管道工程沿线的主要环境敏感点、环境风险及控制措施；④ 合同约定的参建各方的环境管理责任、权利和义务；⑤ 施工阶段环境监理工作的内容、基本程序和方法；⑥ 施工过程环境管理资料报审及过程监督管理要求。

三、审查施工组织设计、专项（环境管理）施工方案要点

（1）编制、审核及批准签署应齐全有效。

（2）环境管理组织机构及岗位职责、环境管理人员配备数量及资格应符合合同的约定。

（3）主要的施工机械设备的性能应符合环保的要求。

（4）环境风险识别、评估及削减措施应符合相关环境管理规定，并应有环境事故应急预案。

（5）作业带宽的控制、弃土弃渣的围挡、施工垃圾的收集及处理等临时环保措施应符合设计文件、环境影响评估文件及其批复意见的要求。

（6）穿越环境敏感区应有专项施工方案，环境敏感区施工的环保措施应符合环境影响评估文件及其批复意见的要求。

四、开工前环境监理进行现场检查要点

（1）核查施工承包商环境管理人员、设备、材料到场情况，其数量及资格等应符合合同的约定，是否具备开工条件。

（2）检查施工承包商对参建员工进行的环境培训教育计划及实施情况，应满足施工环境管理工作需要，培训记录完善。

（3）审查施工承包商的环境风险识别、评估情况及主要环境风险清单建立和控制措施制定情况，应符合工程实际情况和相关环境管理规定。

（4）检查施工承包商是否根据当地的规定与地方环境主管部门签订了垃圾处理、废水排放等环境协议。承包商在进行穿越环境敏感区施工前，应按规定办理环境敏感区施工许可手续。

（5）营地环境管理的检查应包括以下内容：① 营地内外应有符合要求的排水设施；② 生活垃圾的清理、处理应符合环境管理要求。

（6）施工现场环境的检查应包括以下内容：① 施工现场的平面布置应符合环保的要求；② 站场、隧道、定向钻等固定施工场所的临时设施设置（现场办公、宿舍、食堂、道路等）、排水、排污（废水、废气、废渣）及防火措施应符合相关管理要求；③ 弃土弃渣场的边坡应有临时围挡措施，防止雨水冲刷导致水土流失；④ 临时油料放置点、机械设备检修点应有防止油料滴、漏、渗的措施；⑤ 林区施工现场应有林区防火措施；⑥ 隧道排水应有分级沉淀措施；⑦ 区性定向钻泥浆池应有可靠的防渗措施。

现场检查符合要求时，与工程监理单位沟通后，下达开工令。

五、施工阶段的环境监理工作

（1）审查施工承包商编制的专项（分部、分项）工程施工方案中的环保措施是否可行，协助建设单位督促落实设计文件、环境影响评估文件及其批复意见中的各项环保措施。

（2）按照环境监理细则中明确的检查项目和频次进行检查，对施工现场进行巡视监理，检查环境保护措施的落实情况，并做好记录，对发现的问题向施工承包商发出通知、指示或警示，并检查执行情况。

（3）根据环境影响评估文件及其批复意见中的要求，开展内部环境监测，出具内部监测报告。

（4）参加中间检查，确认环保措施和实施施工质量，签署监理意见。

（5）组织召开环境监理例会，编写环境监理月报和阶段性报告。

（6）建立、保管环境监理资料档案。

（7）处理或协助主管部门和建设单位处理突发环保事件。

六、定期召开环境监理周、月例会

（1）监理例会由主管环境监理的总（副）监理工程师主持，施工承包商项目经理、技术负责人、环境管理部门负责人及监理人员参加。

（2）由项目监理机构应形成环境监理例会会议纪要，经与会各方会签后，发至参会各方。

（3）环境监理例会应包括下列主要内容：① 应检查上次例会有关环境事项的落实情况。② 分析未落实事项的原因。③ 确定下一阶段施工环境管理工作的内容，明确重点监控的措施和施工部位，并针对存在的问题提出意见。④ 环境监理人员应做好会议记录，以会议纪要的形式经与会各方会签后发至相关各方，并应有签收手续。

七、环境事故的处理程序

（1）施工过程中发生环境污染事故，施工承包商应立即启动应急预案，在规定时间内向监理和有关部门报告。

（2）监理接到报告后应进行确认，并应要求施工承包商采取减缓和消除污染的措施，防止污染危害进一步扩大，并应向建设单位报告。

（3）应协助疏散可能受到污染的单位和人员，撤离危险地带，避免人身伤害。

（4）应接受或协助环境污染事故的调查和处理。

八、管道施工过程环境监理要点

1．开挖沟埋监理要点

减小施工扰动面积（包括施工带宽度、施工营地面积、施工道路长度和宽度），最大限度地减少对土壤和植被的扰动，采取必要的临时挡护措施；分层开挖、分层堆放；分层回填，及时进行植被的恢复。

2．穿越河流工程环境监理要点

（1）优先考虑采用定向钻、隧道（盾构、人工钻爆）施工方式，尤其是环境敏感区段、环评批复明确要求应采取的穿越方式；大开挖方式应选择枯水期，且弃渣必须清出河道，施工完毕后还原河道。

（2）爆破形式开挖隧道，将产生强噪声、振动，应考虑对野生动物的影响而采用适当爆破方式；还要考虑炸药残留的影响。

（3）隧道弃渣、钻屑和废弃泥浆严禁弃于河道内、饮用水水源保护区、自然保护区、风景名胜区等环境敏感区内。

（4）施工营地严禁设在饮用水水源保护区、自然保护区、风景名胜区等环境敏感区内。

（5）在穿越河流的两堤外堤脚内不准给施工机械加油或存放油品储罐，不准在河流主流区和漫滩区内清洗施工机械或车辆。

（6）防止设备漏油遗撒在水体中。加强设备的维修保养，在易发生泄漏的设备底部铺防漏油布，并在重点地方设立接油盘等，同时及时清理漏油。

3．山体隧道穿越工程环境监理要点

（1）爆破形式开挖隧道，将产生强噪声、振动，应考虑对周围居民的影响，对野生动物的影响；还要考虑炸药残留的影响，考虑含残留炸药的隧道涌水外排对下游地表水和地下水的影响，如下游有敏感水体应采用环保型炸药。

（2）隧道弃渣、钻屑和废弃泥浆严禁弃于河道内、饮用水水源保护区、自然保护区、风景名胜区等环境敏感区内。

（3）隧道施工产生的土石方堆放地点不合理，或隧道的堆放场未做拦挡和导水沟，遇暴雨土石顺坡而下，将造成大量的水土流失。

（4）局部产生滑坡对植被影响较大，并且难以恢复，易造成水土流失。环境监理应注意的问题是水保工程应以工程措施为主，辅以植物措施。

九、管道施工环境达标监理要点

1. 大气环境

油气管道施工中，空气环境监理重点监控废气和粉尘是否达标排放，施工期间向大气排放有害蒸气和气体的施工工程，应与当地环境保护行政主管部门协商，并在有利的气象条件下完成。

施工路段、灰土拌和场地、运输便道等应定时洒水；粉状材料堆放时必须有苫盖措施；运输车辆应完好，采取苫盖措施，减少沿途抛洒和扬尘。

材料的堆放场应设置不低于堆放物高度的封闭性围栏，缩小施工扬尘扩散范围；施工现场应设围栏或部分围栏，以减少施工扬尘扩散范围。

连续起风情况下，开挖土方临时堆存处应采取洒水或苫盖措施，防止扬尘产生。

加强机械设备的维护和保养，减少正常工况的废气排放。

2. 水环境

油气管道施工河流穿越是水环境监理重点，环境监理重点核查穿越施工方式是否与环评报告的要求一致，是否有相关行政主管部门的许可施工文件；审查专项施工方案；施工过程中重点监督施工机械油污及洗刷污水、营地安扎及生活污水、穿越段管道试压废水的处置、围堰导流、河床整治、河堤护岸恢复等情况，有效杜绝施工过程中各类污染物对水体的污染。

施工废水排放监控，重点是监控隧道工程排水和试压排水，要求隧道排水采取三级沉淀，定期检测，达标排放或进行回用；管道试压用水在排放前取样送检，水质检测结果符合排放标准，并取得排放点主管部门许可后方可实施排放。

3. 声环境

油气管道施工的噪音监控，重点监控邻近（200 m 以内）居民点地段范围内，施工机械噪音是否超标，合理配置施工设备，并实行严格施工时间限制，每天只允许在8:00—20:00 时段施工，以免影响周边居民正常休息。

站场采用降噪设计，如压缩机区设计厂房和隔音板。

4. 固体废物

固废处置监控，重点是监控施工废料、施工垃圾、生活垃圾等是否按照环评及其批复文件的要求集中处理和处置。施工过程产生的焊条头、废钢材、管圈等施工金属废料均集中后送收购部门回收处置；砂轮片、废电池、灯管、废塑料、废油、废油漆桶、有毒有害容器等施工废料也均委托当地有资质的单位集中处理。

5. 生态环境

施工过程中，将作业带宽严格控制在 20 m 范围内（一般地段设计作业带宽为 30 m），严禁施工设备人员越界碾压踩踏；在机械设备进入作业带前，剥离作业带内的草皮，移植至异地养护，其他表土均分离后妥善堆存、苫盖保护；管沟回填后，植被恢复时，将原有表土摊撒，再将原来的草皮移回原地，同时在作业带内播撒适生草种。实践验证，以上做法将施工扰动范围控制在最小范围，最大限度地保护了原有物种，也使施工扰动的区域的植被很快得到了恢复，效果良好。

根据不同的地形地貌，对线路主体工程实施环境监理的要点：

（1）戈壁沙漠地段，严格控制作业活动区域，禁止车辆越界碾压，扰动沙漠戈壁的表壳，采取分段开挖分段下沟回填，缩短开挖土的暴露时间，回填后及时对扰动区域采取草方格固沙、片石压盖的措施，最大限度减少风蚀。

（2）农田、草地、林地地段，严格控制施工作业带宽在 26 m 范围内（设计为 30 m），监督检查土方开挖施工中熟土（表层耕作土）剥离和保护，与生土（下层土）分开堆放，回填时按照生土、熟土的顺序进行，最大限度地保护耕植土和恢复施工影响区的原地貌。

（3）山区、丘陵地段，对开挖、回填的边坡达到设计稳定边坡后，迅速采取防护措施，做好坡面和坡脚的排水以及恢复植被，防止产生冲刷。

（4）平原水网地段，监督采用导流围堰隔离作业区地表水与外界的联系，防止污染水体，严格控制施工时序，尽量避开雨季施工，缩短管沟开挖暴露时间，避免管沟积水塌方，及时进行场地平整，填平积水坑，及时恢复农田。

6．环境风险防范

随着近几年来我国能源需求的剧增，在建和拟建的油气管道工程累计里程每年呈数千千米的速度飞速增长，同时成品油管道破裂引发的各种规模的溢油污染事故层出不穷，社会关注度空前提高。为降低管道事故发生概率和减缓管道环境污染事故影响，进一步规范管道工程环评、评估和建设中的环境保护工作，环境保护部环境工程评估中心组织编制完成了《石油天然气管道建设项目环境技术评估要点》（以下简称“要点”），突出了对管道工程选线、环评、设计及建设等各个阶段的最新要求。在环境监理过程中结合环评报告书及批复，同时参照《石油天然气管道建设项目环境技术评估要点》相关要求做好现场检查。

（1）高度重视合理选线选址在减缓环境影响中的基础地位

选线选址是规避和降低环境风险的重要手段。要点强调，环评工作应在预可研或项目建议书阶段提前介入，与设计单位共同开展选址和选线工作，将环境因素作为选址和选线必须考虑的因素。

应按照法律法规和部门规章符合性、地区规划符合性和环境风险可接受性三方面进行路由评价，如有必要，应从环境保护角度提出路由调整方案。要点明确了推荐路由已获地方规划部门和环保部门同意，但存在重大环境风险和生态影响的，应考虑从大范围空间进行重新选线的可能性。锦州—郑州成品油管道工程评估前线路经过陡河水库上游，评估要求绕避水库重新选线，为此增加管道长度 20 km，增加投资 1 亿元，避免了唐山市数百万人口饮用水水源遭受溢油污染的风险。

（2）规范穿越水源地和各类生态敏感区的技术评估原则

管道工程建设长度动辄数千千米的特点，决定了工程建设中会不可避免涉及各类环境敏感区，关注环境敏感区的穿越是项目评估的重中之重。要点提出，"避让原则"是管道穿越各类环境敏感区的基本原则。应优先关注水源地和国际河流。对于水源地，管道路由选择原则上不应穿越保护区，南水北调工程等长距离引水干渠确实无法绕避的除外。施工方案的选择原则为施工期环境影响最小且环境风险最小。对于国际河流，应优选穿越地点和穿越方式及保护措施，原则是保证在任何情况下，不让油品进入河流。对于特殊区域，如地质灾害区域、地震易发区、活动断裂带等有可能引发管道断裂等安全问题的区域，评估应该予以关注，重点是管道的安全保护措施和可能造成的次生环境后果。重视自然保护区功能的完整性及风景名胜区的景观保护工作。

（3）突出关注油品管道的风险影响、防范及应急措施

要点强调穿越敏感水体的路由比选和穿越方案比选在环境风险评估中的突出作用。按照预防为主、全程控制的原则进行措施和环境风险影响的评估。风险评估的优先顺序为路由比选—方案比选—保护措施比选—应急措施—后果预测。强化风险防范措施，进行分层次和分类评估，重点关注管道埋深、管道材质与类型、壁厚、防腐、焊接、阀室类型与间距、在线检漏预警与控制系统、套管、围护、盖板、挡板等防控措施的选择。

明确了隧道、定向钻、顶管和大开挖等各种穿越方式的优缺点和使用条件以及不同管材和管型的适用条件。

在应急预案中突出关注不同事故情景下的应急策略，增加应急措施的针对性。对经过特别敏感区域的输油管道工程，可要求建立计算机实时预测和决策指挥系统。加强基础数据的收集和整理，验证模式，整合 GIS、卫星、遥感技术和沿线的河流（依托既有江河水文站）等实时水文参数，为风险事故实时预测和辅助应急决策提供技术支持。

第五节 投产运行期环境监理要点

（1）核查环保措施、设施落实情况

根据工程进展，按照竣工环境保护验收和"三同时"制度的有关要求，逐项核查环保措施、设施落实情况、效果，组织或参加工程预验收，环保监理重点关注站场污水处理设施运行稳定性、达标情况，工程全线生态恢复和水土保持措施落实情况，确保顺利通过环境保护验收。

（2）整理环保监理档案资料，检查施工承包商的有关竣工档案资料

（3）编写环境监理工作总结

（4）参加工程环保专项验收

（5）整理环境监理资料

① 环境监理方案。② 环境监理细则。③ 与建设单位、施工承包商、设计单位来往环保监理文件。④ 监理通知单及回复单。⑤ 因环保问题签发的停（复）工通知单。⑥ 与环境保护有关的会议记录和纪要。⑦ 施工环境监理月报。⑧ 编制工程环境监理总结报告。

（6）检查施工承包商环境保护资料和实体环保措施

1）施工承包商应具备的环境保护资料

① 工程资料。包括施工内容、施工工艺、大型船舶机械设备、施工平面图、施工周期、施工人数及污染物排放等基本工程概况。② 环保制度与措施。包括生活区、施工现场及船舶机械设备环保管理措施与制度。③ 环保自查记录、整改措施与环境保护月报。④ 与监理单位往来文件。包括环境监理备忘录、环境监理检验报告表、环保事故报告表、环境监理业务联系单及回复单等。

2）实体环境保护措施

① 临时设施处置计划。主要内容有建筑物、构筑物（包括沉淀池、化粪池等）的处置计划。② 生态恢复及生态补偿措施等。主要包括取（弃）土场整治、道路（便道、便桥）及预制（拌和）场地、生活及建筑垃圾的处置，边坡整治、绿化等生态恢复和补偿措施。

（7）组织或参加工程环境保护工作初步验收

初步验收可以由建设单位组织，监理单位、施工承包商和设计单位参加。必要时，邀请环保和水利主管部门参加。

环境保护初步验收的程序与内容：① 工程完工，环保资料编制完成后，施工承包商向监理工程师提交初验申请。② 监理工程师审查初验申请。③ 监理工程师会同建设单位，组织施工承包商、设计单位对工程现场和相关资料进行检查。④ 对工程区环境质量状况进行预检，主要通过感观和利用环境监测单位监测的资料与数据进行检查，必要时进行实地监测。⑤ 现场监督检查施工承包商对遗留环境问题进行处理。主要检查内容有取（弃）土场整治、临时设施拆除，如临时用房、沉淀池、化粪池等的拆除，道路（便道、便桥）及预制（拌和）场地平整、生活及建筑垃圾的处置、边坡整治、绿化等生态恢复和补偿情况。⑥ 建设单位组织召开环保初验会议，监理工程师主持，对施工承包商执行环境保护合同条款与落实各项环境保护措施的情况与效果进行综合评估，审查环保遗留问题整改措施和计划，讨论决定是否通过初验。会后，由监理工程师向建设单位提出工程环境保护初验报告。

（8）初步验收问题整改

① 监理工程师定期检查施工承包商对环保遗留问题整改计划的实施，并根据工程具体情况，建议施工承包商对整改计划进行调整。② 监理工程师检查已实施的环

保达标工程和环保工程，对交工验收后发生的环保问题或工程质量缺陷及时进行调查和记录，并指示施工承包商进行环境恢复或工程修复。③ 收集工程试运行前所需的环保部门的各种批件，并予以协助办理。

（9）参加环境保护专项验收和竣工验收工作。

第六节　西气东输管道工程环境监理实例

一、工程分析

1. 工程概况

西气东输管道工程范围包括1条干线工程、3条支干线工程和5条支线工程。西气东输管道干线横贯我国东西，输气干线起点是新疆塔里木的轮南，终点是上海西郊的白鹤镇，线路全长3 837 km，管径为1 016 mm，设计最大输气量为$120\times10^8\ m^3/a$，设计压力10.0 MPa，正常运行保持管道压力在7.2～10 MPa，管道全线共设置工艺站场35座。其中中间压气站9座（有1座与分输站合建），分输站11座，分输清管站5座，清管站8座，首、末站各1座。建设操作区5座，计量中心1座，线路截断阀室138座。西气东输工程经过了较长时间的准备，1998年8月正式开展预可研工作，2002年7月动工，2003年10月1日东线（靖边—上海）建成试通气，2004年10月1日全线（轮南—上海）建成试通气，2004年12月31日实现全线投产。工程主体建设共约持续39个月，工程环保投资近11亿元。

2. 监理组织机构

为了更好地借鉴西方发达国家在大口径、长距离管道建设方面的经验，提升西气东输工程建设技术和管理水平，中国石油决定采用中外合作的监理模式管理工程的建设。通过公开招标，业主选择了美国寰球咨询服务公司（Universal Ensco，Inc.）和中油朗威监理公司合作组成西气东输工程监理总部，与国内9家监理公司合作组成各监理分部，共同承担工程建设监理工作。在工作中，中外监理人员密切配合、相互交流、真诚合作，严格遵循制定的监理程序开展工作，确保了监理工作与国际通用的项目管理模式的接轨。监理组织机构由监理总部—监理分部—监理区段三个层次组成，寰球公司和朗威公司共同组建监理总部，总部设在上海（2003年搬到北京），监理总部设置质量控制部、进度/造价控制部、HSE控制部、文件控制部、培训部和工程设计部，由寰球公司人员出任各部门正职，由朗威公司人员出任部门副职并派出具体工作人员，沿线在库尔勒、武威、临汾、郑州、南京和长江穿越设6个监理分部，分部总监由外方人员出任，寰球公司在分部还安排了质量、AUT和HSE工程师；各监理分部的常务副总监和其余所有监理人员由中方监理人员出任。分部下设若干监理区段，区段监理由国内监理人员组成。

3．西气东输工程监理工作亮点

（1）编制了完善的工程项目监理文件

在项目建设初期，朗威公司组织管理、技术人员按照《建设工程监理规范》的规定，起草了《施工监理规划》《监理细则》和监理用表。寰球公司则以他们刚刚完成的北美阿兰斯（Alliance）管道为基础提供了部分EPC模式管理文件和记录表格，它基本反映了符合国际标准长输管道的管理水平，但他们的项目运行、合同管理模式、资源投入的计算、工程量的计量和审核方式都不符合我国国情。为此，在应用北美阿兰斯（Alliance）管线的“最佳管理实践”的基础上，充分结合中国管道建设的实际情况和规范要求，双方合作编制了《施工监理规划》，并针对项目具体控制内容，编写了《管道施工质量手册》《P3进度计划执行程序》《EXP变更、付款申请、投资报告和预测执行程序》《施工健康、安全和环境（HSE）手册》《文控和分发手册》等管理手册和程序文件，修订了监理检查记录表格，形成了中外结合符合中国国情的管道监理的基本框架，迈出了与国际接轨的第一步。各个监理分部针对所辖区域工程建设的具体特点，在监理总部监理规划和管理文件体系的指导下，编写了分部施工监理规划和各个专业的监理实施细则，作为开展监理工作的指南。

（2）建立了与国际基本接轨的项目管理体系

西气东输工程从项目一开始就以建设世界一流管道为目标，具体体现为“四高一流”即：① 高标准：完全与国际接轨，技术上和API标准看齐，管理上严格遵循FIDIC合同条款。② 高质量：在设计、采办、现场施工组织每个环节上都高标准要求。③ 高技术：采用国际先进技术，提高整个管道的技术含量。④ 高效益：不但做到建设期成本、造价最低，还要使运行期成本最低。⑤ 一流：就是要求达到世界一流长输管道。

为此，西气东输工程建设积极引入国际石油大公司先进的管理理念和方法，结合工程实际按照国际标准普遍建立了ISO 9001质量管理体系、职业健康安全（GB/T 28001）管理体系和环境（ISO 14001，GB/T 24001）管理体系，以提升业主、监理和施工承包商的QHSE管理水平。

（3）确定西气东输工程QHSE管理体系方针和目标

质量方针：精心组织、优质施工、确保工程质量；强化管理、持续改进、服务国家社会。

质量目标：焊接一次合格率达到90%以上，其他施工质量一次合格率95%以上，控制和减少一般质量事故，防止和杜绝重大和特别重大质量事故；工程进度按期完成率达到95%以上。

健康安全环境方针：以人为本、预防为主、科学管理、环境创优、走良性循环和可持续发展道路。

健康安全环境战略目标：追求零伤害、零事故、零污染。

各个参建单位按照具体工作内容，把总体目标进行分解，并在工作中落实组织措施、经济措施、技术措施、合同措施保证实施。业主除了和承包商签订工程施工合同外还签订了HSE（健康、安全和环境）补充合同。

直接引入国际管道建设HSE监理的理念和做法：在HSE管理方面，直接引入国际管道建设HSE监理的理念和做法，应用到工程HSE管理工作中。例如武威监理分部根据辖区内生态环境脆弱、穿过自然保护区、古长城等实际情况，结合国际HSE管理经验编写了《甘宁段自然保护区工程监理工作指南》《安西自然保护区注意事项和基本概况》《黑河流域生态功能保护注意事项和基本概况》《古长城调查报告》等HSE文件，为做好HSE管理工作打下基础，收到良好效果，受到沿线地方政府的好评。

二、环境影响识别和防治措施

1. 主要环境影响识别

（1）施工作业带的地貌恢复情况。如空气、土壤、地下水、生物多样性、文物、公共环境影响较大。例如，有毒有害物质的排放会污染空气、土壤、地下水，对人民群众的生活和健康造成影响。

（2）作业带的植被恢复于相邻区域的生物多样性以及农田的耕种也会产生影响。管道施工的进行可能会对文物古迹造成破坏。

（3）西气东输工程沿线共经过9个自然保护区。分别为新疆阿尔金山野双峰骆驼国家级自然保护区、甘肃安西极旱荒漠国家级自然保护区、甘肃张掖黑水河农业生态功能区、宁夏中卫沙坡头国家级自然保护区、山西大尖山森林保护区、山西阳城崦山森林保护区、山西泽州猕猴自然保护区、河南太行山猕猴国家级自然保护区以及安徽大柳林木保护区。工程经过这些自然保护区，不可避免地会对这些保护区的植被、动物、生物多样性造成影响。

2. 环境影响防治措施分析

（1）施工过程中生产废水与废渣处理措施

对于管沟开挖回填后形成固体废弃物来说，有毒害的，会与当地的废弃物处理工厂签订处理协议，由工厂对这些废弃物进行专门的处理；无毒害的，经当地环保部门许可，堆放或深埋在指定地点。对于施工期间产生排放的污水废液来说，签订有排放协议，无毒无污染的，经当地环保部门许可，排放到当地的排污系统，有毒有害的由专门的处理工厂收集运走，进行处理。

（2）施工过程中废气和粉尘防治措施

施工现场产生的粉尘主要是车辆及重型设备施工产生的扬尘，对于烟尘严重的地域，要求承包商采取洒水或者喷洒除尘剂降低扬尘。废气则是施工车辆产生的废气，对于这个问题，除了车辆本身的净化功能外，还要根据国家的法规和标准进行控制。

站场采用密闭和除尘工艺。

（3）施工过程中噪声的防治措施

由于工程经过的区域基本上是远离城镇的偏远地区，所以基本上没有出现噪声对附近公众产生危害的现象；现场施工人员也要求佩戴耳塞或耳罩等降低噪声的装备，以保护员工听力不会受到损伤。对于靠近居民区施工的地域，根据国家的相关法律和标准进行施工。

（4）水土保持工程措施

要求施工承包商在施工作业带内施工，未经许可不得占用作业带以外的区域，以防止对作业带外的水土造成破坏。作业带挖出的地表土和下层土要求分开堆放，以利地貌恢复后的植被生长。要采取措施保证现场道路、斜坡和其他对地面不会形成障碍，造成局部水灾而对水土造成破坏。作业带与任何水域要保持一定限度的植被缓冲带。除了指定的料场，未经当地有关部门许可，不能随意在河床、岸边挖取或倾倒卵石、沙子及其他废弃物。迁移或清理的树木不能超出施工所需范围，也不能乱砍滥伐。施工时临时加宽加固的道路，施工完毕应结合当地实际情况进行恢复。在路边排水沟直通河流的地方，必须在河流附近设立障碍和挡板，形成泥沙沉淀区。其他施工排水均不能直接进入任何水域，进入前要保持植被防止泥沙流入水域。在河床开挖过程中，依据规范要求，在保证施工作业面的前提下，尽量减少对河床生态环境的破坏。河床开挖施工完毕后，将阻碍行洪、航运的杂物清除干净。喷砂除锈要在指定的场所进行，施工完毕后要对现场进行清理，将浮尘清理干净。

（5）野生动植物保护措施

要求在施工作业带预留通道，供动物穿越迁徙用。建设单位还制定了西气东输工程沿线地区的动植物图谱，供各级单位使用，避免对野生动植物造成损害。不许惊扰、捕捉受保护的野生动物。对于管线经过自然保护区和环境敏感区的，施工完毕后，要严格按要求进行恢复，必要时进行改线。树木进行砍伐或迁移前，要取得许可，对于不慎砍伐的树木要立即进行补救。

（6）人群健康保护措施

施工现场配备随队医生及必要的医疗器械和药品。随队医生应及早与当地医院及有关部门联系，了解和掌握当地疫情特点，例如血吸虫病的发作区域、感染规律及防治措施，熟悉医院地址和道路，以便抢救病员和伤员。在水网地域施工，严格执行当地政府有关预防传染病和流行病的各种规定。在夏季炎热天气下，还应调整工人作息时间，尽量避开阳光直晒和气温高的时间，利用早晚比较凉爽的时间进行施工。冬季寒冷天气，会停止施工，直到天气转暖，适于施工为止。

（7）特殊地段的环保措施

西气东输管道工程沿线共经过 9 个自然保护区和环境敏感地区，针对这些地段的施工，承包商报送了专门的环保措施，由监理分部和监理总部审查并批准后，予以实施。

三、建设环境管理和环境监理主要工作情况

1. 建设项目环境管理体系

西气东输管道工程的建设单位为西气东输管道公司。

西气东输管道公司 HSE 管理按线形管理方式运作，设总经理领导的健康、安全、环保（HSE）委员会，委员会由主任、最高管理者代表、副主任及委员组成；主任由总经理担任、HSE 最高管理者代表由主管 HSE 工作的副总经理担任、副主任由公司副总经理担任、委员会委员由 HSE 总监、副总师及有关职能处室负责人组成。委员会是西气东输分公司健康、安全、环保的决策机构，通过有关职能部门，对所属各单位及相关单位的 HSE 工作实行全面的管理和监督。

西气东输管道公司 HSE 管理组织机构见图 5-1。

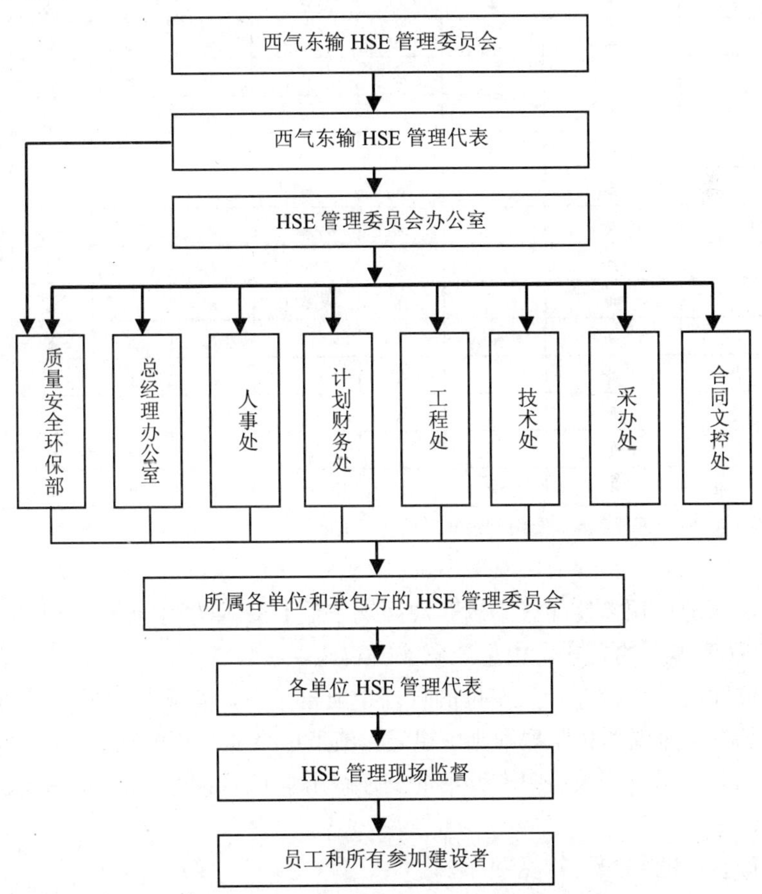

图 5-1 西气东输管道公司 HSE 管理组织机构

表 5-2 西气东输管道公司各部门的 HSE 管理职责

HSE 责任 \ 部门名称	质量安全环保处	总经理办公室	人事处	计划财务处	工程处	技术处	采办处	合同文控处
HSE 承诺管理	★	●		●				
方针和目标管理	★	●		●	●	●		
组织和职责制定	★		●		▲			
资源配置	●		●	★	▲		●	
培训和能力评价	●		★	●	●			▲
承包方管理	●			●	●		●	★
信息交流	★	●	▲	●	●	●	▲	●
文件及其控制	★		▲	▲	▲		▲	●
风险评价	★				●			
表现准则制定管理	★	●		●			▲	
风险削减措施	★		▲	●	●	▲	▲	●
体系规划	★		●	●	●	●	▲	
设施完整性	★			●	●			
工作程序编制管理	★		●		●			●
变更管理	★		●	●	▲			
应急反应计划	★		▲	▲	●			
体系运行管理	★		●	●	▲			
监督监测	★		▲	●	●		▲	
记录	★	●			▲		▲	▲
不符合及纠正措施	★		▲		●	▲		▲
事故报告调查处理	★		▲		●		▲	
审核	★		●	●	●	●	●	●
评审	●	★	●	●	●	●	●	●

注：★主要负责部门，●协助部门，▲相关部门。

西气东输管道公司制定了《中国石油西气东输 HSE 管理手册》，其主要内容符合中石油 HSE 管理体系的要求，由总经理签发实施。

监理单位和施工单位在建设单位的管理手册框架下，建立与业主对接的 HSE 管理手册，监理在监理规划和监理细则中讲述，施工单位的环境管理在施工单位的施工组织设计及 HSE“两书一表”中有详细的描述，由于有多家施工单位，所以不能对此进行详细例述。

施工监理队伍的组织机构见图 5-2。

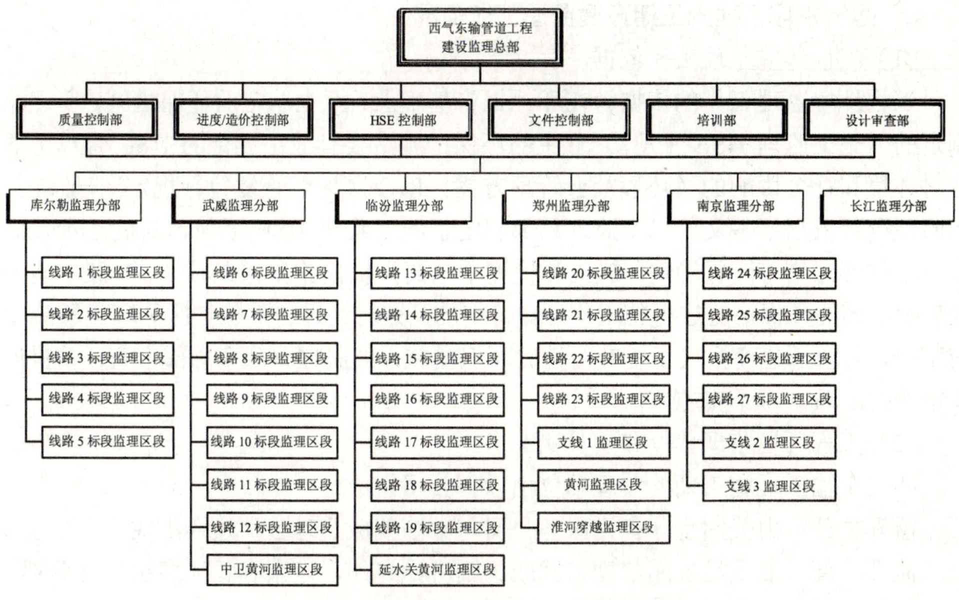

图 5-2　西气东输管道工程建设监理组织机构

工程施工单位 HSE 管理体系图见图 5-3。

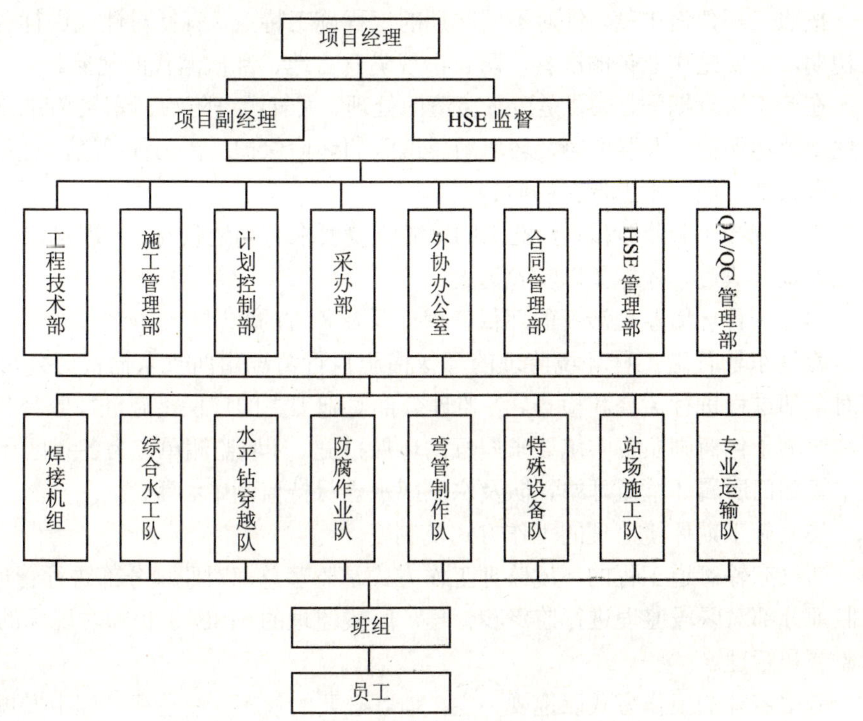

图 5-3　施工承包商 HSE 管理组织机构

2. 西气东输工程施工期环境监理工作情况

（1）工程环境监理工作依据

工程环境监理工作的依据为在环评报告基础上，业主制定的环保措施、监理总部制定的《施工监理 HSE 手册》。业主的环保措施主要有业主制定的 HSE 管理手册，针对环境和社会影响的《环境社会管理方案》以及《地貌恢复暂行规定》。监理总部和监理分部依据这些文件以及监理总部制定了施工监理 HSE 手册，对施工承包商在施工中的环保措施进行管理。施工和检测承包商则依据施工组织设计、HSE“两书一表”中承诺的环保措施进行施工作业。特别的，针对经过自然保护区和环境敏感地区的工段，要求承包商报送了有针对性的环保措施，经监理分部和总部审查，并报送业主审查批准后，方予实施。

（2）工程环境监理单位和人员状况

西气东输工程施工期的监理单位由以下公司组成：

监理总部：由美国寰球咨询服务公司与中油朗威监理公司联合组成。

监理分部：沿线设置库尔勒、武威、临汾、郑州、南京和长江穿越监理分部。

（3）工程环境监理主要内容

西气东输管道工程的环境监理主要依据业主的 HSE 管理手册及监理总部制定的 HSE 手册中的环境部分进行。

按照工程建设进度，针对不同时期的工程施工特点，有针对性地进行管理。在施工初期，主要是作业带的准备，防止出现随意占地、乱砍滥伐的现象。

在施工进行期间，主要是废水废渣的处理、大气污染防治、噪声控制、水土保持、野生动植物保护、人群健康及环境敏感地区的环境保护。在工程后期，主要是地貌恢复、永久性占地、水土保持的问题。

在工程竣工验收阶段，作业带的地貌恢复要求有当地政府、监理单位及施工单位的三方签字认可，才能予以验收通过。

（4）工程环境监理涉及的环保管理体系及各方的职责

西气东输管道工程环境监理的环保措施执行情况由西气东输管道公司和监理总部对全部过程进行监督和检查。各监理分部对施工中的环保措施进行监督和管理，施工和检测承包商则负责实施要求履行的环保措施。环境监测单位为各省区环境保护行政主管部门所属环境监理站、队及水利部水土保持监测中心等。

（5）施工期环境监理的工作方式及制度

西气东输管道工程的环境监理工作方式是监理总部对监理分部进行管理和指导，各监理分部对区段监理进行监督和管理，区段监理的 HSE 工程师对现场的监理员进行监督和管理。

旁站监理的工作方式以巡视为主，辅以必要的仪器。在巡视过程中发现问题，马上要求承包商进行处理，严重的会通知区段 HSE 工程师协调处理，并以书面形式进行确认。对要求限期处理的问题，会按期进行检查验收。

监理工作制度包括工作记录制度、报告制度、函件来往制度、例会制度等。

（6）工程环境监理工作重点和取得成果

西气东输管道工程从开工至全线基本完工，基本上达到了建设“绿色管道”的目标。

在废水废渣处理方面，对于施工中产生的废水废渣和生活污水和废物，由于与专门的处理单位签订了处理协议，没有产生一起因废水废渣的倾倒而产生的事故或纠纷。

对于大气环境保护问题，施工中所产生的扬尘基本上都被降到了最低程度，所产生的废气也按照国家和行业标准进行了控制，没有发生重大的空气污染事故。在西部沙漠、戈壁或其他极度干燥地区，通过要求施工单位执行降低车辆行进速度，适当洒水等措施，较好地控制了扬尘，有效地保护了施工期大气质量。

噪声控制方面，由于噪声主要来源于施工中使用的重型设备，对于现场的施工人员来说，要求佩戴耳塞或者耳罩等听力保护设备，从而有效降低了噪声的危害。对于邻近居民区的施工作业带来说，要求施工时避开居民的休息时间，减少了对居民区的扰动。

水土保护和地貌与植被恢复方面，主要依照西气东输管道公司制定的《西气东输管道工程地貌恢复暂行规定》《西气东输管道工程生态恢复技术体系》，结合工程所在省区生态环境特点进行全程监督，包括对设计单位资质的审核，对设计单位水土保持及生态恢复设计方案、图纸的审核，对具体的生态恢复设计审查、施工的监督、生态恢复（水土保持）成果的验收。生态恢复设计过程的监督方面，包括施工作业带的地貌恢复，地形地貌尽量恢复到施工前的状况，并且再次加以绿化，得到了当地政府的认可，没有产生大的环境破坏事故。在黄土高原和土石山区，由于原有水土流失较为严重，工程建设将在一定程度上加重原有水土流失情况。为此，监理和业主均非常重视，要求施工单位对工程弃土弃渣进行妥善处理，较好地解决了新增水土流失问题，同时也有效地控制了原有水土流失问题。

图 5-4　恢复到与周边地形地貌相似

图 5-5　戈壁砾石地貌恢复

图 5-6　管道施工作业带恢复后的农田

图 5-7　当年管道施工恢复的荒地

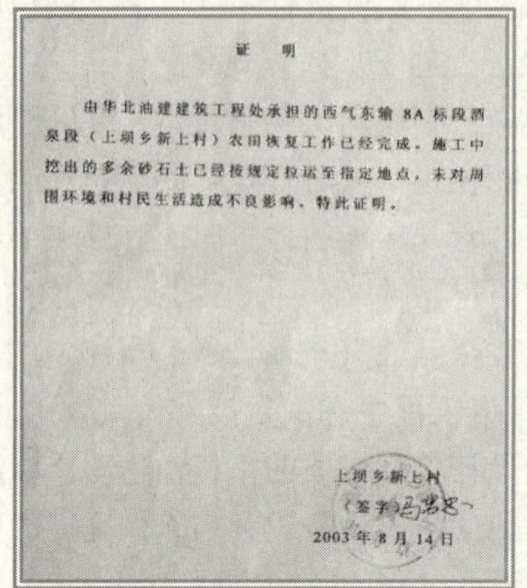

证　明

由华北油建建筑工程处承担的西气东输 8A 标段酒泉段（上坝乡新上村）农田恢复工作已经完成。施工中挖出的多余砂石土已经按规定拉运至指定地点，未对周围环境和村民生活造成不良影响。特此证明。

上坝乡新上村

（签字）

2003 年 8 月 14 日

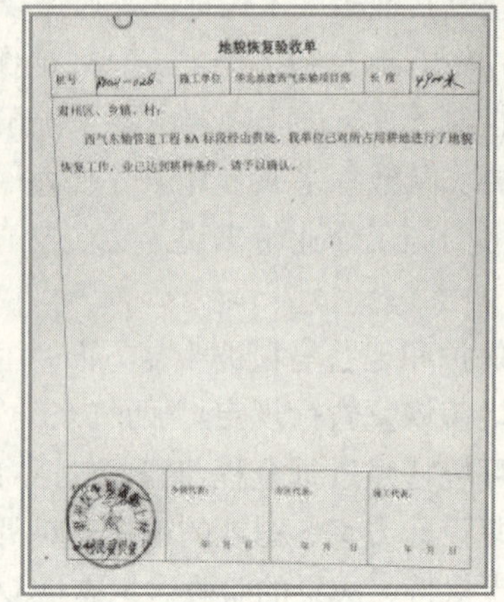

地貌恢复验收单

桩号	[illegible]	施工单位	华北油建西气东输项目部	长度	[illegible]

肃州区、乡镇、村：

西气东输管道工程 8A 标段经由贵地，我单位已对所占用耕地进行了地貌恢复工作，业已达到耕种条件，请予以确认。

	乡镇代表：	农民代表：	施工代表：
	年 月 日	年 月 日	年 月 日

图 5-8　及时取得当地政府和农户的认可

对于经过自然保护区和环境敏感地区的施工作业带，要求承包商报送了专门的环保措施，经监理和业主批准后予以执行，因此对管线经过的环境敏感地区没有造成大的伤害。

图 5-9　在沙漠作业带栽插的草方格

图 5-10　作业带上为野生动物预留的临时通道

在野生动植物保护方面，在作业带上保留临时通道，供野生动物穿越、迁移。另外，根据业主制定的西气东输的动植物图谱，及相关的国家法律、法规，严禁乱砍滥伐，随意捕捉野生动物，因此没有发生影响环境违法事件。

在人群健康方面，对施工承包商的现场和营地进行了严格管理，如调整作息时间来避免工人中暑，营地的卫生要有专人定期清扫，严格管理食堂卫生，因此没有出现一起大的食物中毒之类的健康事故。在 2003 年“非典型性肺炎”肆虐的时候，要求各监理分部每日报送“非典日报”，为员工发放防治药品，并进行严格管理，到“非典”结束的时候，没有一起员工感染“非典”的事故，在“非典”传播最严重的北京，监理总部及业主总部的人员也无一人感染。

文物保护方面，按西气东输工程设计方案，管道两侧 1 km 内共分布有 34 处历史文物保护区，有 18 个文物保护区为管道直接穿越区，其中有 12 处穿越汉、明古长城。监督工作将主要集中在文物保护区施工许可，施工组织设计编制、施工期应急预案措施制定和施工的具体实施。主要依据为《中华人民共和国文物保护法》和《西气东输管道工程文物保护管理办法》。要求各施工承包商要与当地文物保护管理部门联系，得到地方文物保护管理部门的许可；并邀请其参加施工现场监护；在竣工验收时，施工单位、文物保护管理部门、现场监理三方代表签署认可，方能交工。

图 5-11　甘肃省古浪县的古长城的顶管穿越

自然保护区及生物多样性保护方面，主要监督沿线穿越的国家级自然保护区新疆罗布泊野生双峰驼自然保护区、安西极旱荒漠自然保护区、黑河中游生态功能保护区、中卫沙坡头自然保护区、河南太行山猕猴自然保护区；省级自然保护区有泽州猕猴自然保护区、阳城崦山自然保护区；另外还穿越大尖山国家级天然林保护区和安徽大柳林木保护区。自然保护的监督主要依据《中华人民共和国自然保护区条例》、各自然保护区保护管理相关条例和西气东输管道公司制定的《西气东输管道工程穿越保护区沿线地区生态保护与管理方案》执行。

四、环境保护案例点评

1．环保执行情况

该工程执行了环境影响评价制度和环境保护“三同时”管理制度。工程本着建设“国际一流、安全、绿色管道”的目标，环保投入约11亿元，为环评环保投资的十余倍，较好地落实了环评报告书及有关批复提出的生态环境保护和污染防治措施，并且采取了大量的补加环保措施。

西气东输工程按照环发[2002]141 号“关于在重点建设项目中开展环境监理试点的通知”的要求，在工程建设不同阶段，分别聘请了美国寰球咨询服务公司作为外方监理，选择了中油朗威监理公司作为中方监理，引进国外经验，采取中西结合进行工程环境监理，这是国内工程环境监理的第一次；并选定了中科院水利部水土保持研究所开展工程建设环境监督，充分体现了和国际接轨的原则，这也是国内工程建设的首次尝试。在水土保持上选择了黄河工程监理有限公司进行水土保持监理，各省区环保局、林业、水利等部门进行监管，保证了建设期各项污染物实现达标排放，地貌恢复良好，无生态环境破坏事件和社会投诉事件。

管道走向基本按照环评要求对阿尔金山—罗布泊野双峰驼保护区、安西极旱荒漠保护区、沙坡头自然保护区、太行山猕猴自然保护区、钟山石窟等自然和文物保护区及其他敏感目标采取了避让措施。对于建设和试运行过程中新出现的保护区也采取了严格的保护措施。道路建设主要利用现有乡村道路进行整修，方便了自己，改善了当地的交通条件，也大大降低了伴行道长度。施工期管线穿越大中型河流施工过程采用国际上先进的穿越、跨越方式，穿越过程基本不直接接触水体，因此不会影响水体。对于采用大开挖形式的河流，开挖过程会对水体造成影响，施工过程采取了严格的控制措施，将影响降到了最低点，而且随施工结束影响也随之结束。

管道试压水来自河流的清洁水或自来水，管道已经吹扫干净，故排水为清洁水，排水按要求排放，不会对所排地表水质造成影响。对环境空气的影响由于各施工单位按照建设单位的要求均采取了严格的降尘措施，并且由工程监理进行监督，保证了将扬尘的影响降到最低。

施工期和运行初期均严格执行环境保护有关规定，有完善的环保管理组织机构和管理体系，进行了有效的环境管理，环保规章制度健全；环保设施运转正常。

2．西气东输工程环境保护调查结果

西气东输工程运行期各站场排放的生产废水、生活污水经一体化设备处理后达到规定的标准外排，水量小且达标，对所在区域地表水基本不产生影响。本项目运行期产生废气的是郑州以北场站采用的燃气压气机和锅炉，由于采用了先进设备和清洁能源，对区域环境空气质量基本不会产生影响；只有事故状态下才会出现暂时影响，并

随事故的控制影响而消失。运行期站场噪声对站场周围的声环境产生了一定的影响，主要在表现在夜间，影响距离在 40 m 以内，由于站场周围 50 m 以内基本没有居民，因此，对区域整体声环境质量影响可以接受。对涉及的水源地采取了避让和保护性的施工措施，施工过程未对水源产生影响或影响较小，并且随施工结束影响也消失。

管道施工对新疆阿尔金山—罗布泊野双峰驼保护区、甘肃安西极旱荒漠保护区、宁夏沙坡头自然保护区、河南太行山猕猴自然保护区和甘肃黑河生态功能区采取的措施和造成的影响满足环评报告和批复的要求。对山西阳城崦山自然保护区、山西省泽州猕猴自然保护区和郑州黄河湿地自然保护区，由于管线建设在先，保护区成立在后，造成与保护区功能区产生明显冲突。在施工过程中，虽然环评没有提出要求，但由于建设方向施工单位提出了明确的环境保护要求，施工单位按照经过保护区的通常做法，将影响控制到较低程度，对区域生态环境影响较小。

大型河流穿越均是采用目前先进、环保的穿越方式，对环境的影响较低，施工过程要求的环保措施落实，因此，大型河流穿越对环境的影响很小。此外，中小型河流只有环境条件允许才采用开挖方式，否则亦采用定向钻穿越的方式，因此，河流穿跨越的环境影响是可接受的。

从土壤表层中总氮、有机质对照变化情况看出，除个别样点外，管道上原样表层比对照样表层的总氮、有机质含量均低，说明施工对土壤中总氮、有机质含量产生了一定的影响。从 pH 变化来看，施工弃渣对土壤影响较小。

从植被样方调查看，陕西、山西、河南、安徽及苏浙沪管道沿线植被已经有了相当程度的恢复，并基本按照自然规律演替；新疆、甘肃、宁夏除部分人工种植恢复的尚可外，自然恢复过程较慢，从当地的实际情况出发，生态恢复措施宜结合实际情况，因地制宜，不宜片面强调人工恢复方式。从管道经过的典型敏感目标——玉门湿地、七道沟—三道沟湿地、靖边万亩林场、大尖山林场、大柳林场管道外 5 m、10 m、50 m、100 m 范围的 NDVI 的统计来看，管道施工对周围的生态环境基本没有造成影响。

管道施工过程采取了环评的建议措施，对区域的珍稀动物影响较小，对施工区域的鸟类存在暂时的影响，但随施工结束后影响亦结束。

管道建设过程中，伴行道路、隧道、改线工程对生态环境造成了一定的影响，但在可控制的范围内，并已采取了相应的水土保持措施和植被恢复措施。

根据全线调查资料进行分析，并在重点地段遥感监测和地面观测数据的支持下判断，监测期内未观测到管道工程建设区施工扰动造成的大面积土壤侵蚀强度和程度明显提高。多数地段水土保持措施施工质量符合要求，发挥水土保持作用，效益显著。

靖边压气站排水依托有完善的污水处理系统的靖边净化一厂，东段其他场站污水处理装置均采用同一工艺流程和设备，外排污水监测结果表明均能够满足《污水综合排放标准》（GB 8978—1996）、《江苏省太湖流域总氮、总磷排放标准》（DB 32/191—1998）和《上海市污水综合排放标准》（DB 31/199—1997）的一级标准，说明各站场排水可以满足规定的标准要求。

环评报告提出的大气污染防治措施得到了较好的落实，东段各场站周围的非甲烷总烃浓度均能够满足《大气污染物综合排放标准》（GB 16297—1996）规定场界外浓度最高点 4.0 mg/m^3 的限值，采取的污染防治措施取得了良好的效果。

环评报告提出的噪声污染防治措施基本得到了较好的落实，除郑州压气站南北边界特殊情况外，各场站 20 m 噪声均能够满足《工业企业厂界噪声标准》（GB 12348—90）中Ⅱ类标准[昼间 60 dB（A）、夜间 50 dB（A）]的限值要求，阀室厂界 20 m 噪声满足《工业企业厂界噪声标准》（GB 12348—90）中的Ⅰ类标准[昼间 55 dB（A）、夜间 45dB（A）]的限值；实际中场站和阀室 50 m 内无居民和声环境敏感目标，采取的噪声防治措施取得了良好的效果。

施工过程生活垃圾定点堆放，同时委托当地相关部门定期清运到指定地点，没有对站场周围环境造成影响。运行期的清管渣主要是气中含尘，在边远地区寻找合适的地方填埋处置；在人员稠密和水网地区到指定的地点填埋处置，这些措施有效保障产生的废物不会由于管理不善而造成环境影响。

建设单位本着“预防为主”的环境和文物保护方略，严格执行国家文物保护法律、法规，设计单位尽量采取避、绕的方法。施工前委托文物部门对沿线地上文物进行详查和进行地下文物探测，标明距施工管线中心的相对位置及距离，最大限度地将工程建设对文物古迹的影响降至最低程度。

通过选用高水平的设备和采用清洁的能源，有效减少了污染物排放；使用防腐材料和推广减少管道及设备泄漏措施，提高管道的安全性能；使用内涂层材料，减少了能量消耗和清管次数；各站场运行由控制中心主控监视计算机系统管理，可以确保各站场选择合理的输配与机组运行方式，有效地节省了能耗，提高了该工程的清洁生产水平。

西气东输管道公司有完善的环境管理组织机构和制度，环境管理水平较高，在施工期采取的环境管理和监理措施到位，保证了西气东输管道工程包括环境监理工作在内的 HSE 监理高水平运行，有效地降低了对环境的影响。

管道在设计中尽量避开滑坡、软土、泥石流等不良工程地段，穿越公路、铁路、河流时均采取了相应的防护措施，已将自然因素造成管线破裂事故发生概率降到了最低。施工过程开展了制管、防腐、监造、施工、检测、监理单位的 HSE 管理、资源、措施落实审计，从输气管道的每个环节入手，借鉴国外建设和运行的先进经验，杜绝事故隐患。通过加强宣传，减少人为破坏的可能性。制定应急预案，定期进行培训和演练，积极排查和整改事故隐患，有效地预防和控制了事故或突发事件。

公众参与被调查人员没有人认为建设该工程是不利于本地区的经济发展，对采取的环保措施基本满意，各省市被调查人员均同意本项目通过验收。

3．结论

西气东输管道工程环保手续齐全，环保设施与建设项目主体工程已基本投入使用，施工期和试营运期各项环境保护措施落实情况良好，各项污染物的排放达到了国家或地方标准的要求，符合环保验收要求，验收组一致同意通过环保验收。

第七节　油气管道行业相关法律法规及技术规定

（1）国家有关法律、法规及规范性文件

《关于检查化工石化等新建项目环境风险的通知》环办[2006]4 号。

（2）国家及地方、行业有关技术规定

①《输气管道工程设计规范》（GB 50253—2003）。

②《原油和天然气输送管道穿跨越工程设计规范穿越工程》（SY/T 0015.1—98）。

③《原油和天然气输送管道穿跨越工程设计规范跨越工程》（SY/T 0015.2—98）。

④《天然气》（GB 17820—1999）。

⑤《石油天然气工程设计防火规范》（GB 50183—2004）。

⑥《石油化工企业设计防火规范》（1999 年版）（GB 50160—92）。

⑦《石油天然气工程总图设计规范》（SY/T 0048—2000）。

⑧《工业企业总平面设计规范》（GB 50187—93）。

⑨《石油地面工程设计文件编制规程》（SY 0009—93）。

⑩《关于处理石油管道和天然气管道与公路相互关系的若干规定》（试行）。

⑪《原油、天然气长输管道与铁路相互关系的若干规定》，（87）油建字第 505 号铁基（1987）780 号。

⑫《石油化工企业环境保护设计规范》（SH 3024—95）。

第六章　铁路建设项目环境监理要点分析

第一节　铁路行业概况

一、铁路行业定义及特点

铁路是供火车等交通工具行驶的轨道。铁路运输是一种陆上运输方式，以机车牵引列车在两条平行的铁轨上行走。但广义的铁路运输还包括磁悬浮列车、缆车、索道等非钢轮行进的方式，或称轨道运输。铁轨能提供极光滑及坚硬的媒介让列车车轮在上面以最小的摩擦力滚动，使这上面的人感到更舒适，而且它还能节省能量。如果配置得当，铁路运输可以比路面运输运载同一重量物时节省五至七成能量。而且，铁轨能平均分散列车的重量，令列车的载重力大大提高。铁路是国家重要的基础设施，国民经济的大动脉，交通运输体系的骨干。铁路是综合性的庞大工交企业，安全和服务是铁路行业的核心工作和本质特征。

二、铁路运输特点

在航空、公路、铁路、水运等基本交通运输方式中，铁路运输具有如下优点。

（1）运输能力大，适合于大批量低值产品的长距离运输。

（2）单车装载量大，加上有多种类型的车辆，能承运任何商品，几乎可以不受重量和容积的限制。

（3）车速较高，平均车速在 5 种基本运输方式中排在第二位，仅次于航空运输。

（4）铁路运输受气候和自然条件影响较小，在运输的经常性方面占优势。

（5）可以方便地实现驮背运输、集装箱运输及多式联运。

三、铁路工程分类

铁路工程大多是大中型建设项目，按原铁道部铁建设[2007]152 号文发布的《铁路建设项目预可行性研究、可行性研究和设计文件编制办法》的规定，铁路建设项目可分为新建（改建）铁路、铁路枢纽（单独立项或单独编制文件）和铁路特大桥（单独立项或单独编制文件）三大类。但根据具体项目的工程内容、性质、规模、方案的不同，对前三类建设项目可冠以不同的项目名称，对铁路特大桥常冠以所在地地名和其性质（如两用桥等）。

（1）新建铁路

为满足某区域间客货运输需要，促进地区经济发展而新建的铁路。主要包括客货共线铁路、货运专线铁路、客运专线铁路、城际铁路。

（2）改建铁路

指为提高既有线技术标准、提高列车运行速度或扩大运输能力而对既有线进行改建的铁路，常冠以扩能工程、提速工程等名称。主要可分为增建第二线和电气化改造二类。

① 增建第二线。既有线路（单线）运输能力已经饱和，不能适应（满足）运量日益增长的需要必须增建复线（与既有线等高并行）或第二线（远离既有线），无论增建线路与既有线的位置关系是全部复线或部分复线，部分单绕、部分双绕、或全部单绕（如丰沙二线），均称增建第二线。

② 电气化工程。指改变牵引种类、更换机车类型以适应客货运量增长及提高我国铁路现代化水平，主要工程是架设接触网，将内燃机车牵引改为电力机车，根据有无线下工程量，又分为：

现状电化：无线路技术改造，仅架设接触网。

技术改造及电气化：既有线路的技术改造，一般是隧道、桥梁的改造和路基病害整治，小半径改造、缓和曲线改造，并架设接触网。

（3）铁路枢纽

在铁路与铁路交会处或铁路与港口、工矿企业专用铁道或专用线衔接的地点，由车站联络线以及进出站线路等技术设备构成的铁路运输综合体。铁路枢纽是路网设施的一个重要组成部分，一般位于路网的交会点或端点，由办理客货运业务和各项技术作业的设备、车站及线路所组成。由于引入枢纽的各方向线路等级不一，牵引类型各异，枢纽内线路配置和各主要路段的规模、用途及分工等都是按枢纽总布置图方案分期修建，目前是以其中的某一项工程根据运输要求报请立项建设的。

① 新建编组站。如成都枢纽新建成都北编组站，是根据枢纽所在地城市规划，将成都南编组站改为集装箱结点站而将编组作业外迁至郊区的新建项目。

② 大型客站的新建或改造。为适应城市发展，满足客运增长需要，新建大型客运站或对原有客站的到发线、站舍进行扩建的项目，如新建沈阳南站，扩建广州客站、乌鲁木齐西站。

③ 新建专用货场。为适应城市发展，满足货运需要而新建较大的专用货场，如昆明、上海新建集装箱货场工程。

(4) 铁路特大桥

中国铁路桥梁划分的标准是：桥梁小于 20 m 的叫小桥，20～99 m 的叫中桥，100～499 m 叫大桥，500 m 以上的叫特大桥。本书所叫铁路特大桥常指单独立项或虽在一条线路中需单独编制设计文件的特大桥，但又常常不受规范规定的长度限制，仅用“大桥”二字。

线路项目中有的特大桥长度虽远远超过“铁路特大桥”并不单独立项或单独编制文件，则不划入此类工程，如王岗—万乐联络线（哈尔滨枢纽内）的松花江特大桥长达 7 439.44 m，也列入线路建设项目中。

(5) 机车车辆检修中心

按照路网布局和机车车辆检修整备工作任务的需要，设置机车车辆检修中心。

四、铁路行业技术装备水平

自主创新战略促进了中国铁路技术装备水平的整体提升，经过近年的积累和发展，中国在高速铁路、重载运输、高原铁路、既有线提速等方面已形成自主技术，铁路技术装备水平大幅提高。

(1) 高速铁路技术初具竞争力

以原铁道部为主导、机车车辆制造企业为主体、产学研紧密结合，成功引进了世界上最先进的时速 200 km 及以上动车组技术、大功率电力和内燃机车技术，实现了“引进先进技术，联合设计生产，打造中国品牌”的总体要求，已拥有自主核心技术，达到了国产化目标。

客运专线建设技术取得重大突破，在轨下基础工程后沉降控制、大断面桥梁隧道设计施工、大吨位桥梁研制应用、轨道系统产业化等方面成果显著；充分利用京津城际铁路技术创新成果，依托京沪高速铁路等重大工程，在高速铁路站前工程、运营仿真、运营安全监测及监控等关键技术深化工作，形成了一系列技术创新成果。

(2) 铁路重载运输技术达到世界先进水平

通过不断的技术研发和自主创新，大幅度提升了中国铁路重载装备、重载线路、重载通信信号和重载运输组织等领域的技术水平及设计制造能力，推动中国铁路重载运输技术整体迈上了一个更高的台阶。

我国重载铁路的典范——大秦铁路，解决了“山区铁路通信可靠性、长大坡道周期制动、长大列车纵向冲动”三大技术难题，荣获 2008 年度国家科技进步一等奖。2007 年、2008 年，大秦线年运量分别突破 3 亿 t、3.4 亿 t，2010 年达到 3.8 亿 t，突破了世界重载铁路单条铁路年运量 2 亿 t 的理论极限。

(3) 高原铁路技术创造世界一流水平

在青藏铁路建设中，铁路部门围绕多年冻土、高寒缺氧、生态脆弱三大世界性难题开展攻关，取得了重大成果。工程获得 2008 年度国家科技进步奖特等奖。自开通以来，青藏铁路共运送旅客 1 230 余万人次，运输货物 8 521 万 t。

（4）既有线提速技术达到世界先进水平

瞄准世界铁路既有线时速 200 km 及以上的速度目标值，铁路部门掌握了既有线提速改造的成套技术，取得了 8 个方面 26 项技术创新成果。经过 6 次提速特别是第 6 次大提速后，全国铁路旅客列车的平均旅行速度由提速前的时速 48.1 km 提高到时速 70.18 km。

五、铁路行业相关产业政策

根据国家发改委公布的《产业结构调整指导目录（2011 年本）》的相关内容，国家鼓励的铁路行业建设项目有 22 类，供项目调研、决策投资和制定项目方案时参考。与铁路建设施工及环境监理相关的有以下几类。

（1）铁路新线建设。

（2）既有线路电化、提速及扩能。

（3）主要客货枢纽建设。

（4）编组站自动化、装卸作业机械化设备制造。

（5）铁路集装箱运输系统开发与建设。

（6）交流传动核心元器件制造（含 IGCT、IGBT 元器件）。

（7）时速 200 km 及以上铁路接触网、道岔、牵引供电技术开发与设备制造。

（8）轨道交通线路检测、机车车辆监测设备制造、技术开发与应用。

（9）大型养路机械、多用途养路机械、轨道检测设备、工务专用设备开发制造。

（10）铁路旅客列车集便器及污物地面接收、处理工程。

（11）列车控制系统设备制造、技术开发与运用。

（12）铁路机车、钢轨的再制造。

第二节　工程分析及主要环境影响

一、工程分析

工程内容包括工程名称、建设性质、地理位置、线路走向、主要技术指标、主要工程项目组成、临时工程、建设投资等。

主要技术指标包括线路的等级及其使用功能、正线数目、列车速度、最小曲线半径、最大坡度、牵引种类及机车类型、牵引质量、运行控制方式、行车指挥方式、列车编组等。

主要工程项目组成包括线路及轨道、站场、桥涵、隧道、电气化、综合维修设施、给排水、房建等。

临时工程包括取土场、弃土场、隧道弃渣场、制梁场、制板场（制板场为无渣轨道等高速铁路特有）、拌和站、铺轨基地、铁路岔线、栈桥、汽车运输便道等。

二、主要环境影响

（1）生态环境影响

施工期：主体工程如路堤填筑、路堑开挖、车站修筑等工程活动，将导致地表植被破坏、地表扰动，易诱发水土流失，以深路堑、陡坡路基、浸水路堤等特殊路基地段尤为突出。临时工程如取土场、弃土（渣）场、施工场地平整、施工便道修筑等工程行为，使土壤裸露、地表扰动、局部地貌改变、原稳定体失衡，易产生水蚀。

线路通过有关风景名胜区、自然保护区、森林公园等，将对地表植被、环境景观等产生一定影响；施工噪声、振动对野生动物产生惊扰。

运营期：火车运行对动物迁徙通道会产生一定的影响。

（2）噪声与振动影响

施工期：施工中的挖土机、打桩机、重型装载机及运输车辆等机械设备产生的噪声、振动会影响周围居民区等敏感点。

运营期：铁路建成后，列车运行通过时发出噪声，会对两侧一定区域内的居民生活产生影响。当动车和货车通过时，会对线路两侧一定区域内的房屋产生振动影响。

（3）电磁环境影响

电力机车的受电弓与接触网上划过会造成火花放电，产生宽频带电磁干扰信号，对沿线使用开路天线的住户的收看电视产生影响；牵引变电所会使周围的工频电磁场升高，可能会对一定距离内人的身体健康造成影响。

（4）水污染源

施工期：施工过程中的生产作业废水，尤其是钻孔桩施工产生的泥浆废水以及施工人员驻地排放的生活污水可能会对周围区域水环境造成影响。线路跨越河流、水体时，水中墩施工使得泥沙浮起，使得水体浊度增大，尤其是在水源保护区内，将对水质产生一定影响。

运营期：生活污水来源于沿线车站旅客候车和铁路职工办公、生产过程，是铁路车站排放的主要污水，以化学需氧量、五日生化需氧量为特征污染物。生产废水主要来源于客车外皮清洗及检修产生的含油污水，特征污染物为石油类。密闭电动车组，还会产生列车集便器污水，以化学需氧量、五日生化需氧量、氨氮为特征污染物。

（5）大气污染源

施工期：主要为扬尘污染，主要来源于土石方工程、地表开挖和运输过程；燃油施工机械排烟、施工人员炊事炉排烟等也将影响环境空气质量。

运营期：主要为机车废气排放，车站新增加的生产、生活锅炉废气排放。

（6）固体废物影响

施工期：施工固体废物主要为施工单位驻地产生的生活垃圾和工地施工产生的建筑垃圾。

运营期：主要为各车站列车的卸放垃圾、候车旅客及工作人员产生的生活垃圾、生活污水处理装置产生的剩余污泥等。

（7）其他施工影响

施工扬尘、施工噪声和振动会造成农作物减产并对附近居民生产、生活产生影响；工程施工对两侧城市道路交通、水运产生不利影响；施工场地临时占地及开挖破坏也将影响周边居民的出行。工程建设将带来部分居民的拆迁安置，如安置措施不适当，将对拆迁居民生活质量带来一定程度的影响。

铁路进入市区路段，由于受到城市的地形、城市规划以及既有铁路设施布局的制约，各城市接轨方案是工程线路比选工作量最大设计区段，也是环境最敏感的区段之一。设计人员在接轨方案线路比选时，应在城市规划相容性、征用土地、拆迁房屋、噪声干扰、水源保护等各因素影响最低的基础上选择对环境影响最小的方案。

三、环境影响减缓及防治措施

（1）生态影响

① 优化线路设计方案减缓生态影响。对局部线路方案从工程角度和环境保护要求作进一步优化，绕避各种保护区或敏感点，以最小的工程代价，获取最大的环境保护效果。取弃土场设置应充分考虑取弃土场的位置对周边环境的协调和影响，尽量不占农田、河道、森林，尽量做到不破坏周围景观。编制土地复耕计划，采取移挖作填、复垦造田、造塘及造林绿化等设计措施。

对耕地资源紧缺地区采用高路堤通过时，根据环境要求，进行路桥方案比选设计。路基边坡、取弃土场、裸露面提出相应的工程、植物防护设计，防止水土流失；线路经过特殊地质地区，为防止地面塌陷或地下水流失、地面水冲刷和改道，应进行必要的专项环境保护设计。

② 采取工程措施和植物措施相结合的水土保持方案。桥梁墩台压缩河床断面、涵洞汇水面积增大都将产生局部冲刷，造成水土流失，设计中要充分考虑护岸锥体、涵洞出口顺接的工程设计，防止水土流失。

路基、站场取弃土场边坡应设置拦渣、拦土墙及排水等防护工程，裸露地面应采取植物绿化，防止水土流失。

在山区修铁路，受地形影响，弃渣不仅困难，防护工程实施难度也大，而且容易引起冲刷。所以应综合利用挖方和隧道出渣，减少弃渣，合理选择弃渣场位置。在此基础上进一步完善挡护措施，如绿化裸露面覆土等植物工程措施。另外，隧道边仰坡的生态措施也是防止水土流失的一个重要方面。

③ 环境敏感区段引入专项环保设计。在地下水丰富、山体岩性透水性较强的条件下，开挖隧道可导致山顶地表水流失，应采取防止水资源流失的环保设计。

线路经过动物迁徙通道区段应进行动物通道专项设计。

（2）噪声控制

① 施工期噪声控制措施。混凝土拌和站、预制场等高噪音作业场地设置应尽量避开居民集中区；邻近居民区、学校和医院等噪声敏感地带的施工，要严格控制机械作业噪音；噪声大的施工作业应尽量安排在白天，因生产工艺要求或其他特殊要求需要连续昼夜作业的，应到当地建设行政主管部门、环保行政主管部门提出申请，批准后方能进行夜间施工。同时，要做好对周边居民的公告、宣传和沟通工作。

施工车辆通过城区、村庄时应减速慢行和减少鸣笛。沿线两侧受噪声影响较大的住宅小区（楼）、学校、医院、疗养院及人口稠密或受影响户数较多的村庄等地段的各施工作业场地实施噪声控制。

② 营运期噪声控制。通过合理规划布局、噪声源控制、传声途径噪声削减、敏感建筑物噪声防护、加强交通噪声管理 5 个方面降低噪声污染。

（3）水污染防治

① 施工期。施工营地设置应远离水体边缘；含有害物质的施工物料不得堆放在河流、沟渠等水体附近。

桥梁施工应采取措施防止石油类污染物排入水体；桩基钻孔施工产生的泥浆，经沉淀分离后，沉渣外运弃至当地环保部门指定地点，废水重复利用或用于场地、道路的降尘和绿化。

隧道施工时，应在隧道进（出）口设置沉淀池，对隧道施工产生的高浊度废水进行沉淀处理后再排放。

采砂场的洗砂废水经沉淀后，重复利用或排放。

施工生活污水要设置污水沉淀池，沉淀处理后用于施工降尘或绿化。

② 营运期。营运期站场污水主要防止措施包括通过市政管道进入地方污水处理厂、站场配套污水处理设施处理。

（4）大气污染防治

① 施工期。施工场地、道路应定时洒水，防止施工扬尘对地表植被和农作物产生不利影响；城市区域施工场地出入口，应设置冲洗设备，对施工车辆轮胎及车外表进行冲洗，确保城市道路清洁。

运输易产生扬尘的建筑材料或土石方时，运输车辆应装料适中，并采用篷布覆盖严密。

施工场地、营地四周应采用围护措施；城市地带的施工场地裸露地表或集中堆放的土方表面，应采取临时覆盖措施，防止扬尘。

② 运营期。选用清洁能源生产蒸汽或热水，燃煤锅炉设脱硫除尘设施。

（5）固体废物

① 施工期。施工营地产生的生活垃圾应经专人收集后，送至环卫部门集中处理。彻底清理拆迁及施工营地撤离产生的建筑垃圾，运至指定的弃渣场或其他指定场所进行处置。

施工中产生的各类固态浸油废物等，应集中收集、封装，交由有资质部门处置。

② 运营期。对旅客列车垃圾在车上设置垃圾袋，并定点在固定车站投放，专人集中收集后定点存储，并及时与车站办公人员、旅客候车生活垃圾一并清运到市政垃圾转运站处理。

第三节 设计文件、施工图设计环保审核要点

一、重点关注内容

（1）重点对照设计文件（含施工图、施工组织）与环评时的工程方案变化情况，如发生重大变化，应尽快提醒建设单位履行相关手续。

（2）重点关注项目与相关环境敏感区位置关系的变化、施工工艺与方式的变化可能带来的对环境敏感区影响的变化。

（3）重点关注针对环境敏感区采取的环保措施和生态恢复措施是否落实到设计文件中。

（4）检查制梁场、拌和站、施工营地、取弃土场等临时设施设置方案是否符合要求。

二、具体审核内容

（1）核对设计文件、施工图纸中有关环保措施的落实情况，并根据现场实际情况提出优化建议；形成设计文件环保核查材料反馈给建设单位，作为设计文件的补充；同时编制环境监理实施方案。

（2）审查施工单位提供的施工组织设计方案，具体项目的施工组织设计中应包括“三废”排放环节，排放的主要污染物及设计中采用的治理技术、措施、污染物的最终处置方法和去向以及清洁生产等内容。

（3）检查承包人环境管理机构、人员及环境保护措施是否到位。

（4）检查有关风景名胜区土地施工、林地占用等有关政府部门开工许可手续；检查砂石料场开采许可证。

（5）检查制梁场、制板场、拌和站设置方案是否符合要求，环保措施、复垦方案是否完备；审查施工营地、施工场地、施工便道、砂石料场的布设以及重点工程施工工艺的环保措施，提出改进意见。

（6）检查施工前场地的原始文字影像资料，以备恢复时参考。

（7）开展施工人员进场前环境法律法规及环境保护知识的培训。

第四节　施工期环境监理要点

一、自然保护区、风景名胜区

1．自然保护区

（1）施工前，第一次巡线中再次根据工程拐点坐标确定工程与自然保护区的位置关系，确保与批复的位置不发生重大变化。

（2）严禁在保护区内设置取、弃土（渣）场、施工营地等临时设施。

（3）在自然保护区实验区内施工应严格控制施工范围，设置醒目的标示牌、边界线，严格限制施工人员、机械作业范围以及车辆走行线路。

（4）自然保护区内施工应按环评及批复要求的施工程序、施工方式施工。

（5）临时设施布局紧凑，材料堆放整齐、场地整洁。

（6）各类废弃物统一收集处理；施工临时弃渣堆放应做好水土保持措施。

（7）施工结束后及时开展环境恢复工作；检查施工前后临时施工场地的影像资料。

（8）建议环境监理单位应根据保护区的保护对象事先编制好保护区内施工环境保护手册，并征求保护区主管部门意见，手册中应有关于保护对象的通俗易懂的介绍及采取的有针对性的保护措施，通过环境保护手册对施工人员进行宣传和培训，自觉保护野生动植物。

（9）环境监理单位采取旁站方式全程监督施工行为，同时现场指导施工单位做好保护措施。

（10）建议单独编制专题监理报告。

环境保护手册应包含：自然保护区基本情况介绍，法律法规有关条款规定；在该自然保护区内主要工程内容、与保护区的位置关系；工程施工可能产生的环境影响及针对保护动植物应采取的保护措施；区域内保护动植物辨识；文明施工的有关要求。

2．风景名胜区

（1）施工前，第一次巡线中再次根据工程拐点坐标确定工程与风景名胜区的位置关系，确保与批复的位置不发生重大变化。

（2）禁止在风景名胜区敏感区内设置取、弃土（渣）场、施工营地等临时设施。

（3）在风景名胜区内施工应严格控制施工范围，设置醒目的标示牌、边界线，严格限制施工人员、机械作业范围以及车辆走行线路。

（4）风景名胜区内施工应按环评及批复要求的施工程序、方式施工。

（5）通过对施工人员进行宣传和培训，自觉保护野生动植物。

（6）临时设施布局紧凑，材料堆放整齐、场地整洁。

（7）各类废弃物统一收集处理；施工临时弃渣堆放应做好水土保持措施。

（8）施工结束后及时开展环境恢复工作；检查施工前后临时施工场地的影像资料。

2009 年施工现场较乱

2010 年整改后施工现场

图 6-1 某风景区施工现场

二、水环境敏感区

水环境敏感区一般指饮用水水源二级保护区、准保护区或Ⅱ类以上水体。对于水环境敏感区，环境监理工作应给予特别关注。

（1）施工前，第一次巡线中再次根据工程拐点坐标确定工程与饮用水水源保护区的位置关系，确保与批复的位置不发生重大变化。

（2）禁止在水源保护区范围内设生活营地、制梁场等临时设施。

（3）进行桥梁施工时，应尽量选择非调水期、枯水期；桥墩施工采用双壁钢围堰等不涉水施工工艺。

（4）桥墩施工中产生的泥浆、岩浆和废渣要用船运到岸边临时工场，临时工场设置沉淀池和干化堆积场，干化后统一运至附近的弃土（渣）场。

（5）设水环境监测断面，随时掌握河流水质的变化情况。

（6）施工机械用油避免遗洒和事故性溢油。

（7）现场配备移动式厕所，禁止生活污水随意排放；建筑及生活垃圾集中管理，定期清运。

（8）施工完毕后及时清理围堰、栈桥。

（9）环境监理单位在对饮用水水源保护区施工的环境监理过程中，应随时与主管部门沟通，以确保环境监理的有效性。建议单独编制专题监理报告。

图 6-2 废弃泥浆外运

图 6-3 施工废弃物装船外运

三、桥梁工程

（1）施工营地严禁设在饮用水水源保护区内。

（2）在河流的外堤脚内不准给施工机械加油或存放油品储罐，不准在河流主流区和漫滩区内清洗施工机械。

（3）涉水工程尽量选择枯水期；必要时采用双壁钢围堰等不涉水施工工艺施工。

（4）桥墩施工中产生的泥浆、岩浆和废渣要用船运到岸边临时工场，临时工场设置沉淀池和干化堆积场。

（5）桥梁施工结束后，及时进行场地清理。清除围堰等水中杂物，对原有河道、沟渠进行清淤，保证水流畅通；桥下渣土进行桩基回填、多余渣土外运处置，桥下恢复。

图 6-4 泥浆池

图 6-5 干化泥浆运至弃渣场

四、路基工程

（1）路基边坡防护工程施工过程中，环境监理工程师对护坡材料进行进场检验，对骨架的深度、宽度、位置进行现场验收。对施工完的骨架护坡逐段路基进行破检，确保施工质量符合设计图纸和验收规范要求。

（2）排水工程施工过程中环境监理工程师对沟槽开挖、混凝土浇筑等重点部位和关键工序进行了旁站监理，对每个排水设施的接口处进行重点监测，保证内部排水体系通畅、与外部排水体系顺接、涵洞不积水等关键控制环节，以便实现整个排水体系畅通、确保铁路运营安全的目标。

（3）环境监理工程师根据路基绿化工程设计图纸，对绿化部位、苗木品种、苗木数量、栽种株距等进行检查验收，对苗木的成活情况进行核查，及时督促绿化施工单位对成活率不足的进行补种并复验合格。

（4）路堑开挖设计采用爆破方法时，不得采用扬弃爆破，以防止开挖界以外的生态环境遭到破坏。路堑挖方尽量用作路堤填方，挖方不能利用时，应到指定弃土场堆弃，并做好防护措施。

图 6-6　路基边坡工程护坡及绿化

五、隧道工程

（1）隧道出渣及利用与各用渣工程在时间上相协调，若隧道弃渣临时堆砌时，应设临时防护措施。严禁河道弃渣，雨季弃渣应随弃随防护，不得施工结束时才防护。

（2）隧道弃渣应选择地势低洼、无地表径流、植被稀疏、适当远离线路地方堆砌；弃渣完成后，做好坡脚挡护，达到设计挡护要求。渣顶采取平整、覆盖并设排水沟，避免过量堆砌而滑塌；采取复垦绿化。

（3）隧道洞口尽量不刷边仰坡，减少对原地貌和植被的扰动。

（4）道进（出）口应设置沉淀池，高浊度废水进行沉淀处理后排放。

（5）隧道钻孔及爆破扬尘应按设计要求喷水降尘或经除尘设备处理后排放。废油应使用吸油材料吸附，并与浸油材料一同收集密封清运。

图 6-7 隧道弃渣

图 6-8 隧道弃渣及时防护

图 6-9 弃渣漫过挡墙

图 6-10 施工现场简易三级沉淀池

六、施工便道

（1）尽可能利用既有的乡村道路、机耕道，新建便道在满足工程需要的前提下尽量控制道路宽度，减少扰动范围。

（2）新建施工便道边坡进行植草防护，增设排水沟。

（3）改建既有机耕道应做边坡植草防护；结合地方路网，对于施工完成后规划继续利用的施工便道应按永久工程进行设计施工，尤其重视边坡防护，并设置排水沟。

（4）施工后对需要恢复为原用地属性的施工便道采取撒播草籽和复耕，复耕覆土厚度为不少于 0.3 m。

七、施工营地

（1）检查施工营地、场地审核批准文件；施工营地选址时，尽量利用工程永久占地、闲置场地或荒地。施工场地下游出水口应设置临时沉沙池，雨季定时清理沉沙，施工场地完工后进行填埋。

（2）施工营地平整时，先剥离 30 cm 的表土层集中堆放，草袋挡护，暂存在场地边沿，夯实堆积边坡，表面播撒草籽防护，设置排水沟；施工场施工完成后，将表土返还复耕或绿化。

（3）检查生产、生活设施是否符合环保要求，如施工营地和施工场所在敏感点附近施工的作业时间，是否对敏感点造成影响；生活污水合理利用或妥善处理，生活垃圾应妥善收集后及时按环保要求清运；燃煤生活锅炉房是否采取除尘措施。

（4）检查施工营地、场地环境管理制度及环境保护宣传教育。

（5）施工结束后清除建筑垃圾，对土地进行整治，恢复原有借用土地的功能。

图 6-11　施工营地未及时恢复

图 6-12　施工营地已复耕

八、取、弃土（渣）场

1. 取、弃土（渣）场监理要点

（1）取、弃土（渣）场设置方案是否经相关部门审核批准。

（2）检查施工前后临时施工场地的文字影像资料，以备恢复时参考。

（3）检查表土（耕作层）堆放保存情况。

（4）监督核查取弃土场的位置、面积及取土深度；便道位置长度和宽度等是否符合设计和批复。取土场在施工过程中要求做到随取随平整，周界规则；取土完毕后，利用保存的耕作层土进行土地复耕或进行植被恢复。弃土（渣）场要做到顶面平整，坡面平、顺、直，并对弃土（渣）场顶面和坡面及时进行土地复耕或植被恢复。

（5）施工便道应采取适当洒水抑制扬尘，以减少扬尘的污染程度。

（6）检查弃土（渣）场挡护工程措施的落实情况，是否先挡后弃。

（7）检查施工完毕后平整清理及植被恢复情况。

图 6-13 取土场及时恢复情况

图 6-14 弃渣场未先挡后弃

图 6-15 弃渣部分漫过挡墙掉入河道

2．取土场选址及防护原则

（1）取土场选址原则

① 贯彻就近集中取土原则，优先利用既有取土场、本工程或其他工程弃土，减少施工便道。

② 本着保护农业、林业用地，尽可能少占或不占耕地、林地的原则。

③ 取土场应选取荒坡荒地或低产田，尽量减少对地表植被的毁坏。

④ 取土场位置的选择应主动与当地政府相关部门沟通，在水土保持主管部门的统一规划下，结合当地水利、林业、农田建设规划、环境建设规划，通过协商确定。

（2）取土场防护原则

① 取土前应先将表层熟土收集保存，并根据地形条件，合理设置诸如土袋围堰等临时防护措施。

② 占用耕地的取土场，取土后再推回摊平，进行复耕。

③ 占用荒地的，取土完毕后，种植乔、灌、草绿化。

④ 护坡防护：取土完毕，对部分开挖形成的高陡边坡进行防护，采用工程措施和植物措施加以防护，包括浆砌片石、干砌片石挡墙防护、植草等措施。

⑤ 修建排水沟：沿取土场征地周界开挖排水沟，并与当地天然水沟顺接，防止边坡在雨水的冲刷下产生水土流失。

3．弃土、弃渣场选址复核原则

（1）工程合理、安全可控：大中型弃渣场拦渣坝坝址上游流域面积不宜过大；下游没有工厂、城镇、居民点、重要设施等社会敏感区；坝址地质构造稳定，岩土质坚硬；要选择岔沟，沟道平直和跌水的上方，坝端不能有集流洼地或冲沟；坝址附近有良好的筑坝材料，便于采运和施工；根据国家标准，结合当地的具体情况复核原设计防洪标准。

（2）保护环境、因地制宜：渣场尽可能选择荒沟、荒滩、荒坡等地方；避开环境敏感区如自然保护区、风景名胜区、饮用水水源保护区、基本农田、地表水（水库、河流等）；工程范围内不能有疏松的塌积和陷穴、泉眼等隐患；坝址地形要口小肚大，沟道平缓，工程量小，库容大，造成的环境影响小；适当设计渣场规模，使之易于复垦。原表土剥离至基岩层；黄土高原区渣场应结合造地设计；山区高大渣场可分级布设，易于复垦为梯田。

九、制梁场、拌和站

（1）检查表土（耕作层）堆放保存情况。

（2）施工便道根据施工季节采取的洒水抑制扬尘措施落实情况，渣、土等散装货物装载应拍平压实，不准超载，减少遗洒，必要时采取遮盖措施。

（3）在产尘点较大处，采取湿法作业，控制扬尘对大气环境的污染。

（4）对混合设备冲洗污水、机械保养维修含油污水、湿法钻孔冲洗岩面产生的污水要设污水处理设施，经处理达标排放。

（5）石料场产生的废渣及时清运到指定地点并做好防护，不得随意堆放。

（6）检查施工完毕的复垦情况，并经评估合格后方可退还。

图 6-16 制梁场表土保存

图 6-17 制板场存板区绿化

图 6-18 制板场龙门吊横移区绿化

图 6-19 拌和站的三级沉淀池

图 6-20 制梁场的生产污水收集池

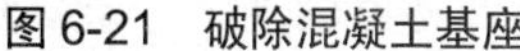

图 6-21　破除混凝土基座

图 6-22　复耕

第五节　试运营期环境监理要点

按照竣工环境保护验收有关要求逐项核查环保措施、设施落实情况、效果，重点关注噪声污染防治措施、站场污水处理设施运行稳定性、达标情况，工程全线生态恢复和水土保持措施落实情况，确保顺利通过竣工环境保护验收。

第六节　京沪高速铁路环境监理实例

一、工程概况

京沪高速铁路位于我国东部，线路自北京南站西端引出，沿既有西黄线，在黄村跨京山线，沿南侧经廊坊至天津南站，修建联络线引入天津西站并改造为高速始发站；继续向南与京沪高速公路大体平行，过沧州西、德州东，在京沪高速公路黄河桥下游 3 km 处跨越黄河，至济南市西郊新设济南西站；向南与京福高速公路大体平行，经泰安西、曲阜东、滕州东、枣庄西，沿京福高速公路东侧南行进入江苏省境内，跨京福高速公路后，在徐州市东部新设徐州东站；继续南行，进入安徽境内，过宿州，于津浦线新淮河铁路桥下游 1.2 km 处跨淮河后新设蚌埠南站，在南京长江三桥上游 1.5 km 的大胜关越长江后新设南京南站；东行至镇江南 6 km 处新设镇江南站，沿沪宁高速公路北侧东行，经常州、无锡、苏州，在蕴藻浜桥通过黄渡线路所侧向引入上海站，终到上海虹桥站，线路全长 1 318 km。

（1）主要技术标准

铁路等级：高速铁路。

正线数目：双线。

设计速度：设计最高速度 350 km/h，运营速度 300 km/h。跨线列车运营速度 200 km/h 及以上。

牵引种类：电力。

列车类型：动车组。

（2）主要工程数量

全线正线长度 1 318 km。联络线 19 条 136.012 单线千米，动车组走行线累计长度 28.481 单线千米，既有线改建 35.064 单线千米。全线路基总长度 242.5 km，占线路总长 18.4%。全线正线桥梁共 288 座，总长度约 1 059.7 km，占线路总长 80.4%。全线隧道 21 座，总长度 15.8 km，占线路总长 1.2%，最长隧道西渴马一号隧道 2 812 m。

全线 23 个车站，其中天津西站、济南西站、南京南站、上海虹桥站为始发终到站，其余 19 个车站为中间站。全线共设置 27 座牵引变电所，26 个分区所，49 个 AT 所，采用两路热备 220 kV 外部电源进线。通信系统采用 GSM-R 系统，CTCS-3 级列车运行控制系统。

（3）临时工程

全线共有取土场 25 处，占地 181.26 hm^2，取土量 487 万 m^3；弃土（渣）场 124 处，占地 380.03 hm^2，弃土量 1 639.13 万 m^3。全线设置贯通便道总长度为 1 257.3 km，占地 502.9 hm^2。全线共设李窑、济南、徐州、南京、虹桥 5 个铺轨基地。

工程沿线设制梁场 48 个，占地 10547.85 亩（703.19 hm^2）；制板场 16 个，占地 1 651.80 亩（110.12 hm^2）；混凝土拌和站、改良土搅拌站、级配碎石拌和站 138 处，占地 4 721.54 亩（314.77 hm^2）。

（4）工程占地情况

工程永久占地 3 959.39 hm^2，其中占用耕地 3 686.1 hm^2（基本农田 3 051.0 hm^2），临时用地 2 888.8 hm^2。

（5）工程投资情况

工程初步设计批复概算总投资 2 176.3 亿元。工程实际环保投资 76.875 6 亿元，占概算总投资的 3.53%。

二、环境监理依据

京沪高铁施工期开展环境监理工作，是京沪高速铁路监理“五控制、两管理、一监督、一协调”职责中的一项重要内容，监理依据如下。

（1）京沪高速铁路环境影响报告书。

（2）京沪高速铁路水土保持方案。

（3）原铁道部、国家环保总局的批复文件。

（4）京沪高速铁路设计文件及审查意见。

（5）京沪高速铁路建设管理办法。

（6）国家有关环境管理法律法规、部门规章、标准规范，沿线省市相关环境管理规章。

三、环境监理工作程序、方式

1. 环境监理机构与职责

（1）机构设置

京沪高速铁路全线划分为9个施工标段，由8家监理机构负责全线工程施工监理。监理机构内设环境监理部，负责本标段施工期环境监理工作。监理工作实行总监负责制。同时，全线单独设立施工期环境监测单位，负责协调各标段环境监理，并开展全线施工期环境监测工作。

（2）职责范围

根据环境保护管理制度的要求，京沪高速铁路建设的环境保护工作由京沪公司统一组织，各指挥部分段管理，监理单位日常监理，设计单位技术支持，施工单位具体落实。

施工单位是施工期环境保护工作的实施者和责任者，负责项目建设中环保措施和设施的落实。监理单位负责监理标段内的主体工程和临时工程施工过程中的日常环境监理。

监理项目部设环境监理室，配备环境监理工程师，项目部下设监理组，均配备环境监理工程师。

监理项目部环境监理室全面负责本标段内环保工作，从专业上指导各监理组开展环境监理；负责编写本标段环境监理月报和年报及总结。

各监理组负责其管段内的环境监理工作，根据环保措施要求和环境监理实施细则，负责监理其管段内大型临时工程、砂石料场、取弃土场、主要施工营地和道路以及水体敏感区、风景名胜区内的施工环保专业监理；指导监理标段内部工程监理人员的环保工作，检查主体工程的施工环境监理效果，对存在的问题及时提出整改意见，并追踪检查落实；对承包单位施工组织设计中的环保措施和临时工程环保措施进行审查，符合要求后提出初审意见报监理项目部审核。负责提报其监理管段内环境监理月度和年度报表。

2. 环境监理工作方法

采取文件核对与巡视检查评估相结合的方式，监督检查施工单位的环保体系，施工中环保、水保措施落实情况。对重点工程辅以工程监理工程师进行现场监督。对于可量化指标，如污水、大气污染物、噪声、振动、固体废弃物等进行现场环境监测，并将监测结果作为评估施工、监理效果的依据。监理工作流程见图 6-23。

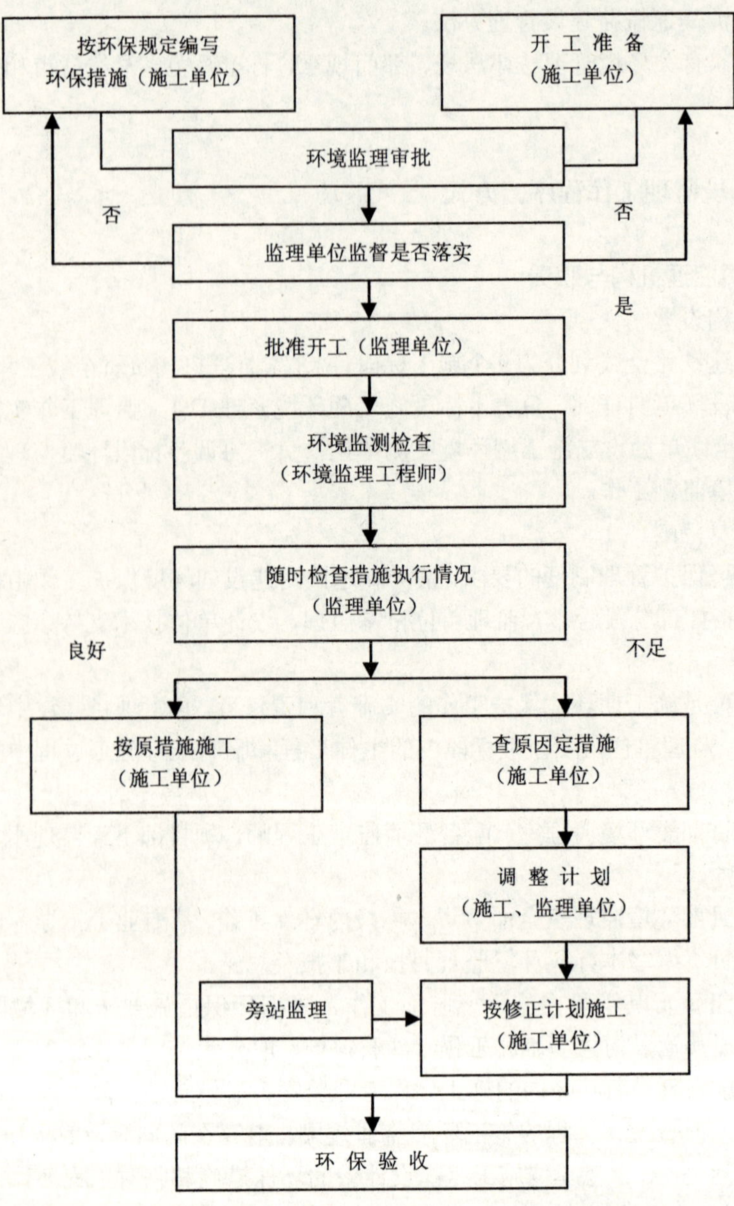

图 6-23 环境监理工作流程

3. 环境监理工作制度

环境监理中建立了一系列工作制度，以保证环境监理工作规范、有序地进行。环境监理作为工程监理的组成部分之一，按照监理项目部的工作程序开展环境监理工作。

（1）首次工地例会

首次例会及常规监理例会必须有环境监理参加。会议讨论和研究的问题及情况应完整地记录下来，形成文字材料，成为约束履约各方行为的依据。会议决定执行的有关事项，仍应按规定的程序办理必要的手续。

（2）环境监理专题会议

环境监理单位，根据需要建立定期或不定期专题会议制度，例如每周、月汇报会；月环保工作计划总结会；专项研讨会等，达到加强管理，沟通情况，交流经验的目的。

（3）施工组织设计方案审查

施工组织方案的编制要结合项目特点和《京沪高速铁路施工期环境保护水土保持措施》要求，提出明确和切实有效的环保措施；临时设施开工前应填报“环境保护措施报审单”，报监理单位审查。施工组织方案的审核要有明确的环保方面审查意见，不符合环保要求的施工组织方案不批准开工。

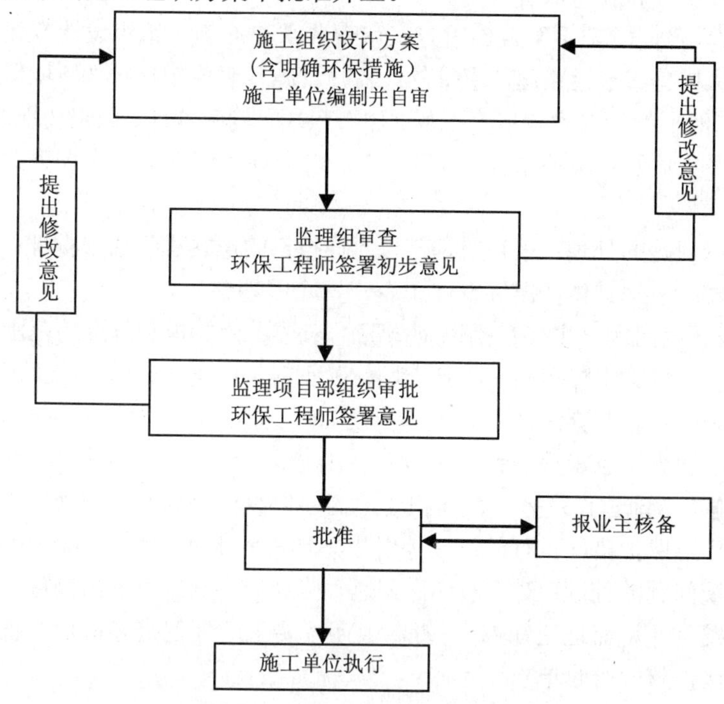

图 6-24　施工组织方案审查程序

（4）环保变更设计

涉及环境保护方面的变更设计，须经过环境监理签署意见后，变更设计文件由建设单位审核、批复，后发送监理单位，以利监督检查。

（5）大型施工临时设施管理

大型临时施工设施和主要施工营地、场地、便道等临时工程的设置方案必须经过环境监理签署意见后，报京沪公司工程管理部审核，并报项目监理部备案。

（6）环保停工令、复工令审批程序

施工期间，环境监理单位对合同范围内的工程环境质量负有监督检查的职责。对确实存在重大危险及环境安全的事件，环境监理工程师对现场进行调查、取证，对事件产生的原因、后果进行分析、记录、判断。当判断非停工整顿不能保证工程质量或保护环境时，环境监理工程师报总监签发停工令。施工单位根据停工令制定整改措施并在规定时间完成整改后，填写复工申请，报送环境监理核验。环境监理工程师现场检查合格，签署意见，由总监理工程师审批。

（7）施工期环保问题的分类和处理

为保证京沪高速铁路施工期各项环保措施的落实，在环境监理工作中，对发现的环保问题进行分类处理，并建立相应的处理制度。环保问题按其对环境的影响程度，划分为重大环境问题和一般环境问题。

① 重大环境问题。不符合施组方案审查要求的：施工组织设计方案无明确和切实有效的环保措施，未经监理部审批的；临时设施开工前未填报“环境保护措施报审单”的，如未经批准擅自设置取弃土场、砂石料场、施工营地、施工场地及施工便道；施工中造成严重危及环境的事件；对签发 2 次以上环境监理通知责令整改的环保问题没执行的。

重大环境问题的处理：项目监理部以“通报”的形式进行通报批评；报告业主进行相应的处理；根据具体情况签发停工令，责令限期整改。

② 一般环境问题。主要包括以下情况：未按设计要求和批准的范围、距离、位置设置制梁场、混凝土拌和站、取弃土场、砂石料场、施工营地、施工场地及施工便道等临时设施的；临时弃渣场、弃土场未设临时支挡结构，对地表径流影响较大的；批准的弃渣场和弃土场未按设计要求设置支挡结构；桥梁施工钻孔桩基泥浆水未按要求处理的；施工营地建设及施工营地和场地的固体废弃物和污水的处置未按京沪高速铁路施工期环境保护措施执行的；其他对生态环境和水环境有破坏行为的。

一般环境问题的处理：对一般环保问题，监理项目部或监理组向施工单位和工程监理单位签发“环境监理通知书”，责令限期按要求的环保措施执行，整改合格后，签发“环境保护整改验收单”。

（8）环境保护问题的报告制度

对重大环保问题，环境监理工程师，应迅速上报业主，并及时处理，防止事态的扩大；对一般环保问题，按相关要求在环境监理月报中予以反映。

（9）环境监理日志、环境监理月报与档案管理

① 环境监理日志。环境监理日志是监理项目部和环境监理工程师必备的专用手册，是监理工作的重要资料，环境监理人员应逐日逐项认真填写，特别是涉及重要环保问题、变更设计、会议决定、上级指示，有关环保工作进度、环境事故等有关事项

都应详细写入日志。

② 环境监理工作月报。环境监理单位应定期向业主提交监理工作月报，报告内容如下：工程概况；环境保护执行情况；主体工程环保工作进展、环保措施落实情况；临时工程环保措施落实情况；风景名胜区、环境敏感区环保措施执行情况；环保事故隐患或环保事故；环境监理工作中发现的问题及建议；典型案例；下月监理计划。

③ 文档管理。结合实际建立有关往来函、电处理；日常环境监理工作技术资料整理；技术资料归档管理等制度。

四、环境监理工作内容

1. 施工准备阶段

记录施工范围原地貌及环境现状（影像资料）。

选择或确定取、弃土场和弃土（渣）的综合利用途径（开发、建房）及合理施工组织。

取土场的设置应符合要求：集中设置取土场；取土场尽量选择荒地；不得在基本农田、林地、塌方或泥石流易发区设置取土场；远离民房、电线杆等工农业生产设施，不得危害其安全；远离自然保护区、风景名胜区等敏感区。

施工便道修建需采取防护措施，山坡地段禁止顺坡溜土。

施工营地选择及简易垃圾、污水处理设施的建立。

对预计施工涌水量大的隧道，摸清出水去向，水处理设备及时到位（涌水采用沉淀池、施工污水采用沉淀、气浮）。需进行洒水作业的区段建议采取将部分出水沉淀、过滤后作为便道洒水车用水。

宣传牌：在工地建立环境管理休系、主要环境因素及处置办法警示牌。在施工营地建立环境投诉点宣传牌，内容：工程名称、内容、标段行政负责人、环保专职人员姓名、投诉电话。

2. 施工阶段

（1）风景名胜区环境监理内容

京沪高速铁路路基、桥梁、隧道等主要工程的修建增加了对风景名胜区的线形切割，永久用地、临时用地以及施工活动对风景名胜区的生态环境和景观环境产生一定的影响。

施工过程影响表现为：在局部范围内扰动地面结皮或压实地表，踏踩植被和地表覆盖层，对局部自然景观的破坏；施工场地、营地和施工人员、机械的生产和生活行为造成的“三废”污染，主要监理内容为：① 控制施工范围：风景名胜区内的施工，应设置醒目的标示牌、边界线，严格限制施工人员活动、车辆行驶线路及机械作业的活动范围。在划定工程范围内施工，不得跨越界限进入一、二级保护区。② 施工临时设施布局紧凑，材料堆放整齐、场地整洁，道路平整，与所处环境（风景区、城市）景观尽可能协调。③ 严禁在景观敏感区内设置取、弃土场，严禁随意铲除地表植被和林木；施工临时弃渣堆放应做好水土保持措施。④ 风景名胜区内施工结束后，应加强对场地、便道以及线路两侧的绿化恢复措施。

（2）敏感水体环境监理内容

京沪高速铁路沿线跨越多处敏感水体，包括黄河、淮河、长江、京杭运河、阳澄湖等，共计 13 处，是环保监理工作重点关注对象。① 要求施工单位跨越敏感水体施工时，工期尽量安排在非调水期、枯水期。② 水中桩基施工搭设施工平台、钢护筒、反循环钻机成孔、承台利用吊箱围堰或套箱围堰施工，水上基础混凝土施工采用栈桥运输。③ 在水中设泥浆运输船或在岸边设沉淀池处理施工泥浆，泥浆经处理后外运弃置，不得弃于水域或近岸；泥浆运输船应确保无泄漏。④ 施工机械要经常维修保持完好，避免事故性溢油，施工用油要妥善保管，避免遗洒。⑤ 施工完毕后及时清理围堰、栈桥；建筑及生活垃圾集中管理，定期清运；现场配备移动式厕所，禁止生活污水随意排放。

（3）桥梁工程环境监理内容

① 桩基开挖泥浆水需经沉淀后排放，泥渣需经干化后运至弃土场。② 桥梁施工挖出的泥渣严禁弃入河道，泥浆水严禁弃入河中，应设沉淀池，沉淀后自然干化，施工结束后用土填平泥浆坑及沉淀池，恢复地表植被。桥梁桩基施工钻孔桩泥浆须经沉淀池处理，并加以挡护，经澄清的水流入河道，避免了施工对河水的污染。③ 跨河桥梁两端墩台开挖时，避免顺坡溜土。④ 桥墩施工结束后要及时清除围堰及将基础开挖的弃土回填，平整，以利于恢复植被。

（4）隧道工程环境监理内容

① 隧道开挖后洞口应及时采用浆砌片石或骨架内满铺革皮等方法对仰坡及时防护，洞顶设浆砌片石截水天沟防护。② 出渣的合理利用和弃渣场的防护，隧道出渣应尽可能予以利用于复耕、造田、建房、修路。③ 隧道涌水有可能使原地下地位下降，造成地表径流枯竭，水塘、水井干枯、植被死亡，影响当地居民生产、生活。调查隧道附近河流、沟渠、水塘分布、植被生长情况，居民用水水源。在人群居住的山体上部设置适当的水位变化观测点，随时监测地下水位变化情况，并据此采取必要的工程措施。当预计地下水流失后会影响山顶居民生活时，则需考虑向山顶提供供水工程设施。④ 流出的泥浆水不能直接排入河流及附近农田，须设置能使泥浆水澄清的沉淀池，沉淀池的容量应能满足澄清要求，水经澄清或深化处理后排放。⑤ 含有瓦斯气隧道开挖过程中，需设置安全防护、瓦斯气报警、通风安全装置。在施工过程中需加强日常检查，发现瓦斯浓度异常应及时加强通风及其他安全措施。

（5）路基工程环境监理内容

路基边坡应根据具体情况采取植物或工程防护措施，防止造成水土流失。

（6）取、弃土（渣）场环境监理内容

① 弃土（渣）场。防护工程方案：根据地形、地质、沟谷、河床形状、弃渣场是否受冲刷，及渣场下部是否有公路、住宅等条件。分别采用浆砌片石挡渣墙、片石混凝土挡渣墙、钢筋混凝土挡渣墙。

② 取土场。取土前将表层熟土推至一旁堆置，采取临时防护措施；山坡取土场地应根据地形条件设置相应的排水设施；取土应避免形成高陡边坡，并根据岩土条件，分别采取撒播草籽、喷播植草护坡等措施，当取土为Ⅲ、Ⅳ、Ⅴ类土（石）时，取土场边坡采用喷播植草护坡措施，当取土为Ⅱ类土（石）时，取土场边坡采用撒播草籽植草护坡措施。

取土完毕后，应及时对取土场地植树种草绿化，或寻求其他综合利用途径。

（7）临时工程环境监理内容

施工便道、边坡有条件时作适当防护。

施工过程中天气干旱时需定时洒水防止扬尘，影响两侧环境。

施工营地：应布置有序、设置医疗点、文化设施，施工人员宿舍应清洁卫生，垃圾有专门的堆放点，生活污水需经适当处理后排放。

材料场物资要码放整齐，油料发放点要有收集漏油的底托。

施工结束后临时用地及时恢复，并与地方办理交接手续。

制存梁场各项工程施工前，剥离表层土，施工完毕后，将硬化地面、碎石地面全部拆除，钻孔桩、搅拌桩、存梁台拆至地下 2 m 左右，拆除后进行场地平整，回填表层土。

（8）施工期环境监测

京沪高速铁路施工期环境监理，对现场的大气、水质、噪声振动影响进行全面监测，取得科学客观的监测数据，客观评价施工期的环境影响程度，及时消除环境影响隐患。

① 环境监测指标。

表 6-1 环境监测指标

<table>
<tr><th colspan="2">监测项目</th></tr>
<tr><td>生态环境</td><td>土地占用、植被破坏、水保措施、景观变化</td></tr>
<tr><td rowspan="4">水质</td><td>pH 值</td></tr>
<tr><td>悬浮物（SS）</td></tr>
<tr><td>化学需氧量（COD）</td></tr>
<tr><td>石油类</td></tr>
<tr><td>大气</td><td>总悬浮颗粒物（TSP）</td></tr>
<tr><td>噪声</td><td>等效 A 声级</td></tr>
<tr><td>振动</td><td>Z 振级</td></tr>
<tr><td>固体废物</td><td>固体废物收集、情况</td></tr>
</table>

② 环境监测方法。根据京沪高速铁路环境影响报告书以及现场踏勘情况，制定环境监测方案。监测单位根据不同施工阶段的主要环境影响因素及敏感点分布情况确定噪声振动、空气、水质的监测指标、监测频率，定期开展监测工作。

京沪高速施工期环境监测是在整个施工期对重点环境控制点位进行水质、大气、噪声振动的跟踪监测，监测点分布在 1 300 多 km 范围内，监测点分散，监测周期长。在监测方法的选择上既要符合相关标准的规定，又满足样品采集及保存分析周期的要求。

由于是首次在施工期环境监理中采用环境监测手段，监测单位对测定方法、采样布点，仪器设备、分析方法进行了深入研究，建立了适合铁路施工现场环境监测的一套监测方法。

3．试运行阶段

确保设计文件将运营期涉及的噪声、振动、污水、空气、固体废物处理设施与相关的主体工程同时施工，投入试运营。

做好竣工环境保护验收工作相关资料的整理和总结。

五、环境监理成效

1．风景名胜区环境监理效果

京沪高速铁路沿线受施工影响的主要风景名胜区包括龙子湖、琅琊山、牛首祖堂、南山风景名胜区。铁路建设过程中，按照环境监理要求，施工单位在保护区边界设置告示牌和宣传牌，严格控制施工行为。及时对环境监理提出要求整改的工点进行整改，使风景名胜区环境得到有效保护。例如，监理单位及时对琅琊山风景区附近的园郢子隧道弃渣场防护不到位、牛首祖堂施工现场较乱等情况下发了监理通知书，提出整改要求，施工单位及时进行了落实。

图 6-25 保护区边界指示牌

图 6-26　2009 年初牛首祖堂景区施工现场

图 6-27　施工现场已整改

2．主体工程监理效果

（1）路基工程

路基工程环保措施按照要求，得到全部落实。

图 6-28　骨架护坡

图 6-29　对护坡浆砌片石破检

（2）桥涵工程

施工期按照要求进行泥浆处理、渣土清运，施工完毕后及时进行恢复。

图 6-30　整改前泥浆池

图 6-31　整改后泥浆池

图 6-32　泥浆池防渗处理

图 6-33　泥浆处理设备

图 6-34　徐州京杭运河（左：围堰正在清理；右：围堰已清理）

（3）隧道工程

施工期按照要求设置排水处理设施；隧道洞口、边仰坡、渣场得到有效防护。

图 6-35　南棚隧道仰坡

图 6-36　东芦山隧道仰坡

（4）站场工程

防护措施得到有效落实、施工场地整齐，排水通畅，植物护坡及后期站场绿化均到位。

图 6-37　泰山西站站场平整

图 6-38　边坡防护

3. 临时工程监理效果

(1) 取土、弃土（渣）场

取土、弃土（渣）场恢复措施按照要求全部落实。

图 6-39　DK1053 弃土场挡护效果

图 6-40　弃土场植被恢复

（2）施工便道

为防止水土流失，便道表层铺 30 cm 碎石，两侧设排水沟。为保持整洁，应洒水抑尘。

（3）制梁场、拌和站、施工场地

图 6-41 表土保存

图 6-42 梁场复耕土保存

图 6-43 拌和站复耕

图 6-44 梁场复垦

图 6-45 梁场绿化

（4）施工营地及场地恢复

图 6-46　钢筋加工厂绿化

图 6-47　梁场生活区

图 6-48　梁场生活污水处理

图 6-49　梁场垃圾收集箱

4．噪声防护措施监理效果

（1）声屏障安装监督

声屏障所用的材料均经监理工程师检验合格后方可使用。施工过程中现场监理工程师根据设计图纸和验收规范进行检查、验收，确保声屏障安装合格。

图 6-50　监理人员现场检查声屏障安装

（2）施工期噪声监测

根据环境监测方案，将沿线 100 户以上且距施工场地比较近的居民集中居住区和学校，全部列为噪声监测敏感点，共计 180 多处，在施工高峰期进行了噪声监测；对钻孔桩施工现场、制架梁、制板、拌和、站场施工等场界噪声进行了监测。

噪声敏感点监测结果表明，钻孔桩施工噪声对居民区影响不大，虽个别测点大车通过时瞬间噪声较高，但等效声级全部低于场界噪声限值。大多数测点进行了两次复测，均未发现超标现象。

施工场地不同设备作业时施工场界噪声监测结果表明，施工场界噪声基本满足场界标准限值要求。个别制梁场的拌和站、钢筋绑扎区噪声较高，但梁场面积较大，梁场场界处噪声全部合格；对站场施工作业场地进行噪声监测，未发现超标现象。监测结果说明铁路施工对噪声环境影响不大。

5. 水环境监理效果

（1）敏感水体水质监测

自 2008 年施工建设开始至 2010 年第一季度，对京沪高速铁路施工期重点保护的 13 处敏感水体水质进行了跟踪监测。分别在水中墩施工前、施工中、栈桥或围堰拆除后的不同阶段进行监测。施工高峰期每月监测 2 次，非高峰期每季度监测 1 次。

在跨越敏感水体桥梁施工位置的上、下游各设一个水质采样点。南京大胜关长江特大桥工地由于水面较宽，在上、下游断面上又分别设置了 3 个采样点。阳澄湖分东湖、中湖、西湖 3 个湖区，在施工围堰外设置水质采样点，同时在湖区中部设置对照点。水生生物指标更能反映施工活动对水体的影响，项目组于阳澄湖围堰施工中和围堰拆除后，分两次对阳澄湖的水生生物进行了监测，监测指标为浮游植物、浮游动物、底栖动物和水生维管束植物。

施工点位上、下游同时采样并进行数据比对，pH 值、悬浮物、化学需氧量、氨氮、石油类等监测指标均无显著性差异。

（2）临时工程生产废水、生活污水监测

① 制梁场、拌和站生产废水监测。根据监测结果，制梁制板场拌和站排放的生产废水经过沉淀分离后，生产废水的悬浮物和化学耗氧量两个指标都能达到《污水排放综合标准》（GB 8978—1996）二级排放标准的要求。个别梁场拌和站废水 pH 值碱性较高，超过标准限值，直接排放污染水体，进行处理难度较大。建设单位要求生产废水不外排，回用于地面降尘、绿化用水等，做到生产废水不外排。

② 隧道排水监测。全线隧道 21 座，长度 1 000 m 以上的隧道 6 座。施工中所有隧道施工都未产生涌水，只有少量外排水。有排水的隧道在洞口设置了沉淀池，排水经沉淀池沉淀后排放。通过对圆郢子隧道沉淀池排放水质监测，pH 值、悬浮物、化学需氧量符合排放标准。

③ 生活污水水质监测。对全线 28 处自建生活营地的生活污水监测结果表明，经处理后的生活污水满足排放要求。

六、案例点评

1. 环境监理的作用

（1）环境监理可以实现对工程全过程的控制

根据环境监理对施工单位不同施工阶段的监理内容，有针对性地提出要求，全过程、全方位管理。从开工准备开始，对施组及开工报告就提出明确的环保措施。检查施工单位环保管理体系，人员配备，现场环保作业指导书。在施工过程中对施工行为进行规范，始终坚持上道工序不合格不得进入下道工序。在竣工阶段，督促施工单位进行环境恢复。

（2）开展环境监理可将被动管理变为主动管理

过去的工程建设中，发现环境污染，由当地环保部门来处理。等到环保部门赶到现场，环境污染已经开始蔓延。环境监理发现问题及时要求整改并签发监理工程师通知单，督促施工单位立即整改，并提交整改报告（附相关照片）。同时组织施工单位一起举一反三进行彻查。所有问题要整改闭合，不留隐患。全线共签发有关环保的监理工程师通知单 180 份、不合格项整改记录 96 份，编写 38 期环境监理月报及年报。

（3）开展环境监理可将事后控制变为事前控制

由于环境监理是具有环保专业知识的人员担当，对不同施工工艺、不同工序可能造成的环境污染及应该采取防护措施能够做到预判。提前做好防范，确保措施到位。改变了先污染后治理的旧工作模式。

2. 施工期环境监理分析

（1）通过对生态环境的监理，规范了施工单位在风景名胜区段的施工行为，对于跨越敏感水体的施工，杜绝了洗罐废水乱排、车辆油污遗撒的污染行为。对于桩基泥浆处理，路基边坡防护，路基排水，隧道仰坡防护，取弃土场防护，大临工程的恢复中出现的问题提出了整改要求，并得到落实，有效防止了施工对生态环境的破坏。

（2）根据噪声监测结果表明，桩基施工噪声得到控制。在邻近居民区、学校等噪声敏感地带施工时，严格控制了机械作业噪声；夜间对噪声较强的路基机械作业、桥梁钻孔桩施工等作业进行限制，合理安排作业时间，防止扰民。对制梁场场界监测表明所有场界噪声均达标。

（3）通过水环境的监测，对比黄河、长江及阳澄湖等 13 处敏感水体上、下游的水质监测数据，表明施工未污染水环境；通过对制梁场生产废水的监测，指导制梁场对不规范的沉淀池进行改造；全线绝大多数制梁场做到了生产污水处理后回用、生产污水零排放。所有生活营地由于设置了沉淀池及排水沟，部分排水沟采用暗沟；有条件的营地将生活污水排入市政管网；根据生活营地生活污水的监测，生活污水达标排放。

（4）在制梁场、制板场、拌和站、施工便道、站场施工等地设置监测点，对空气中总悬浮颗粒物（TSP）进行了采样，监测结果表明，由于采取了各项行之有效的防尘降尘措施，监测点位大气扬尘合格率为 97%，监测期间共有 15 处空气总悬浮颗粒物超标，全部提出整改要求经整改后全部合格。

3. 环境监理经验分析

京沪高速铁路环境监理、监测的实施，使京沪高速铁路建设期未发生重大污染事故。风景名胜区、敏感水体未受到污染，主体工程防护措施到位，临时工程恢复良好，学校、医院、居民集中区未受到噪声及扬尘的污染。京沪高速铁路环境监理工作之所以取得成效，离不开下列因素。

（1）建设单位重视、环境管理体系健全

建设单位重视环境保护、水土保持和生态建设工作，建立机构、制度、责任、监督、奖惩“五位一体”的管理体系。从京沪高铁总指挥部、指挥部到各参建单位，都具有比较强的环保意识和责任感，以建设一流资源节约型、环境友好型高速铁路为目标，配备专门人员，制定全线环保工作方案，分标段明确环保工作的内容、重点和要求，对各项环保措施高标准设计和规范化施工。构建了由京沪公司统一组织、各指挥部分段管理、监理单位日常监理、设计单位技术支持、施工单位具体落实、监测单位定期监测的施工期环保管理组织体系。

（2）强化组织、建立标准化质量管理体系

建设单位从健全规章制度、提高人员素质、现场安全文明施工、过程严格控制等方面入手，建立标准化约束、信息化控制、专业化保障的质量管理体系，成立以总经理为组长的标准化管理领导小组，从公司到各参建单位，形成以建设单位为龙头，各参建单位协调联动的标准化管理体系架构，达到了无缝衔接管理。这种标准化管理体系为环境保护工作取得实效提供了很好的保障。

（3）更新理念、优化设计

在工程设计阶段，将占地面积的控制、耕地资源的保护放在了极为重要的位置，减少用地、集约用地的理念贯穿始终。按照“宜桥则桥、宜路则路”的原则，在有条件、可实施地段采用了桥式方案，正线桥梁占线路总长80.4%，压缩了桥梁地段的铁路用地范围，宽度由原来的21 m减少到18 m。

优化线路方案，避免高填深挖，坚持移挖做填，采取支挡收坡等措施，减少路基工程占地和填方、挖方以及弃土弃渣数量，减少对地表植被的破坏。合理布局施工临时工程，严格控制施工临时用地。板场利用了铁路或地方的既有场地；沿线大部分制梁场在施工生产中采用了双层存梁的方式；施工便道充分利用已有铁路正式用地或沿线乡村道路。坚持“永临结合、少占耕地、集中设置、紧凑布局”的原则，尽可能减少临时用地的规模和数量。

（4）大胆采用新技术

针对京沪高速铁路桥梁占比在80%以上，桩基施工产生的泥浆量较多的特点，建设单位、施工单位积极引进新技术，在桩基施工过程中对产生的废弃泥浆，采用专业泥浆分离机进行处理，使环境得到有效保护。

（5）引进施工期环境监测机制

京沪高铁施工期环境监测工作委托中国铁道科学研究院承担，监测单位对8个监理单位统一协调，定期对全线开展环境监测，用监测数据客观评价施工期环保措施执行情况和效果，更具说服力。对于监测不达标的，监测单位分析原因，提出整改意见并监督落实。

（6）树立样板

在环境监理工作中，推行工点示范，在全线树立了桥梁工程施工、路基防护工程、边坡植物防护、桥下场地绿化、制梁场、混凝土拌和站等临时用地的土地恢复等样板工点，组织观摩、培训和推广，提高环保工作的整体水平，效果良好，此项做法为其他高速铁路环境保护工作提供了有益借鉴。

第七节　铁路建设项目环境监理相关法律法规

（1）《铁路环境保护规定》。

（2）《铁路建设项目环境影响评价管理办法》。

（3）《铁路建设项目环境保护“三同时”管理办法》。

（4）《铁路建设项目水土保持工作规定》。

（5）《关于加强铁路噪声污染防治的通知》。

第七章　公路建设项目环境监理要点

第一节　行业概况

改革开放以来，尤其是近些年我国公路建设去得了迅速发展。截至 2011 年年底，全国公路总里程达 410.64 万 km，全国公路密度为 42.77 km/$10^2$$km^2$。

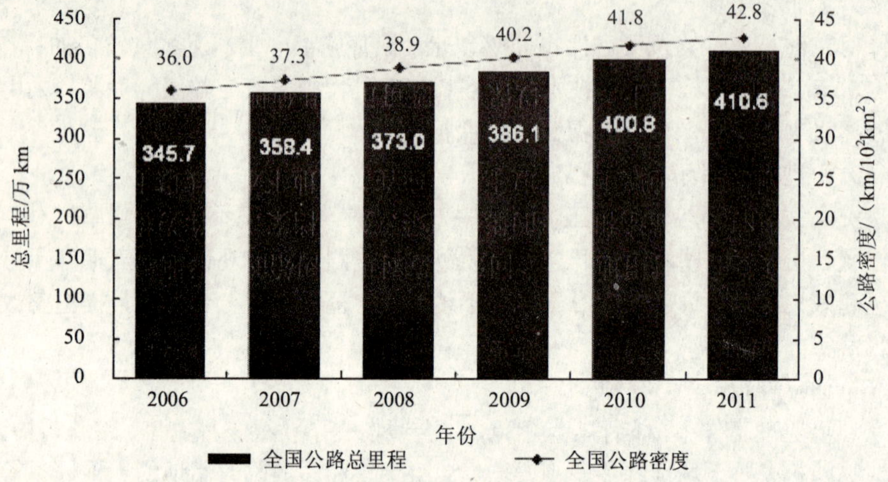

图 7-1　2006—2011 年全国公路总里程及公路密度

全国等级公路里程 345.36 万 km。等级公路占公路总里程的 84.1%，其中，二级及以上公路里程 47.36 万 km，占公路总里程的 11.5%。

各行政等级公路里程分别为国道 16.94 万 km、省道 30.40 万 km、县道 53.36 万 km、乡道 106.60 万 km、专用公路 6.90 万 km、村道 196.44 万 km。

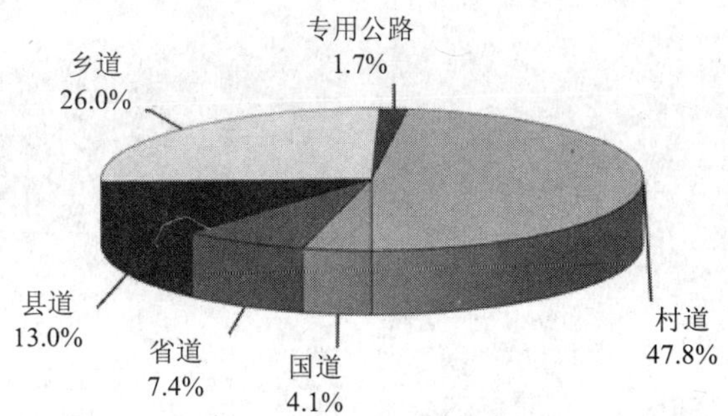

图 7-2　2011 年全国各行政等级公路里程构成

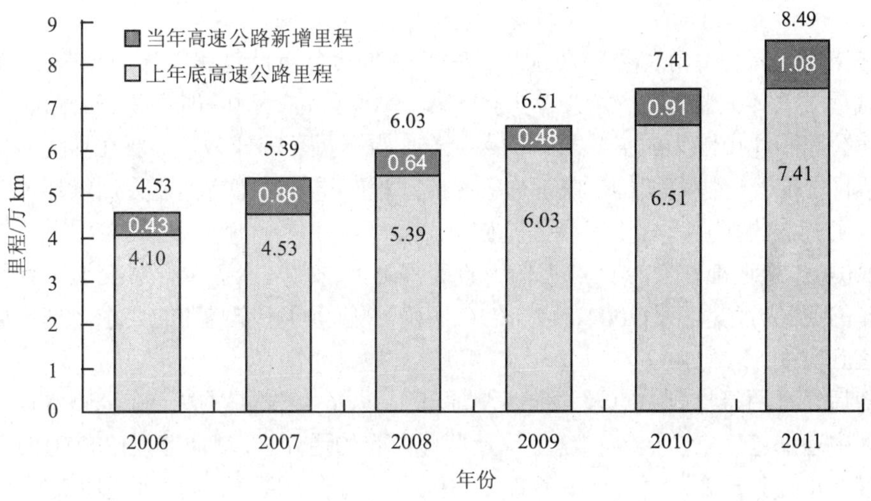

图 7-3　2006—2011 年全国高速公路里程

全国农村公路（含县道、乡道、村道）里程达 356.40 万 km。全国通公路的乡（镇）占全国乡（镇）总数的 99.97%，通公路的建制村占全国建制村总数的 99.38%；其中，通硬化路面的乡（镇）占全国乡（镇）总数的 97.18%，通硬化路面的建制村占全国建制村总数的 84.04%。全国高速公路达 8.49 万 km。其中，国家高速公路 6.36 万 km。

第二节　公路建设项目环境监理概述

20 世纪 90 年代随着高速公路和大型港口码头的大规模建设，交通行业环境保护工作逐渐受到更多关注。但相比于建设项目可行性研究时期的环境影响评价和运营期的竣工环境保护验收，施工期的环境保护工作较为薄弱，往往重蹈着“先破坏（污染）后治理”的覆辙。

图 7-4　某施工中的山区高速公路无防护弃渣

图 7-5　某公路隧道弃渣水土流失并阻塞污染河流

在国家环保总局等部委的要求下，2003—2008 年青藏铁路、洋山港等 13 个工程项目试行了“环境监理”。交通部以宁夏银古高速公路、湖南邵怀高速公路、贵州三凯高速公路和洋山港为试点项目。试点工作取得了显著的成效，主要在环境监理的体制、项目内部管理协调架构、监理内容、监理程序与方法等方面，为后续环境监理工作做出了有益的探索，打下了良好基础。

2004 年交通部在总结试点工作经验的基础上，发文《关于开展交通工程环境监理工作的通知》（交环发[2004]314 号），明确了施工期环境监理的要求，使环境监理工作落到实处。

随后经过两年再行试点及科研，交通部于 2006 年发文《关于在公路水运工程建设监理中增加施工安全监理和施工环保监理内容的通知》（交质监发[2007]158 号），从制度、人员资质等方面对环境监理工作提出了明确的要求，同时监理内容上将原监理工作传统意义上的“三大控制”（质量、费用和进度控制）扩展增加了安全、环保的有关内容。

国家环境保护总局、国家发展与改革委员会和交通运输部于 2007 年联合发布了《关于加强公路规划和建设环境影响评价工作的通知》（环发[2007]184 号），这是交通行业环境监理的又一个里程碑。其中要求“在施工招标文件、合同中明确施工单位和监理单位的环境保护责任，将工程环境监理纳入工程监理，定期向环保、交通主管部门提交工程环境监理报告。”

从事环境监理工作时，对照标准、检查工程质量，离不开环境监测。《交通运输行业公路水路环境监测管理办法》（交环发[2008]112 号）规定：各类交通建设项目在工程环境影响评价、施工、竣工环境保护验收以及运营过程中必须按照有关法规规定进行环境监测。

一、交通项目环境监理的全国培训情况

为推进施工期环境监理工作，交通行业开展了一系列科研，于 1998 年前后组织调研，着手编写环境监理教材。2006 年出版了《公路施工环境监理》教材第 1 版和《水运工程施工环境监理》教材第 1 版。2010 年 11 月，交通部增补修订后出版了《交通建设工程施工环境监理》教材第 2 版。2006 年以来，交通部举办了资质培训班近 200 期，培训学员超过 15 000 人。

目前报考交通行业监理工程师的学员由交通运输部组织培训、考试，需先通过《建设工程监理基本理论与相关法规》《建设工程合同管理》《建设工程质量、投资、进度控制》和《建设工程监理案例分析》4 科课程，成为监理工程师；之后学习环保和安全监理课，可从事相关监理工作。监理单位必须有培训合格的环保和安全监理工程师，方可参加招投标以及从事后续业务。

二、环境监理的内容、目标和任务

（1）环境监理内容

公路工程施工环境监理是针对施工过程环境保护全方位、全过程的监理，一般分为“环境达标监理”和“环保工程监理”两部分工作。

环境达标监理的主要任务是对工程建设过程中污染环境、破坏生态的行为进行监督管理，防止或减少施工过程污染物排放和生态破坏，实现污染物达标排放或符合生态保护要求，如噪声、废气、污水、固废等污染物排放达标，水土流失、生态恢复、自然保护区、水源区和风景名胜区保护等符合要求。

环保工程监理的主要任务是对工程的环保配套设施进行施工监理，落实项目环境影响评价文件中的环保设施要求，确保“三同时”的实施，如临时用地复垦、水土保持、绿化和景观等生态工程、路桥面雨水径流收集、服务区污水处理、声屏障、消烟除尘设施等。

（2）施工环保监理的目标和任务

① 主体工程施工过程中的噪声、振动、废气、污水、固废等排放达到国家相应标准。② 生态环境保护、水土保持等措施符合环境影响评价文件和水土保持方案的要求。③ 声屏障、绿化、污水处理等环保工程设施施工符合相应规范和合同规定。④ 施工期不发生重大环境污染和生态破坏事件。

表 7-1 公路工程施工环境监理的目标和任务

环境达标监理	监理任务：保护生态环境；控制污染排放
	监理范围：施工现场、工作场地、生活营地、施工道路、料场和取弃土场、办公区及附属设施、敏感区等
	监理内容：噪声、废气、污水、固废等排放达标，施工过程符合敏感区环保要求
环保工程监理	监理任务：保证环境保护专项工程的实施
	监理范围：水污染防治工程、噪声控制工程、水保等绿化工程、土地复垦工程等
	监理内容：工程质量、安全、环保、进度、费用等

第三节 施工准备阶段环境监理工作要点

在开展施工临时用地环境监理工作时，统一的技术要求应该做到：

（1）熟悉工程环境影响评价文件和水土保持方案文件，同时实地踏勘，对项目所在区域可能涉及的生态敏感点进行识别和确认。

（2）临时用地的规划、布置，应充分考虑环境保护的要求，全面规划、合理布局、统筹安排，规划施工便道、便桥、码头、取土场、弃土场、生活区、水池、油库、炸药库等建设临时用地。避免因选址不慎，造成对环境的人为干扰。

（3）熟悉工程资料，掌握工程整体情况，包括工程环境影响区域。在此阶段，监理工程师需要熟悉的资料有工程环境影响报告书、水土保持方案及相应的批复、工程设计文件中的环境保护篇章、施工合同中的环境保护条款、工程所在地的环境保护要求等。

监理工程师还应对照设计文件、环境影响评价文件和水土保持方案文件，了解工程附近环境保护目标和敏感点的分布情况，对施工期的环境监理工作重点做到心中有数。

（4）初步审查承包商提交的临时工程设计文件中的环境保护措施和方案，提交业主组织审查。

（5）编制施工环境监理方案。

（6）根据施工环境监理方案，编制各单位工程的环境监理细则。

（7）根据工程情况，配置满足工程需要的环境监测设备和仪器。

（8）建立环保工作网络，要求施工单位建立环境保护管理体系。

（9）审查承包商编制的《施工组织设计》，主要审查施工污染防治方案，了解污染物的排放环节，排放的主要污染物、采用的治理措施、污染物的最终处置方法和去向；对不符合工程环保要求的环节内容提出改正要求，对遗漏的环节和内容要求增补。

（10）参加第一次工地会议，对施工单位进行环境保护交底。

第四节　施工阶段环境监理

一、施工临时用地环境监理要点

1. 取、弃土场环境监理要点

公路工程尤其是山岭重丘区的公路工程，弃土（渣）量较大，据有关资料，在黄河流域废弃的土方量有10%～30%成为水土流失量，南方降水及暴雨较多地区，弃土的冲刷程度更加严重。

（1）取、弃土（渣）场的选址，总体上应以“工程合理、安全可控、因地制宜、保护环境”为原则。

① 工程合理、安全可控。坝址应位于弃渣源附近；尽量不选主沟而选择岔沟，选择顺直的沟道，其上游流域面积不宜过大；下游没有工厂、城镇、居民点、重要设施等社会敏感区；坝址地质构造稳定，坝端不能有集流洼地或冲沟；下游有重要设施的拦渣堤，应充分论证，提高防洪标准和稳定系数，根据国家标准和当地的具体情况，复核原设计防洪标准。

② 保护环境、因地制宜。渣场尽可能选择荒沟、荒滩、荒坡等地方，避开环境敏感区如自然保护区、风景名胜区、基本农田、地表水（水库、河流等）；选址避开或妥善处理保护植物、地下水泉眼等环境隐患；坝址地形要口小肚大，库容大，造成的环境影响小；适当设计渣场规模，减少环境影响并使之易于复垦；原表土可剥离至基岩层；黄土高原区等渣场应考虑新造耕地；山区高大渣场可分级布设，易于复垦为梯田。

（2）对可恢复的临时用地，应会同建设方对现场初始的地形地貌、地表植被等自然特征进行客观的文字描述和完整的影像记录，建立档案，以作为将来恢复的依据。

（3）在路侧选用田地取土时，取土厚度应在当地地下水位线以上至少 0.3 m，防止地下水出露。

（4）对于剥离的表层土，应予以保存，既可用于其他地面的土地改良，也可用于沿线受破坏土地的恢复，在表层土的再利用之前，要求并协助建设方设置专门的场地用于堆置和保存，并配置相应的防雨和排水设施。

（5）禁止废渣、土石等向洞口、水体、山洞等处随意堆弃和无序倾倒。弃渣不得弃入或侵占耕地、渠道、河道、道路等场所，必须运至指定的弃渣场。

（6）弃渣应在指定范围内严格按照相关要求堆置。应整齐、稳定，不遗留陡坡、滑坡、塌方等隐患，并且排水通畅。河道不得弃渣。桥头弃土不得挤压桥墩、阻塞桥孔。

（7）为防止固体废弃物堆积体被冲蚀或易发生滑塌、崩塌，应贯彻“先挡后弃”原则，设置拦渣坝。拦渣工程选址、修建，应少占耕地，尽可能选择荒沟、荒滩、荒坡等地方。拦渣坝坝型主要根据拦渣的规模和当地的建筑材料来选择。一般有土坝、干砌石坝、浆砌石坝等型式。选择坝型时，应进行多方案比较，做到安全经济。均质土坝构造简单，便于施工，尤其是在高速公路项目区，多具有大型推筑、碾压设备，最适于修建土坝。

（8）建设方就临时防护工作提出要求，重点应关注临时防护设施的选择以及实施的时间（如生态防护），并通过巡视进行日常的监督和管理。

（9）取、弃土（渣）场的边坡，都应在工程防护的基础上，尽可能创造条件恢复植被，特别是草灌植物的应用，尽力把工程措施和植物措施很好地结合起来。这不仅能控制水土流失，维护坡面稳定，而且对生态环境改善具有重要意义。

（10）施工结束后，应对取、弃土场进行修整、清理和生态恢复，包括复耕或绿化等，并必须有相应的水土保持措施。可按要求在地表覆盖熟土还耕或绿化，或与当地土地管理部门商议后，对取土坑进行改造，放缓边坡，使边坡稳定，或开发成水源、鱼塘。

2．临时施工道路环境监理要点

（1）临时施工道路的开辟和修筑以及运输车辆的行驶会破坏地表植被，包括耕地、园地、林地以及牧草地等。为此，应规划好临时施工道路的路线走向，以减少植被破坏为首要原则，尽量利用现有道路；新建道路必须绕开各种生态敏感点（区），并应严格控制边界。

（2）对于施工道路边界上可能出现的土质裸露边坡，应有临时防护设施；在条件允许的地区，宜采用生态防护措施，可在施工道路修建的同时进行复绿；在气候条件恶劣地区，应有防止土壤侵蚀的工程防护措施，以防止土壤的自然侵蚀。

（3）施工便道属临时性质，载重汽车来往频繁，容易损坏，应及时修补保持平整，设立施工道路养护、维修专职人员，随时保持运行状态良好，减少扬尘污染。

（4）运输车辆行驶产生的扬尘影响植物（作物）正常的繁殖和发育过程，应通过路面硬化处理以及定期清扫、洒水抑制扬尘的发生，路面应始终保持湿润。对施工车辆要求限速行驶，在主要环境敏感点附近，行驶时速宜控制在 15 km/h 内。施工废气、粉尘排放，应当符合国家规定的环境空气质量标准（GB 3095—2012）。

（5）施工噪声应当符合国家规定的施工场界排放标准[该阶段施工场界噪声的限值为昼间 75 dB（A），夜间 55 dB（A）]。居民区附近禁止施工便道的作业，必要时应报当地环保部门批准，并公告居民，才能夜间作业。

（6）施工结束后，必须恢复临时用地的原土地利用功能。对现场初始的地形地貌、地表植被等自然特征应有客观的文字描述和完整的影像记录，以作为将来进行恢复的依据。

3. 临时材料堆放场、拌和场和预制场环境监理要点

临时材料堆放场常在拌和场和预制场附近或之内。按照环境保护选址要求，应在远离居民区的下风向。

对于砂石料冲洗废水，应明确要求建设方设置沉淀池，废水必须进行沉淀后排放。

检查碎石加工粉尘控制情况，重点关注除尘装置的运行情况、物料的密封贮存以及扬尘的防治；碎石加工时应进行洒水或除尘器除尘，冲洗砂石的废水应通过沉淀池沉淀合格后排放，部分废水澄清后可用于洒水降尘。

表 7-2　拌和场和预制场施工内容和环境监理关注要点

施工内容	潜在影响
沥青拌和站、灰土、混凝土拌和场、砂石料场、轧石场	1. 选址：远离居民区的下风向，灰土拌和站在 200 m 以外；混凝土拌和站、沥青拌和站在 300 m 以外 2. 占地 3. 表土保存 4. 废水 5. 噪声 6. 固体废弃物
场地拆除	1. 废弃物分类、清除 2. 生态恢复

4. 生活、办公区及试验室环境监理要点

表 7-3　工地试验室内容和环境监理关注要点

序号	施工内容	潜在影响和监理要点
1	沥青加热 沥青蜡含量试验 乳化沥青蒸发残留物含量试验	1. 蒸发气体排放 2. 废沥青 3. 废液体外加剂 4. 石油醚等化学物
2	沥青混合料沥青抽提 沥青闪点试验 沥青混合料车辙试件成型	1. 三氯乙烯 2. 松节油挥发 3. 煤气 4. 蒸发气体 5. 沥青气体 6. 废弃物
3	化学危险药品	1. 强酸强碱腐蚀 2. 易燃 3. 化学废液 4. 遗失
4	材料抗压试验；材料抗拉试验 材料混合料击实	1. 压力机排放噪声 2. 电动油示产生噪声 3. 击实仪产生噪声
5	水泥混凝土试件制作 水泥试件制作 试件养护；试样切割	1. 振动台产生噪声 2. 智能养护室控制仪产生噪声 3. 切割机产生噪声 4. 废弃物 5. 粉尘 6. 废水
6	混凝土取芯	1. 取芯机产生噪声 2. 废弃物
7	集料筛分；集料磨耗试验 沥青混合料飞散试验	1. 摇筛机产生噪声 2. 磨耗机产生噪声
8	集料磨光值试验	1. 加速磨光机产生噪声 2. 废弃物
9	密度试验	放射源
10	场地拆除	1. 废弃物分类、清除 2. 生态恢复

二、路基工程环境监理要点

路基工程施工工序包括地表清理及结构物拆除、路基开挖、路基填筑、路面铺设等。环境监理工作的内容，一是围绕生态保护，包括选择合理的工艺和工序；落实合理的土石方平衡和表土保存措施；土石方开挖和弃方处置；弃方和杂物等固体废弃物的处置；边坡修整和绿化等；二是围绕污染控制，落实爆破施工等工序产生的噪声时间和程度控制等。针对特殊环境如沼泽、软土地区、滑坡地段路基、岩溶地区路基、风沙地区路基等，关注环境保护措施的针对性。

可参考各环境因子和工序确定环境监理要点。

图 7-6　路基工程

三、路面工程环境监理要点

路面拌和场应远离居民区，并在其常年主导风向下风向处，场地应硬化处理。沥青路面拌和设备配料除尘装置应保持良好的除尘效果，施工过程中剩余的废弃料必须及时收集到弃渣场集中处理，不得随意抛弃。

路面施工应与路基、桥梁施工有合理的工作安排，减少交叉施工引起的环境污染。

表 7-4　路面施工内容和环境监理关注要点

序号	活动内容	潜在影响
1	拌和场场地平整	1. 植被破坏 2. 水土流失
2	拌和场搬运、安装、维修	1. 扬尘　2. 噪声
3	拌和场运行	1. 噪声 2. 水泥、沥青等泄漏污染土壤 3. 清洗废水排放 4. 有害气体如沥青烟等 5. 扬尘
4	混合料运输	沿路撒落

序号	活动内容	潜在影响
5	场地粗集料、砂堆放	扬尘
6	石灰、矿粉	1. 撒落污染空气 2. 土壤污染
7	破碎机、振动筛等	1. 噪声 2. 扬尘 3. 振动
8	各类运输车辆	1. 噪声 2. 扬尘 3. 有害气体 4. 漏油
9	路面摊铺、压实设备运行	1. 噪声 2. 有害气体如苯并芘 3. 漏油 4. 扬尘
10	夜间拌和场强光照明	减少光强和光照时间，保护夜间昆虫等生态环境
11	场地清理	1. 剩余原料如碎石水泥 2. 废弃预料如沥青渣

四、桥涵工程环境监理要点

桥涵工程环境监理要点见表 7-5。

表 7-5　桥涵工程内容和环境监理关注要点

序号	活动内容	潜在影响
1	基坑开挖	1. 生态破坏 2. 污水排放，淤泥堆积，围堰作业等污染环境 3. 水土流失
2	钻孔机和打桩机作业	1. 噪声 2. 漏油 3. 钻孔作业时排放污水 4. 桩基对河床的破坏 5. 泥浆外泄对土壤和河道水质的污染 6. 振动
3	机械维修保养和进出场运输	1. 打桩机械维修保养时机油，废油洒漏和废配件丢弃 2. 进出场运输时机油泄漏和粉尘撒落
4	水泥混凝土拌和与浇筑	1. 水泥浆搅拌和输送噪声 2. 水泥倾倒，拆袋有扬尘污染 3. 振捣机振捣噪声 4. 商品混凝土运输，泵送噪声 5. 振捣机维修滴油，配件丢弃 6. 浇筑时混凝土落于河道污染河水
5	钢筋作业	1. 装卸搬运噪声，扬尘 2. 锈蚀产生锈水 3. 钢筋焊接产生废气和废渣 4. 焊接产生电火花，电弧光 5. 钢筋切断机，弯曲机使用产生机械噪声 6. 零星废钢筋等的废弃
6	钢模板	1. 搬运，搭拆噪声 2. 打磨噪声 3 脱模剂（油）污染 4. 腐蚀产生锈水
7	钻孔平台搭设	使用后的处置
8	机械设备作业与维修	1. 漏油污染：2. 废配件丢弃
9	各类运输车辆	1. 噪声 2. 扬尘 3. 有害气体 4. 漏油
10	钢管支架作业	1. 装卸噪声，扬尘，防锈漆振落 2. 搬运噪声 3. 支模架搭拆噪声，扬尘 4. 钢模钢管扣件遇水腐蚀产生锈水 5. 零星扣件散落
11	工程船舶作业	1. 船舶生活废物 2. 抛，起锚的噪声 3. 主辅机运行时噪声，有害气体 4. 油料泄漏污染水源

图 7-7　桥涵工程

五、隧道工程环境监理要点

隧道施工的环境影响主要表现在洞口开挖直接造成的植被破坏、弃渣、废水以及施工破坏地下含水层而引起的一系列生态环境问题等。

图 7-8　隧道工程

表 7-6　隧道工程内容和环境监理关注要点

序号	活动内容	潜在影响
1	隧道开挖、爆破	1. 噪声 2. 扬尘 3. 生态破坏 4. 废弃物处置 5. 有害气体 6. 弃渣
2	弃渣装运、丢弃	同路基工程
3	隧道支护、衬砌	1. 噪声 2. 有害气体
4	防水排水	同排水工程
5	路基路面	同路面工程

六、排水、防护、交通安全设施和其他工程环境监理要点

1．排水工程环境保护要点

排水工程包括地表排水和地下排水。

地表排水设施包括边沟、排水沟、跌水与急流槽、蒸发池、油水分离池、排水渠等，应结合地形和天然水系进行布设，并做好进出口的位置选择和处理，防止出现堵塞、溢流、渗漏、淤积、冲刷和冻结等现象。

地下排水设施包括暗沟（管）、渗沟、渗水隧洞、渗井、仰斜式排水孔、检查井等类型，应根据工程地质和水文地质条件确定，并与地表排水设施相协调。

表 7-7　排水工程内容和环境监理关注要点

序号	活动内容	潜在影响
1	挖掘机、装载机等	1. 噪声 2. 漏油 3. 扬尘 4. 有害气体
2	土石方运输	1. 沿路撒落 2. 随意丢弃
3	运输车辆	1. 噪声 2. 尾气 3 扬尘
4	夯实机械	1. 噪声 2. 漏油 3. 有害气体
5	砂浆拌和机搅拌	1. 噪声 2 砂浆外漏
6	砂浆喷射机	1. 噪声 2. 砂浆泄漏
7	清洗砂浆设备	水污染

（1）及时沟通排水系统，为邻近的土地所有者提供灌溉与排水用的临时管道。临时排水设施与永久排水设施相结合，应有合适的泄水断面和纵坡，临时用作排水渠道时，应适当加大泄水断面，并采取加固措施，使水流畅通不产生冲刷和淤塞。污水不得排入农田和污染自然水源，不得引起淤积和冲刷。

（2）截水沟设置在无弃土堆的情况下，截水沟的边缘离开挖方路基坡顶的距离视土质而定，以不影响边坡稳定为原则，如系一般土质至少应离开 5 m，对黄土地区不应小于 10 m 并进行防水渗加固，截水沟挖出的土，应运到指定地点。

（3）施工过程中应当采取措施，控制扬尘、噪声、振动、废水、固体废物等污染，防止或者减轻施工对水源、植被、景观等自然环境的破坏，改善、恢复施工场地周围的环境。不论何种原因，在没有得到有关管理部门同意的情况下，各类施工活动不应干扰河流、渠道或排水系统的自然流动。

（4）在路基和排水工程（涵洞、倒虹吸等）施工期间，应为邻近的土地所有者提供灌溉与排水用的临时管道。

（5）将弃土、弃渣于指定地点堆放，并采取防护措施，避免其被冲刷流入水体。

（6）该阶段施工场界噪声限值为昼间 70 dB（A），夜间 55 dB（A）。

2．挡土墙、防护及其他砌筑工程环境监理要点

挡土墙施工应综合考虑工程地质、水文地质、冲刷深度、荷载作用情况、环境条件和施工条件，结合路基施工进度，同步实施。

应采用合理施工方法，尽量减少对环境和相邻路基段的不利影响。

（1）地基承载力小于设计要求时，应及时与设计联系，确定开挖底线。

（2）基础埋置深度应根据设计要求和现场情况确定基底标高。

（3）当冻结深度小于或等于 1 m 时，基底应在冻结线以下不小于 0.25 m，并应符合基础最小埋置深度不小于 1 m 的要求。

（4）当冻结深度超过 1 m 时，基底最小埋置深度不小于 1.25 m，还应将基底至冻结线以下 0.25 m 深度范围的地基土换填为砂砾石等材料。

（5）受水流冲刷时，应按路基设计洪水频率计算冲刷深度，基底应置于局部冲刷线以下不小于 1 m。

（6）路堑地段的挡土墙基础顶面应低于路堑边沟底面不小于 0.5 m。

（7）在风化层不厚的硬质岩石地基上，基底一般应置于岩石表面风化层以下；在软质岩石地基上，基底最小埋置深度不小于 1 m。

（8）建设施工过程中，应当采取措施，控制扬尘、噪声、振动、废水、固体废弃物等污染，防止或者减轻施工对水源、植被、景观等自然环境的破坏，改善、恢复施工场地周围的环境。

（9）根据水土保持方案，检查水土保持措施的落实情况。

（10）将弃土、弃渣于指定地点堆放，并采取防护措施，避免其流入水体。

（11）该阶段施工场界噪声限值为昼间 70 dB（A），夜间 55 dB（A）。

表 7-8 防护工程环境监理要点

序号	活动内容	潜在影响
1	地基承载力和基础埋置深度	1. 冲刷 2. 墙体稳定
2	挖掘机、装载机等	1. 噪声 2. 漏油 3. 扬尘 4. 有害气体
3	土石方运输	1. 沿路洒落 2. 随意丢弃
4	运输车辆	1. 噪声 2. 尾气 3. 扬尘
5	夯实机械	1. 噪声 2. 漏油 3. 有害气体
6	砂浆拌和机搅拌	1. 噪声 2. 砂浆外漏
7	砂浆喷射机	1. 噪声 2. 砂浆泄漏
8	清洗砂浆设备污水	水污染

3．交通安全设施施工环境监理要点

交通安全设施包括护栏、隔离栅、道路交通标志、交通标线、防眩设施等。

（1）拌和场、预制场、基础工程的防治措施同前文。

（2）外购材料应提供生产商的环保达标证明材料，并经环保监理工程师认可。

（3）防撞护栏施工时应防止打桩机械油泄漏造成污染，合理安排施工时间减少噪声对周边的影响。

（4）焊接的废弃物如电焊渣、废弃的焊材，应收集处理。

（5）油漆应妥善存放和使用，避免滴、漏影响水体和土壤。油漆包装物应统一收集处理，不应随意抛弃。

（6）道路标线施工时应制定环境保护措施，防止标线材料在运输和使用中泄漏污染水体；突起路标和轮廓标施工时应防止黏合剂的泄漏和污染。

表 7-9　安全设施工程环境监理要点

序号	活动内容	潜在影响
1	拌和场	1. 扬尘 2. 废水 3. 噪声
2	预制场	1. 废水 2. 噪声
3	基础工程	1. 噪声 2. 扬尘 3. 废弃物处置 4. 有害气体
4	焊接	1. 有害气体 2. 废弃物处置 3. 光辐射
5	油漆和表面处理	1. 有害气体 2. 废弃物处置

4．其他工程的环境监理要点

（1）分部工程开工前，监理工程师应对施工方案中的环保措施进行审批，要求施工单位采取周密的环境保护措施，以确保满足环保要求。监理工程师根据工程环境影响特点，确定本阶段环保监理的巡视、旁站计划。监督检查施工单位是否按环保要求进行施工。

（2）监理工程师应对取、弃土场的环保措施执行情况进巡检，特别注意取、弃土场的排水、挡土措施。在对取、弃土场生态恢复（植树绿化）阶段，监理工程师应根据工程实际情况，有重点地旁站监理。

（3）在特殊生态保护地区，焊接废渣不能弃置在野地，监理工程师应对施工单位提出环保要求。

（4）巡视过程中发现不符合环保要求的行为，监理工程师可以发出监理指令，责令改正，情况严重时可发出停工令。施工单位无正当理由拒绝整改的，监理工程师可以对该部分工程量拒绝支付。

（5）在本阶段，监理工程师应注意总悬浮颗粒物、水体悬浮物和噪声等监测指标，必要时可进行现场监测，以复核环保措施的成效。

七、施工期环境风险应急预案综述

交通建设往往施工环境恶劣，突发环境污染风险较大。建设单位应独立编制并定期演练环境风险应急预案，施工期环境风险应急预案和体系应纳入区域环境风险应急体系中。

施工期环境风险应急预案编制应包括如下内容。

（1）应急预案的编制目的、依据、适用范围及预案体系。

（2）环境的现状及风险评价。

（3）明确应急组织体系、指挥机构及职责。

（4）预防与预警措施。

（5）应急响应和救援措施，应建立分级响应体制；应编制救援措施说明，包括污染事故现场应急救援措施说明、大气类污染事故保护目标的应急救援措施说明、水类污染事故保护目标的应急救援措施说明、受伤人员现场救护、救治与医院救治处置方案等。

（6）应急事故发生后环境监测的方案、现场保护与现场洗消方法及程序。

（7）应急终止的条件、终止后的行动及善后处理工作安排。

（8）应急培训和演习的安排。

第五节 试运行期环境监理

公路工程在试运行期的环境监理工作包括交工验收环境监理、保修期环保监理和环保竣工验收监理。这一阶段环保监理工作内容和方式与主体施工监理是相同的。

一、交工验收环境监理

交工验收环境监理的主要任务是检查施工合同约定的环境保护各项内容的完成情况，指出遗留的环境保护问题，监督其整改，以免施工单位撤出后无法落实。必要时，邀请环保和水保行政主管部门参加部分已整治、恢复好的临时用地的初验和移交。最终形成环境保护初验结果，对该项工程是否可进行下一步的交工验收提出意见和建议。

环境监理参加由建设单位组织的交工验收。

1. 主要工作内容

（1）组织交工验收前的环境保护工作内容初验。

（2）整理环境监理资料，并归档。

（3）参加交工验收。

2. 施工单位应具备的环境保护资料

（1）施工临时用地总平面布置图、各临时用地占地面积及用途、临时用地的清理、整平和恢复情况。施工期污水排放平面图及主要处理措施。

（2）施工期环境保护措施与管理制度。

（3）施工环境保护措施执行效果的自查记录、监测记录及整改措施等。

（4）环境保护月报。

（5）与监理单位往来环境保护方面文件。

（6）环境恢复记录。

（7）相关主管部门要求的其他资料。

3. 监理单位应具备的环境监理资料

监理单位在交工前应整理好关于施工期环境保护的有关资料，一般应包括以下内容。

（1）环境监理规划（水运）。

（2）环境监理实施细则。

（3）环境监理所建立的施工标段的环境管理台账及环境检查记录。

（4）环境监理所发整改通知单及施工单位回复单、因环境保护问题签发的指令等。

（5）与建设单位、施工单位、设计单位往来的环境保护文件。

（6）与环境保护有关的会议记录和纪要。

（7）环境监理月报。

（8）环境监理工作总结。

（9）相关主管部门要求的其他资料。

二、保修期的环境监理

1. 主要工作内容

（1）定期检查施工单位对交工环境保护验收提出的环境保护遗留问题（环保、水保等）整改措施和计划的实施情况。必要时，根据工程具体情况对施工单位的整改计划作出调整，并督促实施。

（2）对项目环境保护设施工程进行现场监理，并对环境保护设施运行情况进行检查，如不能达到环评报告书中的相关要求，及时督促其整改。

（3）督促各施工、监理单位按合同及有关规定完成施工环境保护竣工资料的整理、归档，编写施工环境保护工作总结报告。

（4）整理完成环境监理竣工资料，并编写工程环境监理总结报告。

2. 协助竣工环境保护验收

（1）对需要进行环保、水保单项验收的项目，环境监理应做好验收前的初验工作，并应协助建设单位做好组织验收工作。

协助建设单位编制建设项目、竣工环境保护验收、申请报告等有关资料，并协助向有审批权的环境保护行政主管部门，办理申请建设项目竣工环境保护验收的有关事项。

协助建设单位编制水土保持方案实施工作总结报告等有关资料，并协助向审批该水土保持方案的机关，办理申请水土保持设施验收的有关事项。

（2）参加项目的水保、环保及工程竣工验收，并完成竣工验收小组交办的工作。

（3）竣工环境保护验收资料及时归档。

第六节 环境保护工程监理

一、环保工程的界定和主要内容概述

1. 环保工程的界定

环境保护工程，是以环境保护为主要目的、达到保护、恢复或优化各类环境因子效果的单项工程，如声屏障工程以控制交通噪声污染为目的，弃渣场的防护以控制生态破坏和水土流失为主要目的，有时还兼顾新造耕地、植树优化环境的目的；坡面防护中的绿化工程，主要以恢复和优化生态环境、美化景观为目的，它们可界定为环境保护工程。

围绕保护主体工程为目的的防护工程，在监理工作中多以土木工程技术为监理依据，不列为环境保护工程。如采用浆砌片石或拱形护坡工程时，更多的是出于保护主体工程的目的，工程量和监理技术方法在主体工程监理中进行了充分的体现，故不在环保监理赘述。

多数环保工程的验收，不仅是土木工程质量的验收，还有环境保护效果的验收，需要进行环境监测，这是环保工程与一般的土木防护工程的不同之处。

当环保减噪效果不理想时，应建议业主进行设计变更，开展必要的改建和扩建工程。

2. 环保工程的主要内容

（1）生态环境治理、恢复与优化工程。陆域范围主要包括控制生态环境破坏的拦渣工程和治理工程、临时迹地恢复工程、绿化和景观美化工程、特殊坡面绿化工程等；水域范围主要包括鱼道设施、人工放流增殖工程、海洋人工鱼礁建设、滨水岸带湿地的生态恢复工程等。

（2）交通噪声控制工程。主要包括各类声屏障工程、隔声窗工程等。

（3）水污染和环境风险控制工程。主要包括各类污水处理工程；路面和桥面径流的危险化学品环境风险控制工程等。

（4）环境空气污染控制工程。主要包括工地扬尘控制；烟尘排放净化设施；煤、矿石和其他杂货码头港口的防尘控制工程等。

（5）固体废物污染控制工程。主要包括固体垃圾和废物收集工程；垃圾处置工程等。

二、噪声控制工程简介和监理要点

图 7-9　声屏障 1

1. 声屏障监理

（1）监理工作的一般要求

① 声屏障一般始于声保护对象的中部，并向两侧同等长度延伸，总长度大于保护对象的长度。当经常遇见主体工程施工中变更里程桩号时，应调整声屏障位置设计，不能“刻舟求剑”，而偏向一侧。② 在标志牌、桥梁伸缩缝、下穿人行通道和涵洞等处，应采用合理的设计形式，不能留有间断。③ 结合当地最大风力等环境情况，复核声屏障的高度等设计安全保证系数。④ 提出营运初期一定交通量条件下减噪的环境保护验收指标。在设计中往往对减噪指标不作要求，或提出达不到的过高要求，在监理工作之初都应该加以修正明确。一般而言，高速公路初期 10 000 pcu/日的交通量，平路基上设置的声屏障 4 m 高时，对其后 30 m 的降噪效果，应不小于 5 dB（A），也难以超过 10 dB（A）。

（2）质量和进度控制要点

各项工程质量方面的技术指标，请参考相关规范和设计文件要求。

① 屏障体符合设计要求的材料质地、厚度等；材料的抗折、老化等强度符合设计要求；表面涂装的颜色、平整度、划痕、使用寿命等达到设计要求；应要求承包商提供必要的国家或出厂的检测报告或产品合格证。② 预埋基础位置、间距、深度等指标准确；隐蔽工程应进行分步验收；由于部分声屏障基础立于路基的边坡上，因此要保证基础开挖后的基坑四周公路土不被扰动。③ 声屏障安装位置、高程、偏移、竖直度在容许偏差之内。④ 基础、框架、屏障体、板材等相互之间结构连接准确、牢固。⑤ 主体工程与其上的屏障体之间、屏障体砌块之间、结构连接相互之间等处，原则上不得留有接缝空隙。⑥ 声屏障工程尽早实施，可以尽早地保护声环境敏感目标。

图 7-10 声屏障 2

图 7-11 声屏障 3

（3）环境监理的验收监测

声屏障效果监测常用插入损失（TL）评价降噪效果。在完成声屏障的工程质量验收之后，可在通车后进行必要的减噪效果监测。

2．隔声窗工程简介和监理要点

我国公路环境噪声标准十分严格，大交通量公路两侧的夜间噪声普遍超标。居民、医院、研究所等噪声敏感建筑，全部拆迁或全部封闭隔声隧道也是难以实施的。

另外，有的村庄居民分散，采用声屏障投资较大，也难以取得效果。这时往往采用隔声窗进行室内噪声的控制。监理工作中注意：

（1）隔声窗工程应在开工后尽早实施，不仅减少运营期交通噪声的污染，也减少施工噪声对生活工作环境的污染。本工程属于一般的简单安装工程，监理要点不再赘述。

（2）验收采用《室内噪声标准》。一般而言，平路基高速公路交通量 20 000 pcu/日时，50 m 外的居民室内降噪效果，应不小于 20～30 dB（A）。

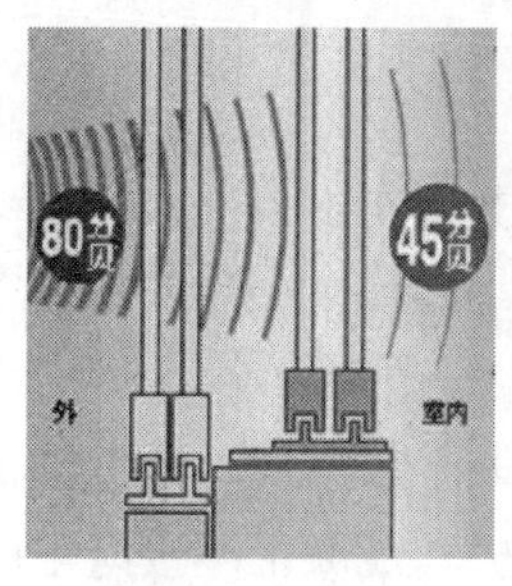

图 7-12　隔声窗与居民点

三、污水处理设施工程简介和监理要点

1. 质量要求

对应排放方式，排放标准要求如下。

（1）污水处理后排入市政管网的，出水水质应满足《污水综合排放标准》（GB 8978—1996）的相关要求。

（2）污水处理后排入农田沟渠用于灌溉的，水质至少应满足《农田灌溉水质标准》（GB 5084—92）。应注意的是，排入农田沟渠且在很近处就连接自然水体的，应根据受纳水体的水质标准复核相应排放标准。

（3）污水处理后排入附近水体，水质应满足该水体功能对应的《污水综合排放标准》。

（4）污水处理后重复利用做绿化、道路喷洒用水，水质应满足《杂用水标准》（CJ/T 48—1999）中的要求。

2. 设计图纸交底

针对公路生活污水处理存在的特点，在图纸交底时需特别注意以下几点。

（1）符合处理工艺和设计指标。

（2）公路附属设施生活污水污染点多、量少。小型污水处理器即可满足处理要求。

（3）车辆冲洗废水、加油站废水和机修等废水中常含有泥沙颗粒物和油类物质，应设置除沙、除油装置进行预处理。

（4）排水管线设计图纸中应体现“雨污分流、清污分流”的原则。

（5）服务区的污水以粪便水为主，污水中氨、氮、磷浓度高，设计时需选用高效可靠的工艺。

（6）服务区污水量变化系数大、冲击负荷大，一般均需设置调节池，同时应适当增大厌氧池和好氧池的容量，以保证污水停留时间达到 6～12 h。

（7）采取的设备要考虑到气候的特殊性。北方须考虑防冻层。

3. 施工质量控制要点

（1）地基及基础工程

关于地基承载力检测、基础开挖、基础浇筑、回填等的监理，可参考土木建筑类工程监理办法进行。

（2）污水处理构筑物

① 混凝土抗压强度、抗渗、抗腐蚀、抗冻性能必须符合设计要求。② 池壁顶面高程和平整度应满足设备安装及运行的精度要求。③ 预制壁板和混凝土湿接缝不应有裂缝。④ 设备安装的预埋件或预留孔的位置、数量、规格应准确无误。⑤ 水池完工后，必须进行满水的渗漏试验。试验应符合现行国家标准《给水排水构筑物施工及验收规范》（GBJ 141—90）的规定。

（3）污水管线铺设

排水管线应考虑“雨污分流”，路面、屋面及草地雨水经雨水口、收集管排至雨水管道，减轻污水处理系统负担。

污水管线应控制高程，保证进、出水口流水畅通。由于服务区、管理区的污水来源分散，污水管线长，必须事先测定高程，监控好管道的高程和坡度，符合图纸设计要求，合理布置生活污水处理设施的位置。

管道配合基础施工，一次性预埋，覆土前做第一次闭水试验，回填土后做第二次闭水试验，两次闭水试验应符合规范要求。

管道与构筑物连接好后，须及时填压柔性套管密封圈，压紧、压实并进行构筑物灌水试验，套管部位无渗漏后，及时回填管沟。

（4）设备安装

设备进场检查一般是检查数量是否与合同一致，外观和零部件是否完整，传动部位是否灵活，密封件是否完好，铭牌标注的型号、规格是否符合设计要求，零配件是否与合同一致，随机文件是否符合要求等。

设备安装应符合相关的规范、标准。压缩机、风机和泵的安装应符合《压缩机、风机、泵安装工程施工及验收规范》（GB 50275—98）。

曝气设备是活性污泥处理法的核心部分，曝气系统的安装应满足这几点要求：① 系统无泄漏。因为任何泄漏都会造成淤泥渗入管道，最终导致曝气系统布气管及其支管的堵塞，使系统无法正常工作。② 传输到每个盘状曝气器的空气要均匀一致。曝气池内通常有成百上千个盘状曝气器，如果空气传输不均匀，必然使其中一部分不能正常发挥功能，反会被淤泥堵塞曝气器。③ 曝气器单元之间的管子一定要在一条水平直线上。④ 安装完毕后，应将曝气器吹扫干净，出气孔不应堵塞，做泄漏试验。如因故无法立即做泄漏试验，应在曝气池中注入清水，水面至少高出曝气池底面 1 m，以保护盘状曝气器及工程塑料布气管免受紫外线照射，同时可防冻、防脏物进入曝气器。

（5）排污口

排污口及其污水去向是否符合环评和当地环境保护要求。如排污口及其污水去向不得设置于或流入饮用水保护区、各级自然保护区等法定环境敏感区。污水最终去向应与污水处理工艺级别相对应，如拟排入三级地表水水质河流的污水，其排放必须采用污水处理一级排放标准，因此应复核设计至少已采用了二级强化处理工艺或三级水处理工艺。

排污口设置必须符合“一明显、二合理、三便于”的要求，即环境保护图形标志明显，起到提示或警示作用；排污去向合理，不能使受纳水体超出承受能力或破坏了受纳水体的水域功能；排污口设置合理，为满足清污分流、提高处理效率、方便管理的需要，一个管理区（公路服务区、收费区等）最好只设置污水和雨水排放口各 1 个；排污口设立要便于采集样品、便于监测计量、便于公众参与监督管理。

4．工程验收

（1）产品外观及材质的检验内容和方法。连接件及整体结构等可采取目测方法；钢板、填料等材料检验可检查出厂检验报告。

（2）产品运转部件的检验内容和方法。相关产品（泵、风机、电动阀等）可重点检查产品合格证书、说明书等；并进行相关产品的电动试验。

（3）台架检验主要指耐冲击负荷试验，检验其水量波动（零负荷及平均、最小、最大容积负荷）和水质波动等指标。

（4）达到标准。检验进水水质、出水水质分别应达到相应的设计标准。

四、路面、桥面径流集中处理系统简介和监理要点

1．设置目的和适用范围

公路和港口、码头的运输品种中，常见危险化学品，交通事故时有发生，给人民生命财产带来重大损失，也严重污染环境。

图 7-13　危险化学品爆炸事故

根据国家环保总局、发改委、交通部《关于加强公路规划和建设环境影响评价工作的通知》（环发[2007]184 号），公路建设应在水环境敏感路段设置径流水收集系统和沉淀池。

建设应特别重视对饮用水水源地的保护，路线设计时，应尽量绕避饮用水水源保护区。

为防范危险化学品运输带来的环境风险，对跨越饮用水水源二级保护区、准保护区和二类以上水体的桥梁，在确保安全和技术可行的前提下，应在桥梁上设置桥面径流水收集系统，并在桥梁两侧设置沉淀池，对发生污染事故后的桥面径流进行处理，确保饮用水安全。

图 7-14 桥面径流收集系统 1

实际工作中，国家和地方环保部门有时根据具体情况，提出了更严格的保护要求。进而径流集中处理系统不仅包括全封闭收集系统，还有另外两种体系，常见 3 种体系为：

一是全封闭收集系统。将路桥面径流全部汇集，排出路桥面和敏感区范围；适用于跨越饮用水水源二级保护区、准保护区和二类以上水体且实施全封闭收集系统安全和技术可行的桥梁和路段。

二是部分封闭收集系统。汇集一定时间段的初期雨水径流，并汇集足够冲洗路桥面上发生事故时洒落危化品的水量，而在一定时间段后相对干净的雨水径流，可外溢直接进入周围水体；适用于跨越三类水体，或饮用水水源二级保护区、准保护区和二类以上水体，但实施全封闭收集系统不安全、技术不可行的桥梁和路段。

三是择时封闭收集系统。平时排水孔不封闭，径流直接排入桥下等水体。但当长期无雨、路桥面较脏，特别是危化品事故洒落时，马上封闭排水孔，初期雨水径流或冲洗危化品的水量顺路桥面纵坡排出敏感区。适用于其他一般敏感水体，或实施全封闭收集系统不安全、技术不可行的桥梁和路段。

图 7-15　桥面径流收集系统 2

2．系统集成和监理要点

径流集中处理系统集成包括径流汇集系统、汇集后集中处理系统，有时还包括必要的应急车辆等设备、酸碱中和或吸油处理材料等。

（1）径流汇集系统

包括路（桥）面排水孔、汇水管线沟道、支持连接架构三部分。

监理时应考虑的重要内容和指标：① 排水孔：间距、位置，可顺利收集、排出横坡汇水；特别是检查便于清理那些堵塞排水孔的泥沙、杂物的设计是否合理和实施，排水孔畅通不堵塞。② 汇水管（路面径流排水沟原理相似）：位置及布局，一般可在桥面左右两侧分别设置汇水管；可以凸形桥面的最高点为中心向两端布设；复核汇水面积、流量及汇水管口径；汇水管材质采用防腐材料；管件连接处不松旷、不洒漏。③ 支持连接架构：汇水管与桥面合理的支持、固定、连接形式，避免松脱或难以更换。

（2）汇集后集中处理系统

汇集后集中处理系统包括集水池、填料。

图 7-16　桥面径流收集系统 3

① 集水池位置。置于河道堤防或其他保护区之外，否则，积水满溢会流入河道水体，造成污染。

② 集水池容积。一般设计时要求其有效容积可以容纳当地最大暴雨条件下汇水面积内不小于 30 min 的初期雨水量。检查是否有足够的容积。集水池坚固、不渗漏。

③ 集水池填料。黄沙、泥土、砾石等是常见的填料，也可以在水池中适当种植水生植物。使用填料的主要目的是吸附、沉淀、净化污水和危化品，同时便于污染物的清除以及填料本身的更换，填料的适量。

五、拦渣工程简介和监理要点

1. 拦渣工程简介

拦渣工程是为专门存放公路施工造成的大量弃土、弃石、弃渣和其他废弃固体而修建的专项工程，达到控制生态破坏和水土流失的目的，并兼顾新造耕地、植树美化环境等作用。

图 7-17 拦渣工程

拦渣工程主要包括拦渣坝、拦渣墙、拦渣堤等。

（1）拦渣墙工程

拦渣墙工程是为了防止固体废弃物堆积体被冲蚀或易发生滑塌、崩塌，或稳定人工开挖形成的高陡边坡，或避免滑坡体前缘再次滑坡而修建的工程。

按结构形式的不同，可分为重力式拦渣墙、悬臂式拦渣墙和扶臂式拦渣墙等。

（2）拦渣坝工程

拦渣坝坝型主要根据拦渣的规模和当地的建筑材料来选择。一般有土坝、干砌石坝、浆砌石坝等形式，考虑安全、经济，多方案比较选优。

（3）拦渣堤工程

拦渣堤是指修建于沟岸或河岸的，用以拦挡公路施工中排放的固体废弃物的建筑物。

由于拦渣堤一般同时兼有拦渣与防洪两种功能，堤内拦渣，堤外防洪，故拦渣堤设计的关键是选线、基础和防洪标准。

图 7-18　河岸拦渣堤

根据拦渣堤修筑位置不同，主要有以下两种类型。

沟岸拦渣堤。弃土、弃石、弃渣堆放于沟道岸边的，其建筑物防洪要求相对较低。

河岸拦渣堤。《防洪法》《河道管理条例》要求，一般弃土、弃石、弃渣不得堆放于河滩及河岸。由于特殊情况需要堆置的，其建筑物防洪要求相对较高，不应小于 20 年一遇，且不小于本河段防洪标准。

2. 监理时复核设计的总体要求

（1）选址的环境保护原则

① 拦渣工程在总体布局上应以“工程合理、安全可控、因地制宜、保护环境”为原则。② 渣场选址应“保护环境、因地制宜”。

（2）设计指标的复核

拦渣工程首先应根据施工中弃土、弃石、弃渣的具体情况，确定在规定时期内拦渣堤应承担的堆渣总量。

弃土、弃石、弃渣量及其堆放位置、堆放区域的地形地貌特征、河（沟）道水文地质条件、公路项目的安全要求等确定其形式。

坝址地质构造应稳定，坝端不能有集流洼地或冲沟；下游有重要设施的拦渣堤，应充分论证，提高防洪标准和稳定系数，根据国家标准和当地的具体情况，复核原设计防洪标准。

上游洪水处置。① 坝址上游汇流较小时，采取导洪堤或排洪渠，将区间小洪水排导至溢洪道或泄水洞，安全泄走。② 坝址上游有较大洪水，并对拦渣坝构成威胁时，应在拦渣坝上游修建拦洪坝。在此情况下，拦渣坝的溢洪、泄水总量应与其上游拦洪坝的排洪，泄水建筑物的泄洪总量统一考虑。③ 坝址上游有较大洪水，又无条件修建拦洪坝时，可修建“防洪拦渣坝”，同时兼具拦渣和防洪功能。

六、陆域生态恢复工程简介和监理要点

主要包括以主体工程部分为主要对象的绿化工程；以临时用地为主要对象的生态恢复和土地复垦工程等。

1. 场地准备

整地，即土壤改良和土壤管理，是保证绿化植物成活和茁壮成长的前提。

（1）清理障碍物

（2）整理现场

根据设计图纸的要求，整理出预定的地形，或平地或起伏坡地，使其与周围排水趋向一致。上边坡生态防护应清理边坡表面的危石、松石。

（3）设置水源

进行大规模绿化，不能只靠天吃饭，设置必要、足够的水源是必需的。水质应符合《农田灌溉水质办法》（GB 5084—1992）的要求。

（4）土壤改良

原施工场地的土壤中，常含有建筑废土及其他有害成分，如强酸性土、强碱土、盐土、盐碱土、重黏土、砂土等；部分树种需要有一定酸度的土壤，如杜鹃、山茶等，应将局部地区的土壤全换成酸性土。以上均应根据设计规定，采用客土或采取改良土壤的技术措施，使种植深度符合种植要求，确保植物能茁壮成长。

2. 乔灌草常规种植和管护工程

（1）定点、放线

① 种植穴、槽定点放线应符合设计图纸要求，须位置准确，标记明显。② 种植穴定点时应标明中心点位置，种植槽应标明边线。③ 定点标志应标明树种名称（或代号）、规格。④ 对设计图上无固定点的绿化种植如灌木丛、树群，可结合地形确定栽植范围，其中每株树木的位置和排列可根据设计要求在所定范围内用目测法进行确定，定点时应注意植株的生态要求并注意自然美观。定好点后，多采用白灰打点或打桩，标明树种、栽植数量、坑径。

（2）种植穴、槽的开挖

挖种植穴、槽的大小，应根据苗木根系、土球直径和土壤情况而定。

穴、槽必须垂直下挖，上口下底相等。

挖穴、槽后，应施入腐熟的有机肥作为基肥。

（3）种植材料和播种材料的选择

种植材料应根系发达，生长茁壮，无病虫害，规格及形态符合设计要求。

草坪、地被植物的种子应注明品种、品系、产地、生产单位、采收年份、纯净度及发芽率，不得有病虫害。自外地引进种子应有检疫合格证。

（4）苗木种植前的修剪

种植前应进行苗木根系修剪，宜将劈裂根、病虫根、过长根剪除，并对树冠进行修剪，保持地上地下平衡，减少水分的散发，保证树木成活。

（5）树木的种植

根据树木的习性和当地的气候条件，选择最适宜的种植时期进行种植。

先检查种植穴大小及深度；应再次检查根系是否完好。种植时，根系必须舒展，填土应分层踏实，种植深度应与原种植线一致。

种植应按设计图纸要求核对苗木品种、规格及种植位置。

新植树木定植后 24 h 内须浇第一遍水，水要浇透，使泥土充分吸收水分。

（6）草坪、花卉的种植

草坪种植应根据不同地区、不同地形选择播种、分株、茎枝繁殖、植生带、铺砌草块和草卷等方法。草坪播种应选择优良种子，不得含有杂质，播种前应做发芽试验和催芽处理，确定合理的播种量。各类花卉种植时，在晴朗天气、春秋季节、最高气温 25℃以下时可全天种植；避开高温时间。

（7）乔灌草的养护工程

指乔木及灌木的整形修剪及越冬防护。

3．坡面绿化

常用的生物措施有人工播种、铺草皮、植生带护坡、土工格室植草、藤本植物护坡、液压喷播及喷播等。

（1）三维网植草

三维植被网植草是将带有突出网包的多层聚合物网固定在边坡上，在网包中敷土植草对边坡进行绿化的技术。根据抗拉能力和固土能力不同，网包可设计为 2～5 层，一般薄层应用于填方边坡，厚层应用于挖方边坡，可以起到固土防冲刷并改善植草质量的良好效果。

三维网植草采用湿法喷播、客土喷播或人工撒播的方法进行植草。

（2）植生带护坡

植生带是把草种、肥料、保水剂等按一定密度定植在可自然降解的无纺布或其他材料上，并经过机器的滚压和针刺复合定位工序，形成的具有一定规格的产品。

植生带护坡的特点是：① 置草种、肥料于一体，播种施肥均匀，数量精确，草种、肥料不易移动。② 植生带具有保水和避免水流冲失草种的性质。③ 草种出苗率高、出苗整齐、建植成坪较快。④ 用可自然降解的纸或无纺布等作为底布，与地表吸附作用强，腐烂后可转化为肥料。⑤ 植生带体积小、重量轻、便于储藏，可根据需要常年生产，生产速度快，储存容易，运输、搬运轻便灵活。⑥ 施工省时、省工，操作简便，并可根据需要任意裁剪。

（3）土工格室植草

土工格室植草技术是将土工格室铺装固定于无土壤的石质边坡，通过向内填入种植土壤，营建植物生长的基础，再进行机械或人工播种，从而建立边坡人工植被。

（4）工程边坡灌木化设计

边坡灌木化就是在边坡上建立以灌木为主体、灌乔草相结合的复合植被，是一个生物多样性丰富的复合群落建成的过程，而并非单一灌木群落。边坡灌木化技术可应用于除青藏高原外的广大地区，边坡类型包括各类软质岩边坡、土石混合边坡及瘠薄土质边坡。

边坡灌木化技术从准备工作到植物选择与设计、建植及养护管理等各个环节都应目标明确地以生态演替的理论指导，指向灌木化的实现。理想的建植模式应是多种技术的综合集成。

在灌木化实施的各种工艺措施中，宜加强各种措施的综合应用，包括液压喷播、客土喷播、栽植技术、人工播种等相结合，促进目标木本植物群落的建成。

（5）坡面客土喷播

客土喷播是在岩石边坡等场地整备后，将土壤和种子等材料的混合物喷植于场地表面的生态恢复工程，适用于一定风化的岩石边坡等难以采用常规种植技术施工的场地。多种材料的混合物使客土形成团粒化结构，加筋纤维在其中起到类似植物根茎的网络加筋作用，从而造就有一定厚度的具有耐雨水、风侵蚀，牢固透气，与自然表土相类似或更优的多孔稳定土壤结构。

图 7-19　坡面客土喷播

4．绿化工程验收的一般要求

（1）绿地表面平整，排水良好，杂草在有效控制之内。

（2）乔、灌木的成活率应达到95%以上；珍贵树种和孤植树应保证成活。

（3）坡面或边坡草地覆盖率按年度要求，不应小于70%或相关设计要求。

（4）苗木、草坪无明显病害。

（5）植物整形修剪应符合设计要求。

（6）中央分隔带的苗木修剪后的高度应为1.4～1.6 m，栽植的株、行距合理，应满足防眩功能的要求，不得影响交通安全。

第七节 环境监测

一、环境监测的主要项目

一般定期监测的项目有：

（1）空气质量。监测项目有二氧化氮、一氧化碳、总悬浮颗粒物3项，必要时还可监测二氧化硫。

（2）地表水水质。一般监测pH、悬浮物、化学需氧量、五日生化需氧量、氨氮、石油类6项。根据实际情况，还可监测水温、色度、重金属、总磷（TP）、总氮（TN）、活性剂（LAS）、DO等。

（3）海水水质。根据工程情况一般监测pH、悬浮物、化学需氧量、五日生化需氧量、无机氮、石油类、溶解氧（DO）、活性磷酸盐等；沉积物，包括汞、铜、铅、镉、锌、铬、总磷（TP）、总氮（TN）和其他有机质等。还可监测水文气象，如风速、风向、水温、水深、透明度、海况和水色等。

（4）声环境质量。监测环境噪声、施工场界噪声、车辆交通噪声，以及声屏障等环保设施的降噪效果等。

监测点位根据施工过程中的重点和施工进度进行安排。

二、某高速公路工程施工期声环境监测案例

1．概述

（1）工程概况

（2）环境监测概况

1）监测目的

2）监测期间工程进展情况

3）监测点位的选取原则

2．监测依据及评价标准

（1）监测依据

（2）评价标准

3．监测质量控制

4．噪声监测方案

（1）监测项目

（2）监测方法

（3）监测时间、频次

（4）监测仪器

（5）监测点位

5．监测结果及分析评价

（1）监测结果

（2）分析评价

6．评价结论

第八节 交通项目环境监理应特别关注的问题

一、自然保护区、风景名胜区、饮用水水源地、文物保护单位

按国家相关法律法规和政策规定，在国务院、国务院有关部门和省、自治区、直辖市人民政府规定的风景名胜区、自然保护区和其他需要特别保护的区域内，不得建设污染环境的工业生产设施；建设其他设施，其污染物排放不得超过规定的排放标准。已经建成的设施，其污染物排放超过规定排放标准的，限期治理。

交通运输项目是线性工程，以生态环境影响为主，由于地形、接点等多种因素作用，工程主线一般经国家和地方相关主管部门同意后可以经过环境敏感区。如经过自然保护区的实验区、饮用水水源保护区的二级保护区或准保护区以及风景名胜区的一般区，但在项目建设过程中的临时工程（如取弃土场、料场、拌和场、预制厂、施工营地、施工管理区等）在这些地区需要严格控制，一般不允许设在保护区内。

工程一般在工程设计阶段对地表文物单位进行避让，无法避让的都经过相关文物主管部门同意后才进行通过，并在建设前由文物部门对现场的地表文物进行了相应的保护。施工中如发现其他文物遗迹，施工单位应保护好有关现场，及时通知当地政府的文物主管部门，协商处理，待对其进行适当的处理后再继续施工，确保国家文物的安全和项目建设的顺利进行。

另外，环境监理在工作中应有责任注意工程线路是否离开了各环境敏感地区的限定性区域，避免由于控制不严造成严重影响。如严格控制工程不进入自然保护区的核心区和缓冲区，严格控制工程不进入各种饮用水水源地的一级水源保护区，严格控制工程不进入风景名胜区的核心景区，控制工程不进入文物保护单位的核心保护区。

二、补充设计和变更设计

施工中涉及环境保护的内容，具有变化较大的显著特点，这是因为部分主体工程设计单位缺乏环境保护专业知识，也因为在工程可行性研究阶段，原环境影响评价文件提供的工程和环境背景在施工图设计阶段产生了较大变化；再有就是发现了工程周边更多环境敏感问题以及其他原因。随之必然带来较多的补充设计和变更设计。

监理人员发现问题后，应与承包商和相关人员沟通，提出补充设计或变更设计意见，书面提交业主单位。业主单位邀请设计单位实地调查，综合协商，作出补充设计和变更设计。

在实际工程中，常见污水处理工艺不够先进、声屏障长度或高度不足或材料不合适、生态恢复工程量增加和变化较大等情况。

图 7-20 不尽合理的环境保护工程

第九节 公路建设项目环境监理相关法律法规

一、交通部有关的条例、办法、规定等

（1）《交通行业环境保护管理规定》，交环保发[1993]第 1386 号

（2）《交通建设项目环境保护管理办法》，2003 年 6 月 1 日

（3）《交通部环境监测工作条例》，1987 年 2 月 27 日

（4）《关于开展交通工程环境监理工作的通知》，交环发[2004]314 号

（5）《关于在公路水运工程建设监理中增加施工安全监理和施工环保监理内容的通知》，交质监发[2007]158 号

二、公路、水运工程标准规范

（1）《公路工程施工监理规范》（JTG G10—2006）。

（2）《公路环境保护设计规范》（JTG B04—2010）。

（3）《公路工程技术标准》（JTG B01—2003）。

（4）《公路路基设计规范》（JTG D30—2004）。

（5）《公路隧道设计规范》（JTG D70—2004）。

（6）《公路路线设计规范》（JTG D20—2006）。

（7）《公路路基施工技术规范》（JTG F10—2006）。

第八章　港口行业环境监理要点分析

第一节　工程分析

一、工程概况

港口工程一般由主体工程、辅助工程和公用工程三部分组成。主体工程包括码头、陆域形成、疏浚和泥方处置、堆场、辅建区等部分。辅助工程包括铁路、公路及车场、给排水、污水处理设施、机械修配厂等部分。公用工程包括消防、供电照明、供热和空调、通信等部分。

1．主体工程

（1）码头

码头工程施工主要包括钢筋混凝土空心方桩、混凝土墩台、钢筋混凝土横梁、钢筋混凝土轨道梁及纵梁等施工过程。码头接岸部分主要施工工艺有现浇挡土墙、抛填抛石棱体，铺筑碎石倒滤层、回填山皮土等。

（2）陆域形成

陆域形成施工首先应设置围堰，然后对围堰内区域进行吹填，之后通过真空预压等方式进行地基处理。

（3）疏浚和泥方处置

疏浚、吹填作业主要采用绞吸式挖泥船、耙吸式挖泥船以及抓斗挖泥船等施工船舶进行。疏浚土一般进行回填或抛至指定抛泥区。

（4）堆场

堆场面层结构一般有混凝土结构、连锁块结构等。

（5）生产生活辅建区

主要包括综合楼、信号楼、变电所、综合库、转接机房、废水处理间、除尘泵房以及门卫等。

2．辅助工程

辅助工程主要包括：

（1）铁路、公路及车场。

（2）给排水系统。

（3）污水处理设施。

（4）机械修配厂。

（5）垃圾、除尘工程，绿化工程等其他环保工程。

3. 公用工程

公用工程主要包括：

（1）消防设施。

（2）供电照明设施。

（3）供热和空调设施。

（4）通信工程。

二、施工规划

以黄骅港三期工程为例，施工规划主要包括以下内容。

1. 围堰工程

围堰主体采用大型充填袋结构。工程施工首先在水上抛填砂垫层，打设塑料排水板，铺设土工软体排，而后进行大型充填袋施工。

2. 港池挖泥

港池挖泥为 101.2 万 m^3。挖泥施工采用绞吸式挖泥船开挖，所挖土方通过海上浮管及陆域管线直接吹填至码头后方围堰内造陆。

3. 码头主体工程

码头主体采用高桩梁、板结构。码头根部采用钢筋混凝土灌注桩基础。工程所需预应力钢筋混凝土方桩拟在天津预制，装驳船水运至现场，打桩船水上打设。打桩施工可从内向外依次施打，基桩打设后，采用方驳吊机进行夹桩固定及铺底支模、绑扎钢筋，混凝土搅拌船浇筑桩帽混凝土。码头根部的钻孔灌注桩拟搭设施工平台，安装钢护筒，采用钻机成孔，泥浆护壁，而后安放钢筋笼、竖管法浇筑混凝土。码头上部预应力梁板、靠船构件等钢筋混凝土构件可在天津港构件预制场预制，装驳船水上运至施工现场，起重船水上安装。上部结构混凝土可由混凝土搅拌船供灰浇筑。

4. 陆域回填

本工程陆域回填主要用于加宽引堤和堆场地基处理回填。陆域回填引堤部分可采用大型汽车运料的方式，从岸端直接填筑，推土机配合整平碾压。堆场区陆域回填需配合地基处理的进展安排施工，所需土方由大型汽车运料，直接进行填筑，推土机配合整平碾压。

5. 筒仓工程

储煤筒仓采用钢筋混凝土钻孔灌注桩基础，桩顶设现浇钢筋混凝土桩台。钻孔灌注桩施工采用回旋钻机成孔，循环泥浆护壁、清孔，吊机安放钢筋笼，竖管法浇注水下混凝土进行后压浆工艺施工。当钻孔灌注桩达到满足设计强度后，即可开挖基坑，处理桩头，浇注垫层混凝土，而后绑扎钢筋，浇注上部桩台混凝土。

6. 地基处理工程

根据不同区域设计要求，本工程陆域地基处理采用真空预压和堆载预压两种方式。

7. 堆场道路工程

堆场道路面层采用混凝土高强连锁块结构，堆场道路施工需在地基处理完成后进行。堆场道路面层结构施工首先铺设土工布，随后铺设石灰土及水泥稳定碎石基层，最后人工铺筑砂垫层和高强混凝土连锁块面层，并振动压实。

8. 皮带机线桥及转接机房基础工程

皮带机栈桥及转接机房基础均采用钢筋混凝土灌注桩及钢筋混凝土承台结构。

9. 设备安装工程

本工程装卸系统大型设备安装较多，主要包括翻车机、装船机、筒仓内卸料小车、给料机及相应的皮带机系统、供电系统、控制系统、除尘通风系统安装和调试。由于设备制造周期较长，为此，设备采购、制造、供货应尽早安排。大型设备制造后均由船舶海运至新建码头接卸，其中翻车机使用大型拖车由码头分别运至翻车机房，由大型起重设备运移就位安装。装船机则在本工程码头上直接就位拼装。

第二节 主要环境影响及防治措施

一、施工期主要环境影响及防治措施

1. 环境空气影响及防治措施

（1）环境空气影响

港口工程环境空气污染主要来自施工扬尘、施工车辆尾气、动力船舶机械产生的尾气，其中以扬尘对周围环境的影响较为突出。

施工扬尘对环境的影响。施工扬尘主要包括施工车辆行驶产生的扬尘、粉状建材运输和堆放产生的扬尘以及灰土、水泥混凝土和沥青混凝土等拌和时产生的扬尘。① 车辆行驶扬尘。在施工过程中，车辆行驶产生的扬尘占总扬尘的 60%以上。② 堆场扬尘。由于施工需要，一些建筑材料露天堆放，一些施工作业点表层土壤需人工开挖且临时堆放，在气候干燥又有风的情况下，会产生扬尘。③ 拌和扬尘。灰土、水泥混凝土和沥青混凝土在拌和过程中均会产生扬尘。

（2）主要防治措施

车辆及机械尾气防治措施：① 加强汽车维修保养，保证汽车正常、安全运行；② 加强对施工机械的维修保养，合理安排运行时间，发挥其最大效率。

运输扬尘的防治措施：① 加强运输管理，保证汽车安全、文明、按规定车速行驶。② 科学选择运输路线。③ 运输道路应及时洒水，保持路面湿润。④ 粉状材料应罐装或袋装，粉煤灰采用湿装湿运。土、水泥、石灰等材料运输时禁止超载，并盖篷布，如有洒落，应派人立即清除。

混凝土拌和扬尘防治措施：① 混凝土采用集中拌和，采用先进的拌和装置，配套除尘设备。② 封闭装罐运输。③ 尽量减少拌和场。拌和场不得选在环境敏感点上风向，与其距离应在 300 m 以上。④ 拌和场操作人员须配备口罩、风镜等，实行轮班制，并定期体检。

堆场扬尘防治措施：① 粉状建材堆放地点选在环境敏感点下风向，距离 100 m 以上；② 遇恶劣天气加篷覆盖；③ 控制堆存量并及时利用，必要时设围栏，或作洒水防尘。

2. 水环境影响及防护措施

（1）水环境影响

桥梁码头施工的影响。桥梁、码头施工中对水体的影响主要是桥桩建设时采用钻孔灌注桩，其对水体的影响主要是钻孔扰动河水使底泥浮起，使局部悬浮物（SS）增加。钻孔作业的钻渣和泥浆含水率高，特别是泥浆的含水率高达 90%以上，须进行沉淀和干化等处置。钻孔扰动也会使底泥中含有的污染物溶入水中，对下游生活或渔业用水造成影响。上部结构现浇或预制施工与养护会产生工艺废水。桥梁、码头施工生产废水的主要污染物是悬浮物、石油类以及底泥中的污染物质（如重金属类）。

船舶油污水的影响。船舶的机舱部分舱底水也称机舱水，是机舱内各闸阀和管路中漏出的水与机器在运转时漏出的润滑油、主辅机燃料油、加油时的溢出油、机械及机舱板洗刷时产生的油污水等的混合物。施工船舶上的机舱含油污水因管理不严易进入水域，同样会造成水域的油类污染。

船舶生活污水的影响。船舶生活污水，主要是船员和施工人员在生活中产生的排放物，包括任何形式的厕所排出孔的排出物及其他废弃物；医务室（药房、病房等）的面盆、洗澡盆等排出孔的排出物；厨房、餐厅下水道的排出物；或混有以上排出物的其他废水。船舶生活污水若未经收集处理而直接排放，对水域会产生相应的污染。

疏浚、挖泥作业的影响。挖泥船挖泥作业时，刀头（或耙头）将水底泥沙松动、扰动，虽然大部分泥沙被吸入泥泵，但少部分泥沙仍引起悬浮，在紊动水流的作用下，向四周扩散，从而引起局部水域浊度增大。

吹填作业的影响。挖泥船挖掘出来的泥沙通过输泥管送到围堰，经一定时间沉淀，上层泥浆水悬浮物浓度减小后通过溢流口回流入水体，造成溢流口附近水域悬浮物增加，从而对溢流口附近水域环境造成一定的影响；其次由于吹填引起疏浚物的理化环境的改变，造成疏浚物中有毒、有害物质的释放，从而对水质产生一定程度的影响。

抛泥作业的影响。疏浚物向抛泥区倾倒过程中大部分泥沙迅速沉降至水底，少部分泥沙再悬浮，造成水体浑浊水质下降，对水生生物的生存环境也产生影响。倾倒区原有底质和底栖生态环境因受泥沙覆盖而造成破坏；倾倒活动对周围游泳生物还将起到驱赶作用。

水下爆破的影响。水下爆破导致水体浑浊度增高和悬浮物增加，这将妨碍水生生物的卵和幼体的正常发育，影响鱼类和其他水生动物的栖息环境，抑制水生植物的光合作用，减少水生动物饵料等。

（2）主要防护措施

1）疏浚、吹填对水环境影响的减缓措施

依据工程施工实践，水运工程疏浚、吹填施工中疏浚土的再悬浮及炸礁过程引起的震动，将对施工区水域构成影响。在施工中应采取如下措施，力求将施工影响控制在较小的范围内。① 对于限制污染的施工区域，在疏浚船舶选型上，优先选用污染较轻的挖泥船种；在使用耙吸船舶施工时，应适当控制侧扬和溢流的施工方式。② 合理安排施工船舶的数量、位置及施工进度，尽量将靠近养殖区的疏浚作业以及疏浚土外抛的时间安排在水产养殖非高峰期进行。③ 陆域吹填时，为防止泥沙随排水流入海域，在吹填区四周设置抛石围堤，让排水在吹填区内经过较长距离的沉淀过程后变得较为澄清，再从溢流口排出。陆域吹填作业中应派专人监控管理泥浆溢流口流出液的浓度，如发现浓度过高，宜通过采取间歇吹填、调整吹泥口的位置、增加分隔设施等措施，适当延长吹填区泥浆停留时间，以降低溢出液中悬浮物的浓度值，陆域吹填需在围堰高出海面后进行。④ 吹填围堰应有闭水或过滤功能，以保证泥沙不经堰体泄漏；必要时，围堰外尤其是溢流口处，可以再设置过滤网，进一步降低溢出水体的悬浮物浓度。⑤ 做好施工设备的日常检查维修工作，重点对挖泥船与吹泥管的连接点以及泥驳门的密封系统和关闭泥门的传动部件进行检查，发现吹泥管胶皮管有破裂或泥门关闭不严的现象应及时修复，杜绝吹泥管沿线以及自航耙吸船或泥驳在航行中途发生大量泥浆泄漏事故。⑥ 如施工附近有养殖场，应加以注意并采取保护措施；进行必要附近水域的水质监测。

此外，施工人员的生活污水，要妥善处理。对于施工机械维修过程中产生的含油污水应予以收集，送交污水处理厂或油污回收船处理，不得直接排入水体。

2）疏浚物海上倾倒对水环境影响的减缓措施

① 抛泥区设置明显的标志。在疏浚物倾倒过程中，为保证施工安全及外围航道等其他水域功能区的合理运作，应在该工程选定抛泥区外围设置明显的标志，抛泥区中心位置设专用标志。以利施工船舶方便地进入倾倒区后实施相应作业，避免产生不必要的污染事故。

② 挖泥船到位倾倒。挖泥船必须严格按照所划定的倾倒区界区内进行倾倒作业，

禁止未到达指定区域便实施抛泥。实施定点到位作业是保证倾倒区周围水域环境不受较大影响的重要环节，必要时可安排相应人员，配置必要的监测仪器进行监控。如在挖泥船舶上配备航迹记录仪器，通过检查船舶航迹记录，监督船舶必须到位倾倒，也是实施水域环境保护的有效办法。

③ 确保舱门密闭，严防泥浆泄漏。挖泥船在倾倒区抛泥完毕后，应及时关闭舱门，并确定舱门关闭无误后方可返航，否则泥舱关闭不严，在航行沿途中由于泥浆的泄漏入海将会导致污染事故的发生。同时在疏浚物倾倒作业期间，应关注气象信息，在恶劣天气条件下，应提前做好防护准备并停止挖泥和倾倒作业。

④ 在主要经济鱼类繁殖期（一般为4—7月）应尽可能地减少倾倒量。

⑤ 在实施倾倒作业期间须开展全过程的海洋环境监测工作，及时掌握倾倒对海洋环境影响状况，以便及时调整倾倒作业方案，防止对海洋环境产生损害。

3）水下爆破对水环境影响的减缓措施

水下爆破与炸礁对周围鱼类影响较大，因此应制定科学、严谨、周密的施工方案，采用先进的施工工艺，如水下钻孔爆破，在最大程度上减少爆破量；在爆破控制上，应采用对生态影响较小的方法，如延时爆破法，尽量减缓冲击波对鱼类的影响；在时空安排上，应尽可能避免在产卵期、鱼类洄游繁殖期、索饵期的时段和区域进行爆破施工。

4）施工人员及船舶水污染防治措施

施工船舶在水域内定点作业、船舶停泊及施工营地均应根据施工作业场地选择合理的环保措施，以保证不发生船舶污染物污染水域的事故。船舶禁止直接向水域排放生活污水，对于船舶垃圾应严格执行《船舶污染物排放标准》（GB 3552—83）的要求，应做好日常的收集、分类与储存工作，定期给予回收，运至岸上附近垃圾处理场进行处理。严格管理和节约施工用水、生活用水。

5）水上溢油应急计划

虽然国际国内对环境保护都很重视，然而油污染事故仍连年发生。为了能够对突发性的溢油事故迅速有效地采取应急行动，将油污染损害降至最低，必须事先制订一个具有法规性和技术性的溢油应急计划，并建立起溢油应急反应体系。

3．声环境

（1）声环境影响

随着工程进度的不同阶段，会采用不同的机械设备，如在基础（路基、场基）施工阶段采用的挖掘机、推土机、装载机、凿岩机、平地机、压路机等；混凝土预制浇筑的噪声源为水泥混凝土拌和设备、震捣器；在路面、场地面阶段采用的混凝土切缝机、起重机、沥青摊铺机等；在桥梁、港口泊位施工中采用的钻孔灌注桩机，打管桩的施工噪声源为打桩机；挖泥机械噪声源为挖泥船。此外，备用电源如柴油发电机、空压机、轴流风机、破碎机、大吨位载重汽车、爆破作业等都是强噪声源。

除了打桩和爆破作业外，其他施工阶段的一般施工噪声的达标距离，在昼间约需 60 m，而在夜间则需 200 m，甚至更远。因此，大型施工场地的选址，应尽可能离开居民集中点 200 m 以外，否则应停止夜间高噪声作业的施工。

港口、码头等工程营运期的噪声污染主要来源于装卸机械。不同港口码头，由于装卸机械不同，其噪声影响差异较大。一般来讲，受码头工艺特点的影响，专业化的油码头、煤码头产生的噪声相对较小，而集装箱码头生产作业产生的噪声影响较大。由集装箱码头装卸工艺可知，噪声主要污染源为岸边集装箱装卸桥、轮胎式场桥、轨道式场桥、叉车、牵引车、平板车等装卸机械运行中的机械噪声和船舶、运输车辆的交通噪声。

（2）主要防护措施

①合理安排施工进度和时间，加强对施工场地的监督管理，对高噪声运输设备应采取相应的限时作业，避免施工噪声对周围环境敏感点的影响；② 选取低噪声、低振动的施工机械和运输车辆，加强机械、车辆的日常维修、保养工作，使其始终保持良好的运行状态；③ 做好施工机械和运输车辆的调度和交通疏导工作，合理疏导进入施工区的车辆，减少汽车会车时的鸣笛噪声；④ 办公楼及辅建区空地加强绿化工作，既可以降低噪声，又起到美化工作环境的作用。

4. 固体废物

（1）施工期固体废物

港口工程施工期固体废物的主要来源为施工期少量的废弃建材、施工人员的生活垃圾及施工船舶生活垃圾。这些固体废物如不进行妥善处理，将会对水域和陆域环境造成不可忽视的影响。进入水域的垃圾聚集于港口、海滩时，不仅严重影响环境美观，破坏岸边卫生，同时还会损害船壳、螺旋桨等造成船舶事故隐患，影响生产。固体废物沉入海底，也会造成底质污染。垃圾在水中浸泡，会产生有害物质，使水生生态遭到破坏。

（2）固体废物防治措施

① 施工队伍的生活垃圾和零星建筑垃圾应集中收集，收集后由环卫部门统一收集处理；② 设置杂物停滞区、垃圾箱和卫生责任区等，并确定责任人和定期清除；③ 加强施工人员的管理，禁止将施工、生活废弃物丢弃水域。

5. 生态环境影响及防护措施

（1）主要环境影响

港口工程对生态环境造成的影响可分为施工期和营运期两个阶段。一般情况下营运期造成的生态影响较小，施工期则是生态保护措施落实的关键。

1）航道和港口水下工程疏浚、抛泥施工对生态影响的影响

① 悬浮物增加对施工水域近岸水生生态环境的影响：疏浚作业产生的污染物主要是悬浮物，它会引起施工水域内的局部水域水质浑浊，这将使阳光的透射率下降，

从而使得该片水域内的游泳生物迁移到别处，尤其是滤食性浮游动物和进行光合作用的浮游植物受到的影响较大。② 底质破坏对施工水域底栖动物的影响：在港池、航道工程建设中，由于疏浚挖掘泥沙、填充石料、填海造陆等施工作业，改变了作业区域原有的底质和岸线，改变了生物的原有栖息环境，生活在其中的潮间带生物和底栖生物，少量活动能力强的底栖种类逃往他处，大部分底栖种类将被掩埋、覆盖，除少数能够存活外，绝大多数将死亡。从这个意义上讲，施工作业对施工区潮间带和底栖生物群落的破坏是不可逆转的。港口建成后，在堤坝及其他水工建筑物上会逐渐形成以藤壶、牡蛎、贻贝等附着生物为主的新的生物群落。③ 在水运工程的建设过程中，港池、航道疏浚物（泥沙等）一部分用于进行吹填造陆外，其余部分都将外运至抛泥区进行抛投。挖泥船撒漏和抛泥将对航线附近水域及抛泥水域造成污染。

2）疏浚吹填对生态环境的影响

疏浚物吹填对生态环境的影响主要表现在两个方面，一是陆域吹填区覆盖了部分潮间带滩涂，对潮间带生物的破坏是永久的；二是疏浚吹填往往设置围堰，围堰溢流口流出的低浓度泥浆进入水域，增加了水体的混浊度，从而对水中的浮游生物的生存环境造成影响。

3）水下炸礁对海洋生态环境的影响

炸礁是港口施工中用来保证设计水深的常见方法，所采用的工艺通常为打孔装药、起爆、清除，所采用的炸药多为防水硝铵炸药。水下炸礁对环境的影响主要是对水质及海洋生态环境的影响。

① 水下炸礁对海洋生态环境的影响：水下爆破后，水体中重金属含量、化学需氧量和 TOC 的浓度、无机氮的浓度以及 pH 和 DO 均有所变化。水下爆破对海水的影响主要是浑浊度和悬浮体的增高，产生的高浑浊水团由于潮流产生的输移、扩散和沉降作用，会影响周围生态系统，威胁海洋生物资源。由实验得知，水下爆破对鱼类的致死范围较小，主要是与距爆炸中心的距离有关，而与鱼种关系较小。另外，位于爆炸中心的底栖生物，除强声压致死外，那些致昏而处于半致死状态的底栖生物，在遭到炸礁产生的大量泥沙石块掩埋之后会窒息、死亡。

② 水下炸礁对渔业资源的影响：短时间的连续爆破，除首炮，其余各炮对洄游鱼类的直接杀伤相对要小。所以，在某一海域长期持续进行水下爆炸，将会起到大范围驱赶洄游鱼类的作用；如果在某一渔场禁捕期进行爆炸、勘探，可使该海域渔场中的鱼类生息繁殖环境受到破坏，导致在该渔场习惯性产卵、育幼、索饵的洄游鱼类游迁其他海域，会造成作业区域渔业资源的匮乏。

（2）生态恢复与补偿措施

目前世界各国对河口地区和海岸带采取了多种保护措施。但由于人类对河口、海岸带生态系统复杂性认识的局限性，目前对海岸带生态恢复和补偿措施的研究，还主要集中在单个的生态因子上，对河口、海岸带生态系统的综合系统的恢复技术仍处在探索研究阶段。

目前国内对于河口及海岸带开发，采取的生态恢复及补偿措施主要有以下几方面。

① 过鱼设施。在水域上设置水工建筑物，阻挡了鱼类游上或游下，阻隔了鱼类的洄游通道。为使鱼类能够在上、下游间通过，其类型有鱼道、鱼闸、升鱼机、集运鱼船等。

② 海洋生物人工放流增殖技术。人工增殖放流是恢复天然渔业资源的重要手段，通过有计划地开展人工放流种苗，可以增加鱼类种群结构中低、幼龄鱼类数量，扩大群体规模，储备足够量的繁殖后备群体，达到遏制鱼类资源衰退的目的。

增殖放流站的目标和主要任务是进行鱼类的野生亲本捕捞、运输、驯养；实施人工繁殖和苗种培育；提供苗种进行放流。

③ 人工鱼礁技术。人工鱼礁技术在我国南方海区近年来开始大规模实验。2000 年，广东省在阳江近海海面沉放了两艘百余吨级的水泥拖网渔船，以改善近海渔场生态环境。2001 年，我国首次在珠海东澳进行人工鱼礁试验。随后的 2002 年和 2003 年，在广东汕头南澳福建三都澳官井洋斗帽岛、浙江舟山群岛、江苏连云港市赣榆秦山岛及海南三亚等海域先后开展大规模的人工鱼礁试验。

④ 海岸带湿地的生物恢复技术。采用人工方法恢复和重建湿地是海岸带生态恢复的重要措施。在海湾，利用了工程弃土填升逐渐消失的滨海湿地，当海岸带抬升到一定高度，就可以种植一些先锋植物来恢复沼泽植被。

二、运营期主要环境影响及防护措施

1. 水环境

运营期产生的生活污水、含尘污水、机修废水、船舶污水以及压舱水等应妥善处理，必要时要建设相应的污水处理厂或者污水处理设施。

2. 环境空气

主要产尘环节为设备物料落差起尘，皮带机振动起尘和风力扬尘、堆料机、堆取料机堆取料扬尘、公路装车及疏港公路运输扬尘等。根据有关研究报道，国内外通常使用的各种防、除尘措施不下数十种，港口不同粉尘防治措施的运行效果及技术经济综合比较结果见表 8-1。

目前，各类散货堆场防尘抑尘的主要方式是防风网。防风网工程与堆场湿式除尘结合，堆场综合除尘效率将大幅提高。防风网结合喷洒水方式进行堆场除尘抑尘将是今后一段时间内港口堆场抑尘方法的技术发展方向。

其主要防尘机理是防风网能控制改善散货堆场的风流场，减小风速和风流场的紊流度。强风经过防风网后，部分风量透过防风网，其机械能衰减并变为低速风流，与此同时，这部分风量在网前的大尺度、高强度旋涡被衰减、梳理成小尺度、弱强度旋涡。从而使散货堆场起尘量大幅度减少。

表 8-1 主要防尘措施、适用范围与综合性能

防尘措施	主要设施、设备名称	适用范围	防治效率/%	操作性	初投资	投资成本维修保养	再投资	技术经济综合性能
定点喷洒	手动、自动喷洒、管路及控制系统	大型堆场、装卸作业系统	80～99	居中	高	中	低	好
流动喷洒	流动喷洒车、喷洒设备	堆场、道路、装卸作业	80～99	复杂	中	中	低	好
水加抑尘剂	抑尘剂与喷洒系统	皮带输送机转运点，装卸重点及特殊起尘部位	85～99	复杂	高	高	高	一般
湿法通风	通风与喷雾系统	老式坑道、地下坑道	60～80	复杂	中	中	中	差
道路洒水	洒水车、喷洒水管道	主要作业道路、辅助作业区及生活区道路	80～99	居中	低	低	低	好
密闭构造	伸缩溜槽、防尘帘、防尘罩等	装卸站抓斗进出口、皮带机输送转运、料斗落点	50～70	复杂	中	中	中	一般
集尘装置	带过滤器的转运房封闭受料斗布装	皮带机车送转运、装卸转运房	90～99	复杂	高	中	中	差
	除尘器	封闭火车卸车机受料斗、贮料仓封闭受料机受料斗、抓斗入口、防尘罩、帘等	60～90	复杂	高	中	中	差
覆盖压实	覆盖布、压实机械	运输车辆、小型煤堆表面	50～90	居中	低	中	低	好
风障装置	挡风板、升降风障	堆垛、装载输送机装船机、皮带输送机等	50～70	居中	中	中	中	一般
防风网	防风网及辅助建筑	大型堆场、码头整体区域	45～85	简便	高	中	中	一般
防风林	防风林带	大型堆场、码头整体区域	45～85	简便	低	低	低	好
风网结合喷洒水	防风网、防风林、喷洒水及辅助设备	大型堆场、码头整体区域综合防尘（优化措施组合）	90 以上	复杂	高	中	低	好

3. 噪声防治措施

（1）主要污染源

本工程噪声来自各类生产机械和辅助机械，如卸船机、皮带机、堆料机、堆取料

机、列车噪声、公路交通噪声、船舶噪声、除尘器等，其噪声值为70～95dB（A）。

（2）采取的环保措施

① 尽量限制火车鸣笛，必须鸣笛时应使用风笛。交通噪声由交通管理部门加强对上路汽车的管理，保障交通畅通，设置禁鸣路段。② 选购低噪声高效率的装卸机械，高噪声作业部位采用个人听力保护措施。③ 加强机械和设备的保养维修、保持正常运行、正常运转，降低噪声。④ 办公楼及辅建区空地加强绿化工作，既可以降低噪声，又起到美化环境的作用。

第三节　设计文件、施工图设计环保审核要点

（1）参加设计交底，熟悉环评报告和设计文件，了解工程建设项目的具体环保目标，了解工程建设项目所在地环境质量标准及排放标准。

（2）熟悉建设工程项目的设计规模、范围、内容和设计说明。

（3）审查施工单位的施工组织设计和开工报告，对环保实施方案提出审查意见，包括施工中须保护的环境敏感点、具体的环保措施、“三同时”制度、环保管理制度和环保专业人员等。

（4）审核项目的施工组织设计中是否包括“三废”排放环节，排放的主要污染物及设计中采用的治理技术、措施、污染物的最终处置方法和去向等内容。

（5）审核施工承包合同中的环境保护专项条款，施工承包单位必须遵循的环境保护有关要求应以专项条款的方式在施工承包合同中体现，并在施工过程中据此加强监督管理、检查、监测，减少施工期对环境的污染影响，同时应对施工单位的文明施工素质及施工环境管理水平进行审核。

（6）审查施工单位的临时用地方案是否符合环保要求，临时用地的恢复计划是否可行。

（7）审查施工单位的环保管理体系是否责任明确，切实有效。

（8）参加第一次工地会议，对工程建设项目的环保目标和环保措施提出要求。

第四节　施工期环境监理要点

一、主要施工环节的环境监理

1. 陆域形成的环境监理

港区陆域形成涉及开山爆破、陆上抛填、吹填等施工活动，其环境保护要点包括：对施工机械、运行方式和施工季节等进行合理设计，如避开暴雨、台风等不利气象条

件；合理规划、控制爆破作业量，严格按照技术规范进行爆破作业；土石方应及时填筑，土石方堆放时要保持平整注意坡面密实；设置临时排水系统，防止水土流失；合理选择堆弃场地，在堆弃场地周围修筑围堰，防止堆弃土被雨水冲刷污染水体；对开山后造成的山坡地，要采取措施进行固土绿化，防止山体坍塌，同时也改善景观环境。

港区陆域形成的环境监理要点主要有审查施工方案是否合理，是否采取了防尘、减振、降噪等措施；检查土石方填筑及堆放情况；检查是否按设计要求进行固土绿化；检查堆弃场位置选择及环保措施；检查固体材料及固体废物堆放及处理情况。

2．码头施工的环境监理

码头施工一般包括码头基槽开挖（岩基需水下炸礁）、港池挖泥、水上抛石、基床夯实、码头沉桩、上部结构施工等工序。其环境保护要点包括码头施工应选择先进施工设备、合理的施工工艺，采用科学的管理方法，提高施工效率，减小对环境的污染。码头基础施工过程中主要是水下基槽开挖、水下爆破、水下基床夯实等工序对周围鱼类影响较大，应制定科学的施工方案，选用合理的施工工艺如水下钻孔爆破，可最大限度地减少爆破量；采用延时爆破法，可以减缓冲击波对鱼类的影响；减少渔汛期施工的频率，在非渔汛期加快施工进度等措施，可以减小水下施工对水质和水生物环境的影响。

根据以往的工程经验，鱼类嗅到炸药产生的气味会远离爆区，故可在施工初期安排一至两次试爆，根据爆破试验结果，决定最大起爆药量。施工中挖出的淤泥、废渣用船运到指定的地方堆放；施工船舶生活污水、含油废水集中处理达标排放，船舶垃圾、施工废物集中收集处理。在爆破区附近水域进行渔损状况观察和死鱼样品检验，必要时进行爆破前后的环境水质监测。加强施工设备的管理与维修保养，杜绝泄漏石油类物质以及所运送的建筑材料等，减少对水域污染的可能性。

码头施工的环境监理要点主要有：

（1）开工前要认真审查施工方案中有关环境保护的措施是否符合环境达标要求，如临时设施修建、临时预制场地的平面布置是否符合环保要求。

（2）检查基槽开挖过程中挖出的淤泥、地表土、岩土等，混凝土浇筑过程中残余混凝土、浮浆等是否倾倒到指定地点处理。

（3）定期检查作业人员生活污水及生活垃圾处理处置情况，检查施工船舶产生的污水及垃圾的处理情况，做好检查记录。

（4）检查材料存放、场内运输是否有抑尘、防渗漏等措施。

（5）监测施工作业区机械噪声、空气粉尘和水质污染情况。

（6）监理工程师根据工程特点，确定各阶段环保监理的巡视、旁站计划，定期对施工单位环保措施的执行效果进行检查。对施工过程中不符合环保要求的行为和环保不达标的部位，监理工程师可以发出监理指令，责令改正。

3. 港区疏浚工程的环境监理

挖泥船施工作业时，由于机械扰动、溢流、洒落等因素，产生的疏浚悬浮泥沙将成为对附近水域产生影响的主要环境影响因素。对于疏浚作业可能造成的对水体污染的情况应从以下几个方面加以控制。

（1）疏浚设备的选择

目前港口施工可供选择的疏浚设备较多，各挖泥船施工时的环境影响程度也有较大差别，在满足施工要求的情况下，应尽量选择对环境影响小的设备。疏浚设备的选择过程不是单一的，依赖于这几个关键因素：疏浚作业的水域的环境要求；被疏浚物质的物理性质；疏浚物最终处置地的位置及限制条件；疏浚作业点的风、浪和海况。

（2）疏浚工艺的确定

为减少悬浮物数量，采取了以下措施：

① 减少超挖方量。由于挖泥船泥舱容积、耙头耙吸的泥层宽度和厚度有限，整个施工过程中的作业轨迹是不连续的，在挖下一船泥时，很难使耙头恢复到前一船挖泥时的工作位置。因此很容易产生重挖或漏挖现象，建议配备 GPS 全球定位系统，确定需开挖的准确位置，从而可以减少疏浚作业中不必要的超深、超宽的开挖量，从根本上减少对环境产生影响的悬浮物数量。

② 控制装舱溢流。疏浚作业开始后，泥浆进入泥舱时，较粗的泥沙沉入舱底。为增大挖泥船的装舱浓度，提高挖泥效率，耙吸式挖泥船的两侧设有溢流口，当泥浆量超过两侧溢流口时，稀泥浆即从溢流口溢出。这一过程会引起疏浚区局部水域的混浊度增加而影响该水域的水质。因此疏浚时应根据以往作业的经验，掌握合适的溢流时间，控制合理舱位。

③ 缩短旁通时间。自航耙吸式挖泥船的挖掘工作主要是依靠船舶配备的耙头挖掘机具，由耙臂弯管和船体的吸泥管、泵等系统连接，依靠吸泥泵将耙头挖掘的泥沙吸入泥舱，在开始装舱前，一般需进行试喷，以检验其管路是否完好。为控制进入水域疏浚物的数量，施工操作人员应尽量缩短旁通时间，并确认耙子弯管与船体吸泥管口的连接完全对位后再开始疏浚作业，以免疏浚泥浆从连接处泄漏入海而污染施工水域。

④ 选择疏浚季节。在某些环境敏感区进行疏浚活动，应调整施工作业的时间和周期，回避鱼类的迁徙期和产卵期等措施。

（3）疏浚物质的转移运输

疏浚物质运输阶段应重点防止疏浚物溢出和泄漏，往往一旦在水产养殖等环境敏感海域发生泄漏事故，在污染赔偿公共关系处理方面将耗费大量精力。因此，应采取以下措施：① 严防外溢。抓扬式挖泥机挖取的疏浚物常常通过管道输送或吹填，或通过驳船运往抛泥点。为了降低混浊度和悬浮物的扩散，必须使抓斗及驳船底部的抛泥闸吻合严密，抓斗需要防止过载，驳船也要限制装载量，以防外溢。耙吸式挖泥船在装满泥后，自航至倾倒区进行抛泥。承包人应经常检查挖泥船底部泥门的密封性能，控制泥门开关的传动装置也应经常检修保养，及时更换液压杆上的密封圈，以免液压系统失控导致泥门关闭不严。② 恶劣气象条件禁止作业。

（4）疏浚物质的处置方式

自航耙吸式挖泥船和泥驳将挖出的泥浆运到指定的抛泥区抛卸或直接用于吹填形成陆域。挖泥船抛泥倾倒作业是疏浚工程对环境影响最为严重的一个环节，为减少抛泥作业对环境的影响，可通过设置溢流口对抛泥区高浓度悬浮物实施有效控制。

① 尽量减少抛泥作业。按照清洁生产的原则，充分利用疏浚物质源吹填造地，既减少对海域环境的污染，又降低造地成本的双重功效。

② 严格控制吹泥区溢流口的悬浮物排放。吹泥作业期间应设置围堰，同时关闭溢流口，待悬浮物静置沉降、水体变得较澄清时，再打开溢流口，释放多余水量。

③ 抛泥作业应满足海洋倾废管理条例要求。应根据我国海洋倾废管理条例的要求，对新开辟的抛泥区进行专题评价，在得到国家海洋主管部门认可后方可实施抛泥。

④ 抛泥准确到位。为控制抛泥过程的影响范围，承包人应在每个抛泥区均设置灯浮装置，以使抛泥船准确到位抛泥。

疏浚工程的环境监理要点主要有：

（1）监理工程师根据工程的环境影响特点，确定本阶段环境监理的巡视、旁站计划；检查施工场地的各项环保措施是否到位，及环保措施是否达到预期效果。

（2）对施工过程中不符合环保要求的行为，监理工程师发出有关监理指令，责令改正。

（3）对湿地和野生动物的环境监理应做到宣传告知。

（4）根据上述疏浚挖泥的环境保护控制要求，检查疏浚各工艺环节的环保措施落实情况。

4．港区生产设施土建工程施工的环境监理

港区生产设施土建工程包括陆域形成、地基处理、道路、堆场及生产、生活辅助建筑物、环保设施以及水电、通讯控制等配套工程。其环境保护要点包括：

（1）陆域形成填土应在围堰建成后进行，对施工机械、运行方式和施工季节等进行合理设计，如避开暴雨、台风等不利气象条件，应设置临时排水系统，防治水土流失；施工机械设备应尽量采用低噪声设备，进行定期维护；淘汰车况不好的施工车辆，车辆要定期维护。

（2）开采的土石方应及时填筑，运送土方的车辆应有遮盖，以限制超载，防止沿途洒落，尘土飞扬；土石方堆放要合理选择堆弃场地，堆放物料要保持平整，减少迎风面积，同时定时洒水，减少扬尘，同时在堆场周围筑围堰，以防止堆土被雨水冲刷进入水体。

（3）回填材料不得使用含超标准放射性物质或者易溶出有毒有害物质的材料，禁止将有毒有害废弃物作土方回填，石灰、水泥和沙料等的拌和，建议采用站拌方式，拌和站应配备除尘设备，对施工便道定期洒水，减少二次扬尘散发量。

（4）运输车有可能对运输路线两侧的居民区造成噪声超标的影响，在运输过程中应严格限制车速和单位时间内的车流量，车辆穿行城镇时应适当降低车速，以降低对城镇居民的干扰并禁鸣喇叭。

（5）地基加固强夯施工应设围挡，必要时应洒水降尘，高噪声机械应安装减震和减噪设施，必要时设置临时简易声屏障，为避免震动、噪声扰民，禁止夜间在邻近居民区进行强夯施工。

（6）排水板施工的排水板废料应收集统一处理；砂桩、排水板施工后的排水固结过程，应设置导流渠，根据固结出水的成分进行处理。

（7）城市市区的建设工程一般不容许搅拌混凝土，在容许设置搅拌站的工地，应将搅拌站封闭严密，并在进料仓上方安装除尘装置，采用可靠措施控制工地粉尘污染。

（8）路面铺设中沥青的熬炼，拌和过程，应采取密封罐或其他避免露天作业直接排放的手段，尽量减少烟气的排放与危害。

（9）施工期垃圾不得随意抛弃或填埋，施工中产生的危险废物按有关规定处理；承包人应加强施工管理，制定施工期垃圾的管理和回收处理计划。施工垃圾定点集中堆放，尽量回收利用，不能利用的应运往市政垃圾处理场进行无害化处理。

（10）施工期生活污水和施工废水由各承包人负责处理，承包人应建立施工废水管理和处理规划，不允许随意排放；油污水应设接受容器，尽量回收利用，污水处理达标率 100%。

（11）除非有符合规定的装置外，禁止在施工现场焚烧油毡、橡胶、塑料、皮革、树叶、枯草、各种包装物等废弃物品以及其他会产生有毒有害烟尘和恶臭气体的物质。

（12）对开山后造成的山坡地，要采取措施进行固土绿化，防止山体坍塌，同时也改善景观环境，施工结束前应对港内的挖方区、港外的取土区进行植被恢复和采取防治水土流失的措施。

生产设施土建工程的环境监理要点主要有：

（1）审查施工方案中有关环境保护措施的针对性和可行性。

（2）检查土石方填筑及堆放施工中对环境影响情况、检查施工机械设备选择及运行情况、运输道路及车辆是否有尘土飞扬等情况。

（3）检查地基加固强夯、振冲、打塑料排水板、打排水砂井等施工过程中环境保护措施的落实情况和效果。

（4）检查混凝土搅拌场地、混凝土浇筑过程中的废水、废气、废渣等废弃物处理、排放情况以及噪声控制情况。

（5）监测施工区域水质、空气和噪声达标情况，检验环保措施是否达到预期效果。

（6）对施工中出现的环境污染问题提出整改，并督促整改措施落实。

二、环境监理应重点关注的问题

1. 爆破施工

（1）在爆破施工开工前，监理工程师应审批施工方案中的环保措施。要求施工单位采取周密的环境保护措施。

（2）监理工程师根据工程环境影响特点，确定本阶段环保监理的巡视、旁站计划。监督检查施工单位是否按爆破施工工艺及环保要求进行施工。

（3）监督检查爆破施工是否采取了必要的抑尘措施。

（4）监理工程师可以要求施工单位进行鱼损状况观察及样品检验。

（5）对施工过程中不符合环保要求的行为，监理工程师可以发出监理指令，责令改正；情况严重时可发出暂时停工令。施工单位无正当理由拒绝整改的，监理工程师可以拒绝审签该部分工程款。

（6）监理工程师在本阶段应注意水体悬浮物以及噪音等监测指标，避免施工对水体和人群造成影响，必要时可进行现场监测。

2. 围堰及吹填施工

（1）工程开工前，监理工程师应审批施工方案中的环保措施。要求施工单位采取周密的环境保护措施。

（2）监理工程师根据工程环境影响特点，确定本阶段环保监理的巡视、旁站计划。监督检查施工单位是否按环保要求进行施工。

（3）应监督检查围堰施工是否符合设计要求和环保要求。

（4）监理工程师应巡视围堰漏泥情况，防污帘的完整情况。

（5）对发生泄漏的，应当场责令施工单位改正，并旁站监督整改过程。

（6）监理工程师应观察泄水水质情况，要求施工单位采取调节泄水流量及吹泥流量、围堰内整流等措施，保证泄水水质满足环保要求。

（7）对施工过程中不符合环保要求的行为，监理工程师可以发出监理指令，责令改正；情况严重时可发出暂时停工令并拒绝支付相关部分工程量。

（8）水环境质量的悬浮物等监测指标，必要时可进行现场监测。

3. 码头水上施工

（1）在工程开工前，监理工程师应审批施工方案中的环保措施。要求施工单位采取周密的环境保护措施。

（2）监理工程师根据工程环境影响特点，确定本阶段环保监理的巡视、旁站计划。监督检查施工单位是否按环保要求进行施工。

（3）应监督检查施工中产生的淤泥、废渣等固体废料的处理处置情况。

（4）应监督检查水上平台人员生活污水及生活垃圾处理处置情况。

（5）应监督检查施工船舶产生的污水及垃圾的处理处置情况。

（6）对施工过程中不符合环保要求的行为，监理工程师可以发出监理指令，责令改正；情况严重时可发出暂时停工令。施工单位无正当理由拒绝整改的，监理工程师可以对该部分工程量拒绝支付。

（7）监理工程师应注意水环境质量的悬浮物、石油类等监测指标，必要时可进行现场监测。

4．陆域堆场施工

（1）加强施工管理，对散装含尘物料应设挡风墙，并合理堆放物料，减少迎风面积，同时定时洒水，减少风对料堆表面细小颗粒物的侵蚀引起的扬尘量。

（2）运送散装含尘物料的车辆应用篷布遮盖，以防物料飞扬，对砂石料的运输车辆限制超载，防止沿途洒落。

（3）石灰、水泥和沙料等的拌和，尽量采用站拌方式，拌和站应配备除尘设备，拌和站等场所工作人员应配备防尘口罩等防护设备。

（4）对施工便道安排人员清扫和定期洒水，减少二次扬尘散发量。

（5）路面铺设中沥青的熬炼，拌和过程，应采取密封罐或其他避免露天作业直接排放的手段，尽量减少烟气的排放与危害。

（6）施工期生活污水和施工废水应建立施工废水管理和处理规划，不允许随意排放。油污水应设接收容器，尽量回收、加工利用，污水处理达标率 100%；运营期含油污水、生活污水、生产废水治理规划与措施。

（7）施工期垃圾不得随意抛弃或填埋，施工单位应加强施工管理，建立施工期垃圾的管理和回收处理计划。施工垃圾定点集中堆放，尽量回收利用，不能利用的应运往市政垃圾处理场无害化处理。施工船舶产生的生活垃圾和生产垃圾均不得向江里倾倒，须收集后集中处理。

（8）机械设备应尽量采用低噪音设备，进行定期维护；淘汰车况不好的施工车辆，车辆要定期维护。

（9）加强施工设备的管理与维修保养，杜绝泄漏石油类物质。维修保养时废机油等不得随地倾倒，须存放在容器内并由专业单位接收处理。

5．航道疏浚施工

（1）工程开工前，监理工程师应审批施工方案中的环保措施。要求施工单位采取周密的环境保护措施。

（2）监理工程师根据工程环境影响特点，确定本阶段环保监理的巡视、旁站计划。监督检查施工单位是否按环保要求进行施工。

（3）应监督检查疏浚作业的施工工艺，减少超挖方量，缩短旁通时间，控制装舱溢流。

（4）在水生生态敏感区域施工，应监督检查疏浚作业季节及作业周期选择，减少作业对水生生物洄游、产卵的影响。

（5）应监督检查疏浚物质的运输过程，防止疏浚物洒漏污染水体环境。

（6）应监督检查疏浚物的处置，保证按指定的地点抛泥。

（7）对施工过程中不符合环保要求的行为，监理工程师可以发出监理指令，责令改正；情况严重时可发出暂时停工令。施工单位无正当理由拒绝整改的，监理工程师可以对该部分工程量拒绝支付。

（8）监理工程师应注意水环境质量的悬浮物指标，必要时可进行现场监测。

6．生态放流

（1）增殖放流前监理工程师应审批增殖放流方案。要特别注意放流品种、放流时间、放流地点的选择是否科学合理。

（2）监理工程师应对放流进行全过程旁站监理。监督检查放流单位是否按照规定的程序和计划开展工作。

（3）对放流过程中不符合要求的行为，监理工程师可以发出监理指令，责令改正，情况严重时可以发出暂时停工令。

（4）监理工程师应详细记录放流情况，包括放流的品种、数量、时间、地点等。

7．环境监测及风险应急

（1）监督环境监测计划执行情况，监测项目、监测频率、监测点位是否符合要求。

（2）施工作业期间所有施工船舶、营运期运输船舶必须按照交通部信号管理规定显示信号。

（3）施工作业船舶在施工期间应加强值班和瞭望，施工作业人员应严格按照操作规程进行操作。

（4）施工作业船舶在发生紧急事件时，应立即采取必要的措施，同时向海上交管中心报告。

（5）施工时应有小拖轮船监护，避免施工船进入航道影响过往船舶航行。拖轮在港池内应慢速行驶，保证港池内施工船舶的安全。

（6）在工程施工期间，加强航道区的船舶秩序的管理；加强与港作船联系，及时了解施工船所处位置，必要时可请施工船避让。

（7）严禁施工作业单位擅自扩大施工作业安全区，严禁无关船舶进入施工作业水域，并提前、定时发布航行公告。

（8）设立对溢油事故的监测、防止扩散、配备回收和处置的设备和措施。典型的包括泄漏报警装置、防止扩散的围油栅、撇油器、收油船、吸油泵、吸油剂、活塞膜化学剂和油聚集剂等。

8．环保设施建设项目

（1）严格按环保“三同时”要求执行。

（2）审核环保设施项目的设计工艺和施工方案是否符合环保验收标准。

（3）督促施工单位严格按照规程规范、设计文件及施工合同要求落实环保设施建设，在环保设施完建投产前组织或参与验收。

9．交、竣工及缺陷责任期

（1）参加交工检查，确认现场清理工作、临时用地的恢复和取（弃）土场的复绿等是否达到环保要求。

（2）评估环保任务或环保目标的完成情况，对尚存的主要环境问题提出继续监测或处理的方案和建议。

（3）定期检查施工单位对环保遗留问题整改计划的实施，并根据工程具体情况，建议施工单位对整改计划进行调整。

（4）检查已实施的环保达标工程和环保工程，对交工验收后发生的环保问题或工程质量缺陷及时进行调查和记录，并指示施工单位进行环境恢复或工程修复。

（5）检查施工单位的环保资料是否满足竣工环保验收的要求。

（6）整理施工环境监理竣工资料。

（7）参与竣工环境保护验收和水土保持验收。

第五节　洋山深水港区一期工程环境监理实例

一、工程概况

洋山深水港区一期工程是上海国际航运中心洋山深水港区总体规划的起步工程，其主体工程包括了码头和陆域的辅助设施。5 个 15 m 以上水深的泊位年吞吐量 220 万 TEU[①]，码头总长度 1 600 m，港区水域面积 316.7 万 m^2，港区陆域面积 176.2 万 m^2。主要工程内容包括码头水工建筑物、导流堤、港区疏浚、陆域形成、后方生产设施、港口环保设施及其他附属配套工程，工程于 2002 年 6 月开工建设，2005 年竣工。工程施工涉及开山爆破、疏浚挖泥、围地吹填、码头水工结构施工、陆域形成和地基处理、道堆和生产辅助设施等施工，对环境破坏较大。

① TEU 是“Twentyfoot Equivalent Unit”的缩写，意为标准箱，集装箱运量的统计单位，是以长 20 英尺的集装箱为标准。

图 8-1　洋山深水港区一期工程

二、洋山环境监理的工作方法及制度介绍

1. 现场工作方法介绍

洋山深水港区一期工程环境监理工作于 2003 年 8 月 1 日全面展开，监理人员明确了岗位职责，建立健全了严格的环境监理规章制度。成立了环境监理组织机构，环境监理组织机构由环境监理部、深水港工程建设指挥部、各参建施工单位以及监理单位等部门组成。环境监理组织机构的建立为工作的顺利开展奠定了良好的基础，使环境监理总部与工程总指挥部、各环境监理分部与工程各分指挥部、各环境监理分部与各参建施工单位等各部门之间建立了良好的沟通渠道。

环境监理部要求各施工单位实行环境保护月报制度，要求各施工单位项目部每月向环境监理部上报环境保护工作月报，促使各施工项目部达到自觉提高环保意识的目的、起到环境保护工作自检的效果。主要工作方法如下。

（1）现场监理

分项工程施工期间，环境监理工程师将对承包人的环保方面施工及可能产生污染的环节进行全方位的巡视，对主要污染工序进行全过程的旁站与检查。其工作内容主要有：① 环境监理人员重点巡视施工现场，掌握现场的污染动态，督促承包人和监理双方共同执行好环境监理细则，及时发现和处理较重大的环境污染问题。② 监理工程师、监理员对各项工程部位的施工工艺进行全过程的旁站监理，检查承包人的施工记录。现场检查监测的内容有：a. 施工是否按环境保护条款进行，有无擅自改变；b. 通过对监测数据分析检查施工过程中是否满足环保要求；c. 施工作业是否符合环保规范，是否按环保设计要求进行；d. 施工过程中是否执行了保证环保要求的各项环保措施。③ 环境监理员对每天的现场监督和检查情况予以记录并报告环境监理工程师，环境监理工程师对环境监理员的工作情况予以督促检查，及时发现处理存在的问题。

（2）现场监理采取的方式

① 巡视：对正在施工的项目采取不定时巡视方式，主要检查施工人员是否按规定和程序执行。② 旁站：施工全过程环境监理人员盯在现场检查、监测和记录，随时纠正不规范操作和发现问题。施工连续作业时，监理部门安排足够人员轮班；需要做现场记录的，事前准备好表格。记录应每天交环境监理工程师审查，以判定是否符合要求。

（3）监理通知

① 环境监理人员检查发现环保污染问题时，立即通知承包人的现场负责人员纠正。一般性或操作性的问题，采取口头通知形式；口头通知无效或有污染隐患时，监理员应将情况报告主管环境监理工程师，主管环境监理工程师报分管环境副总监批准后应及时发出《整改通知单》，要求承包人整改，并检查整改结果。该通知单同时抄送环境监理部和业主代表。② 承包人接到环境监理工程师通知后，对存在的问题进行整改，整改后填报《整改复查报审表》报环境监理工程师。经主管环境监理工程师审查，分管环境副总监批准确认该问题已消除。

（4）污染事故处理

当工程施工过程中，出现重大污染事故时，按如下程序处理：① 环境总监在接到环境监理工程师报告后，立即与业主代表联系，同时书面通知承包人暂停该工程的施工，并采取有效的环保措施。② 承包人在发生事故后，除口头报告环境监理工程师外，还应填写事后书面报告——填报《工程污染事故报告单》并附事故初步调查报告报环境监理工程师，污染事故报告应初步反映该工程名称、部位、污染事故原因、应急环保措施等。该报告经环境监理工程师签署意见，环境总监审核批准后转报业主。③ 环境监理工程师和承包人对污染事故继续深入调查，并和有关方面商讨后，提出事故处理的初步方案并填报《工程污染事故处理方案报审表》（附工程污染事故详细报告和处理方案）报环境监理工程师，该报告经环境监理工程师签署意见，环境总监核准后转报业主研究处理。④ 环境总监会同业主组织有关人员在对污染事故现场进行审查分析、监测、化验的基础上，对承包人提出的处理方案予以审查、修正、批准，形成决定，方案确定后由承包人填《复工报审表》向环境监理工程师申请复工。

环境总监组织对污染事故的责任进行判定。判定时将全面审查有关施工记录。

2. 环境监理工作制度

（1）工作记录制度

环境监理记录是信息汇总的重要渠道，是环境监理工程师做出决定的重要基础资料，其内容主要有：

历史性记录。① 会议记录：如第一次工地会议，平常工地会议（或监理例会），工地协调及其他非例会会议的记录。② 环境监理工程师（或监理员）的日报表，凡是其所负责的工地及其职责范围内的主要工作都应作记录。③ 环境监理日记，记录每天工作的重大决定，对承包人的指示，发生的纠纷及解决的可能办法，与工程有关的特殊问题，与承包人的口头指令，对下级的指示，工程进度或存在问题。④ 监理月报，环境监理总部应根据工程的进展情况，存在问题每月以报告书的形式向领导小组报告并备案。⑤ 环境监理巡视记录：主要记录环境总监巡视现场时发现的主要问题及处理意见。⑥ 天气记录，主要记录每天的温度变化，风力，雨雪情况及其他特殊天气情况，还应记录因天气变化而损失的工作时间。⑦ 对承包人的指令，环境监理工程师的正式函件及口头指示均应做好记录，同时记录口头指令得到正式确认的方式和时间，还有的指令体现在各种环境监理表格中，对此也要保留。⑧ 承包人的报告或请示，正式例行报告、报表、各种正式函件、口头承诺，均应做记录。

质量记录。① 采样、监测、检验结果分析记录。② 各分项、分部工程的环保验收记录。

竣工记录。竣工记录包括施工过程中的验收记录和竣工验收阶段记录两部分，竣工验收阶段记录应包括验收检查、验收监测、验收评定及验收资料各方面内容。

（2）人员培训制度

协助建设单位组织工程施工、设计、管理人员进行环境保护培训。

（3）报告制度

施工期环境监理报告是工程建设中环境保护工作的一项重要内容。编制的环境监理报告应该包括环境监理工程师的月报、季度报告、半年进度评估报告以及承包人的环境月报。报送环境监理工作领导小组、承包人和有关上级主管部门。

（4）函件来往制度

环境监理工程师在现场检查过程中发现的环境问题，应通过下发环境监理通知单形式，通知承包人需要采取的纠正或处理措施。环境监理工程师对承包人某些方面的规定或要求，必须通过书面形式通知。情况紧急需口头通知时，随后必须以书面函件形式予以确认。同样，承包人对环境问题处理结果的答复以及其他方面的问题，也要致函环境监理工程师。

（5）环境监理例会制度

建立环境例会制度，每月召开一次环保会议。在环境例会期间，承包人对近一段时间的环境保护工作进行回顾性总结，环境监理工程师对该月单位工程的环境保护工作进行全面评议，肯定工作中的成绩，提出存在的问题及整改要求。每次会议都要形成会议纪要。如有污染事故发生，随时召开会议。

三、环境监理现场工作开展情况

环境监理在接到委托后，对环评报告书及报告书批复进行了认真的研究，对现场进行了踏勘并进行了相关的资料收集，编制了工程环境监理规划。并于 2003 年 7 月进驻现场，进场后，首先熟悉现场情况，对工程的 20 几个标段进行了现场调研，内容包括施工单位生产废水和生活污水的处理措施，主要指施工现场、施工船舶、生活营地产生的生产废水和生活污水；大气污染防治措施，主要指施工道路、堆场、运送物料车辆、开山爆破作业点以及混凝土搅拌站等起尘环节应采取的相应环保措施等；噪声控制措施，主要是施工机械、打桩、爆破等；固体废物处理措施，主要指施工期生活垃圾和生产垃圾的管理回收处理计划。根据现场的具体情况，编制了工程环境监理实施细则及主要施工过程的环境监理实施细则，主要有施工船舶环境监理细则；石料开采环境监理细则；疏浚挖泥环境监理细则；陆域形成、围堤吹填环境监理细则；码头水工环境监理细则；地基处理环境监理细则；港区生产生活配套设施环境监理细则；施工营地环境监理细则等。

环境监理人员于工程开工后正式进入施工现场，环境监理工作全面展开，监理人员明确了岗位职责，建立健全了严格的环境监理规章制度，成立了环境监理组织机构。

根据工程施工环境、施工工艺的实际特点，环境监理部提出要根据港口施工特点开展环境监理工作，建立了以环境总监为主的完善的环境监控体系，对承包人的施工方法和施工工艺等进行全方位的监督与检查，对环境保护法律、法规进行宣传贯彻。利用监理旁站、巡视，通过环境监理例会、环境监理通知单、整改通知单等手段，开展工程建设过程的环境监理任务。制定了环境监理分 3 个阶段实施的工作原则。既施工准备阶段环境监理、施工阶段环境监理、工程保修阶段（交工及缺陷责任期）环境监理 3 个阶段。

施工准备阶段环境监理部主要工作有审查施工单位编报的《工程施工组织计划》中的环境保护条款、检查施工单位所建立环境保护体系是否合理、参与审批提交申请《单位工程开工报告》等。

施工阶段环境监理部主要工作有根据各标段施工组织设计编制《环境保护工作重点》并向施工单位进行环境保护工作交底，为施工单位指出环境污染敏感点，根据施工过程中的主要污染物提出具体的环境保护措施、审查施工单位提交的《工程施工环境保护方案》、检查施工单位的环境保护体系运转是否正常、检查环境保护措施落实情况等。

根据现场实际情况，环境监理部细化了《洋山深水港区一期工程环境监理实施细则》，制定了详细具体的工作方法。

具体包括规定了施工船舶环境监理方法、船舶垃圾的监理方法、混凝土船水泥浇筑施工的监理方法、水工码头施工的监理方法、打桩施工的监理方法、陆域形成施工的监理方法、石料开采施工的监理方法、施工营地的监理方法等。

同时编制了一套环境监理用表，其中有检查施工船舶含油污水排放情况的《船舶油类记录簿》《船舶油污染应急计划》，对回船籍港由专门接收单位接收污水的船舶，要检查接收单位填写的《船舶接收/排放污水登记记录》表。在环境监理人员进场前船舶垃圾和施工营地生活垃圾基本是无组织排放，为此环境监理部编制了检查船舶垃圾用的《垃圾排放登记表》，并制定了垃圾集中收集处理方案。为了防止生产污水任意排放编制了《施工水域环境污染控制记录表》，登记生产污水收集量、回收利用量。对施工装卸机械、运输车辆、石料堆场产生的粉尘污染问题编制了《粉尘污染控制记录表》等，要求施工单位建立环保措施实施登记制度，以此监督防污染措施落实情况。

针对港口工程海上施工船舶多而杂的特点，根据掌握的资料和现场具体情况，环境监理人员编制了符合环境监理工作要求的“船舶登记表”，要求项目部上报施工船舶的情况，施工船舶的进场和出场情况通过环境监理月报上报，通过“船舶检查记录表”，要求对所检查的每一条船均要有详细的记录。通过以上的种种措施，使得环境监理部能及时掌握施工船舶的动态信息，实现对施工船舶的动态管理。

环境监理人员每天对施工现场、生活营地、施工船舶、施工道路等进行巡视监理，主要检查各项环保措施落实情况，对没有执行环保措施的环节提出整改措施限期整改，对具体的环境保护措施分“轻重缓急”逐步落实、逐步到位，并形成环境保护措施记录制度。

巡视监理共涉及环境保护项目20多项，主要工作内容包括：

（1）制定了科学、严格的水下爆破和炸礁方案。深水港工程建设指挥部在水下炸礁进场施工前，在2003年11月19日至20日委托多家海洋监测单位进行了两次试爆试验，环境监理人员对试爆全过程进行了旁站监理，此次试爆试验为制定严格的水下爆破和炸礁方案提供了科学的依据。施工单位在施工过程中严格按照试爆试验数据对起爆药量进行调整，采用水下钻孔爆破和延时爆破等先进的施工工艺，减缓冲击波对鱼类的影响，合理安排爆破、炸礁、疏浚等施工作业时间和周期，回避了鱼类产卵和索饵期，减少了对周围生态环境的影响。

（2）环境监理人员按环评报告书批复，要求上海航道局陆域形成吹填标段在疏浚施工过程中采用先进的自航耙吸式挖泥船装舱溢流施工方法，并通过改变施工作业时间及周期来回避鱼类的产卵和索饵期。疏浚土用于陆域回填，避免外抛，减少资源浪费和对海域环境的扰动，同时严格监控吹填区溢流口悬浮物排放浓度，严格控制疏浚施工和疏浚物质转移过程中因装舱溢流、疏浚物溢出及泄漏等。

（3）洋山深水港区一期工程在施工过程中以初步设计为基础，在各标段施工组织设计中进一步优化了大桥施工方案，采用了先进的施工工艺，大大地缩短了水下作业时间，减少了施工给海洋生态环境带来的影响。环境监理人员要求施工人员将产生的淤泥、泥浆、废渣运送到岸边指定区域堆放，禁止直接向水域中排放。水上平台施工的生活污水和生活垃圾也进行了集中收集，禁止直接排放和抛弃。在环境监理人员监督下，施工人员加强了对施工设备的管理和保养，杜绝油类物质和建筑材料等泄漏。在小洋山港区大临设施施工基地建设生活污水处理站，处理量为 10t/h，现已投入使用，使大临设施施工基地生活污水达标排放。针对洋山深水港区一期工程水上作业点多、线长的特点，配备专门的生活垃圾、含油污水收集船舶，对大型船舶生活垃圾和含油污水进行收集。

（4）环境监理人员要求各施工标段减少施工占地，施工结束后及时进行平整，并恢复植被。对土石方开挖和取弃土场采取工程防护和植被恢复等措施，防止水土流失。采取了洒水等有效措施防止施工扬尘，更改施工工艺防止机械噪声扰民。

（5）认真落实施工期环境监测计划，环境监理配合监测单位，在一期工程施工期间对施工海域进行定期的水质、生态和渔业资源动态跟踪监测，及时掌握工程施工海域渔业生态、渔业资源的实际变动状况，完善施工期污染防治和生态保护对策措施。

（6）各项污染防治和生态保护措施落实都配备了相应的环境监理人员。保证措施能够得到有效落实，及时发现问题，及时提出补救对策。

（7）环境监理对连续 3 年进行的增殖放流都进行了全过程的监理，主要关注内容包括放流品种、成活率等。

（8）港区、一期工程配套项目工程以及船舶产生的固体废物在施工期按国家固体废物管理的有关规定，分类收集，统一集中处理。在环境监理人员督促下港区成立了保洁队伍，建设垃圾中转站，专门进行垃圾的收集和分类工作，将垃圾集中后装船运至上海市垃圾处理站统一处理。

例如由某公司负责施工的水工码头 AB 标段环境保护工作重点包括以下内容：① 控制船舶油污染的方法，要求大型船舶每艘都配有《船舶油类记录簿》，并且每次操作都要求有记录。编制《船舶油污染应急计划》，并且落实到位，每个船员职责分工明确。定期检查船舶油水分离器运行情况、回船籍港由专门接收单位接收船舶污水，要有接收单位填写的《船舶接收/排放污水登记记录》。② 控制船舶垃圾污染的方法，要求每艘大型施工船舶配有垃圾存放设施，做到垃圾分类并且标识明显，要求有垃圾排放记录，记录生产、生活垃圾存储排放情况。生产垃圾一般都带回船籍港由专门接收单位接收，对此要有垃圾接收单位填写的《垃圾排放登记记录》。③ 混凝土搅拌船水泥浇筑施工主要控制水泥搅拌设备清洗产生的废水、物料泄漏入海、水泥桶防尘装置运行情况等。要求混凝土搅拌船完成水泥浇筑后的搅拌设备清洗水排入接收舱，严禁直接排放入海。④ 控制冲孔桩施工污染的方法主要是控制施工过程中泥浆泄漏的污染措施，严禁泥浆直接排海。⑤ 控制生产垃圾污染的方法，在水工码头施工现场设置垃圾存放装置，回收生产垃圾，严禁垃圾直接排海，并且要求垃圾排放要有垃圾排放记录。⑥ 控制施工营地污染的方法，生活垃圾集中堆放统一接收处理，不允许任意焚烧各种垃圾。施工营地生活污水不允许乱泼乱倒，汇入排水管网由施工基地污水处理站统一处理，零散营地临时厕所必须配套建有化粪池。

环境监理部要求各施工单位实行环境保护月报制度，要求各施工单位项目部每月向环境监理部上报环境保护工作月报。促使各施工项目部达到自觉提高环境保护意识的目的、起到环境保护工作自检的效果。要求施工船舶必须制定《船舶油污染应急计划》、各施工单位施工营地必须有临时厕所、要求各种垃圾必须集中处理、不准任意焚烧各种垃圾、生活污水必须经处理达标排放。

工程竣工验收阶段环境监理主要工作有审查施工单位编报的《工程施工环境保护工作总结报告》、整理环境保护竣工文件、工程项目环保验收、编写《环境监理工作总结报告》等。

四、环境监理工作成果

1．环境监理资料存档情况

环境监理人员 2003 年 7 月进场至 2005 年年底工程竣工，环境监理人员共进行现场巡视 3 200 多人次，召开环境保护工作各类会议 170 余次，发出监理联系单 500 余份，发放整改通知 70 余份，编制监理月报 29 本、年报 3 本、环境监理规划 1 本、环境监理教材 1 本、环境监理实施细则 1 本。

2．参建人员环境保护意识普遍提高

环境监理人员进场后参照工程监理工作流程，根据环境监理工作自身特点以宣传、教育、引导为主，以宣传横幅、图片、环保知识竞赛等多种形式开展了大量的环境保护宣传教育工作，使参建人员环境保护意识普遍提高。

图 8-2　环境保护宣传横幅及环保知识竞赛

3. 建立了完善的管理体系

在洋山深水港工程建设指挥部大力支持以及各参建施工单位的积极配合下，建立了由环境监理部、深水港工程建设指挥部、各参建施工单位以及监理单位等部门组成的环境监理组织机构。施工单位普遍建立了环保管理体系，形成了环境监理人员、项目部分管领导、环保专管员的工作联系网络，逐步制定和完善了各项环保制度。

4. 建立了例会制度

形成了由总指挥部业主代表、各分指挥部业主代表、环境监理总监、各环境监理分部总监参加的环境监理工作月度会议制度。

形成了各环境监理分部、分指挥部业主代表、分指挥部监理管理部代表、各参建施工单位分管环保工作领导及环保专管员参加的环境监理月度例会制度。

5. 环保措施得到有效落实

施工单位在项目开工前，环境监理工程师向施工单位进行环境监理要点的交底，向施工单位讲明环境监理的目的、任务、工作范围及环境监理要点和环保措施。环境监理人员在工程实施过程中以巡视、旁站等形式，使环境保护措施得到有效落实。

6. 环保设施的“三同时”得到保证

环境监理人员根据环境监理要点中环保“三同时”的要求，对施工期和营运期环保设施的设计、施工、安装、调试进行了全程的监理工作，取得良好的效果。

7. 工程施工污染源得到有效控制

对施工中产生的生活污水、生产废水、施工泥浆水、施工道路扬尘、生活垃圾、生产垃圾、施工机械噪声等污染物，制定了控制措施表，各施工单位在施工的过程中，根据不同的施工内容，对照污染源控制表，采取不同的措施，有效地控制了污染的产生。

8. 植被恢复工作得到保证

环境监理人员要求施工单位在工程完工后及时对用地进行植被恢复，做到边使用、边平整、边绿化，使工程绿化恢复工作得到保证。

9. 具体环保措施举例

(1) 深水港工程建设指挥部增加投资 7 000 万～8 000 万元将小洋山港桥连接段原开山爆破工程改为隧道工程，保护了小洋山风景区。

(2) 在爆破施工过程中，对小洋山姐妹石等景点进行保护。在进行了专家论证后，采取景点周围垒沙袋加固的保护措施，避免开山爆破震动带来影响。现在的“姐妹石”已经成为洋山景区的一道美丽风景。

五、案例点评

洋山深水港区一期工程属特大型项目，涉及了项多、跨度范围大。一期工程由 4

个子工程组成：洋山港区工程、东海大桥工程、洋山港航道工程和港外配套工程（主要为设于上海芦潮港地区、服务于洋山深水港的港外供水、供电、供气、通信、港外生活区、辅助配套设施及集装箱洗箱站等）。项目总投资约 143 亿元人民币。

洋山深水港区所在区域内居民全部搬迁，芦潮港辅助区、东海大桥工程附近也无居民区。本工程的环境敏感目标为嵊泗列岛国家级风景名胜区和舟山渔场的渔业资源，主要环境影响包括水环境、海洋生态与渔业、陆域生态、声环境、环境空气、固体废物、电磁辐射、环境风险等。

针对工程特点，环境监理主要对生产和生活污水的来源、排放量、水质指标，处理设施的建设过程和处理效果；生产、生活垃圾和生产废渣等固废的处理；施工区域大气环境、水土保持、噪声控制、野生动植物保护、人群健康以及各项环保工程进行监督检查，以确保污染物排放和环保工程质量符合相关要求。

作为衔接环评报告书以及环保竣工验收的纽带和桥梁，环境监理将整个工程的环境保护有机的串联起来，既照顾经济效益，又充分地保护了环境。通过环境监理的介入，使得参建人员环境保护意识普遍得到了提高，并且建立了完善的管理体系和会议制度，使洋山深水港区一期工程施工期的生活污水、含油污水、生产生活垃圾、疏浚挖泥、海底炸礁等环保措施和污染物排放得到有效落实和控制，环保设施的“三同时”以及生态恢复工作得到保证。环境监测结果表明洋山深水港区一期工程开展对施工水域的整体生态环境影响较小，对区域渔业资源的直接影响也控制在可接受范围内，渔业资源的数量、种类组成和优势种分布总体上与工程施工前的状况基本相似，未发生明显变化。

得益于环境监理工作的开展，作为国家第一批环境监理工作试点的洋山深水港区一期工程在环境效益方面取得了巨大的成功，并被评为了国家环保友好工程，成为了港口行业环境监理工作开展的示范与标杆。本工程的环保管理体系和监理工作方式等更是被多个同类工程所借鉴。为港口项目环境监理工作的开展提供了宝贵的经验。

第六节　港口行业环境监理涉及的法律法规

（1）相关法律

①《中华人民共和国海洋环境保护法》（2000.4）。

②《中华人民共和国渔业法》（2004.8）。

③《中华人民共和国港口法》（2003.6）。

④《中华人民共和国海上交通安全法》（1983.9）。

（2）相关法规文件

①《中华人民共和国防治海岸工程建设项目污染损害海洋环境管理条例》（1990 年 6.25 中华人民共和国国务院令第 62 号公布，根据 2007 年 9.25《国务院关于修改

〈中华人民共和国防治海岸工程建设项目污染损害海洋环境管理条例〉的决定》修订）。

②《中华人民共和国防止船舶污染物海域管理条例》（国务院 1983.12.29 颁布）。

③《中华人民共和国防止陆源污染物污染损害海洋环境管理条例》（主席令第 61 号，1990.6）。

④《防治海洋工程建设项目污染损害海洋环境管理条例》（国务院第 475 号令，2006.11）。

⑤《中国近岸海域环境功能区划》。

⑥《经 1978 年议定书修订的 1973 年国际防止船舶造成污染公约》。

⑦《国际防止废物和其他物质倾倒污染海洋公约》（国际公约）。

参考文献

[1] 中国石油天然气集团公司. 石油和化工工程设计工作手册[M]. 东营：中国石油大学出版社，2010.

[2] 中国石化集团工程有限公司. 化工工艺设计手册[M]. 北京：化学工业出版社，2009.

[3] 江体乾. 化工工艺手册[M]. 上海：上海科学技术出版社，1992.

[4] 工业和信息化部. 石化和化学工业“十二五”发展规划[M]. 北京，2011.

[5] 朱京海. 典型行业建设项目环境监理工作指南[M]. 北京：中国环境科学出版社，2010.

[6] 朱京海. 建设项目环境监理工作案例选编[M]. 北京：中国环境科学出版社，2010.

[7] 朱京海. 建设项目环境监理概论[M]. 北京：中国环境科学出版社，2010.

[8] 浙江省经济贸易委员会. 关于做好推进传统精细化工技术装备水平提升工作的通知[Z]. 杭州：2005.

[9] 工业和信息化部. 石化和化学工业“十二五”发展规划[Z]. 北京：工业和信息化部，2011.

[10] 化工装备行业四大类产品分析[EB/OL]. （2006-04-25）http：//info.chem.hc360.com/ 2006/04/2509541011.shtml.

[11] 国务院. 国家环境保护“十二五”规划[Z]. 北京，2011.

[12] 邹家祥，薛联芳. 环境影响评价技术手册　水利水电工程[M]. 北京：中国环境科学出版社，2009.

[13] 季耀波，芮建良，高智浅. 谈水利水电工程施工期环境监理重点[J]. 大坝与安全，2011，2.

[14] 薛联芳. 向家坝水电站环境保护措施[A]. 中国水电工程顾问集团. 水电 2006 年国际研讨会论文集[C]. 2006.

[15] 中国水电工程顾问集团公司. 水利水电工程环境监理工作指南[M]. 北京：中国水利水电出版社，2011.

[16] 丁衡英，姚元军，马树清，等. 向家坝建设部环境保护管理中心对环境保护的管理[J]. 水电站设计，2007：23（3）.

[17] 中国水利工程协会. 水利工程环境监理[M]. 北京：中国水利水电出版社，2010.

[18] 但云贵，李杨红，杨金平. 长江重要堤防隐蔽工程环境监理特点与方法[J]. 人民长江，2003：34（7）.

[19] 吴建中，赵经东，李维恒，等. Q/SY GDJ 0119—2008 西气东输二线管道工程安全与环境监理规范. 北京：石油出版社，2008，3.

[20] 吴建中，高玉桂. 论油气管道工程施工环境监理工作[J]. 油气田环境保护，2010，20（2）.

[21]《铁道概论》编委会. 铁道概论 [M]. 北京：中国铁道出版社，2006.

[22] 孙永福. 青藏铁路建设环境保护研究[M]. 北京：中国铁道出版社，2007.

[23] 朱京海. 建设项目环境监理概论[M]. 北京：中国环境科学出版社，2010.

[24] 京沪高速铁路有限公司. 漫话京沪高速铁路[M]. 北京：中国铁道出版社，2011.

[25] 蔡志洲. 交通建设项目环境影响评价方法及案例[M]. 北京：化学工业出版，2006.

[26] 戴明新. 交通工程环境监理指南[M]. 北京：人民交通出版社，2005.

[27] 李世义. 工程环境监理基础与实务[M]. 北京：中国环境科学出版社，2008.

[28] 卢正宇，袁平，孔亚平，等. 广州绕城高速公路工程环境监理实践[M]. 北京：人民交通出版社，2009.

[29] 交通运输部天津水运工程科学研究所. 交通工程环境监理指南[M]. 北京：人民交通出版社，2005.

[30] 交通运输部天津水运工程科学研究所. 水运工程施工环境保护监理[M]. 北京：人民交通出版社，2006.